沙漠戈壁区地震勘探技术评价优化与实践

雷德文 朱 明 张 鑫 等编著

科学出版社
北 京

内 容 简 介

本书基于准噶尔盆地近十年来全面实施宽频带、宽方位、高密度（"两宽一高"）地震勘探所取得的重要油气发现成果，论述了沙漠戈壁区地震勘探所面临的挑战、技术需求及解决方案；系统分析了针对沙漠戈壁区岩性勘探目标的地震采集优化设计和地震资料处理的关键技术；提出了针对该类地区提高地震资料品质的地震采集、处理的一体化研究及评价优化方法；通过应用实例分析说明了地震勘探技术评价优化对实现油气勘探"提质增效"目标的作用等。

本书着重对沙漠戈壁区的地震采集、处理关键技术及评价优化方法进行了深入的理论分析，以丰富的勘探实例有力地说明了方法技术进步取得的油气勘探效果。本书适合从事地震采集与处理及油气勘探的地震、地质研究人员，以及高等院校相关专业师生阅读参考。

图书在版编目（CIP）数据

沙漠戈壁区地震勘探技术评价优化与实践 / 雷德文等编著. —北京：科学出版社，2024.3
ISBN 978-7-03-074024-3

Ⅰ. ①沙… Ⅱ. ①雷… Ⅲ. ①准噶尔盆地－地震勘探－研究 Ⅳ. ①P631.4

中国版本图书馆 CIP 数据核字（2022）第 223524 号

责任编辑：黄　桥 / 责任校对：彭　映
责任印制：罗　科 / 封面设计：墨创文化

科学出版社 出版
北京东黄城根北街 16 号
邮政编码：100717
http://www.sciencep.com

成都锦瑞印刷有限责任公司 印刷
科学出版社发行　各地新华书店经销

*

2024 年 3 月第　一　版　开本：787×1092　1/16
2024 年 3 月第一次印刷　印张：18 1/2
字数：438 000

定价：428.00 元
（如有印装质量问题，我社负责调换）

《沙漠戈壁区地震勘探技术评价优化与实践》编写组

主　　编：雷德文

副 主 编：朱　明　张　鑫

主要成员：阎建国　杨万祥　宋志华　夏建军　王俊怀

　　　　　魏晨成　文晓涛　王　峰　凌　勋　潘　龙

　　　　　熊晓军　卞保力　姚茂敏　范　旭　李献民

　　　　　吴　迪

前　言

准噶尔盆地岩性地层油气藏十分发育，油气资源丰富，是新疆油田主要的勘探开发目标之一。通过近20年的持续勘探开发，这一目标已经成为我国油气产量持续增长的主要力量，其中10亿吨级玛湖大型砾岩型油气藏的勘探开发就是其成功范例之一。

众所周知，以地震勘探为代表的物探工作是油气勘探开发的先行兵。没有先进的地震勘探技术也不会有油气勘探的大发现。近年来，随着准噶尔盆地油气勘探进入下组合富烃凹陷勘探的新阶段，物探技术进步的需求及面临的挑战也随之凸显。因此，以提高地震资料品质为核心，进一步夯实物探基础，不断创新物探技术，全面提升物探精益化管理水平，向"提质增效，高效勘探"的目标迈进，成为准噶尔盆地物探技术发展的主旋律。

随着准噶尔盆地油气勘探目标的转变，面临的主要挑战是地表地下双复杂，勘探目标多为深层、隐蔽型、非常规的油气藏，其地震资料特征常呈现"低信噪比和低分辨率"，因此对提高地震资料品质的要求越来越高。与此同时，由"规模勘探为主转为规模质量效益勘探"也成为当前勘探工作的新理念，从而促使勘探工作特别是地震勘探工作将在评价、优化、创新中不断探索和发展。面对这些新的转变和挑战，一方面要求人们不断采用新理念、新技术、新方法来解决相关问题；另一方面需要人们对目前采用的方法技术及技术经济可行性等进行合理的评估，从技术、管理和经济等多方面提出更加优化的方案。借鉴国内外应对类似挑战所采取的方法策略，结合准噶尔盆地多年来的勘探成果和经验，准噶尔的勘探人采取了许多具有创新性的方法举措，例如，坚持针对地质目标，以提高地震资料品质为核心的地震采集、处理、解释一体化技术攻关，勘探项目中全面实施"目标清单、地质问题清单、拟采用技术清单，一体化技术对策"的"三单一策"项目研究及评价方法；通过开展"研究平台、应用系统、勘探方案、质控标准、成果动态"的"五统一"示范区建设和地震勘探工作各个环节的评价优化，逐步形成地震勘探全过程的评价优化方法，进一步抓实"提质增效，效益勘探"的目标实现。以上举措的实施，有力推动了准噶尔盆地的油气勘探，取得了多项重大进展：通过构建高精度地震格架，明确了盆地结构及战略选区；通过攻克深层岩性地层高保真技术，实现了二叠系重大领域整体突破等。

准噶尔盆地的地震勘探工作走过了不平凡的发展历程。从玛湖10亿吨级砾岩油气藏的发现到最近的南缘深层天然气良好勘探前景的展现，无不说明了地震勘探技术的进步和发展所取得的巨大的地质成果和社会经济效益。目前油气地震勘探面对的地表及地下介质情况越来越复杂，要求地震勘探采集、处理及解释技术不断进步。结合相关理论研究和生产实践可以认为，当前采用的涵盖了地震采集、处理、解释全过程的宽频带、宽方位、高密度的"两宽一高"地震勘探技术应该是针对上述需求发展起来的一种有效的技术体系，而且在未来10年或更长时间内，还将随着需求的增长，不断发展。与此同时，也应该看到"两宽一高"地震勘探技术的发展，必然会带来对技术经济适用性评价优化的需求。以此为基本出发点，考虑应采用地震勘探新技术和创新物探生产管理模式，才能真正实现沙漠戈壁区地震勘探技术的创新和评价优化，从而达到"提质增效，高效勘探"的目标。

本书作者都是多年从事地震勘探理论研究、方法技术开发和油气勘探工作的专家、学者和一线科研人员。他们以扎实的理论涵养、丰富的实践心得和勘探成果向读者奉献了一部具有极高参考价值的技术专著。准噶尔盆地是国内最早进行"两宽一高"地震采集的地区之一，并逐渐形成了采集、处理、解释一体化的"两宽一高"地震勘探技术体系。本书基于准噶尔盆地近十年来全面实施"两宽一高"地震勘探所取得的重要油气发现成果，论述了沙漠戈壁区地震勘探所面临的挑战、技术需求及解决方案；系统分析了针对沙漠戈壁区岩性勘探目标的地震采集优化设计的关键技术、地震资料处理的关键技术；重点论述了针对该类地区提高地震资料品质的地震采集、处理的一体化研究及评价优化方法；通过应用实例分析说明了地震勘探技术评价优化对实现油气勘探提质增效目标的作用等。本书着重对沙漠戈壁区地震采集、处理关键技术及评价优化方法进行深入的理论分析，以丰富的勘探实例有力地说明方法技术进步带来的油气勘探效果。

本书的编写是在雷德文教授统一组织下，由中国石油天然气股份有限公司新疆油田分公司(简称中石油新疆油田分公司)和成都理工大学的科研人员共同完成的。书稿的内容与编写提纲由雷德文教授负责，第1章由雷德文、朱明、张鑫、阎建国、宋志华编写；第2章由杨万祥、夏建军、魏晨成、吴迪、李献民、文晓涛编写；第3章由宋志华、凌勋、潘龙、熊晓军、姚茂敏编写，第4章由雷德文、张鑫、宋志华、阎建国、范旭编写；第5章由张鑫、阎建国、王俊怀、王峰、卞保力编写；第6章由雷德文、朱明、张鑫、阎建国、宋志华编写，全书由雷德文、朱明、张鑫、阎建国等统稿和统编。

本书在编写过程中还得到了中石油新疆油田分公司、中国石油集团东方地球物理勘探有限责任公司(简称东方地球物理公司)和成都理工大学等单位各位专家与教授的亲切指导和大力支持，获得了许多宝贵意见。同时，东方地球物理公司新疆物探处分公司，中石油新疆油田分公司勘探开发研究院等单位领导和专家也给予了支持和帮助。在此一并表示诚挚的谢忱！

本书是一部理论性、实践性和实用性很强的专著，适合广大从事地震采集与处理及油气勘探的地震、地质研究人员、高等院校相关专业学生阅读参考。由于本书涉及的研究面广、研究问题多，且工作量大，加之笔者水平有限，谬误与不足之处在所难免，还望读者指正！

目 录

第1章 绪论 ··· 1
　1.1 准噶尔盆地沙漠戈壁区岩性目标地震勘探概况 ···································· 1
　1.2 准噶尔盆地沙漠戈壁地震勘探关键技术需求及趋势 ······························ 4
　1.3 准噶尔盆地地震勘探技术评价优化的意义和作用 ·································· 7
第2章 地震采集关键技术及评价优化 ·· 10
　2.1 地震采集基础理论及方法 ·· 10
　　2.1.1 地震波的激发 ·· 10
　　2.1.2 地震波的接收 ·· 27
　　2.1.3 观测系统设计 ·· 31
　2.2 准噶尔盆地地震采集关键技术 ·· 52
　　2.2.1 高密度 ··· 53
　　2.2.2 宽方位 ··· 56
　　2.2.3 宽频带 ··· 58
　　2.2.4 "两宽一高"地震采集配套技术 ··· 69
　　2.2.5 准噶尔盆地浅表层调查技术 ··· 73
　　2.2.6 沙漠区浅层反射静校正技术 ··· 76
　2.3 "两宽一高"地震采集技术的评价优化 ··· 83
　　2.3.1 观测系统的评价与优化方向 ··· 83
　　2.3.2 激发技术的评价及优化方向 ··· 100
　　2.3.3 接收技术的评价及优化方向 ··· 107
　　2.3.4 "两宽一高"地震采集技术整体评价 ·· 120
第3章 地震资料处理关键技术及评价优化 ·· 127
　3.1 地震资料处理的基础理论 ·· 127
　　3.1.1 地震资料处理概述 ·· 127
　　3.1.2 地震资料处理的方法理论 ··· 128
　3.2 地震处理关键技术 ··· 152
　　3.2.1 多次波去除（去噪）处理技术 ·· 153
　　3.2.2 井控高分辨率处理技术 ··· 156
　　3.2.3 高精度成像处理技术 ·· 161
　3.3 准噶尔盆地岩性勘探处理技术的评价优化 ·· 179
　　3.3.1 准噶尔盆地三维地震处理技术概述 ·· 179
　　3.3.2 准噶尔盆地岩性勘探的特殊处理技术 ··· 188

第 4 章 地震勘探全过程的评价优化 215
4.1 地震勘探一体化研究思路及对策 215
4.2 地震勘探全过程评价优化的内涵和指标体系 219
4.3 "三单一策 2.0"及地震勘探全过程评价优化方法流程 228

第 5 章 勘探实例分析 233
5.1 玛湖凹陷地震勘探成效分析 233
5.1.1 地震勘探部署概况 234
5.1.2 采集处理关键技术应用评价 236
5.1.3 勘探成效分析 247
5.2 阜康凹陷地震勘探成效分析 252
5.2.1 地震勘探部署概况 252
5.2.2 采集处理关键技术应用评价 257
5.2.3 勘探成效分析 265
5.3 地震勘探优化方向 271

第 6 章 地震勘探新技术及应用前景展望 274
6.1 勘探前景展望 274
6.2 地震勘探新技术及应用展望 278

参考文献 282

第1章 绪 论

1.1 准噶尔盆地沙漠戈壁区岩性目标地震勘探概况

准噶尔盆地的岩性地层油气藏是该地区主要的勘探开发目标之一，蕴藏着丰富的石油资源。通过近 20 年的持续勘探和开发，这一目标已经为该地区乃至我国油气产量的持续增长做出了巨大的贡献，其中玛湖 10 亿吨级大型砾岩型油气藏的勘探开发就是其成功范例之一（支东明，2016；雷德文等，2017）。另外，准噶尔盆地主要岩性勘探领域，如盆地西北缘、腹部及东部，其地表多为戈壁和沙漠（图 1.1-1），这种松软的浅表层结构对地震信号的吸收衰减严重，造成这些地区地震资料信噪比普遍偏低，因此这些地区常被称为"低信噪比"地区。

众所周知，以地震勘探为代表的物探工作是油气勘探开发的"先行兵"。没有先进的地震勘探技术也不会有油气勘探的大发现。近年来，随着准噶尔盆地油气勘探进入中下组合富烃凹陷勘探的新阶段，再加上"低信噪比"地区的高占比，物探技术进步的需求及面临的挑战也随之凸显（图 1.1-2）（冉建斌等，2017；宋桂桥，2019）。因此，以提高地震资料品质为核心，进一步夯实物探基础，不断创新物探技术，全面提升物探精益化管理水平，向"提质增效，高效勘探"的目标迈进，成为准噶尔盆地地震勘探技术发展的主旋律。

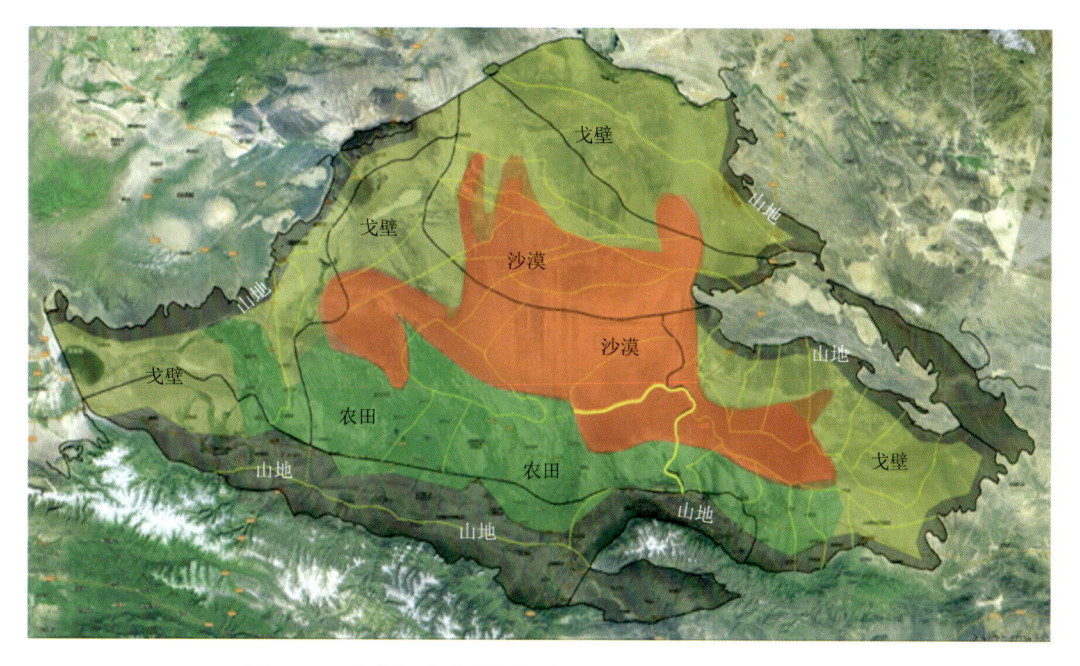

图 1.1-1 准噶尔盆地地表类型及主要岩性勘探领域叠合图

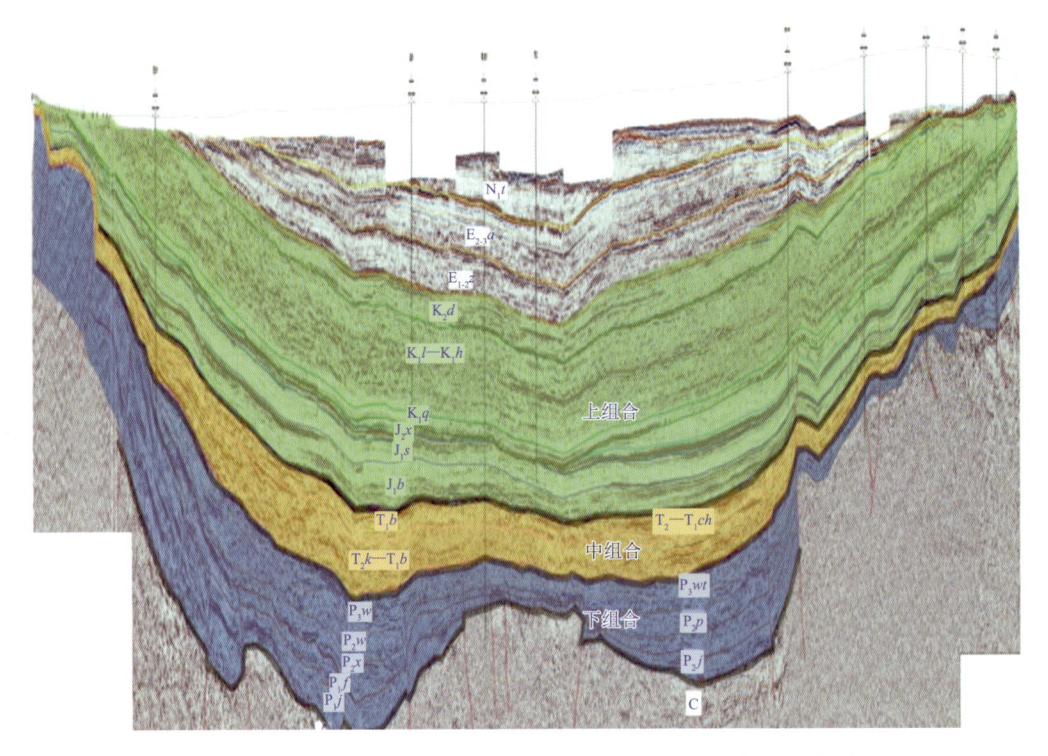

图 1.1-2　准噶尔盆地上、中、下三套地层组合的地震剖面示意图

随着油气勘探开发的不断深入，"十三五"以来准噶尔盆地的油气勘探目标及勘探理念也发生了明显变化。主要体现在：①平面领域转变：由局部正向构造单元转到广大富烃凹陷；②纵向层系转变：由中上组合勘探为主转向中下组合勘探为主；③圈闭类型转变：由构造油气藏为主转为地层岩性为主；④资源类型转变：由常规为主转向常规与非常规并重；⑤勘探对象转变：以油为主要勘探对象转为油气并举；⑥勘探理念转变：由规模勘探为主转为规模质量效益为主。随着勘探目标及理念的转变，物探技术也面临许多新的重大挑战，归纳起来主要有三个方面：①针对中下组合勘探目标的地震资料品质普遍较差，制约盆地深化再认识；②勘探目标"低（信噪比）、深（层）、隐（闭油气藏）、非（常规）"，目标精细刻画难度大；③新勘探阶段，采用领域级（全盆地尺度）研究方式，工区普遍上万平方米，高效地挖掘"宽频带、宽方位、高密度"地震叠前海量数据中的有用信息，面临设备及方法技术的瓶颈问题。

面对这些挑战，一方面要求人们不断采用新理念、新技术、新方法来解决相关问题，另一方面也需要人们对目前采用的方法技术及技术经济可行性等进行合理的评估，从技术、管理和经济多方面提出更加优化的方案。纵观国内外应对类似挑战所采取的方法策略，结合准噶尔盆地多年来的勘探成果和经验，采取了一些重要举措，主要包括：①坚持针对地质目标，以提高地震资料品质为核心的"宽频带、宽方位、高密度"的"两宽一高"地震采集、处理、解释一体化技术攻关，全面实施"目标清单、地质问题清单、拟采用技术清单，一体化技术对策"的"三单一策"项目研究及评价方法；②开展"研究平台、应用系统、勘探方案、质控标准、成果动态"的"五统一"示范区建设和开展地震勘探工作各个环节的评价优化，逐步形成地震勘探全过程的评价优化体系，进一步抓实"提质增效，效益勘探"的目标实现。这些重要举措的实施，有力推动了准噶尔盆地的油气勘探发现。

"十三五"以来，准噶尔盆地地震勘探促进油气勘探开发所取得的主要进展可以归纳为以下五个方面：①实施高精度盆地中深层层序地震格架线，明确盆地结构及战略选区；②攻克深层岩性地层高保真地震采集处理解释技术，二叠系重大领域整体突破；③创新井地非常规勘探开发技术，页岩油规模储量有效动用；④攻关南缘双复杂精准成像技术，助力油气并举新格局；⑤采用"重、磁、电、井、震"五位一体火山岩刻画技术，多井突破支撑了油气储量千亿立方米。

针对岩性地层勘探目标，除面对采用提高地震资料分辨率和保真度的地震勘探技术的常规挑战外，还需要面对准噶尔盆地地表多沙漠、地下多煤，地震信号吸收衰减严重，有效信号弱，尤其是高频段信号，信噪比低，同时多次波极其发育等严重影响地震资料分辨率和保真度的特殊挑战。"十三五"以来，针对这些挑战，采用了一系列核心技术并形成了一些特色技术，取得了攻克深层岩性地层高保真地震勘探技术的巨大进展。归纳起来主要包括：以提高地震资料信噪比为核心的"两宽一高"观测设计和采集技术；速度结构和吸收衰减双调查的近地表调查技术；高分辨率和高保真的"双高"处理和解释评价技术；扇体、亚相、朵叶体逐级刻画的三位一体相带刻画技术等。

表 1.1-1 列出了"十三五"以来，地震采集处理解释各环节所面临的主要挑战，所采用的核心技术及所形成的特色技术。从表中可以了解当前准噶尔盆地岩性地层勘探目标下的地震勘探技术概况。

图 1.1-3 展示了全面实施"两宽一高"地震勘探技术，地震资料保真性大幅提高，准噶尔盆地玛湖地区风城组沉积相及岩相带得以清晰展现的例子。

图 1.1-4 展示了攻克深层岩性地层高保真地震勘探技术，二叠系重大领域整体突破，带来盆地级二叠系上乌尔禾组整体发现的例子。

表 1.1-1 岩性地层勘探目标下的地震勘探技术现状一览表

技术类别	主要挑战	核心技术	特色技术
采集	沙漠戈壁区 Q 吸收衰减精准调查和计算困难；沙漠区提高信噪比高精度观测系统设计及高效采集方法技术创新	精准表层 Q 调查和 Q 计算技术；高密度地震采集观测设计技术；地震采集关键参数分析评价技术；高精度混采设计及应用技术	炮检对称双微测井 Q 调查和计算技术；全盆地吸收补偿 Q 库的建立；高密度宽方位宽频地震勘探技术规模化全面应用
处理	沙漠区地震能量吸收衰减严重，岩性目标分辨率低；受侏罗系煤层屏蔽影响，多次波发育，地层接触关系不清，尖灭线难以准确刻画	高精度一致性静校正技术；高保真叠前噪声压制技术；全频保真高分辨处理技术；层源双控多次波压制技术；炮检距向量片 (offset vector tile, OVT) 域叠前偏移技术；智能压噪技术；黏弹 Q 偏移技术	多信息约束高精度建模层析静校正技术；细分多域逐级分步的高保真压噪技术；全层系稳健 Q 和空间一致性提高分辨率技术；层源双控陆上 SRME (surface-related multiple elimination, 地表相关多次波衰减) 技术；高密度多域多属性数据融合处理技术；基于深度学习的智能噪声压制技术；实现黏弹 Q 偏移生产能力
解释	储层非均质性强，横向变化快；优质高效储层预测难	砂砾岩优质高效储层预测技术；砂砾岩多砾级非均质模型建立技术	基于古地貌的砂砾岩优质储层预测技术；砂砾岩多砾级非均质岩石物理建模技术

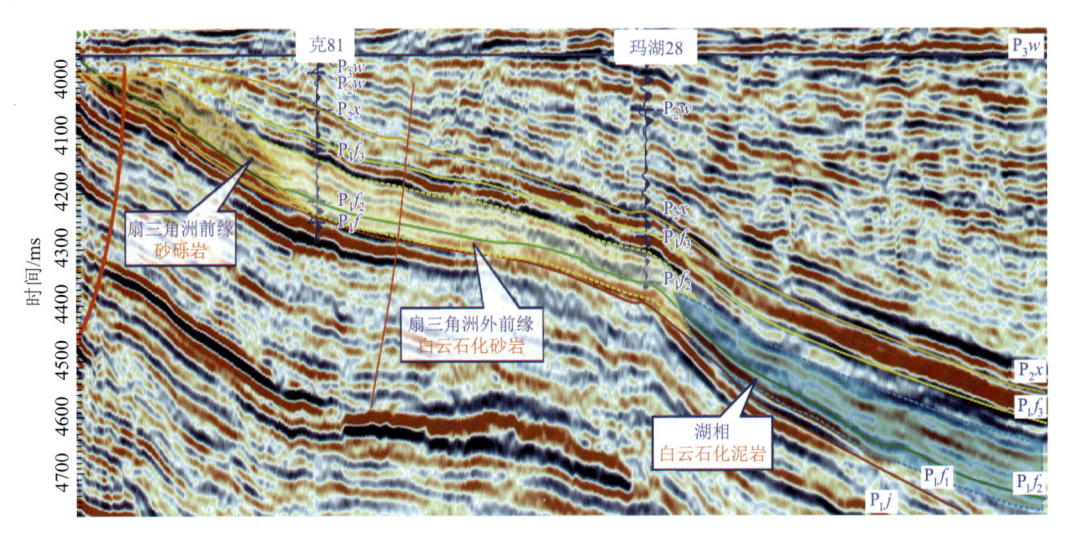

图 1.1-3 准噶尔盆地玛湖地区风城组沉积相及岩相带地震解释剖面图

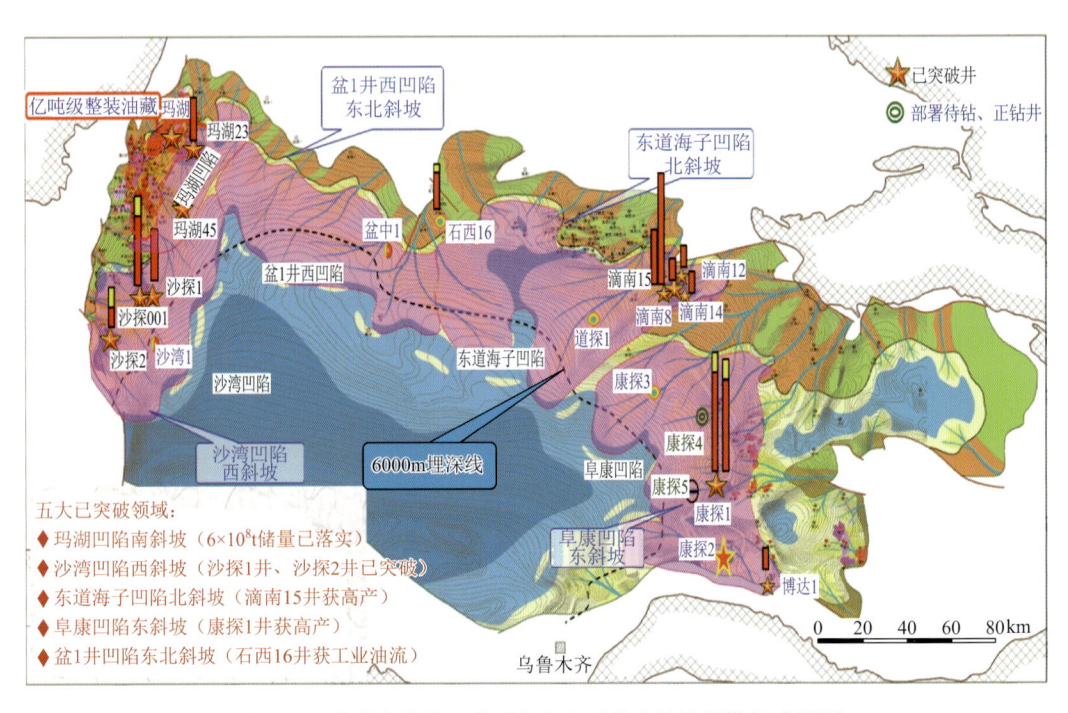

图 1.1-4 准噶尔盆地二叠系上乌尔禾组岩性地层勘探成果图

1.2 准噶尔盆地沙漠戈壁地震勘探关键技术需求及趋势

地震勘探技术随着油气勘探开发目标的变化和需求而不断发展进步。近 20 年来，国内外油气勘探开发的目标逐渐从构造性油气藏转向岩性地层油气藏，包括火山岩、变质岩等一些特殊岩性油气藏。因此，地震勘探技术也随之发展，出现了一些针对岩性地层油气藏勘探开发的关键技术。其中,比较具有代表性并且逐渐引领地震勘探技术发展趋势的当属"两宽一高"地震勘探技术,其技术内涵包括了野外采集中使用宽频的激发震源、宽方位的观测排列和高密度的空间采样;数据处理和资料解释中采用相适应的方法和技术,获得更为可靠的地震成像数据,服务于复杂储层的刻画和描述(王学军等,2015)。

按照王学军等(2015)的总结,"两宽一高"勘探阶段(2013年以来)的主要特征是:覆盖次数大于200次,可高达数千次,面元为12.5m×25m,甚至小到5m×5m,采集横纵比为0.5~1,采用宽频可控震源激发,扫描频率大于5个倍频程,服务于储层描述、裂缝预测、流体识别等油气藏方面的精细研究。

准噶尔盆地作为最早实施和应用"两宽一高"地震勘探技术的地区之一(冉建斌等,2017),经过了两个主要阶段:"十二五"(2011~2015年)时期,井炮和震源混合的"高密度、宽方位"勘探阶段;"十三五"(2016~2020年)时期,以低频可控震源为主的"宽频带、宽方位、高密度"勘探阶段。多年来,围绕准噶尔盆地不同勘探领域及地质目标需求,针对地震采集观测系统、激发、接收以及表层调查等关键技术环节开展了"理论分析加现场试验"的系统研究,形成了具有自身特点的"两宽一高"地震采集核心技术以及与之配套的处理和解释核心技术。地震采集方面,从"十二五"初到"十三五",激发密度从80炮/km²左右增加到500炮/km²,地震采集覆盖密度(炮道密度)年均增长超过35%(图1.2-1);通过采用扫描频率1.5~96Hz的低频可控震源,资料频宽由3.5个倍频程增加到6个倍频程(图1.2-2);采集方位宽度也达到了横纵比0.6以上,目的层实现横纵比为1的观测,从而有力推动了准噶尔盆地地震采集资料品质逐年提升,为油田勘探开发不断取得大突破发挥了重要作用(图1.2-3)。

图1.2-1 2010~2021年准噶尔盆地三维地震采集参数图

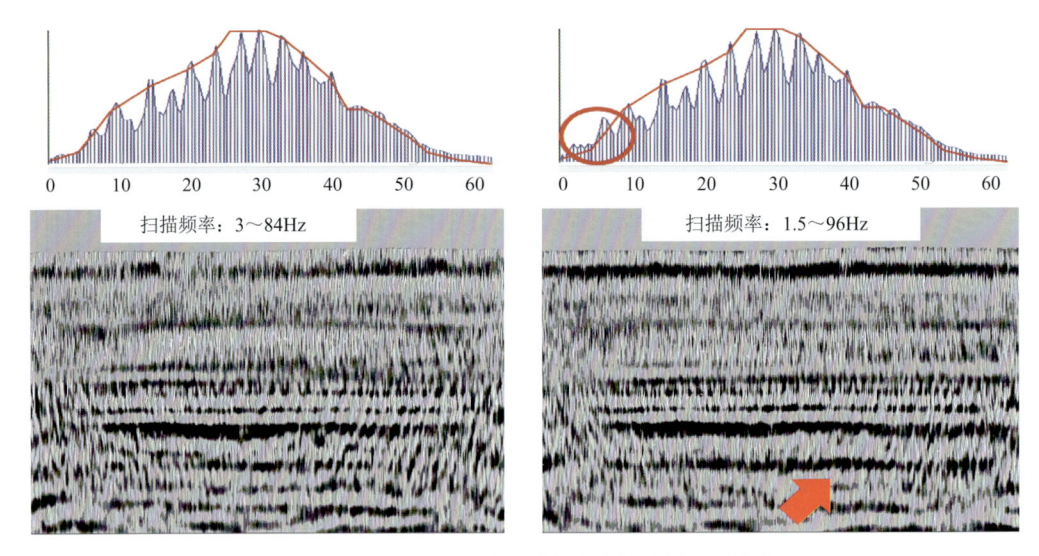

图 1.2-2 1.5Hz 低频震源采集带来的资料品质变化

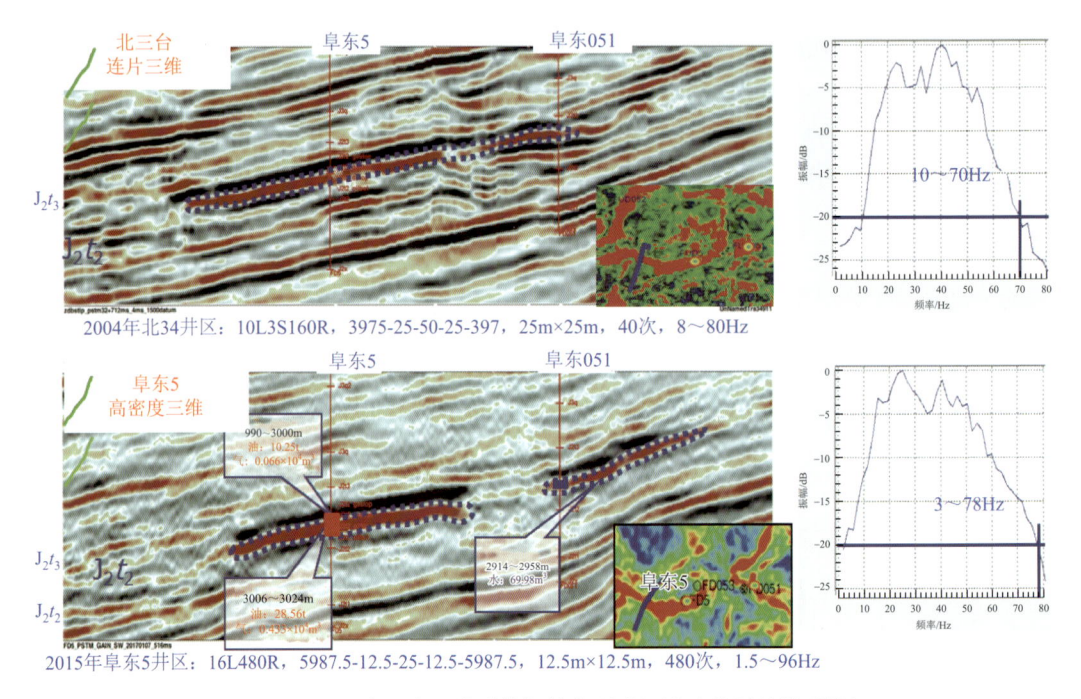

图 1.2-3 "两宽一高"地震勘探技术形成河道砂体新的地质认识

回顾准噶尔盆地近 20 年的岩性地层油气藏地震勘探历程，在总结已取得的巨大成就基础上，认真梳理和总结所面临的主要问题，在与当前国内外地震勘探新技术及发展趋势对标的基础上，总结出以下几个方面作为当前准噶尔盆地岩性地层油气藏地震勘探的关键技术需求，也可作为今后地震勘探技术实施和发展的基本思路和方法。

(1) 创新关键技术，继续强化"两宽一高"地震采集技术的应用。主要包括以下 5 个方面：

①以低频震源为主的宽频激发技术；
②以单点接收为主的高密度接收技术；
③以混采为主的高效采集及配套技术；
④以评价优化为前提的"两宽一高"地震采集方案优化设计技术；
⑤考虑各向异性速度变化及衰减变化的表层结构及 Q 场调查的表层双调查技术。

(2) 加强方法研究，强化针对"两宽一高"地震采集的地震处理专项技术应用。主要包括以下 6 个方面：
①沙漠区的静校正技术；
②"低信噪比"地区的叠前去噪及信号恢复技术；
③强反射遮挡及多次波去除技术；
④基于吸收衰减补偿的成像处理技术；
⑤OVT 域去噪及振幅处理技术；
⑥井控提高分辨率处理技术。

(3) 坚持实施"以地质目标为前提，以勘探问题为导向，以处理解释针对性技术为手段"的一体化研究和决策方法，真正实现采集、处理、解释"三位一体"的地震勘探一体化研究、管理和决策体系。

(4) 研究建立以定量指标为表征、以定性内容为措施的地震采集、处理、解释各环节的指标体系，建立起地震勘探全过程的评价优化体系，从而实现"提质增效，高效勘探"的目标。

1.3 准噶尔盆地地震勘探技术评价优化的意义和作用

综上所述，准噶尔盆地的地震勘探技术全面进入"两宽一高"阶段已近十年，并且无论从油气发现的需求角度，还是从物探技术进步的需求角度，都有继续强化和推进"两宽一高"地震勘探技术的必要性和发展趋势。

随着"两宽一高"地震采集技术的推广和发展，在带来高质量地震原始数据的同时，由于设备占用量、采集效率等问题所带来的采集成本增加也越来越突出；与"两宽一高"地震采集相配套的针对性处理和解释新技术的研发需求以及设备人力成本的增加也越来越突出。这些问题都促使人们一方面不断采用新技术、新方法来面对更加复杂的勘探目标，另一方面也需要开展对现有方法技术的评价优化，从而达到"提质增效，高效勘探"的目的。

通过对多年来准噶尔盆地岩性地层目标地震勘探的需求及应用效果的梳理，结合准噶尔盆地地表及地下的实际地震地质条件，笔者认为，应该通过对现有"两宽一高"地震勘探技术进行评价，对以下所列出的主要问题有一些明确的认识，找到优化解决方案，方能进一步提高地震勘探技术的应用效果，为油气发现带来更大的突破。

(1) 针对岩性地层勘探目标，地震采集参数，主要是覆盖密度是否有"天花板"，不同地表条件和地下条件下的覆盖密度应如何选择。

(2) 影响沙漠戈壁区地震资料质量的根本原因是什么，如何通过优化现有的地震采集技术和地震处理技术提高地震资料的品质,具体的技术优化方案是什么。

(3)通过理论分析和实际资料的对比,能否建立评价地震采集方案、地震处理方案和地震解释方案的指标和方法,进而建立起覆盖地震勘探工作全过程的评价优化体系。

下面用一个准噶尔盆地岩性地层地震勘探的实例(图1.3-1、图1.3-2),说明通过评价各种采集方案所带来的资料品质变化,可以提出进一步优化的采集方案。

从图1.3-1中可以看出,随着地震采集覆盖密度的提高,地震资料成果信噪比逐步提高,有效频带逐步拓宽,勘探效果明显。但是覆盖密度的增加与采集成本的增加直接相关,是否可以有更优化的覆盖密度参数以及面元参数的优化方案?从图1.3-1和图1.3-2中可以看到,相对覆盖密度达716.8万道/km²的采集方案,在技术经济一体化可行性评估的基础上,可以适当降低覆盖密度,只要保持在200万道/km²以上,对地震资料品质就没有本质影响。

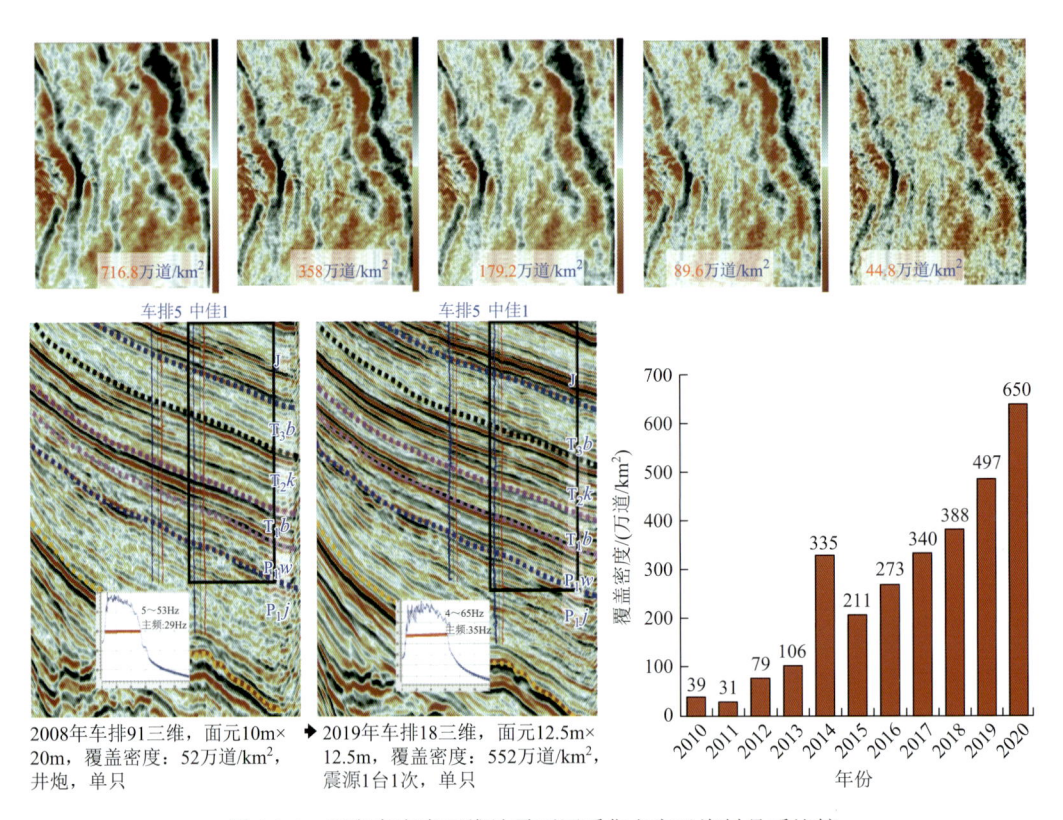

图1.3-1 玛湖高密度三维地震不同采集方案及资料品质比较

近几年来,结合准噶尔盆地岩性地层地震勘探的需求及应用效果,对准噶尔盆地的主要岩性勘探目标,包括两大岩性圈闭主要目标区:玛湖凹陷和阜康凹陷,共26块三维地震区块开展整体评价工作,进一步确认了现在实施的以"地质勘探目标清单、拟解决的地质问题清单、拟采用的处理解释技术清单和处理解释各环节需采用的技术对策"为表征的"三单一策"地震处理解释一体化研究方法的正确性,并提出将这些岩性目标勘探中所采用的"两宽一高"地震采集技术也纳入评价优化中。以解释约束处理，处理约束采集的研究思路，通过采用和建立一些定性定量评估优化方法和指标，建立了包含地震采集、处理、解释各环节的"三单一策2.0"，即地质勘探目标清单，拟解决的地质问题清单，拟采用的采集、处理、解释技术清单，以及以定量评价指标表征的采集、处理、解释各环节需采用的一体化优化技术对策。逐渐形成地震勘探全过程的评价优化体系，向实现"提质增效，高效勘探"的目标不断迈进(赵邦六等，2021a，2021b，2021c)。

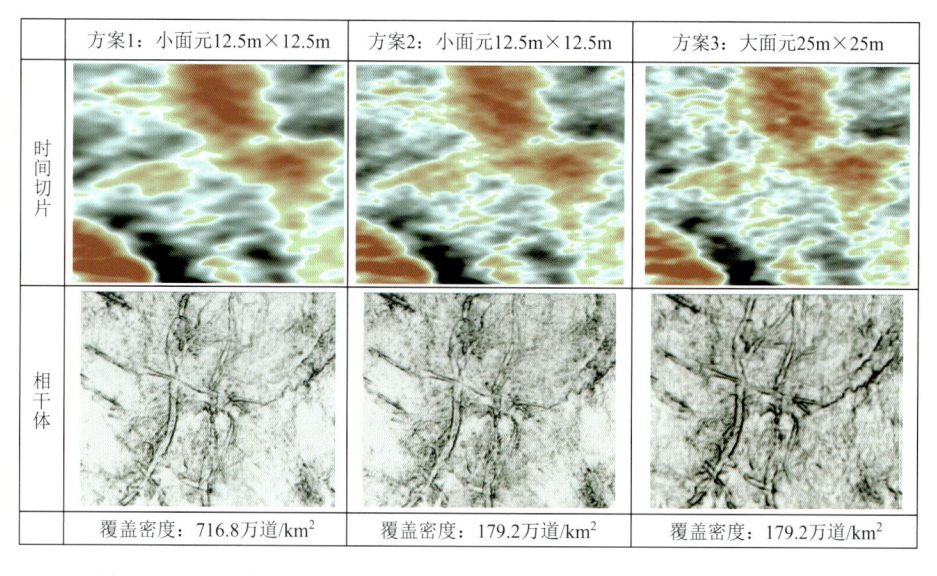

图 1.3-2 玛湖高密度三维地震不同采集方案对地质目标达成度的对比结果

第 2 章 地震采集关键技术及评价优化

2.1 地震采集基础理论及方法

2.1.1 地震波的激发

地震勘探是用人工激发的地震波来研究地下地质结构的一种物探方法。因此,地震波的激发是地震勘探的一个重要问题。一般要求激发的地震波有一定的能量,有较宽的频带(用倍频程或频宽来衡量)以及较高的主频,而且在多次激发时具有较好的重复性,这样才能得到深层的信息和高分辨率的地震记录。目前,针对陆上地震勘探的人工激发地震波方式主要有炸药震源激发和可控震源激发。

1. 炸药震源激发

1) 炸药震源激发机理

炸药爆炸过程分为先导冲击(起爆)、炸药物质化学反应和反应产物膨胀三个阶段。炸药起爆后在药体的局部首先发生爆炸化学反应,产生大量高温、高压和高速的气流。通常将爆炸形成的波场分为三个区:冲击波传播区为爆炸近区;应力波传播区为爆炸中区;地震波传播区为爆炸远区(图 2.1-1)。在岩石中爆炸时,则又称破碎区、塑性区和弹性区。

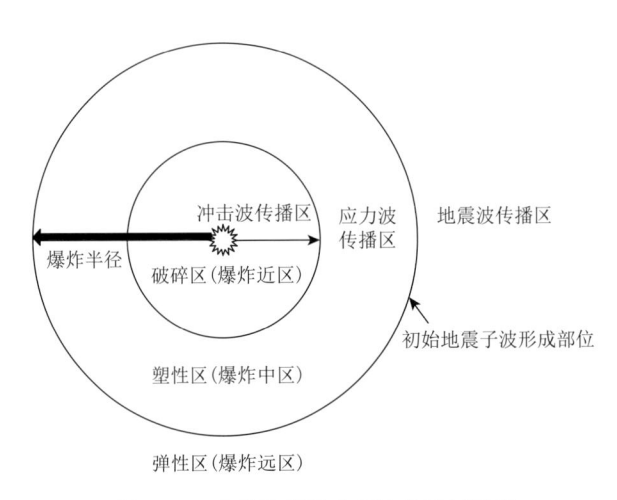

图 2.1-1 点状炸药爆炸后的分区示意图

当硬岩中的冲击波转化为应力波后,该区域就称为爆炸中区,也叫塑性区。应力波与冲击波的区别在于传播速度不同,应力波振幅的最大值出现在应力起始时刻。应力波的特征与药型、药包长度、药包形状以及围岩性质有关。在应力波以外爆炸远区(弹性区)，应力波蜕变为地震波，地震波传播速度与介质有关。它的初始波形叫地震子波。

2) 炸药震源趋势分析

随着"两宽一高"地震勘探技术的深化应用，考虑经济技术一体化因素和激发效果，可控震源应用面越来越宽，但仍未完全替代炸药震源。2011～2021年阜康凹陷和玛湖凹陷共计27个项目中纯炸药震源激发项目为5个，数量占比18.5%，工作量占比为12%，如图2.1-2所示。

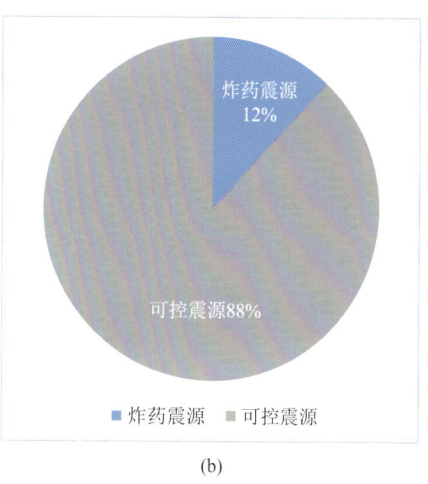

图2.1-2　2011～2021年阜康凹陷和玛湖凹陷炸药震源与可控震源的项目数量(a)和工作量(b)对比图

3) 地震子波特性与激发参数之间的关系

激发子波振幅 A 与炸药量 Q 的理论关系如下：

$$A = k_1 Q^{m_1} \tag{2.1-1}$$

式中，k_1 和 m_1 为系数，当 Q 较小时，$m_1 \rightarrow 1$；当 Q 较大时，$m_1 = 0.5 \sim 0.1$。可见对小药量，振幅随药量呈正比增加，而对大药量，振幅随药量无明显增加。二者的关系如图2.1-3所示。

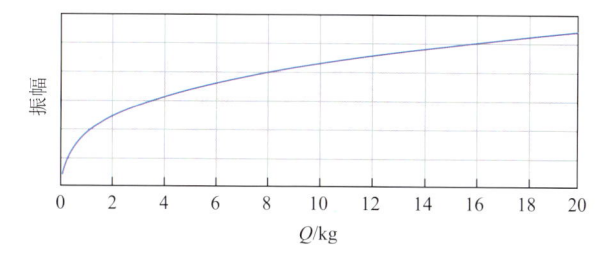

图2.1-3　药量与激发子波振幅关系示意图

与之相对应(表2.1-1)，随着药量的增大，激发子波的主频在起始阶段迅速变低，但当药量增大到一定值时，随着药量的增大，主频降低梯度明显变小，主频变化也相对平稳。因此在考虑激发药量时，既要保证激发子波的能量，即必需的信噪比，又要使子波频带较宽、主频较高，以提高地震资料的分辨率。

表 2.1-1　药量、地震波振幅与主频的关系

药量 Q/kg	1	2	3	4	5	6	7	10	15
振幅 A	1.00	1.25	1.44	1.58	1.70	1.81	1.91	2.15	2.5
主频 f_p/Hz	100	79.3	69.3	62.9	58.4	55	52.2	46.4	40.5

4) 子波形态与激发岩性之间的关系

地震子波的形态很大程度上取决于爆炸产生的冲击波，其特性与激发岩性有很大关系。究其原因，是炸药与激发介质的耦合程度不同。炸药与激发介质的耦合可分为几何耦合和阻抗耦合。几何耦合是指炸药与激发介质接触的紧密程度，要求接触越紧密越好。阻抗耦合指炸药的阻抗和激发介质的阻抗越接近越好。表 2.1-2 为不同岩性参数，图 2.1-4 为不同岩性情况下得到的子波位移曲线和频谱曲线。从图中可以发现：①砂岩（最好是含水砂岩）中激发的子波能量最强，主频最小，花岗岩中激发的子波能量最弱，主频最大［图 2.1-4(a) 和 (b)］；②砂岩激发的子波各频带的能量均强于其他岩样［图 2.1-4(b)］；③介质的波速越小，密度越小，激发的振幅越大，主频越低。由于花岗岩一类的坚硬岩石，炸药爆炸的能量主要消耗在破碎区中，形成子波的能量较弱。因此，在砂层尤其是含水砂岩或者黏土中激发要比在坚硬岩石中激发获得的能量更强。

表 2.1-2　不同岩性参数

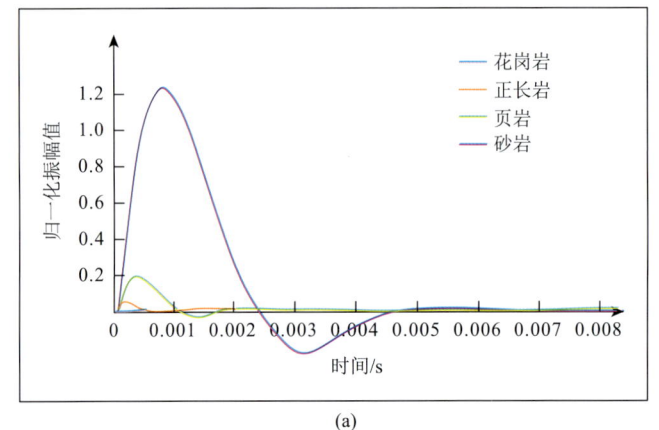

岩石名称	岩石密度/(kg/m³)	波速/(m/s)	泊松比
花岗岩	2800	5200	0.16
正长岩	2700	3000	0.16
页岩	2000	1800	0.25
砂岩	1200	900	0.30

(a)

(b)

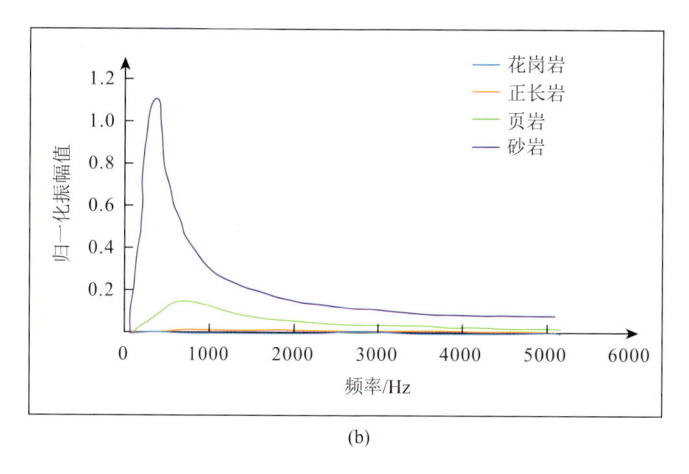

图 2.1-4 不同岩样的归一化位移曲线(a)和归一化频谱曲线(b)

5) 井深对地震勘探效果的影响

多年的勘探实践表明，在潜水面(高速层顶)以下激发，能够有效地避开低速层对地震波能量的吸收和衰减作用，提高激发效果。在潜水面以下激发的另一关键因素是充分考虑到了虚反射对激发效果的影响。

虚反射是指在高速层顶界面下激发地震波时(图 2.1-5)，高速层顶界面对向上传播地震波产生的下行反射，虚反射对地震资料频率有很强的滤波效应。

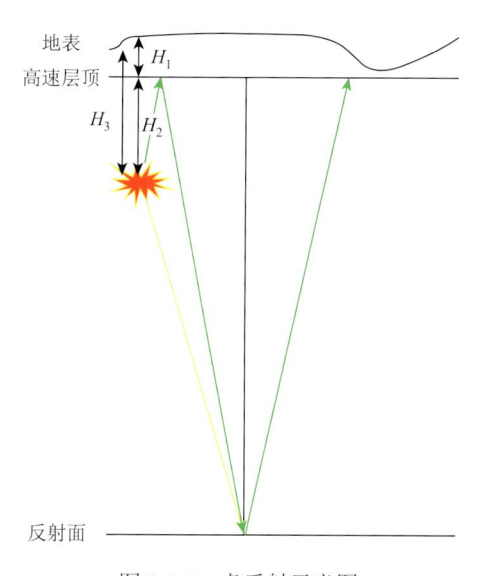

图 2.1-5 虚反射示意图

从理论上讲，两个相同的波在时间相差为 $T/2$ 时，振幅完全抵消。针对虚反射而言，由于虚反射存在先上行再下行的过程，假设激发点到高速层顶界面的距离为 H_2，则虚反射与激发直接产生的下行地震波实际距离相差为 $2H_2$。受虚反射界面的反射影响，虚反射与原下行地震波的相位相差 180°。

根据 H_2 与不同 λ 的分析，当 $0<H_2<\lambda/4$ 时，虚反射与激发直接产生的下行地震波随着井深的增加是相干加强的；当 $H_2 = \lambda/4$ 时，振幅达到最强；在 $\lambda/4<H_2<\lambda/2$ 区域内，振幅是逐渐减弱的；当 $H_2 = \lambda/2$ 时，叠加振幅则完全抵消，在此段选择井深，取得的效果势必与原期望值是相反的。所以，最理想的激发深度是激发点位于高速层以下刚好 $\lambda/4$ 的位置。关于 λ 值的选择和需要保护的频率以及高速层的速度有着直接的关系，最佳激发井深可以根据如下公式进行计算：

$$H_3 = H_1 + H_2, \quad H_2 = V/(4 \times F) \tag{2.1-2}$$

其中，H_1 为低速层厚度；H_2 为激发点进入高速层的深度；H_3 为设计实际井深；F 为保护的频率；V 为高速层速度。

在野外井深设计时，虚反射的影响可以通过双井微测井测定虚反射界面。图 2.1-6(a) 是某区双井微测井井下检波器记录，从图中可以看出，该区存在一个很强的虚反射界面，并且虚反射界面和高速层顶界面的深度基本吻合，约为 3m，如图 2.1-6(b) 所示。

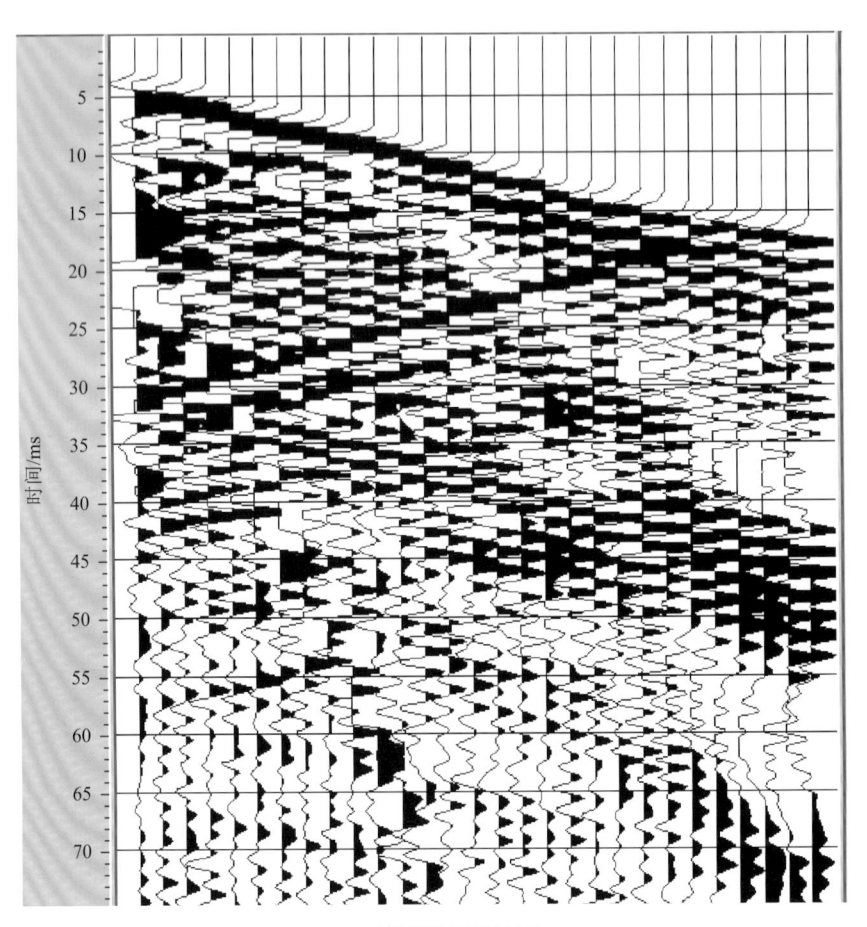

(a) 双井微测井的原始记录

$V_0 = 867\text{m/s}$, $H_0 = 2.88\text{m}$
$V_1 = 1678\text{m/s}$

(b) 虚反射和高速层顶界面

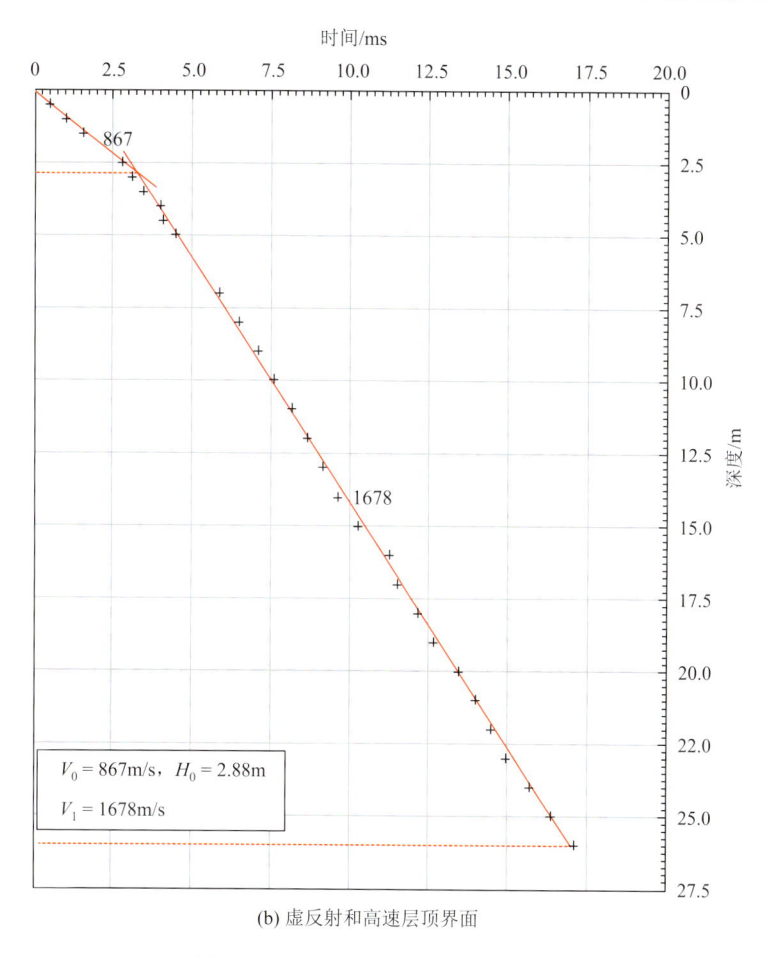

图 2.1-6　双井微测井测定虚反射界面

6) 井炮独立激发技术

井炮独立激发技术采用时间槽控制、全球定位系统(global positioning system，GPS)授时和时钟保持技术，在无需编码器的前提下完成井炮激发(支持多个放炮小组)，并记录对应的 GPS 绝对时刻、炮点桩号和井口时间等关键数据，从而替代了本应是仪器主机通过实时电台通信才能完成的井炮炮点激发控制功能，可同 428XL、G3i 等有线仪器配套使用，同时也支持与 Hawk、eSeis、SmatSolo 等节点仪器结合使用，保障野外生产顺利进行。井炮独立激发技术已在国内多个山地三维地震采集项目中得到规模化应用，顺利完成了数十万炮井炮采集任务，大幅提升了野外地震采集的效率。

7) 深层地震勘探对井炮激发的要求

随着勘探程度的深入，浅层目标越来越少，人们逐渐把目光投向了深层。但是，深层勘探面临以下问题：第一，深层反射信号弱。地震波在传播过程中，受球面扩散、非弹性衰减、透射损失等因素的影响，导致接收到的深层信号弱。第二，深层反射的远角道集缺失，影响后期的振幅随炮检距变化(amplitude versus offset，AVO)分析与叠前反演。第三，浅地表会造成地震波运动学及动力学特征的畸变，进而影响深层勘探。对于第一点，目前的常用做法是加大激发能量，但存在两个问题：第一，存在爆炸极限。当药量达到一定量后，激发能量将不再增加，反而激发噪声和面波会加强，影响资料的信噪比。图 2.1-7 是准噶尔盆地某地区不同激发药量原始单炮记录对比，激发因素：1 口×高速层×(1、2、4、8、12、16、24)kg。通过不同药量试验的对比，发现随着激发药量增加，单炮记录能量增大，同时次生干扰波能量增强，信噪比先升高后降低(图 2.1-8、图 2.1-9)。第二，小药量激发子波的主频高，但高频成分的能量弱，不能满足提高中深层分辨率的需要；大药量激发时子波高频成分的能量虽强，但主频偏低，同样不能满足提高中深层分辨率的需要(图 2.1-10)。

为解决以上问题，在准噶尔盆地进行了大量试验。结果表明，在埋藏深、断裂发育、波场复杂的区域应采用组合井激发，既能保证子波的主频，又能保证子波高频段的能量，从而提高地震资料分辨率。在保持总药量基本不变的情况下，分别进行了不同井深的 7 种情况的试验，如图 2.1-11 所示。

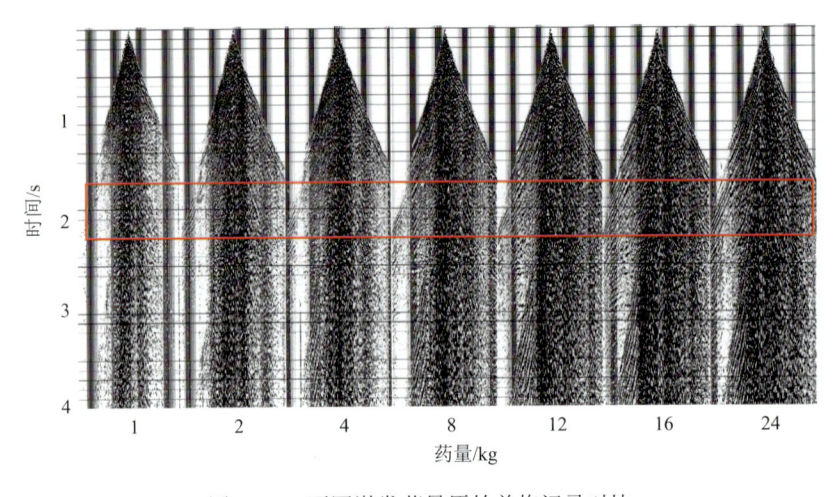

图 2.1-7　不同激发药量原始单炮记录对比

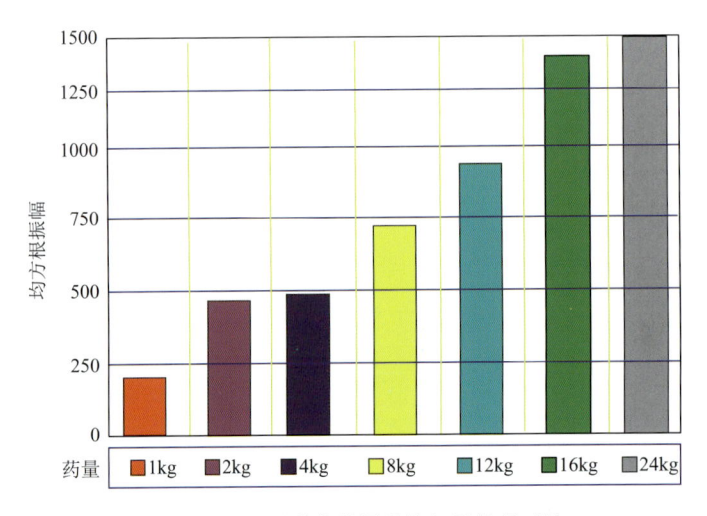

图 2.1-8　不同激发药量单炮记录能量对比

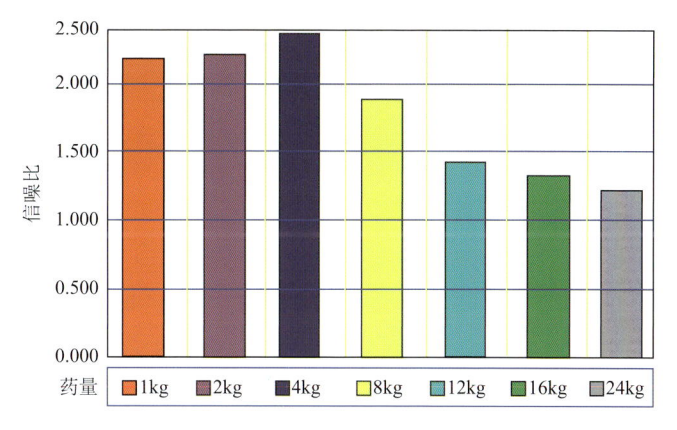

图 2.1-9 不同激发药量单炮记录信噪比对比

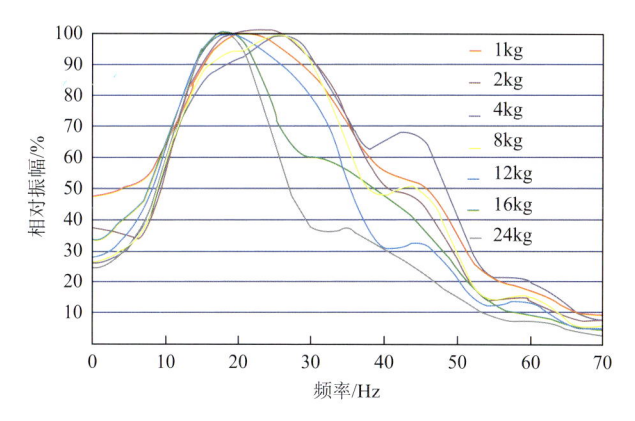

图 2.1-10 不同激发药量单炮记录频谱分析(归一化后)

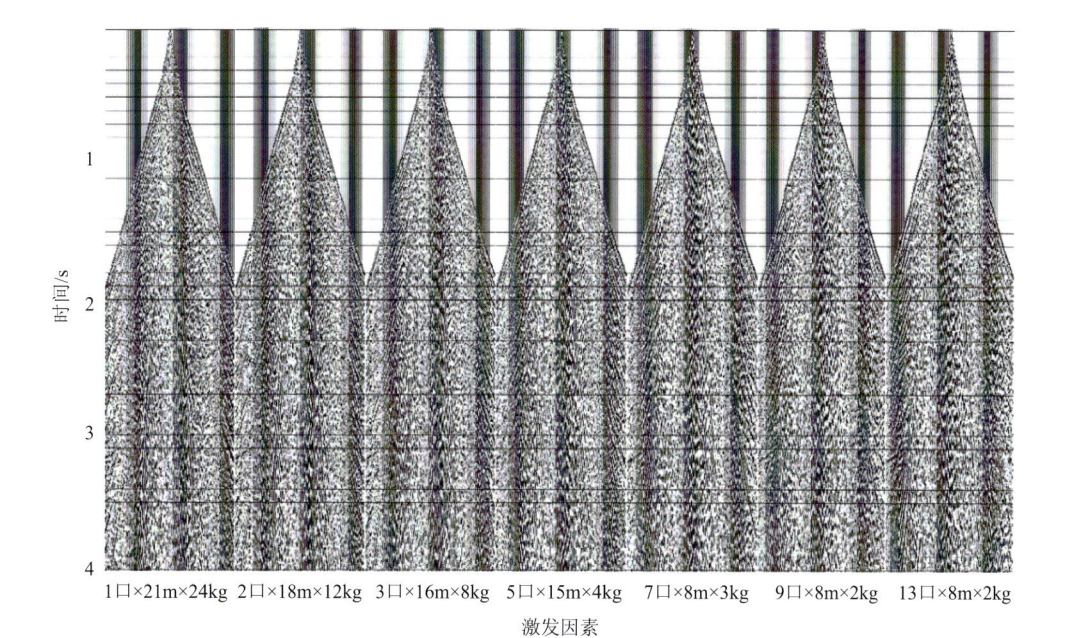

1口×21m×24kg 2口×18m×12kg 3口×16m×8kg 5口×15m×4kg 7口×8m×3kg 9口×8m×2kg 13口×8m×2kg

激发因素

图 2.1-11 准噶尔盆地某地区不同组合井数原始单炮记录对比

在单炮记录 1.5s 处选择一个能看到有效波的固定时窗进行定量分析，如图 2.1-12 红框所示。从定量分析来看，组合井 3 口激发单炮信噪比较好(图 2.1-12)；组合井数增加，单炮记录主频降低、频带变窄，3 口组合激发单炮记录主频和频带相对较好(图 2.1-13)；3 口组合激发单炮记录子波相关一致性较好(图 2.1-12)，随着组合井数增加，单炮记录自相关子波变差。

从图 2.1-12 和图 2.1-13 可以看出，随着组合井数的增加，单炮视觉信噪比略有所改善，但信噪比与组合口数增加不成正比关系，因此在达到一定覆盖次数后，完全可以采用较少的组合井数进行激发施工，控制勘探成本。

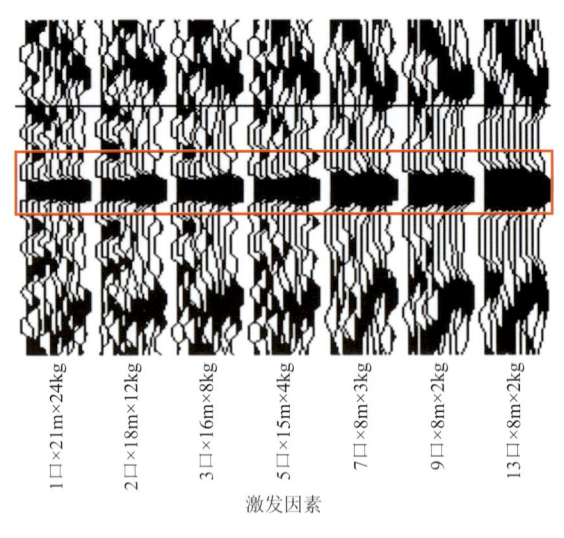

图 2.1-12　不同组合井数单炮记录自相关分析

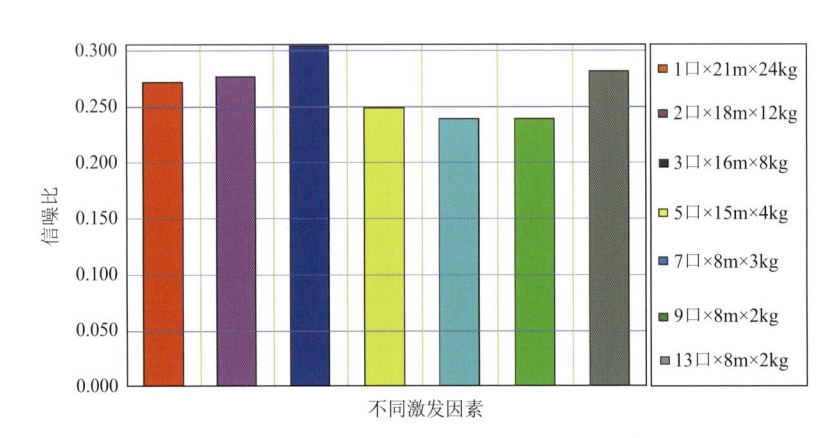

图 2.1-13　不同组合井数单炮记录信噪比对比

2. 可控震源激发

与炸药震源相比，地表激发的可控震源具有节能、环保等优点，目前已成为地震勘探中重要的激发震源之一。最早进行可控震源研究的是美国大陆石油公司(Continental

Oil Company，Conoco)的比尔·多蒂(Bill Doty)和约翰·克劳福德(John Crawford)。相关研究开始于 1952 年，经过 8 年的努力，到 1960 年底研制出液压式可控震源(vibroseis)并用于野外油气勘查。荷兰的乌得勒支(Utrecht)大学和日本的 OYO 公司，分别于 1989 年和 1990 年相继推出高频电磁式可控震源系统。这种震源的工作频率范围为 50～1500Hz，最大输出力为 500N。我国的可控震源研制是从 1978 年起步，主要研制液压式震源，从 1995 年开始研制大吨位液压震源。为了满足勘探需要，近年来分别研制了低频震源、高精度震源、横波震源等(赵殿栋，2015)。

1) 基本原理

炸药震源和一些用于地震勘探的地面震源，如落重震源、电火花震源和气枪震源等非爆炸地面震源所产生的地震信号一样，都是作用时间很短、信号振幅能量高度集中的脉冲信号，它们都属于脉冲震源。而可控震源所产生的信号则是作用时间较长、均衡振幅的连续扫描振动信号。

2) 可控震源使用的信号

在利用可控震源进行地震勘探的过程中，要求采用可控震源机械-液压系统能够响应，并能物理实现的信号，即信号频宽有限，设计的最低频率大于可控震源振动器所能激发信号的最低频率，设计的最高频率不能超出振动器所能激发信号频率的上限，并且震源所激发信号的频带应在大地可以传输的信号通频带内，且信号具有良好的分辨率，其自相关子波是零相位相关子波等。这类信号的振幅应为均衡振幅，且是在时域内持续一定时间的连续振动信号，这种信号的振幅和频率都要是时间的函数，称这样的信号为扫描信号，也称扫频信号。其中，应用较为广泛的就是线性扫描信号，这种信号具有相对稳定的振幅，信号频率随时间呈线性变化，其数学表达式如下(倪宇东，2012)：

$$S(t) = A(t)\sin\left[2\pi \times \left(F_1 t \pm \frac{k}{2}t^2\right)\right] \quad (2.1\text{-}3)$$

$$A(t) = \begin{cases} \frac{1}{2}[1+\cos\pi(t/T_1+1)], & 0 \leqslant t < T_1 \\ 1, & T_1 \leqslant t < T_D - T_1 \\ \frac{1}{2}[1+\cos\pi(1+(T_D-t)/T_1)], & T_D - T_1 \leqslant t \leqslant T_D \end{cases} \quad (2.1\text{-}4)$$

式中，$A(t)$ 为扫描信号 $S(t)$ 的振幅包络函数；扫描信号在开始和结束时，信号幅度有一逐渐变化的部分称为过渡带或斜坡，T_1 即为斜坡长度；F_1 为扫描信号的起始频率，即为震源开始扫描振动时的瞬时频率；k 为扫描信号频率变化率，简称扫描速率，它表示单位时间内扫描信号频率的变化；T_D 为扫描信号持续时间，称为扫描长度，若取正号，则扫描瞬时频率随时间的增加而升高，这种扫描称为升频扫描，若取负号，则扫描瞬时频率随时间的增加而降低，称为降频扫描。由于在降频扫描信号的检波器记录中经常出现二次谐波的现象，严重影响了地震记录的质量，因此通常会选择升频扫描的方式。目前扫描方式在往非线性扫描信号发展，因为线性扫描信号各频率成分的能量是均衡的，分辨率比较低，且受地层对高频成分吸收衰减的严重影响，从而进一步影响了地震剖面的分辨率。针对线性扫描信号的不足，提出了非线性扫描信号。

3)扫描方式

(1)线性扫描。线性扫描的频时曲线是线性递增的或线性递减的。线性递增的叫升频扫描,线性递减的叫降频扫描,如图 2.1-14 所示。线性扫描对于每一个频率点能量分配是相等的,所以线性扫描方式不具备频率吸收补偿作用。

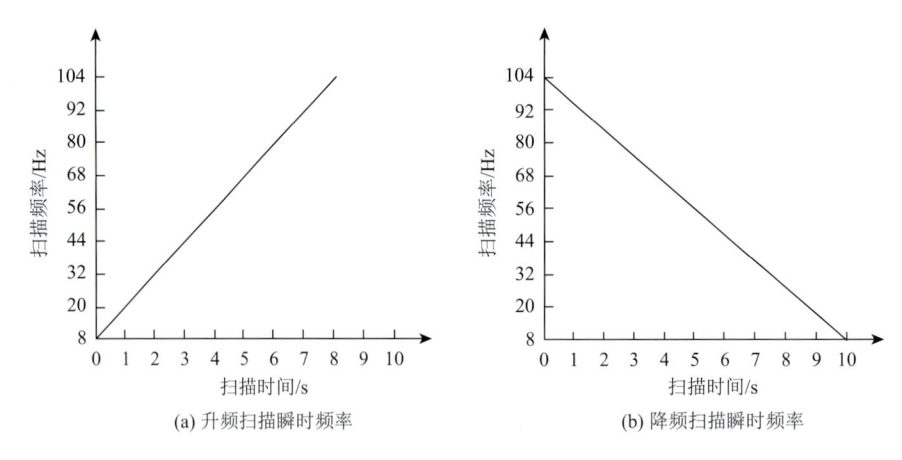

(a) 升频扫描瞬时频率

(b) 降频扫描瞬时频率

图 2.1-14 线性扫描信号频率随时间变化示意图

图 2.1-15 是线性扫描信号、振幅谱及其自相关波形,起始频率为 1.5Hz,终止频率为 90Hz,扫描时间为 2s,斜坡长度为 0.48s,扫描速率为 44.25Hz/s,绝对频宽为 88.5Hz,相对频宽为 5.9 个倍频程,时间采样间隔为 2ms。

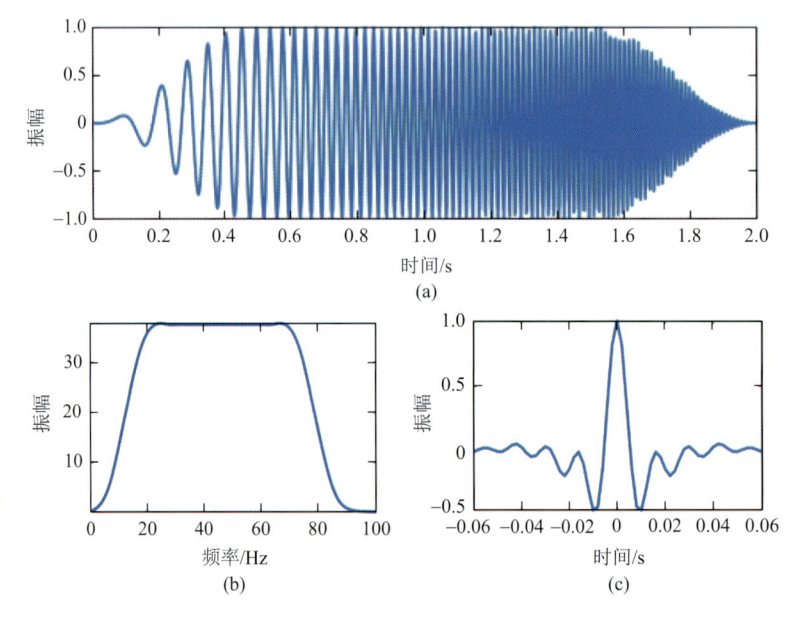

图 2.1-15 线性扫描信号(a)、振幅谱(b)和自相关波形(c)

图 2.1-16 是线性扫描信号和自相关后的振幅谱。通过对比发现,原始扫描信号的频

带范围和起初给定的起始频率和终止频率相符(1.5～90Hz)。但自相关后的频带范围变窄(6～85Hz)，低频和高频部分缺失。

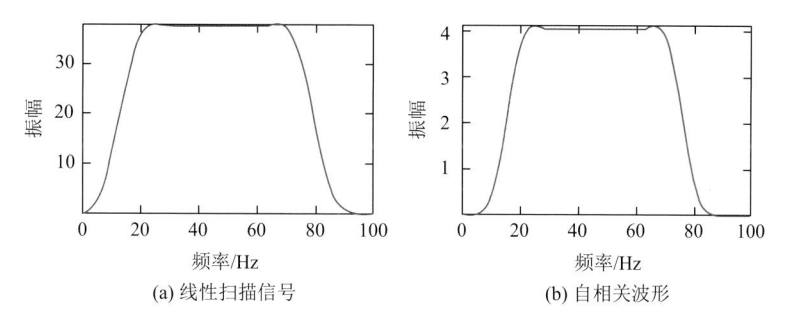

(a) 线性扫描信号

(b) 自相关波形

图 2.1-16 线性扫描信号的振幅谱和自相关波形的振幅谱

图 2.1-17 是 4s 扫描长度的线性扫描信号自相关前后的振幅谱。扫描时间(长度)为 4s，扫描速率为 22.125Hz/s。通过对比发现，原始扫描信号的频带范围为 1.5～90Hz；自相关后的频带范围为 4～87Hz。

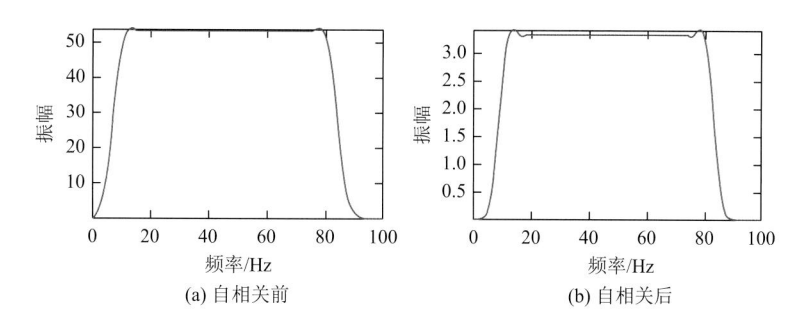

(a) 自相关前

(b) 自相关后

图 2.1-17 4s 扫描长度的线性扫描信号自相关前后的振幅谱

图 2.1-18 是 8s 扫描长度的线性扫描信号自相关前后的振幅谱。扫描时间(长度)为 8s，扫描速率为 11.063Hz/s。通过对比发现，原始扫描信号的频带范围为 1.5～90Hz；自相关后的频带范围为 3～88Hz。

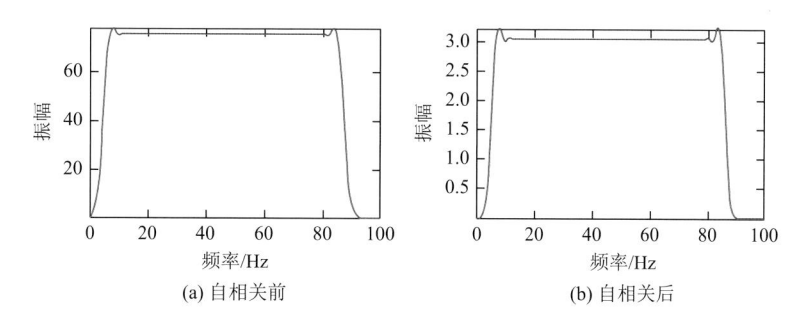

(a) 自相关前

(b) 自相关后

图 2.1-18 8s 扫描长度的线性扫描信号自相关前后的振幅谱

图 2.1-19 是 16s 扫描长度的线性扫描信号自相关前后的振幅谱。扫描时间(长度)为

16s，扫描速率为 5.532Hz/s。通过对比发现，原始扫描信号的频带范围为 1.5～90Hz；自相关后的频带范围为 2～89Hz。

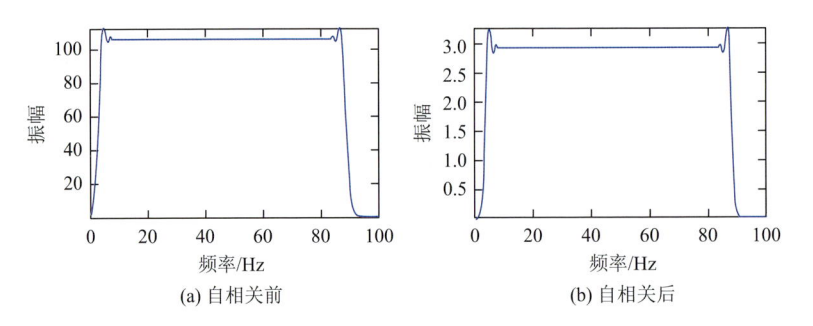

图 2.1-19　16s 扫描长度的线性扫描信号自相关前后的振幅谱

对不同扫描长度(4s、8s、16s)自相关前后的频谱进行观测分析。通过实验得知，增加扫描长度，也就是降低扫描速率，可以使自相关后的频谱向原始设计的扫描信号频谱靠近，拓宽频宽，达到最初想要激发的频谱范围。

(2) 串联扫描。串联扫描是埃克森美孚石油公司在 1994 年申请的一项专利，它主要是为了在野外的施工中提高生产效率。它是通过缩短监听时间和系统重置时间来提高采集效率，扫描时通过变换扫描信号的初始相位来进行扫描。在串联扫描中需要生成两个信号序列，一个在信号扫描时使用，另一个在相关时使用。如果要进行谐波的压制，那么扫描的段数不能少于要压制的谐波的最高阶次，如图 2.1-20 所示。

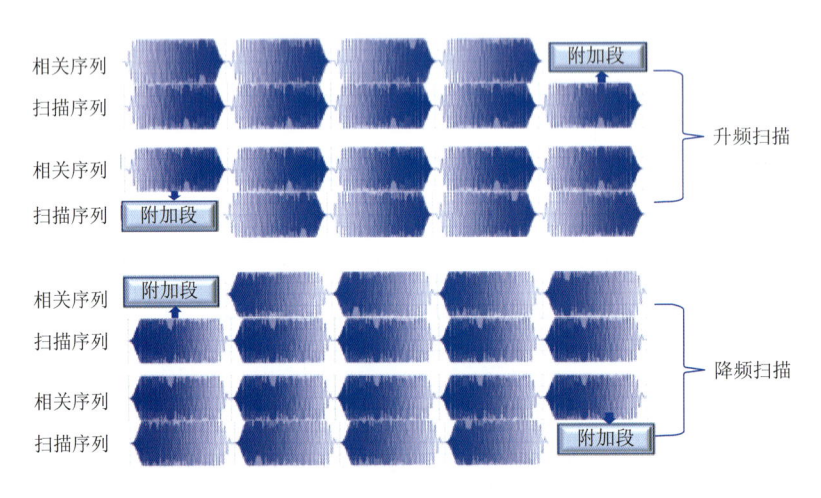

图 2.1-20　串联扫描的 4 种基本形式

(3) 整形扫描。可控震源扫描信号是一种作用时间较长，振幅均衡的连续振动信号。对可控震源的原始记录，一般要使用扫描信号与其相关来压缩，从而类比于脉冲源记录。相关旁瓣一直是影响可控震源资料的主要因素，相关旁瓣越小，资料信噪比越高，反之越低。相关旁瓣与扫描的类型、扫描的频宽、扫描长度、扫描斜坡及特定工区的谐波干扰等因素有关。为了减小相关旁瓣，一般要求扫描信号的频宽大于 2.5 个倍频程。现在的扫描一般是线性扫描，它的相关子波是克劳德子波，但其旁瓣比较宽。人们用那些主瓣突出、旁瓣较窄的子波来代替克劳德子波，例如里克子波或俞氏子波。这种利用已知振幅谱来设计扫描信号的方法就是整形扫描，其主要目的就是减少旁瓣，突出主峰。图 2.1-21 是克劳德子波、里克子波和俞氏子波，从图中可以看出里克子波和俞氏子波比克劳德子波有较窄的旁瓣和突出的主瓣。

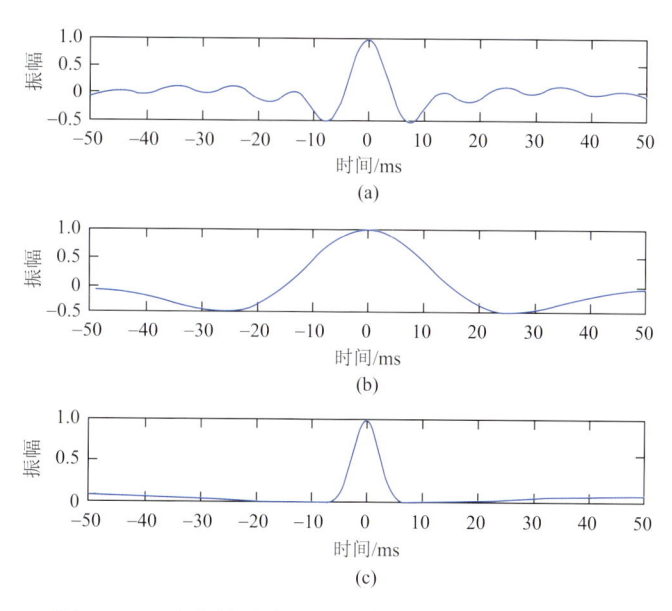

图 2.1-21　克劳德子波(a)、里克子波(b)和俞氏子波(c)

图 2.1-22(a)和(b)分别为点试验的整形扫描信号和线性扫描信号的相关记录，可以看出，在整形扫描信号的相关记录中，有效波同相轴清晰连续，能量集中，续至波较少，主频较高，提高了资料的分辨率，规则干扰和低频干扰得到一些衰减。而在线性扫描的相关记录中，有效波同相轴不够清晰，连续性差，相位较多，视主频较低，分辨率有所降低，资料品质较差。

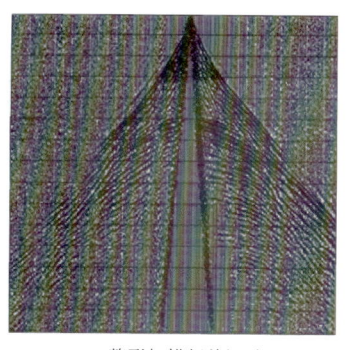

(a) 整形扫描相关记录　　　　(b) 线性扫描相关记录

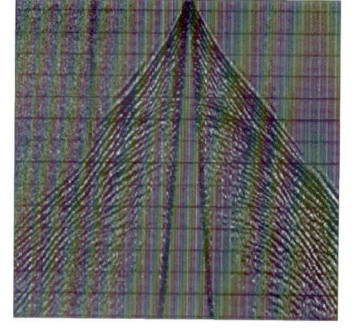

图 2.1-22　不同扫描信号相关记录

4) 可控震源高效采集技术

近年来，可控震源滑动扫描(slip sweep)、距离间隔同步滑动扫描(distance separated

simultaneous slip sweep，DSSSS)、独立同步扫描(independent simultaneous sweep，ISS)以及动态滑动扫描等高效采集技术在国内外得了广泛应用(Howe et al.，2008；Hou et al.，2014)。

壳牌（Shell）公司、阿曼石油开发（Petroleum Development Oman，PDO）公司等主要采用 DSSSS 技术，利用大吨位可控震源，低频扫描信号设计技术(如 PDO 公司采用 8 万磅①以上震源，1.5～86Hz 扫描频宽)作业。日作业效率(24h 作业)可达 1 万炮以上，最高日效超过 2 万炮。英国石油公司一直致力于推广应用其拥有的独立同步震源节点记录（independent simultaneous sources node-recording，ISSN）专利技术，在复杂地表区(如伊拉克广泛分布有地雷和危险爆炸物以及油田设施的鲁迈拉地区)应用取得了很好的效果，采用 15 组(台)震源作业，小时作业效率可达 1000 炮，日效(每天 7h)达 5000 炮以上。

(1)动态滑动扫描技术。

动态滑动扫描技术是通过设计时间与空间的叠合关系(T-D 关系图)，将交替、滑动和距离间隔同步滑动三种扫描方式结合在一起，既能提高效率，又能最小化高效噪声影响。该技术引入了时空域理念，突破了以往只考虑时间域或只考虑空间域的局限，滑动时间随距离变化而变化，不再固定(Pecholcs et al.，2010)。

动态滑动扫描与常规滑动扫描不同，常规滑动扫描只考虑扫描时间一个参数，而动态滑动扫描由两个参数来确定，即滑动扫描时间和相邻振次滑动扫描距离。震源滑动扫描时间随着震源相距距离的变化而变化，是动态的，而不是固定的，所以称为动态滑动扫描。图 2.1-23 为动态滑动扫描函数示意图。以新疆动态滑动扫描为例，震源相距较小(0～2km)时，滑动扫描时间为 18s(记录长度 6s + 扫描长度 12s)，采用交替扫描(flip-flop sweep)作业；震源相距足够远(如距离大于 2 倍最深目的层深度 12km)时，滑动扫描时间为零，采用同步激发作业；震源相距 2～12km 时，不同的距离对应不同的滑动扫描时间，如相距 5.9km 时滑扫时间为 5s。

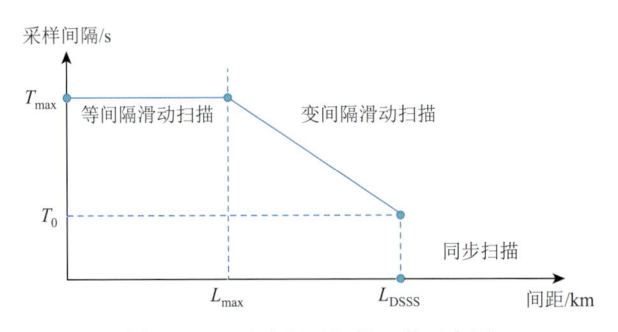

图 2.1-23 动态滑动扫描函数示意图

T_0：扫描起始时间；T_{max}：扫描结束时间；L_{max}：动态滑动扫描起始点；L_{DSSS}：动态滑动扫描结束点

428G 系统按照滑动扫描时间来判断优先级，滑动扫描时间短的排在前面先振动。优先级排队准则：428G 系统需要在某组震源起震后 2s 来计算做好准备震源的起振时间；根据做好准备震源与正在振动震源的距离来计算最小的滑动扫描时间，然后与前面已经

---

① 1 磅 = 0.453592kg。

做好准备的震源比较滑动扫描时间,如果排在前面已经做好准备的震源之后,计算出与该做好准备震源的距离和相应的滑动扫描时间,最后重新计算出最小滑动扫描时间。滑动扫描时间差小于 2s 的震源组之间的距离需要计算,判断是否满足同时振动的条件,以便组成距离间隔同步扫描震源组进行滑动扫描。按照滑动扫描时间最小优先的原则选定并发指令给下一个震源组或者距离间隔同步扫描震源组。如果滑扫时间相同,则平板做好准备信号先到的优先,即按照平板做好准备信号的时间先后来排队。

(2)高效混叠采集技术。

为了进一步提高采集效率并兼顾去除相邻炮之间的干扰。PDO 公司提出了可控震源高效混叠采集技术,并与东方地球物理公司合作进行了多次试验,试验取得了预期成果,该技术已全面投入地震数据采集项目中。可控震源混叠采集时,将采集区域划分为多块,每块称为一个群(cluster),如图 2.1-24 所示。在不同的 cluster 之间可控震源采用独立同步扫描(ISS)。在一个 cluster 内可控震源分组,组(fleet)内采用交替扫描,组与组之间采用滑动扫描。仪器采用连续记录,将未相关记录输出到生控机。可控震源管理由数字化地震队系统(digital seismic system,DSS)完成,可控震源扫描信号或匹配关系由 DSS 传送给质控机并存储。这种作业方式避免了邻炮之间在时间与空间两个域都高度重合的干扰产生,有利于室内去噪;同时由于震源在很多 cluster 内同时作业,极大提高了采集效率。该项技术可使采集效率达到每天 3 万～5 万炮。

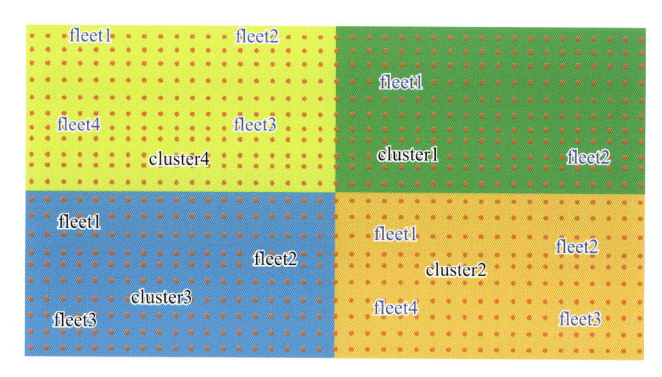

图 2.1-24 可控震源混叠采集示意图

荷兰代尔夫特理工大学(Delft University of Technology)的学者提出了"分散源组合"(dispersed source arrays,DSA)的理念(Tsingas et al.,2020)。地震勘探要求使用的可控震源具有尽可能大的频宽,但是制造具有大频宽的震源在技术上是非常困难的,在经济上也需要高投入。当制造者面临这两个问题时,只能采用折中的方法生产可控震源:要么提供大频宽、高价格的可控震源,要么提供相对低价格、小频宽的可控震源。在混源采集时,采用具有不同激发频带的窄带可控震源激发,那么针对目的层,通过叠加会得到大频宽的地震反射。图 2.1-25 是分散源组合示意图,不同红点大小代表具有不同频带特征的可控震源在不同炮点位置混合激发(起振时间差控制在 4s 内)。

采用 DSA 技术的激发理念有以下特点。

①多种不同尺度(频带分布)的陆地或海上震源,同时激发,连续记录。

②分频震源，简化设备制造，方便采集施工。
③激发点空间采样间隔随主频而变。
④海上变激发深度，最佳压制激发端虚反射。
⑤提高采集效率。
⑥优化震源信号及频带宽度。
⑦需要同时源数据分离或直接成像等配套处理技术。

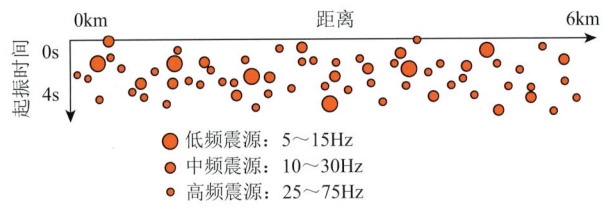

图 2.1-25　分散源组合示意图

5) 可控震源低频激发技术

由于高频成分在传播过程中容易被吸收衰减，因此为了提高地震勘探精度，拓展频宽，最有效的手段是拓展低频。目前，已有的低频信号激发技术和低频可控震源可使激发频宽拓宽为 6 个倍频程以上，远大于常规采集的 3～4 个倍频程。

可控震源低频激发技术对低频信号的稳定性和系统的控制精度要求很高。东方地球物理公司研发的 EV56 高精度可控震源实现了从低频向宽频的巨大跨越，在兼顾上一代震源性能的同时，激发频带从低到高都得到了扩展，为可控震源行业设立了新的技术标准，其总体性能领先国际同行整整一代，成为具有跨时代意义的可控震源产品。东方地球物理公司下属的英洛瓦(天津)物探装备有限责任公司提出了一种新的低频限制控制(low frequency control，LFC)技术，嵌入震源控制器硬件，确保震源平板线性扫描的低频段输出最大出力，该技术在低频段 10Hz 以下的震源平板输出力信号比定制的低频信号扫描的振幅提高了至少 5dB。该公司提出的谐波压制技术(harmonic distortion reduction，HDR)，通过硬件的改进，可从源头上减少谐波畸变的产生，如图 2.1-26 所示。

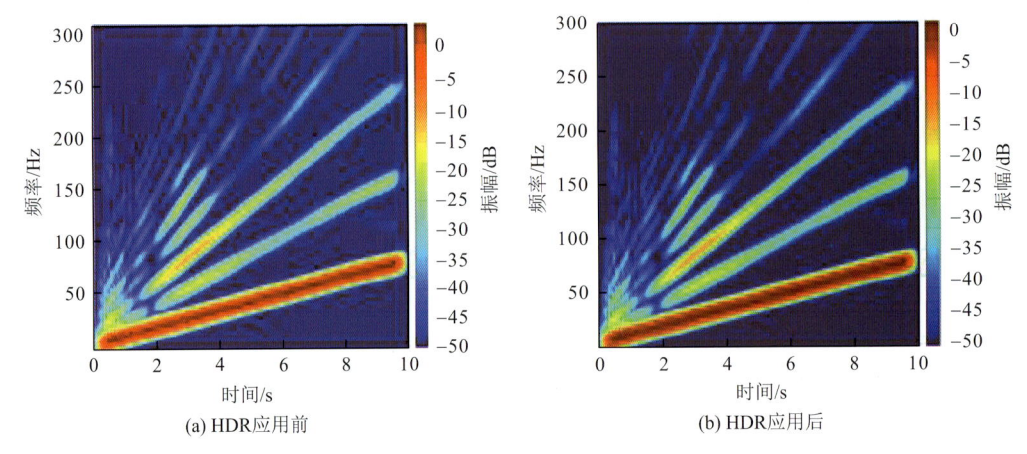

(a) HDR应用前　　　　　　　　　　(b) HDR应用后

图 2.1-26　系统改进前、后谐波显示示意图

法国 CGGVeritas 公司提出了 CleanSweep 技术，通过从野外实际获得的数据中提取一个反畸变信号加入原始扫描信号中来抑制谐波畸变的产生，如图 2.1-27 所示。

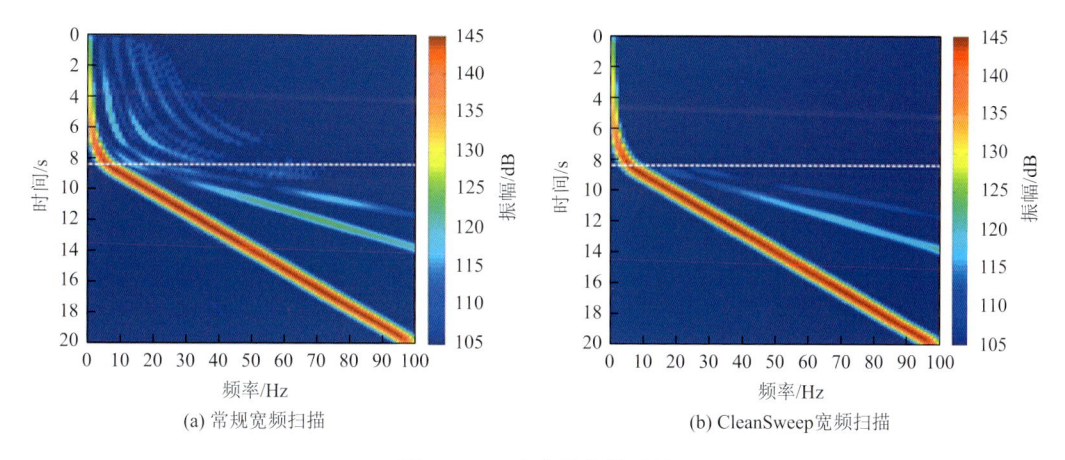

(a) 常规宽频扫描　　　　　　　　　　　　(b) CleanSweep 宽频扫描

图 2.1-27　力信号分析对比

2.1.2　地震波的接收

地震勘探数据采集系统可把接收到的地面振动转换为电信号，经过模数转换后被系统记录到存储系统称为地震记录。在野外，考虑到地震噪声的压制问题，通常采用组合法进行接收。为提高地震资料的分辨率以及地震信号的保真度和空间分辨率，发展了单点接收技术与节点地震仪。由于组合接收技术已是一种成熟的方法技术，其方法原理等已为大家所熟知。而单点接收是近年来发展较快、应用较多的接收方法，因此以下重点介绍单点接收技术的方法原理及所使用的仪器设备。

1. 单点接收基本原理

单点接收(采集)，顾名思义就是在每个物理接收点(一个地震道)只布设一个检波器，以单点方式接收地震信号。其中，检波器分为模拟和数字两种。

单点接收可以提高地震信号的保真度，但对信号和噪声均无压制作用，提高信噪比的环节后移到资料处理中心室内来完成。与组合接收相比，单点接收在保真方面优势明显。如在起伏地表区，地震波到达每个检波器的时间存在差异，组合后改变了地震波形特征，如图 2.1-28 中组合接收输出记录所示。单个检波器接收可以消除由于地形高差变化或近地表速度变化所造成的旅行时差异，克服了检波器组合时组内地震道叠加所造成的地震信号畸变、地震属性失真。除此之外，单点接收还有不存在组内的系统误差、初至波容易准确拾取、能提高静校正精度等特点。

从分辨率角度来看，单点高密度采集对所有信号充分采样，未经任何形式的过滤，这种采集较组合采集单炮频带更宽，分辨能力更高(图 2.1-29)。

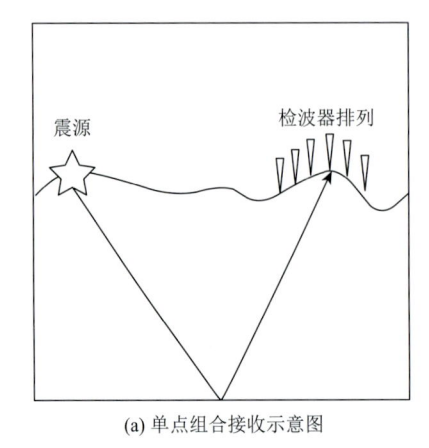

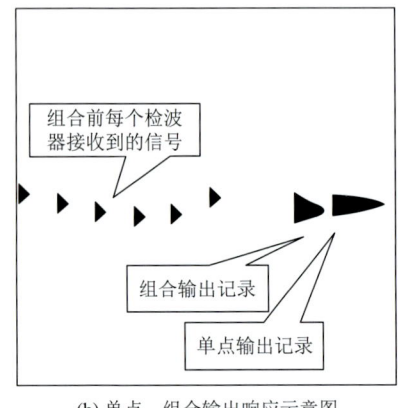

(a) 单点组合接收示意图　　(b) 单点、组合输出响应示意图

图 2.1-28　起伏地表单点、组合接收及输出响应示意图

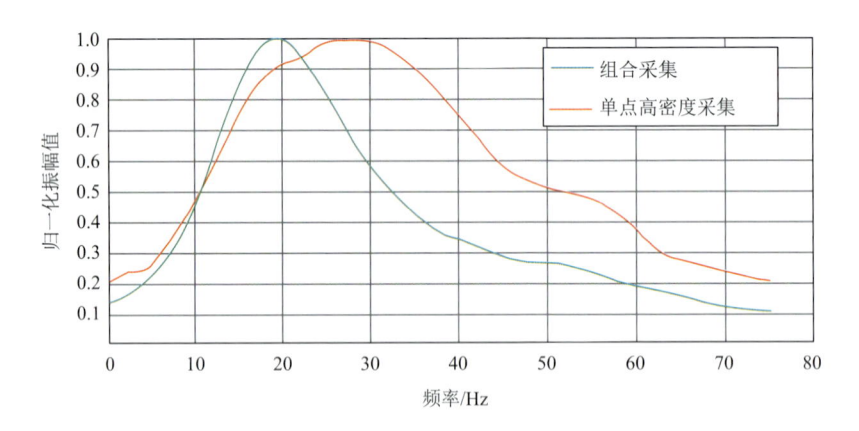

图 2.1-29　组合与单点单炮频谱对比

尽管单点检波器在提高分辨率方面优势明显，但应注意两个问题：其一，由于在提高信噪比方面无优势，且接收到的能量较弱，因此适合于目的层埋藏较浅、信噪比较高的地区。其二，单点采集对检波器的性能和埋置要求高，单个检波器如果工作不正常，会影响整道数据。如一定要使用单点接收，可考虑提高覆盖密度，用提高覆盖次数的办法提高信噪比。另外，室内组合也是必要的。

覆盖次数、信噪比之间存在一定关系，具体为

$$\sqrt{N} = \frac{\text{Section}_{S/N}}{\text{Shot}_{S/N}} \Rightarrow N = \text{Section}^2_{S/N} \times \left(\frac{1}{\text{Shot}_{S/N}}\right)^2 \quad (2.1\text{-}5)$$

式中，N 为覆盖次数；$\text{Shot}_{S/N}$ 为单炮记录信噪比；$\text{Section}_{S/N}$ 为期望剖面信噪比；剖面信噪比大于等于 2，可用于一般构造解释；剖面信噪比大于等于 4，可用于地震地层学解释；剖面信噪比大于等于 8，可用于波阻抗反演。

高密度空间采集是指大幅度提高单位采集面积的炮道密度[覆盖密度(D)]，具体计算可以采用以下公式：

$$D = \frac{\text{NX} \times \text{NRL} \times 10^6}{\text{SLI} \times \text{SI}} = \frac{N \times 10^6}{\dfrac{\text{RI}}{2} \times \dfrac{\text{SI}}{2}} \tag{2.1-6}$$

式中，SLI 为激发线距，m；SI 为炮线距，m；RI 为道间距，m；NX 为每条线接收道数；NRL 为接收线数；N 为覆盖次数。

根据覆盖次数和覆盖密度之间的关系，可以把式(2.1-5)代入式(2.1-6)，得到覆盖密度与单炮信噪比之间的关系式：

$$D = \left(\frac{\text{Section}_{\text{S/N}}^2 \times 10^6}{\dfrac{\text{RI}}{2} \times \dfrac{\text{SI}}{2}} \right) \times \left(\frac{1}{\text{Shot}_{\text{S/N}}} \right)^2 \tag{2.1-7}$$

图 2.1-30 是准噶尔某区覆盖次数和覆盖密度与单点接收单炮记录信噪比的关系曲线图。当剖面信噪比为 8 时，可以根据式(2.1-5)和式(2.1-7)计算出覆盖次数与覆盖密度。从图中可以看出，覆盖次数和覆盖密度与原始单炮记录信噪比呈倒数平方的关系，原始单点接收的单炮记录信噪比越低，需要的覆盖密度越高，当由各种干扰波造成的资料信噪比极低时，需要大幅度提高覆盖密度才可以提高地震剖面的信噪比。

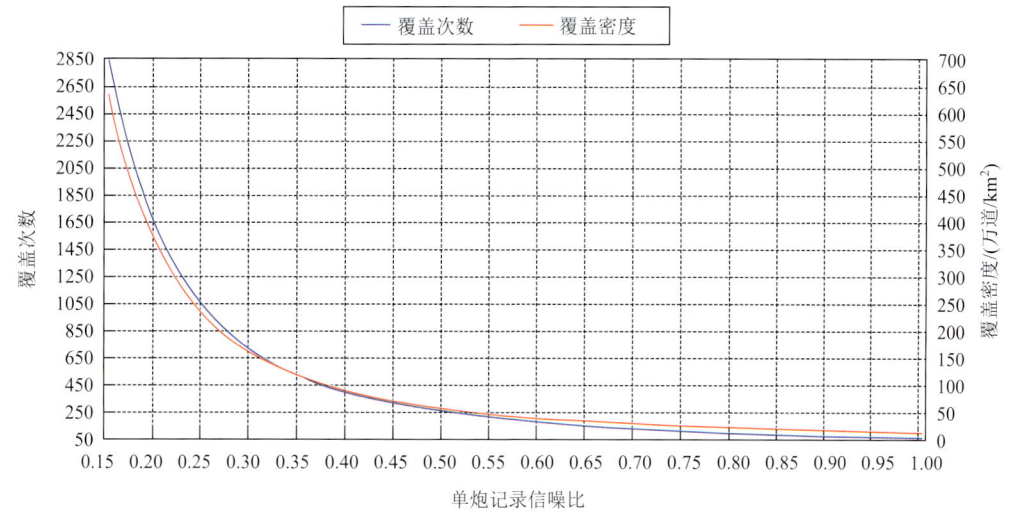

图 2.1-30　覆盖次数和覆盖密度与单点接收单炮记录信噪比的关系曲线

2. 单点接收设备

近年来，对岩性地层、复杂构造、深层油气藏成像精度的要求越来越高，使得"两宽一高"地震勘探技术被广泛应用，导致地震采集接收道数快速增长(几十万道、上百万道)，造成宽方位、高密度采集与勘探成本之间的矛盾越来越突出，同时野外工作量也成倍增加。然而，节点仪器的诞生有效解决了上述问题。

节点仪器作为单点接收的主力设备，包括数据采集电路、存储和控制电路、通信和接口电路、GPS 授时电路(原子钟)和电池，具有自主工作、连续采集、数据就地存储等特点。针对传统的有线地震采集系统，节点仪器由于没有数传电缆和检波器电缆而减轻了系统重量，特别适合于山地等复杂地形下的采集施工作业。节点仪器采用连续记录方式，每个节点都具有一个高精度时钟和GPS，通过内部或外接电池可连续记录长达十余天甚至更长时间（与电池容量和采集参数有关）的数据，借助GPS可实现真正的无桩号勘探。

节点仪器的数据采集过程是由传统的"采集—传输—记录"变成"采集—记录"，增加了施工的灵活性，当然也带来了缺少全面实时质量监控方面的问题。节点地震采集系统具有重量轻、勘探成本低、操作效率高、有效降低HSE[①]风险和系统可用性好等优势。在陆地勘探施工中，它受地形影响较小，方便进入各种地形作业，可以填充电缆采集的缺失数据，获得更加丰富的地质信息。目前，几种主流节点仪器的性能和功能参数对比如表2.1-3所示。

表2.1-3　主流节点仪器参数对比表

	项目	Hawk	GSX	Zland	NuSeis	eSeis
功能特点	工作模式	盲采	盲采	盲采	盲采	盲采/实时回收
	节点组成方式	采集站、电源站、检波器分离	采集站、电源站、检波器分离	采集站、电源站、检波器一体化	采集站、电源站、检波器一体化	采集站、电源站、检波器分离
	布站方式	人工	人工	人工	人工或自动布设	人工
	供电方式	外部电池	外部电池	内置电池	内置电池	外部或内置电池
	数据回收方式	机架	机架	机架	机架	机架/Wi-Fi
	连续工作时间/h	约620	720	864	672	680（外部电池）；40（内置电池）
	质量控制实时监控	不支持	不支持	不支持	不支持	支持
	防盗告警	无	无	无	无	本站移动告警；离站消失告警
技术性能	模数转换器	32位	24位	24位	24位	32位
	采样率/ms	0.25/0.5/1/2/4	0.25/0.5/1/2/4	0.5/1/2/4	1/2	0.25/0.5/1/2/4
	可编程增益/dB	0/6/12/18/24/30	0/6/12/18/24/30/36	0/6/12/18/24/30/36	0/12/24/36	0/6/12/18/24/30/36
	GPS时钟精度/μs	±25	±20	±10	±12.5	±10
	频率响应/Hz	0～1652	1～1600	1～826	1～413	0～1652
	滤波类型	零相位/线性相位或最小相位	线性相位/最小相位	线性相位/最小相位	线性相位/最小相位	线性相位/最小相位
物理特性	外壳材料	铝合金	塑料	塑料	塑料	铝合金
	质量/kg	1.72	1.6	1.7	0.862	2
	工作温度/℃	−40～85	−40～85	−40～60	−40～60	−40～85
	功耗/mW	约309	约150	700	<100	350

---

① HSE指健康（health）、安全（safety）和环境（environment）。

通过上述参数的对比，结合当前地震勘探的需求，节点仪器正朝着轻量化、体积小、长续航等方向发展。在实际施工中，由于无法监视节点仪器工作状态，有线仪器和节点仪器的混合使用成为部分地震勘探项目解决复杂环境下大道数采集的有效方法。

2.1.3 观测系统设计

观测系统设计简单来说就是设计激发点与接收点的空间位置关系。观测系统设计首先要根据以往资料建立观测系统论证所需的地球物理参数；其次，分析计算确定观测系统所需的面元尺寸、最大炮检距、最小炮检距、偏移孔径、覆盖次数等参数；再次，根据计算的观测系统参数和仪器装备能力，设计几种满足基本条件的候选观测系统；最后，分析候选观测系统的各种属性，包括炮检距、方位角、覆盖次数及叠前偏移等属性分析，根据属性分析结果和技术经济评价，拟定1~2种观测系统作为建议方案（Wloszczowski et al.，1998；Liner et al.，1999；Morrice et al.，2001）。

1. 观测系统概念

1）二维观测系统

二维观测系统是指测线在地表的一条直线上，仅能勘查地下某一剖面的观测系统。如果激发点与测线在同一直线上，则称为纵测线观测系统；否则称为非纵测线观测系统。

2）三维观测系统

三维观测系统是指炮检点不是分布在一条直线上，而是分布在一个平面内。炮检点通过按一定规律在主测线（inline）和联络测线（crossline）上的连续滚动获得地下一个面的地质信息。从严格意义上来说，弯线、宽线观测系统观测的也是地下一个面的信息，因此也属于三维观测系统。

2. 观测系统参数论证

1）满足地质要求的频率计算

根据地质任务或储层的厚度，确定要保护的反射波最高频率。对垂向分辨率而言，地震波分辨率为地震波长的1/4，即

$$D_r = V_{int}/(4F_{max}) \tag{2.1-8}$$

其中：D_r为纵向分辨率，m；V_{int}为目的层的层速度，m/s；F_{max}为目的层最大频率，Hz。有时候通过后期提频处理以及储层反演等手段，也可以按可分辨1/8波长分辨率来计算。

2）覆盖次数分析

覆盖次数主要考虑构造的复杂程度和表层激发、接收条件。但在实际操作中无法从构造的复杂程度和激发、接收条件来定量分析或推断覆盖次数的大小。

二维地震勘探的覆盖次数选择主要从以下两个方面来分析论证：一是认真分析以往不同覆盖次数的剖面信噪比，选择合适的覆盖次数，也可借鉴相邻成熟勘探区的覆盖次数；二是在新勘探区域，可以根据地下构造的复杂程度，借鉴类似地区的覆盖次数进行针对性试验。

二维地震勘探的覆盖次数计算公式：

$$\text{Fold} = \frac{n}{2d} \tag{2.1-9}$$

三维地震勘探覆盖次数计算公式：
纵线方向覆盖次数：

$$\text{Fold}_x = \frac{n}{2d_x} \tag{2.1-10}$$

横线方向覆盖次数：

$$\text{Fold}_y = \frac{P \times R}{2d_y} \tag{2.1-11}$$

总覆盖次数：

$$\text{Fold}_\text{总} = \text{Fold}_x \times \text{Fold}_y \tag{2.1-12}$$

式中，Fold_x 为纵线方向覆盖次数；n 为排列内一条接收线道数；d_x 为炮线距与道间距之比；d 为炮点的滚动道数；Fold_y 为横线方向覆盖次数；P 为排列不动所需的激发点数；R 为接收线数；d_y 为线束之间与接收线移动距离相当的激发点数。

具体进行覆盖次数分析时，可以根据已知信息首先测算原始记录的信噪比(S/N)，可以利用叠后或叠前数据，原始单炮的 S/N 等于叠后数据(或偏移叠加数据)S/N 除以叠加覆盖次数的平方根(叠后 S/N = 原始 S/N×$\text{Fold}^{1/2}$)。根据期望的 S/N 和由原始数据估测的 S/N，可以初步确定所需的覆盖次数：

$$\text{Fold}_\text{required} = \left[\frac{(S/N)_\text{required}}{(S/N)_\text{raw}}\right]^2 \tag{2.1-13}$$

3) 道间距论证

道间距的论证是采集设计中的一个关键内容，在道距的选择时应考虑以下因素。

(1) 满足具有较好横向分辨率的要求。偏移前的横向分辨率与第一菲涅耳带的半径有关，横向分辨率是菲涅耳带半径的倒数，如果两个绕射源的距离小于这个距离，它们就不能分辨开。

根据瑞利准则，纵向分辨率为 $\frac{\lambda}{4}$，据此计算出第一菲涅耳带半径为

$$L = \sqrt{\frac{1}{2}\lambda h + \frac{\lambda^2}{16}} \tag{2.1-14}$$

在每个优势频率的波长范围内取两个样点，与此相应的边长就能保证有良好的分辨率，具体公式如下：

$$b_1 = \frac{v_\text{int}}{2f_\text{dom}} \tag{2.1-15}$$

式中，b_1 为面元尺寸，m；v_int 为目的层上一层速度，m/s；f_dom 为目的层优势频率，Hz。

(2)满足最高无混叠频率的要求。倾斜同相轴要满足偏移前最大频率不发生混叠,即满足最高无混叠频率法则:

$$b_2 = \frac{v_{rms}}{4f_{max}\sin\theta} \quad (2.1\text{-}16)$$

式中,b_2 为面元尺寸,m;v_{rms} 为均方根速度,m/s;f_{max} 为有效波最高无混叠频率,Hz;θ 为地层倾角,(°)(图 2.1-31)。

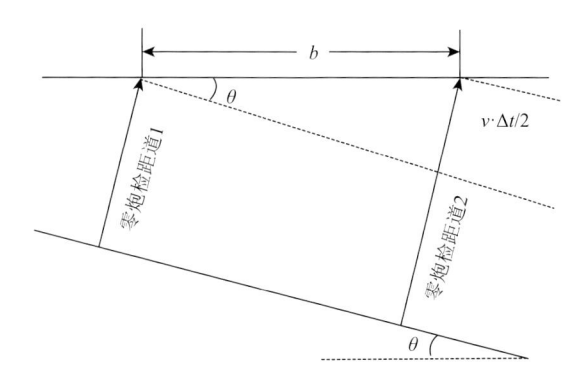

图 2.1-31 面元尺寸与空间无假频关系

(3)满足 30°绕射收敛。绕射收敛的偏移孔径一般为 30°,因此要满足 30°的绕射波偏移成像时不产生空间假频,即满足:

$$b_3 = \frac{v_{rms}}{4f'_{max}\sin 30°} \quad (2.1\text{-}17)$$

式中,b_3 为面元尺寸,m;v_{rms} 为均方根速度,m/s;f'_{max} 为有效波最高视频率,Hz;30°为偏移时绕射收敛角度。

(4)基于地震剖面的道间距分析。从地震剖面中量取倾角最大的道间时差,分析满足资料叠加对道间距的要求,基本原则是相邻道时差小于半个周期。即

$$\Delta x \leq v_{rms} \times \Delta T/2 \quad (2.1\text{-}18)$$

式中,v_{rms} 为均方根速度,m/s;ΔT 为相邻道时差,s。

(5)基于正演模拟的道间距分析。三维观测系统采用多炮激发、多道接收的观测方式,接收线中相邻接收点的距离表示道间距,只有选择较小且合适的道间距才有利于突出横向异常特征,有利于断点位置的确定。如图 2.1-32 所示的道间距影响下的叠加振幅特性曲线,如果道间距越小,会产生越宽的通放带,具有与一次波速度相近的多次波就更容易被保留,这就不利于压制干扰波,会降低资料的信噪比;如果道间距取值过大,压制了一次波,但丢失了有效信息,证明较小且合适的道间距才能满足设计要求。

①道间距与采样频率密切相关,所以常从最高保护频率入手设计道间距。道间距设计必须满足空间采样定理,即有效波不得出现空间假频,依据公式:

$$\Delta x \leq \frac{v_{int}}{2f''_{max}\sin\varphi} \quad (2.1\text{-}19)$$

式中，Δx 为目的层要求的道间距，m；v_{int} 为目的层上覆地层速度，m/s；f''_{max} 为要保护的反射波最高频率，Hz；φ 为目的层倾角，(°)。

②对于小倾角地层，由于采用下倾方向接收、上倾方向激发方式，对道间距的参数设计要求会更低，则可以选择上倾公式来论证道间距，依据公式：

$$\Delta x = \frac{\overline{v}}{2f_s \sin \arctan\left(\dfrac{\text{SOR}_{max} + 2h\sin\varphi}{2h\cos\varphi}\right)} \quad (2.1\text{-}20)$$

式中，Δx 为上倾放炮的道间距，m；SOR_{max} 为目的层最大炮检距，m；h 为目的层埋深，m；f_s 为有效信号的最高频率，Hz；$\overline{v}$ 为目的层平均速度，m/s；φ 为目的层倾角，(°)。

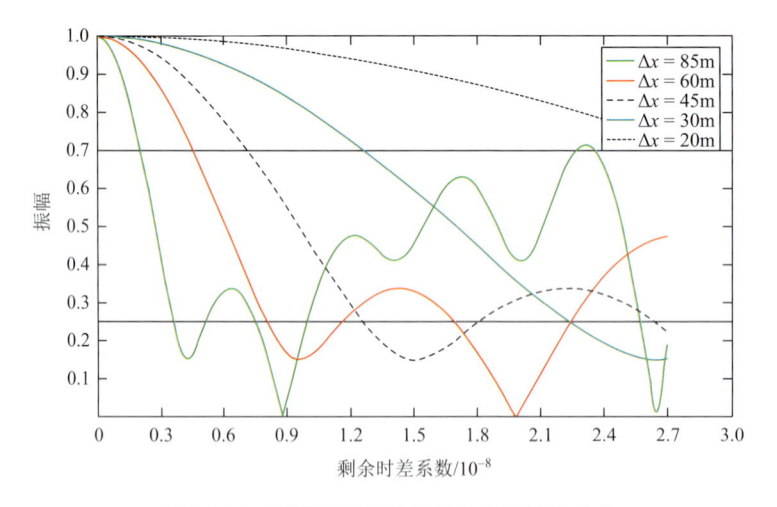

图 2.1-32 随道间距变化的叠加振幅特性曲线

如图 2.1-33 所示的某工区道间距与最高频率的论证曲线，在同一目的反射层，如果需要保护的最大频率越高，只有选取越小道间距才能满足要求；针对不同埋深的目的层，选取相同道间距，目的层埋深越大，最高频率越小。

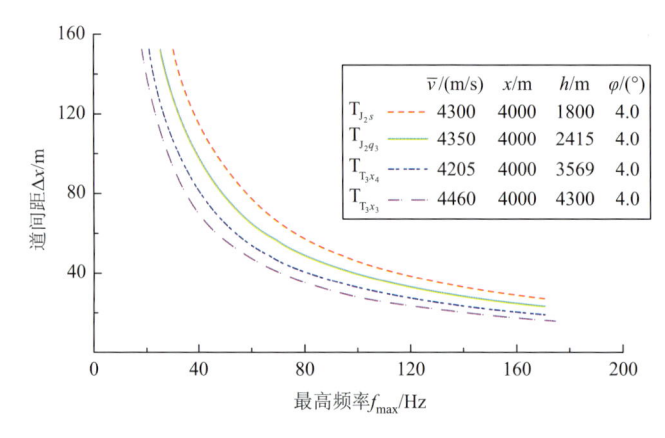

图 2.1-33 道间距与最高频率的关系曲线

③压制相干噪声。当勘探工区存在较强的相干噪声时，道间距要有利于叠前去噪，依据公式：

$$\Delta x \leqslant \frac{v_{\min,N} v_{\min,S}}{f_{\max,N}(v_{\min,N} v_{\min,S})} \tag{2.1-21}$$

式中，Δx 为目的层要求的道间距，m；$f_{\max,N}$ 为主要噪声的最高频率，Hz；$v_{\min,N}$ 为噪声的最低速度，m/s；$v_{\min,S}$ 为目的层有效信号的最低速度，m/s。

下面是针对某工区断层，对 30m 和 40m 的道间距进行正演模拟分析。在断层以西 3620 点位置进行两次模拟激发，尽量保证最大炮检距相同，30m 道间距 212 道接收，40m 道间距 160 道接收，图 2.1-34 为断层西侧不同道间距的对比模拟激发。

由图 2.1-34 可知，分别采用 30m 和 40m 的道间距在同一位置模拟激发的效果几乎一样，根据道间距的参数论证部分可知较小道间距会提高叠加效应，对比分析 30m 和 40m 道间距，目的层 $T_{J_2q_3}$ 和 $T_{T_3x_3}$ 反射界面的射线分布无明显差异，可见道间距的减少对增加射线密度没有明显效果，因此当照顾深层成像质量，优先考虑 40m 道间距设计观测系统排列。

对断层以东 5860 点同样进行模拟激发。如图 2.1-35 所示，在断层以东 5860 点激发处，30m 和 40m 的道间距激发效果无明显差异。因此可以得出与上述在断层以西 3620 点激发时的相同结论。综上所述，建议选择 40m 的道间距，以便获得较好的深层地震资料。

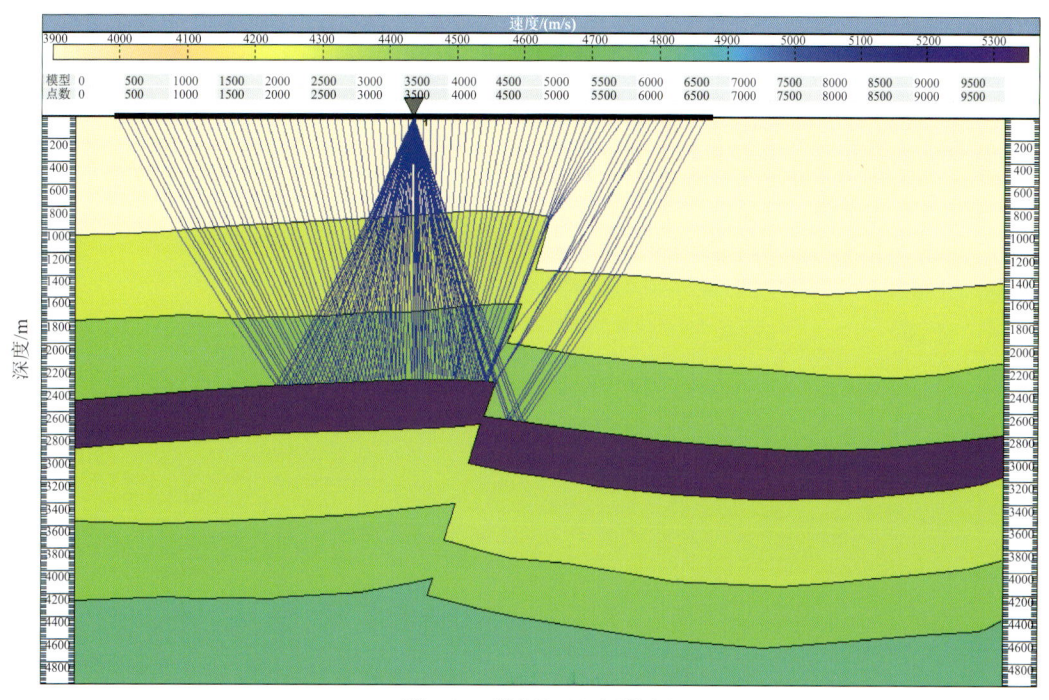

(a) 道间距30m激发$T_{J_2q_3}$界面反射路径

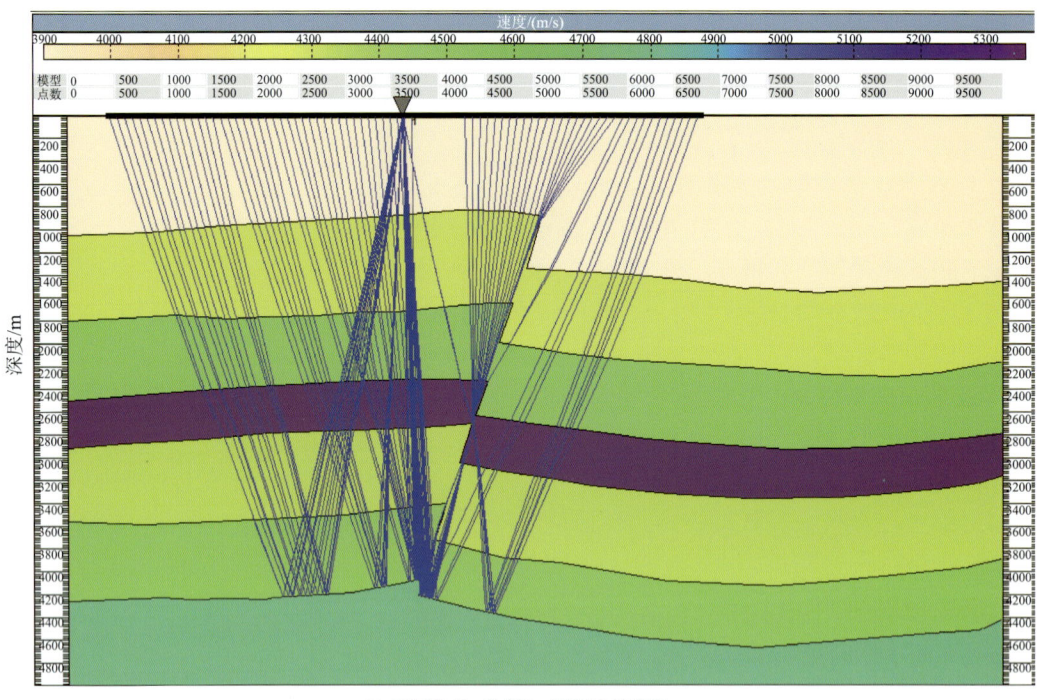

(b) 道间距40m激发$T_{T_3x_3}$界面反射路径

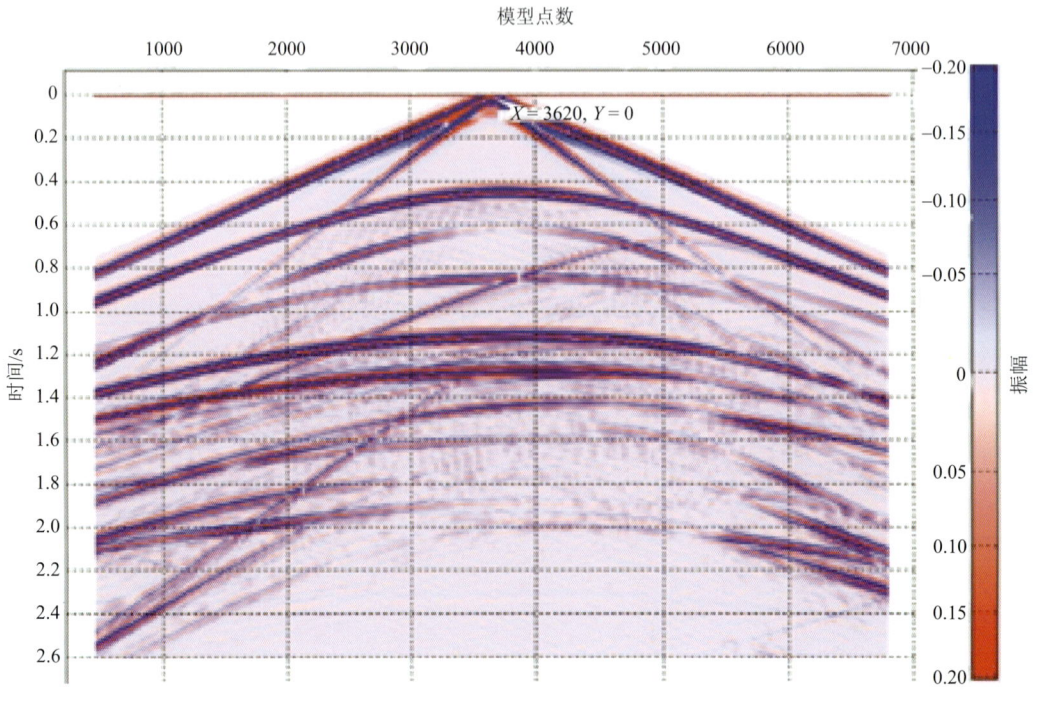

(c) 道间距30m单炮模拟激发正演记录

第 2 章　地震采集关键技术及评价优化

(d) 道间距40m单炮模拟激发正演记录

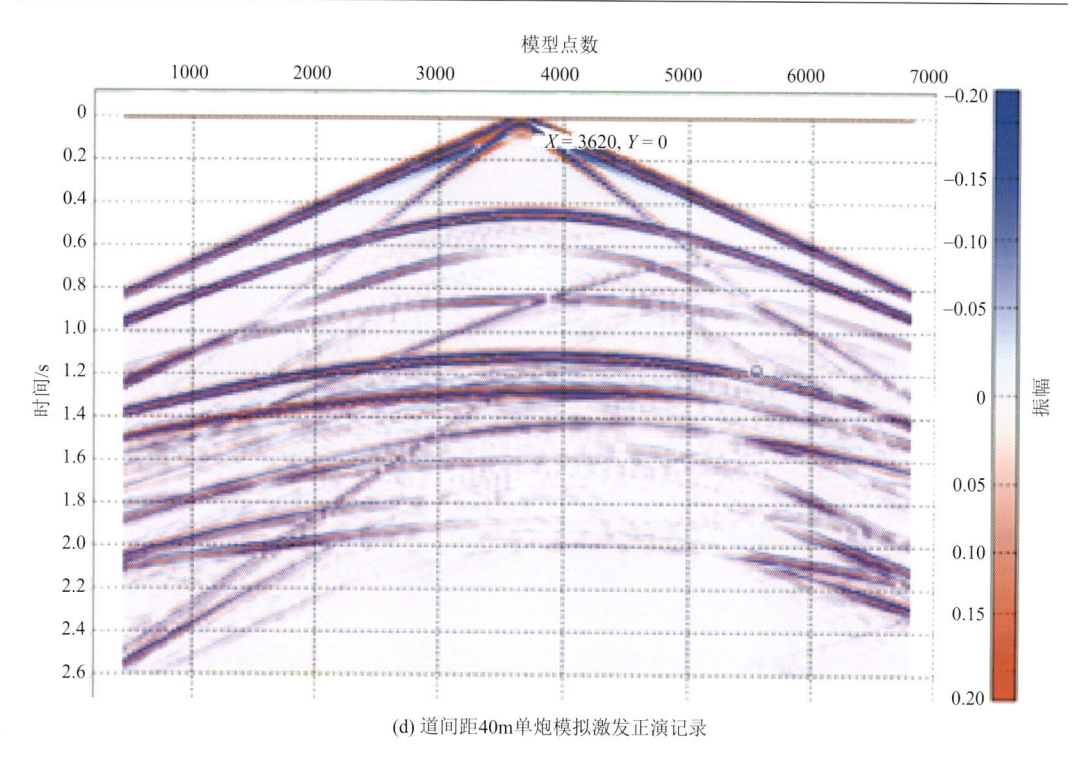

图 2.1-34　断层以西不同接收道间距激发模拟对比（激发点均在3620点位置）

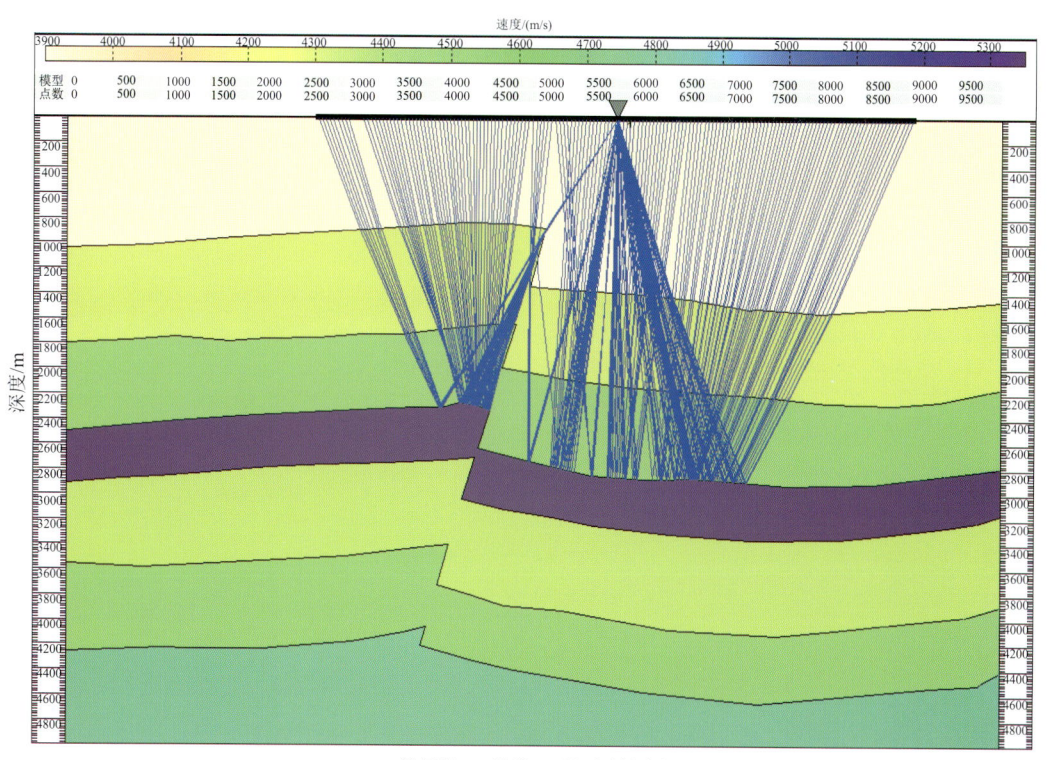

(a) 道间距30m激发$T_{J_2q_3}$界面反射路径

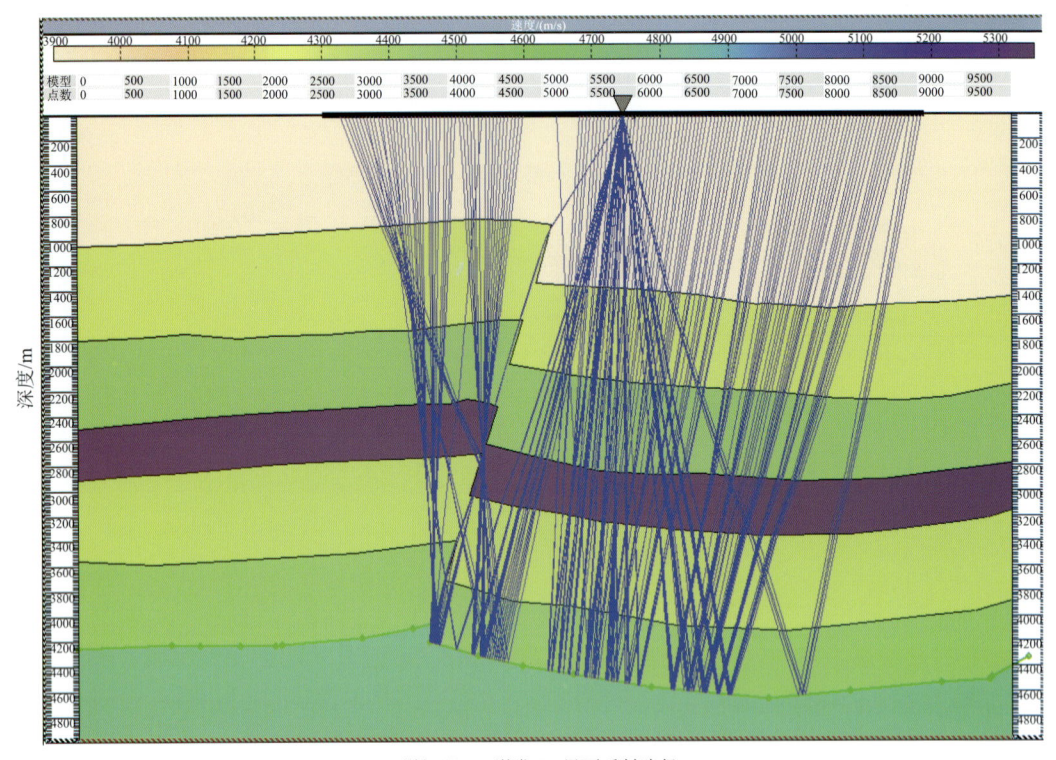

(b) 道间距40m激发$T_{T_3x_3}$界面反射路径

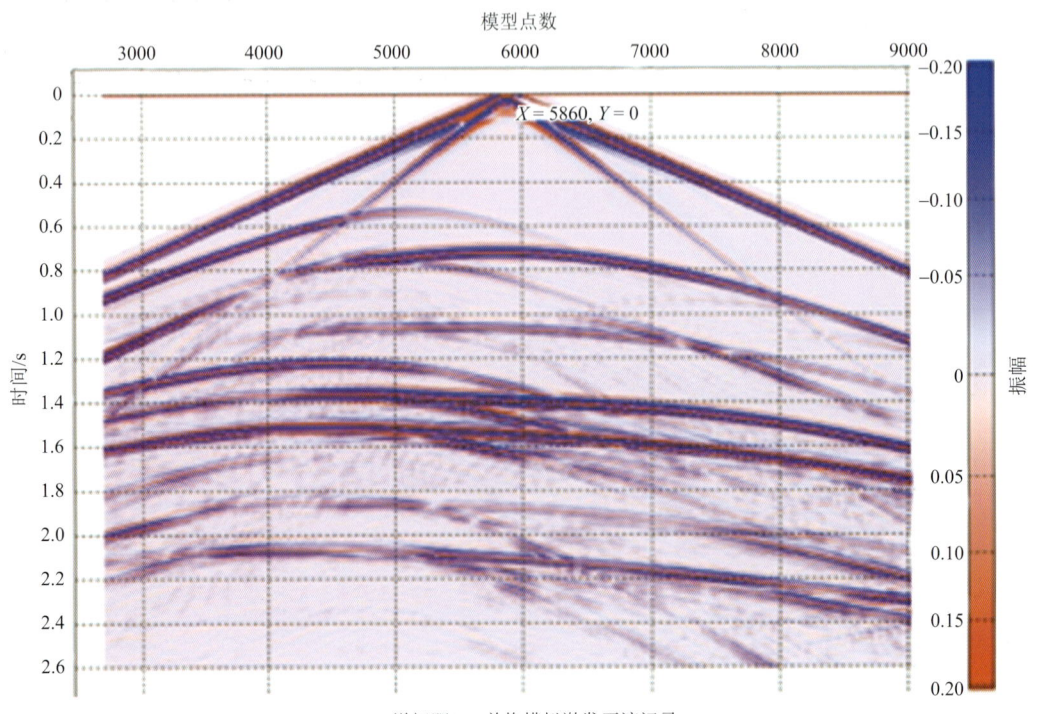

(c) 道间距30m单炮模拟激发正演记录

(d) 道间距40m单炮模拟激发正演记录

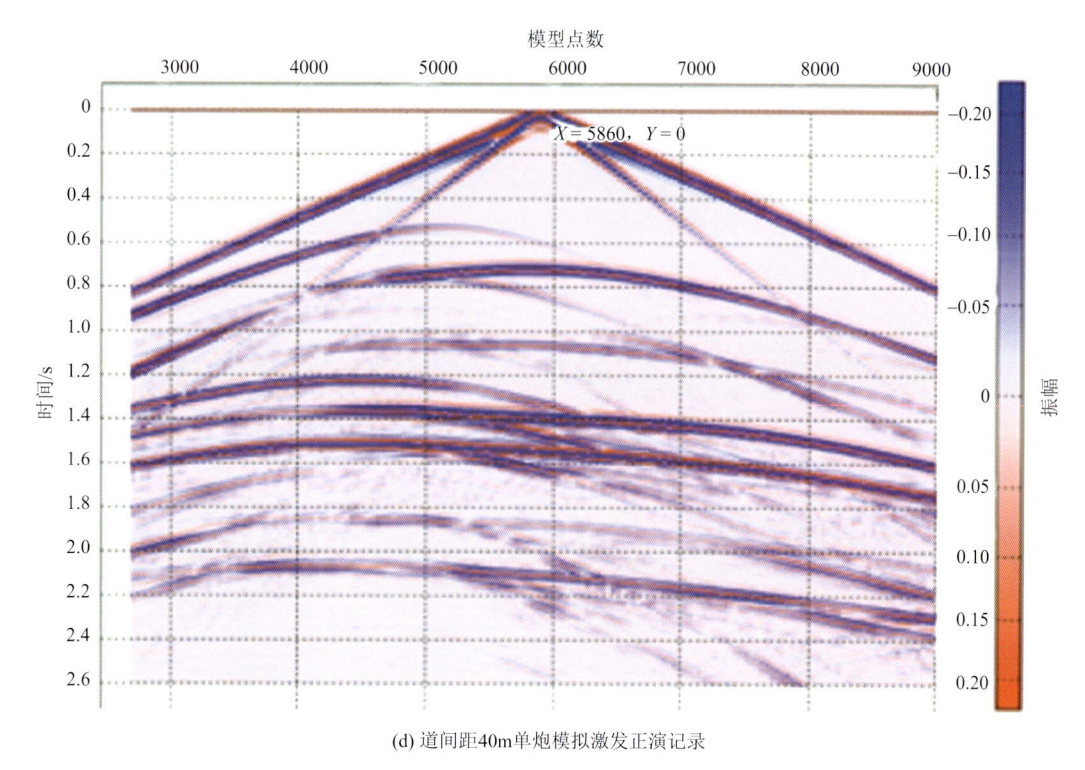

图 2-1-35　断层以东不同接收道间距激发模拟对比(激发点均在5860点位置)

(6)基于噪声分析的道间距分析。在通常的地震资料采集技术设计中,道间距的确定一般考虑两个条件：一是接收道间距大于干扰波最大波长,同时要小于有效波视波长的一半；二是当地层倾斜时要求在有效信号最高无混叠频率条件下选取道间距。这两个条件都是基于反射信号不产生空间采样假频而提出的,前者对道间距选择非常宽松,后者当地层倾角较大时条件略严格一些。对于高精度的地震勘探而言,需对所有噪声和信号进行全面保真的采集,因此在设计采样间距时除考虑信号外,还要考虑噪声的保真采样,即考虑噪声波长的道间距设计。

4) 最大炮检距论证

(1)目的层埋深。最大炮检距过大会引起动校拉伸畸变,过小会降低速度分析精度,综合考虑最大炮检距应近似等于目的层的埋深,即

$$X_{\max} \approx H \tag{2.1-22}$$

式中, $X_{\max}$ 为最大炮检距,m；H 为目的层埋深,m。

(2)最大炮检距满足速度分析要求所需的炮检距,其关系式如下：

$$X = \sqrt{\dfrac{2T_0}{f_\mathrm{P}\left[\dfrac{1}{V^2(1-k)^2} - \dfrac{1}{V^2}\right]}} \tag{2.1-23}$$

式中, k 为速度分析精度($k = \Delta V/V$)；X 为最大排列长度,m；V 为均方根速度,m/s；f_P 为反射波主频,Hz；T_0 为目的层双程反射时间,s。

(3) 最大炮检距满足动校正拉伸允许的最大排列长度。其关系式如下：

$$X = \sqrt{2V^2T_0^2 D} = VT_0\sqrt{2D} \tag{2.1-24}$$

式中，D 为动校正拉伸百分比；X 为最大偏移距，m；T_0 为目的层双程反射时间，s；V 为叠加速度，m/s。

(4) 满足反射系数对排列长度的限制。反射系数随着排列长度的变化而变化，采集排列的设计，需要考虑最佳接收范围。在常规纵波勘探中，在接收排列范围内要确保接收反射能量的稳定。即确保反射界面的入射角小于临界角，此时反射系数比较稳定。因此可以通过分析不同排列长度的反射系数的变化，来选择合适的排列长度。

(5) 避开直达波、折射波的干涉。利用大道集资料，分析切除直达波和折射波时，在目的层 T_0 时间切除的最大炮检距。分析工区内不同构造部位的切除资料，选取最大炮检距作为采集因素。

(6) 基于模型分析的最大炮检距方法论证。根据以往的地震资料，建立工区的典型模型，利用模型正演技术在模型的不同位置按一定的观测系统进行单炮模拟，初步确定最大炮检距，也可以通过对整模型的单炮模拟，进行模拟资料的处理分析，确定最大炮检距。

5) 偏移孔径计算论证

偏移孔径应考虑以下三个条件，在实际生产中选择同时满足三个条件的最大距离。

(1) 大于第一菲涅耳带半径：

$$M > 0.5 V_a \sqrt{2t_0 / f_P} \tag{2.1-25}$$

式中，M 为偏移孔径，m；V_a 为平均速度，m/s；t_0 为双程时间，s；f_P 为反射波主频，Hz。

(2) 满足绕射波能量较好收敛的原则：

$$M > Z \times \tan 30° \tag{2.1-26}$$

式中，Z 为目的层埋深，m。

(3) 大于倾斜层偏移的横向移动距离：

$$M > Z \times \tan \varphi_{\max} \tag{2.1-27}$$

式中，$\varphi_{\max}$ 为目的层最大倾角，(°)。

6) 接收线距论证

接收线距与采取窄方位角或宽方位角观测系统有关，这主要取决于构造的复杂程度；高陡、复杂构造地区应采用窄方位角观测。构造相对简单的地区、盐丘成像区域可考虑宽方位角观测。接收线距的考虑因素主要有两点：受最大非纵距的限制；不大于一个菲涅耳带半径。

$$R = \left[\frac{V_a^2 t_0}{4 f_P} + \left(\frac{V_a}{4 f_P} \right)^2 \right]^{\frac{1}{2}} \tag{2.1-28}$$

式中，V_a 为平均速度，m/s；f_P 为反射波主频，Hz；t_0 为目的层的双程时间，s。

7) 最大非纵距论证

最大非纵距 $Y_{\max}$ 应满足三维资料同一面元内不同方位角的反射同相叠加：

$$Y_{\max} \leqslant \frac{V_a}{\sin\theta}\sqrt{2t_0\delta_t} \qquad (2.1\text{-}29)$$

式中，V_a 为平均速度，m/s；θ 为地层倾角，(°)；t_0 为目的层的双程时间，s；δ_t 为非纵观测误差，一般小于 $T/4$。

3. 基于叠前信息的观测系统设计技术

为更好地开展深层岩性观测系统分析，在常规三维地震观测系统设计技术基础上，发展了基于目标的叠前观测系统设计分析技术，该技术包括加权覆盖次数分析[共中心点（common midpoint，CMP）、偏移、零偏移距]、叠加响应分析、DMO（dip moveout，倾角时差校正）叠加分析、PSTM（prestack time migration，叠前时间偏移）脉冲分析、速度精度分析、噪声压制分析、面元均匀度分析、波场连续性分析八种属性分析方法，如图 2.1-36 所示。

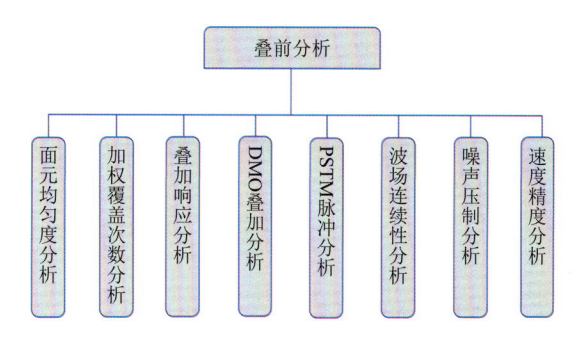

图 2.1-36 基于叠前的观测系统分析方法

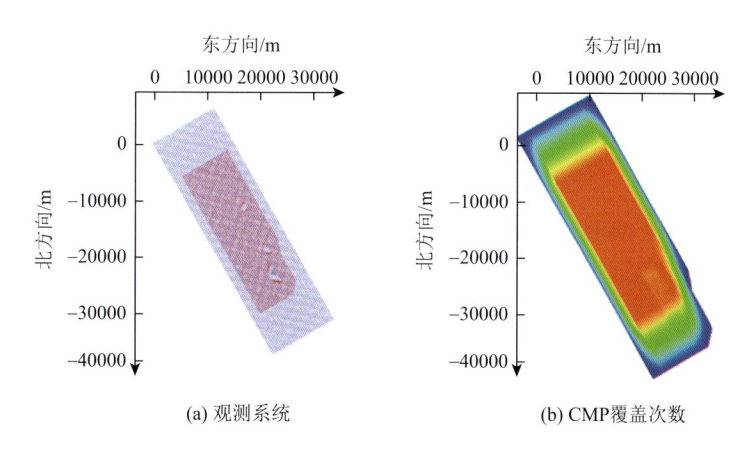

1）加权覆盖次数分析

加权覆盖次数分析是根据菲涅耳带原理，利用辛格（sinc）函数进行加权处理，使单个反射点的能量以其所在面元为中心将能量分布在邻近的多个面元上。在 CMP 覆盖次数的基础上，对每个面元网格进行加权计算，把加权半径内每个面元对中心面元的影响叠加，即得到加权覆盖次数。该分析方法克服了 CMP 覆盖次数分析时一个炮检对只对一个面元有贡献的问题，更加趋近于实际炮检对对目的层的作用，如图 2.1-37 所示。

(a) 观测系统　　(b) CMP覆盖次数

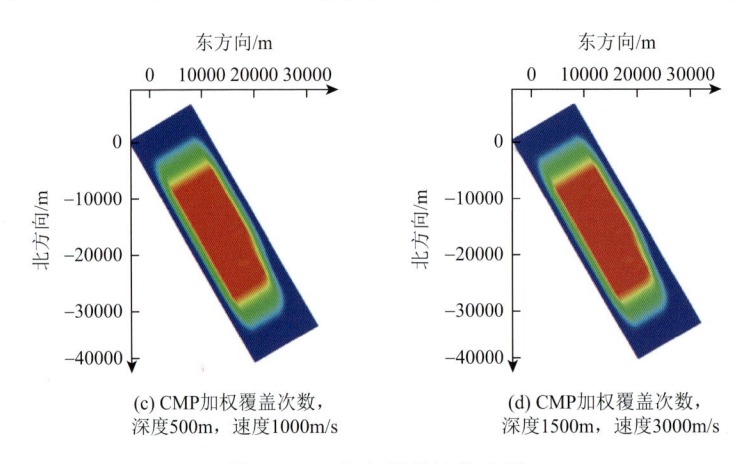

(c) CMP加权覆盖次数，深度500m，速度1000m/s

(d) CMP加权覆盖次数，深度1500m，速度3000m/s

图 2.1-37　加权覆盖次数分析

三维地震观测系统中炮检距均匀分布一直是野外地震采集设计的目标，炮检距分布对速度分析和成像精度都有很大影响。采用定量化评价公式，用以描述每一个面元内炮检距分布的均匀性状况。

按偏移距差：为了使一个道集内炮检距分布均匀，则期望在一个 N 次覆盖的道集里，相邻炮检对之间炮检距的增量(或变化率)应为最大炮检距的 $1/N$。这样在一个道集内炮检距分布就是最理想的均匀分布。因此可建立如下分析判断面元内炮检距均匀性的函数：

$$\sigma^2 = \frac{1}{N-1} \sum_{i=2}^{N} \left(X_i - X_{i-1} - \frac{X_{\max} - X_{\min}}{N-1} \right)^2 \tag{2.1-30}$$

式中，X 为炮检距；N 为覆盖次数。

按唯一覆盖：首先计算唯一覆盖次数，可以基于偏移距或者方位角进行计算，也可以同时计算偏移距和方位角的唯一覆盖次数；唯一覆盖次数与总网格数(不是总覆盖次数)做比。该值的值域为0~1，1 与其之差为均匀性。

地震波场是时间变量和空间变量的连续函数 $W(t, x_s, y_s, x_r, y_r)$，如果 t、x_s、y_s、x_r、y_r 连续采样，则地震波场 W 也连续，若采集到的地震数据能够恢复出所需要的波场，则认为观测系统空间波场连续。通过计算共偏移距范围的反射波采样密度，进而分析观测系统对地震波场的采样能力，由于涉及地震波场，所以需要指定采样网格尺寸，而采样尺寸的选择根据经验确定。

2) 叠加响应分析

每一个 CMP 面元中都包含一定数量具有不同炮检距和方位角的记录道，这些道经过预处理后进行叠加，叠加会大大加强相干信号而削弱不相干噪声，进而提高资料的信噪比。因为不同的地震道所携带的有效波能量不同，如果相邻面元的有效道数不同或道数相同但分布不一致，有效波叠加能量就会存在差异。这种能量差异在水平切片上表现为规律性的周期变化，即采集脚印。观测系统优化的一个重要方向就是尽可能地弱化采集脚印。

叠加响应分析技术是选取工区里较为典型的 CMP 道集，或根据工区模型正演模拟出 CMP 道集作为模型道。选取的模型道偏移距要均匀分布，经过能量均衡和动校拉伸切除后，对最小循环子区某一面元内的所有偏移距抽取对应模型道，加权叠加就得到该面元的最终输出。这样得到的叠加响应由于剔除了地质信息，更能反映观测系统本身的优劣。

如图 2.1-38 所示，采集脚印可以在数据体剖面、时间和相干切片等属性上看到，它具有周期性的振幅特征。DMO 响应源自 Black 等(1993)提出的"振幅保持"基尔霍夫(Kirchhoff)DMO 方法，被认为是分析采集脚印最简单的方法。该方法输入为观测系统或者地表模型，只分析覆盖次数、偏移距和方位角的分布，不需要实际地震道参与计算，计算量小，效率高，适合于各种观测系统的对比与分析。

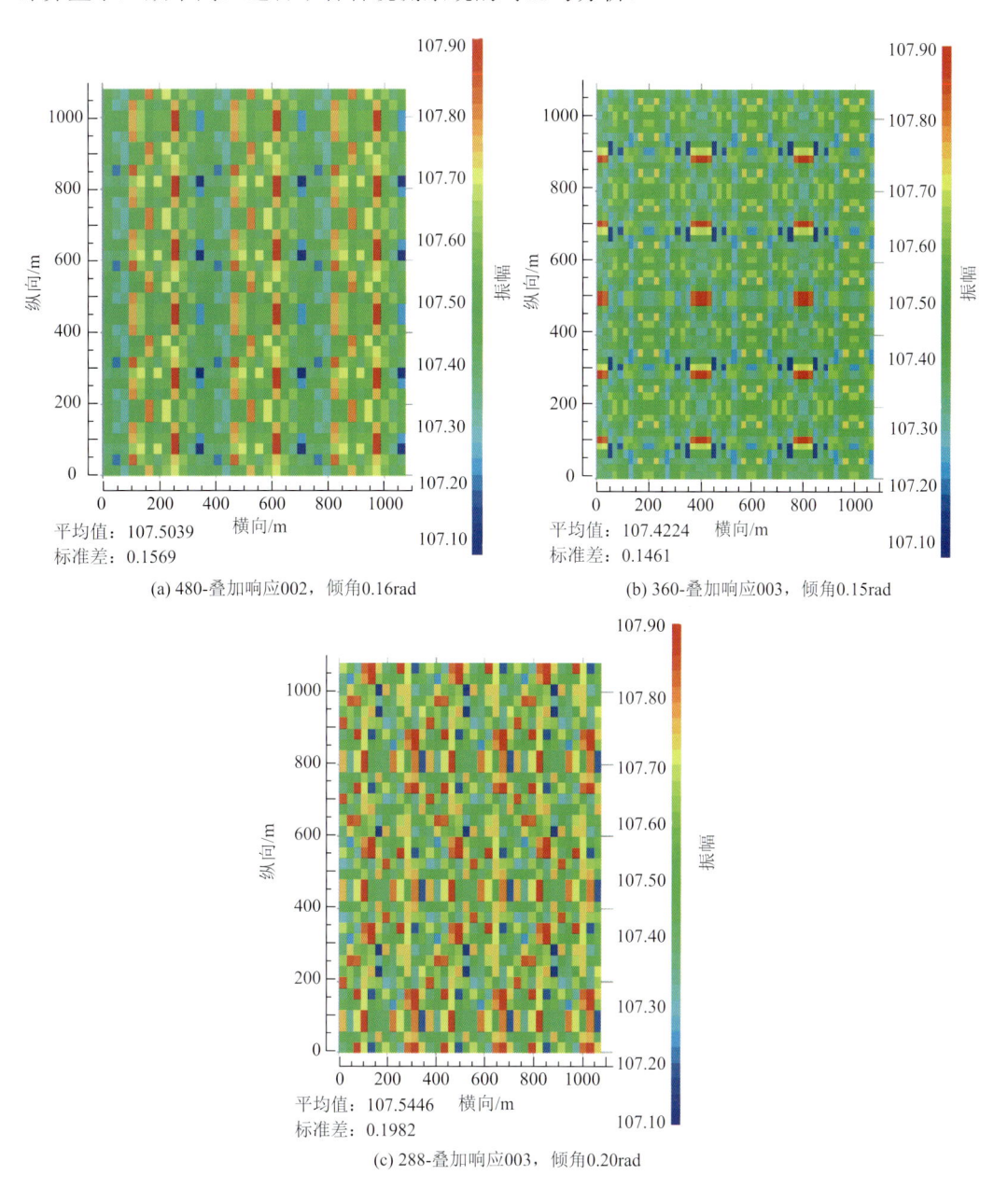

(a) 480-叠加响应002，倾角0.16rad

(b) 360-叠加响应003，倾角0.15rad

(c) 288-叠加响应003，倾角0.20rad

图 2.1-38 叠加响应分析

3)DMO 叠加分析

DMO 叠加分析只针对满覆盖区域，同一观测系统不同子区的 DMO 响应是完全相同的。通常，只需要计算和显示数个子区即可。颜色值表示成像振幅，振幅的大小没有绝对的参考价值，重要的是成像过程所产生的噪声幅度。噪声相对于信号要尽量低，不同观测系统的成像信噪比都比较高，为了区分不同观测系统的优劣，采用动态范围(以分贝显示的信噪比)来指示噪声强度，该绝对值越大，说明噪声越弱，成像效果越好，如图 2.1-39 所示。

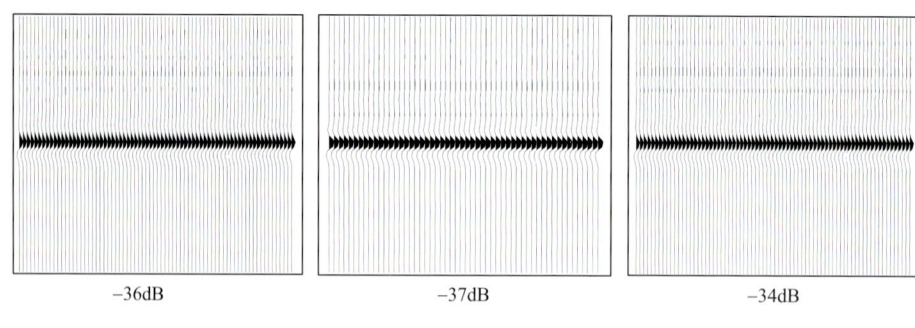

图 2.1-39 DMO 叠加分析

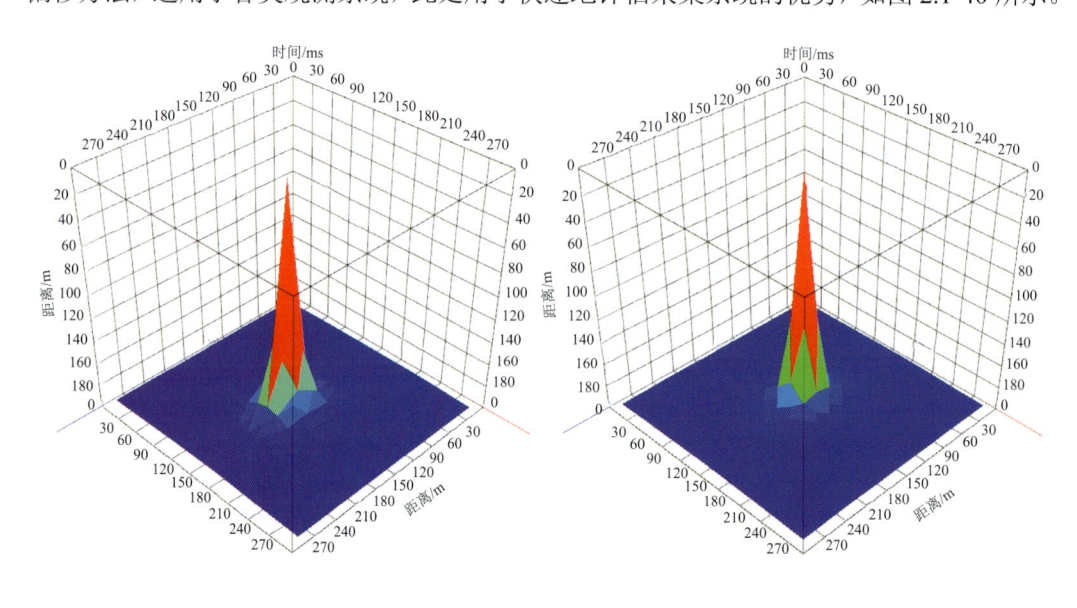

4)PSTM 脉冲分析

PSTM 脉冲分析是对观测系统进行叠前偏移成像。假设地下存在倾斜地层或绕射点，对给定的炮检对计算反射时间。再将该时刻的反射子波沿 PSTM 椭球分散到成像空间。绕射点的 PSTM 响应是模型空间的一点在成像空间上的映射；倾斜层的 PSTM 响应是一个拉平的水平同相轴。

基于 PSTM 的响应观测系统分析技术是通过对输入数据道上地下某点的绕射曲面进行偏移成像，并对成像结果进行分析评价的技术。基尔霍夫叠前时间偏移是一种快速有效的偏移方法，适用于各类观测系统，此处用于快速地评估采集系统的优劣，如图 2.1-40 所示。

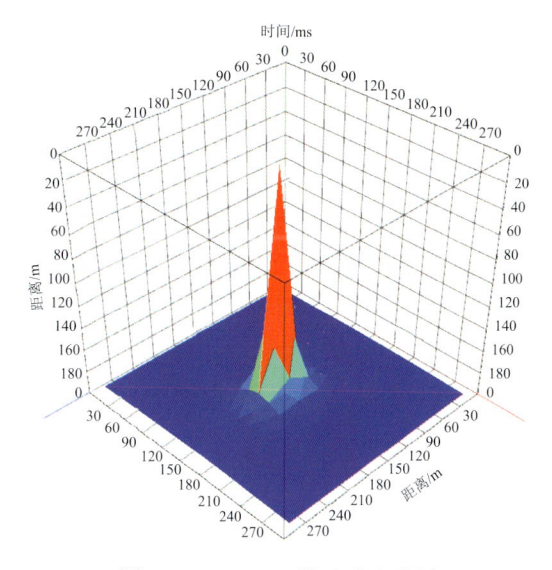

图 2.1-40　PSTM 脉冲响应分析

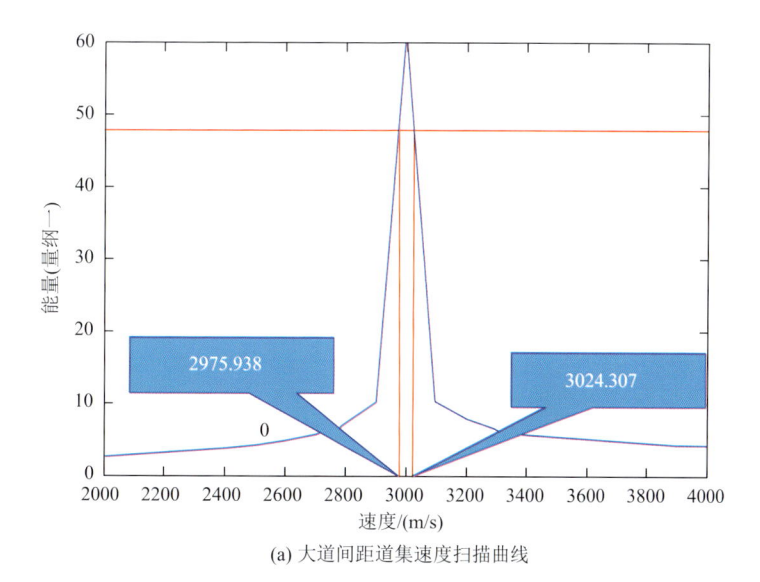

5) 速度精度分析

速度精度分析是根据速度分析的能量扫描原理，在给定目的层的 T_0 时刻和速度的条件下，利用每个面元内所有炮检距计算获得与速度有关的能量扫描曲线，进一步求解每个面元速度拾取的精度，以评价观测系统对速度分析处理的适用性。常速速度扫描的轨迹是一个双曲线，沿双曲线进行振幅叠加即得到当前时刻、当前速度的扫描能量。同样的速度扫描间隔在近炮检距和远炮检距引起的时差不同，近炮检距时差小，远炮检距时差大，也就是说近炮检距对速度变化不敏感，所以准确的速度分析不能缺失中、远炮检距。速度拾取精度分析的目的是对偏移距的分布合理性进行评价，如图 2.1-41 所示。

(a) 大道间距道集速度扫描曲线

(b) 小道间距道集速度扫描曲线

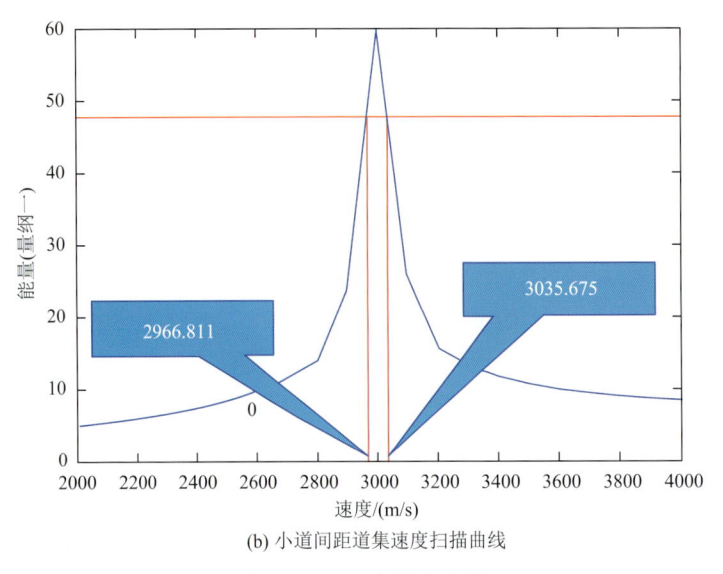

图 2.1-41　速度精度分析

6) 噪声压制分析

噪声压制技术是利用多次覆盖的压噪特性，经过正常时差校正后，各叠加道的一次反射波相位相同，叠加后振幅得到最大加强；由于剩余时差的存在，多次波和线性噪声在各个叠加道之间存在大小不一的相位差，相加后振幅得到削弱，这样就相对压制了噪声，提高了信噪比，如图 2.1-42 所示。

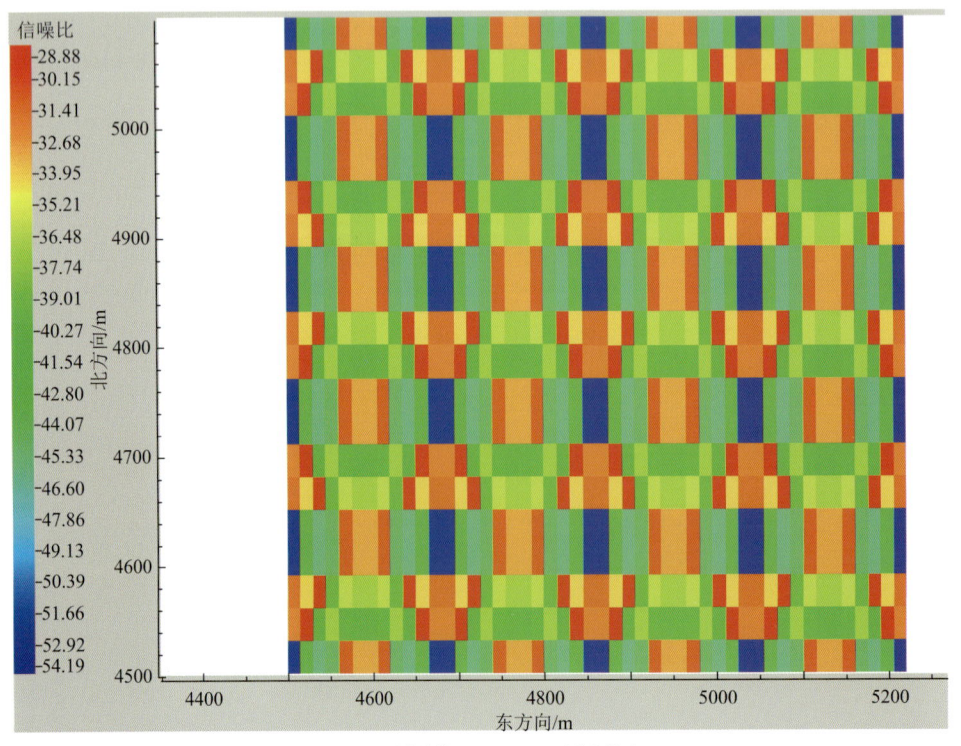

(a) 观测系统24L4S240T，压噪能力：-39dB

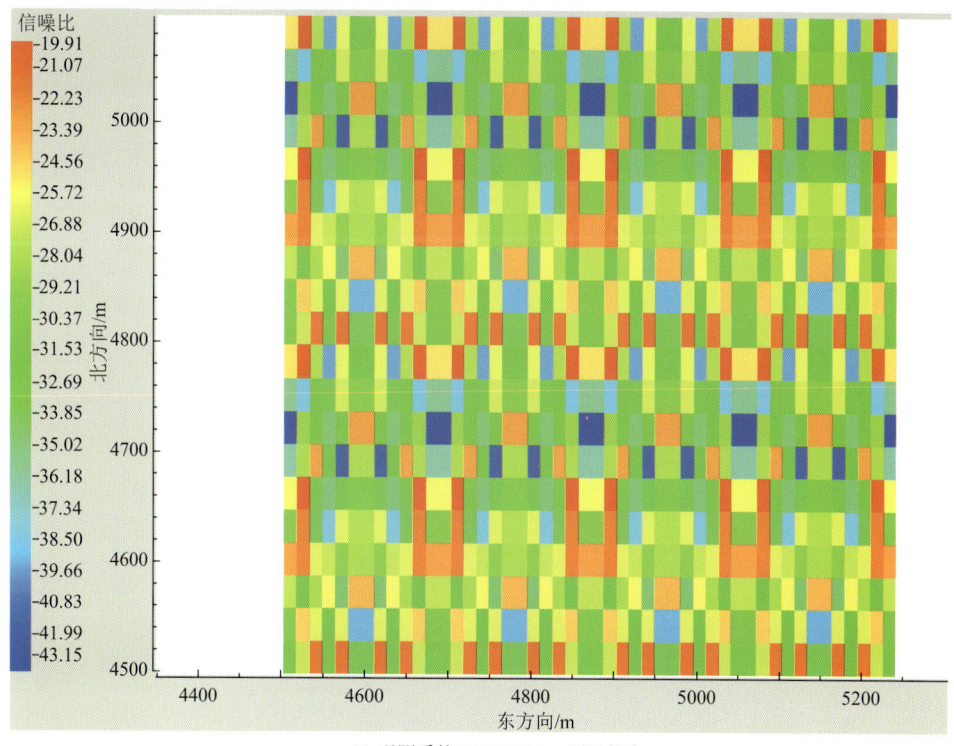

(b) 观测系统20L5S240T，压噪能力：−29dB

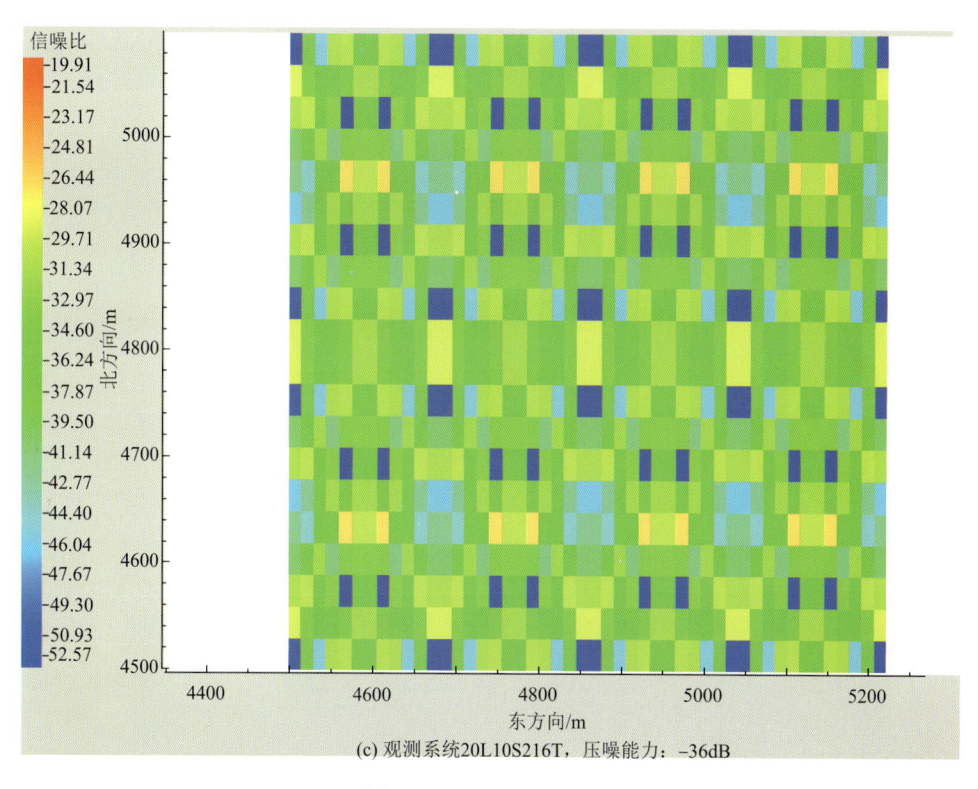

(c) 观测系统20L10S216T，压噪能力：−36dB

图 2.1-42　噪声压制分析

4. 准噶尔盆地高密度观测系统设计原则

1) 观测系统类型及横向滚动线数

高密度地震数据通过采集充分、均匀和对称的地震波场信息量来提高地震勘探能力和精度，为了便于在资料处理中实现真正三维的信噪分离和提高波场的连续性，高密度观测系统首选正交类型。当斜交型或锯齿型观测系统在提高采集效率上有较大优势时，可使用斜交型或锯齿型观测系统(图2.1-43)。无论正交还是斜交，为了确保叠加振幅均匀，横向每次滚动一根接收线，其好处是显而易见的，准噶尔盆地西北缘近几年三维地震数据采集基本上是采用横向滚动一根线的采集方法。

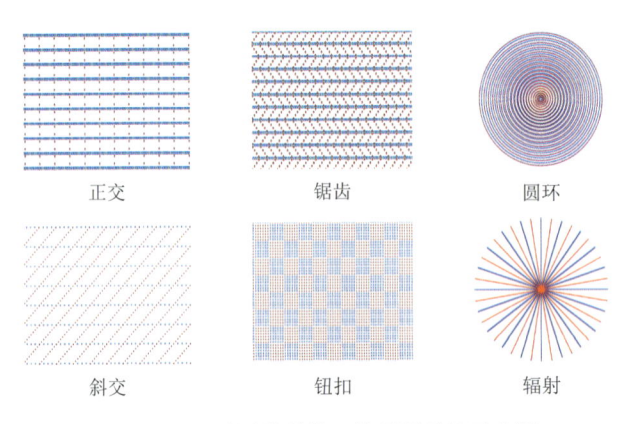

图 2.1-43　不同类型的三维观测系统示意图

2) 激发点距和接收点距

从对称采样角度考虑，激发点距要等于检波点距。为了保证 inline 和 crossline 方向的采样合理，对激发点距和接收点距采用相同的设计方法。设计合适的激发点距和接收点距是为了对到达地面的有用波场进行合理采样，空间采样可以看作是一种表示偏移公式中被积函数的变量，因此，偏移结果与采样质量有关，并且理论上讲只有对被偏移的数据进行了合理的采样才可能得到最好的分辨率。其次，采样还必须考虑信噪比的问题，全部波场合理采样对提高信噪比是非常有效的，f-k(频率-波数)滤波是仅次于偏移的另一个容易受到输入数据中假频影响的多道处理方法。采样越精细，信号和噪声在 f-k 滤波中被分离得就越好，滤波就越成功。如果采样间隔足够小，则 f-k 滤波要比野外组合能更好地去除噪声。因此，在有很多低频噪声的地区，为适应 f-k 滤波的要求，小的采样间隔是必不可少的。再者，沙漠地区的沙丘和山区地形会造成静校正量的剧烈变化。在短距离内近地表发生变化的地区静校正量也会发生剧烈变化。在使用组合的地方，组合内静校正量会使波场的高频成分受到损失。在这些情况下，静校正量的大小或许是选择激发点距和接收点距的另一个标准。有一些地区常常表现有"数据空白"带，但当用小的采样间隔和更高的频率重新放炮获取数据时，这些空白带就会变成有较好数据的区域。全部波场合理采样虽好，但代价也是相当昂贵的。因此，激发点距和接收点距应该根据地质目标、设备能力和所能承担的费用选择折中方案。

有以下两条主要原则。

第一条：全部波场的无假频采样原则。

全部波场是指由激发引起的所有地震波，既有信号又有噪声。全部波场的无假频采样要求对波场中最短波长的地震波达到充分采样。这一原则对激发引起的任何源致噪声在野外采集阶段不作任何压制，所有源致噪声均在资料处理阶段进行压制。全部波场中一般噪声的波长最短，只要对波长最短的噪声达到无假频采样，全部波场就能达到无假频采样，即

$$\Delta s = \Delta r < \frac{v_{\min,N}}{2f_{\max,N}} \quad (2.1\text{-}31)$$

式中，Δs 和 Δr 分别为激发点距和接收点距；$v_{\min,N}$ 为噪声的最低速度；$f_{\max,N}$ 为最低视速度噪声的地震波所具有的最高频率。

以准噶尔盆地西北缘噪声为例，$v_{\min,N} = 300\text{m/s}$，$f_{\max,N} = 20\text{Hz}$，根据全部波场的无假频采样原则有：$\Delta s = \Delta r < 7.5\text{m}$。

按照这一原则采集地震数据的最大好处是有利于室内资料处理中通过速度滤波去除规则干扰，对于成像精度和分辨率的改善能力有多大，没有一套理论和实际资料能够完全说清楚。应用该原则设计的采集方案成本是最高的，除非有充分证据证明能够显著提高地震勘探能力和充足经费支持这一方案，否则，这一原则只能作为理想参数的设计方法。

第二条：有用波场无污染采样原则。

有用波场是指炮集数据中所有有效信号构成的地震波场，这里的有效信号包括反射波和绕射波。有用波场无污染采样是对全部波场的无假频采样做出的折中，应该是首选的原则。这一原则容许产生一些空间假频，一般是针对能量极强的多组不同速度的低频面波，将此类假频成分的干扰控制在能够容忍的程度，通过采集阶段的检波器组合和资料处理手段进行压制。有用波场的无污染采样的设计方法是

$$\Delta s = \Delta r < \frac{v_{\min,N} v_{\min,S}}{f_{\max,N}(v_{\min,N} + v_{\min,S})} \quad (2.1\text{-}32)$$

式中，$v_{\min,S}$ 为共炮点道集中有效信号的最低视速度。当式(2.1-32)中有效信号的最低视速度 $v_{\min,S}$ 等于噪声的最低速度 $v_{\min,N}$ 时，式(2.1-32)变为式(2.1-31)的形式，有用波场无污染采样原则变成全部波场的无假频采样原则。一般有效信号的最低视速度远大于噪声的最低速度，因此，通过式(2.1-32)计算的道间距要大于式(2.1-31)计算的道距，且计算的道间距随有效信号最低视速度的增大而增大，但即使有效信号最低视速度无穷大，有用波场无污染采样原则设计的道间距也不超过全部波场的无假频采样原则设计的道间距的 2 倍。仍以准噶尔盆地西北缘为例，有效信号的最低视速度一般至少大于 3000m/s，按照式(2.1-32)计算的道间距应该大于 13.6m，比全部波场的无假频采样原则减少了很多工作量。

3) 炮线距和接收线距

按对称采样角度要求，炮线距等于接收线距。为了保证 inline 和 crossline 方向的采样

合理性相同，对炮线距和接收线距采用相同的设计方法。

正交观测系统最小炮检距出现在靠近炮线和接收线交点的中点位置。在相邻炮线和接收线组成的矩形中间，最大炮检距约等于矩形对角线的长度，也就是观测系统最大的最小炮检距（largest minimum offset，LMOS）。采集测线之间的距离越大，LMOS 越大。由于照射浅层地下界面需要小的炮检距，采集测线之间的距离决定着能够成图的最浅层位，因此，需要根据最浅成图层位设计线距。

为了将最浅成图层位转换成炮线和接收线间距的选择准则，必须在探区内有一个代表性的切除函数。这个切除函数确定着在每个旅行时对叠加剖面或偏移剖面有贡献的最大炮检距，切除函数应该依据该探区的老资料拾取。这个切除函数对以后要讨论的可成图最深层位的设计也很重要。

下面五个步骤描述了确定接收线距的方法。公式(2.1-33a)确保了浅层的覆盖次数至少等于 M，公式(2.1-33b)是基于在特殊层位的平均覆盖次数 M。

(1) 确定最浅层位振幅均匀所需要的覆盖次数 $M(M>1)$。
(2) 确定该层的最小时间 t_{sh}。
(3) 确定 t_{sh} 对应的最大炮检距：$X_{sh}=X_M(t_{sh})$。
(4) 根据式(2.1-33a)和式(2.1-33b)确定激发线距 ΔL_s 和接收线距 ΔL_r：

$$\Delta L_s = \Delta L_r \approx \frac{X_{sh}}{\sqrt{2M}} \quad (1<M\leqslant 4) \quad (2.1\text{-}33a)$$

$$\Delta L_s = \Delta L_r \approx \frac{X_{sh}}{2}\sqrt{\frac{\pi}{M}} \quad (M>4) \quad (2.1\text{-}33b)$$

(5) 选择 ΔL_s 为 Δs 最接近的倍数，ΔL_r 为 Δr 最接近的倍数，这个过程假设炮线间和接收线间有相同的距离。克拉玛依油田最浅目的层深度是 200~600m，以 400m 埋深为例计算接收线距和激发线距。

图 2.1-44 是不同覆盖次数的叠加剖面，从中可以看出，要保持 400m 深度的目的层的叠加振幅均匀，覆盖次数应该达到 6~8 次，取 7 次计算。切除函数选取两个，一个在断裂上盘，另一个在断裂下盘，其位置和动校正 CMP 道集分别如图 2.1-45 和图 2.1-46 所示，对应的切除函数如表 2.1-4 所示。从图 2.1-46 可以看出，断裂上盘和断裂下盘的切除函数是不太一致的，断裂上盘最浅目的层对应的炮检距是 470m，断裂下盘最浅目的层对应的炮检距是 1500m。为了上下盘兼顾，采用上盘的炮检距和覆盖次数计算接收线距，计算得到接收线距应该是 157.4m，按 25m 接收点距和激发点距，线距取二者的整数倍，则线距应该是 150m。

表 2.1-4 克拉玛依二次开发三维 CMP 道集上的切除函数

断裂上盘切除函数	t_0/ms	0	280	740	1450		
	X/m	0	470	1550	3050		
断裂下盘切除函数	t_0/ms	0	170	600	740	890	1290
	X/m	0	100	1400	1500	2300	3050

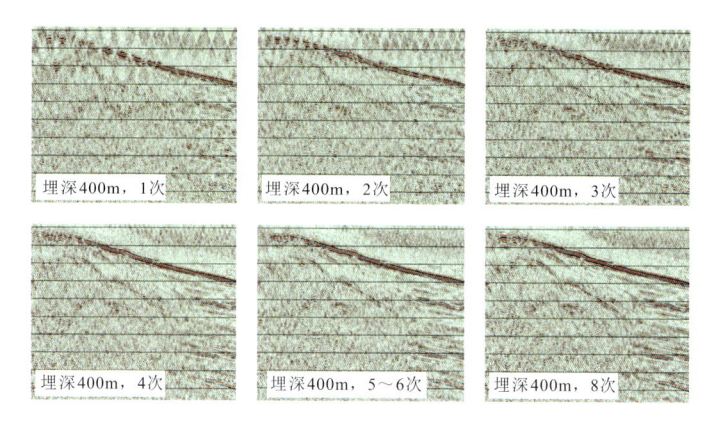

图 2.1-44　最浅目的层不同覆盖次数的叠加剖面

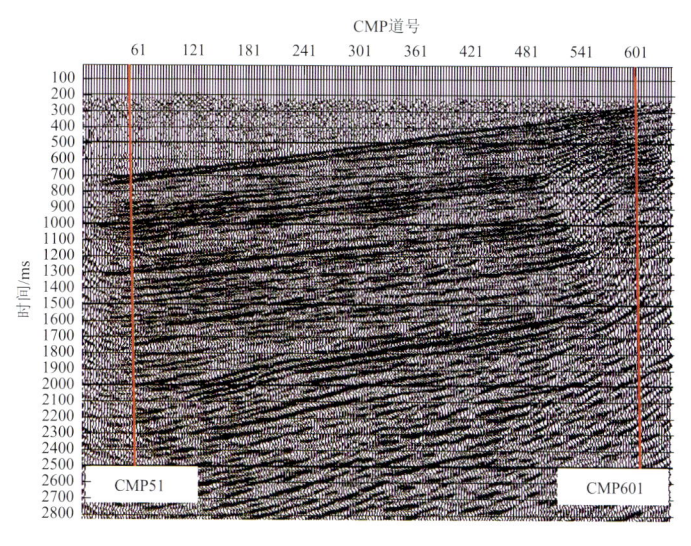

图 2.1-45　切除函数对应的位置

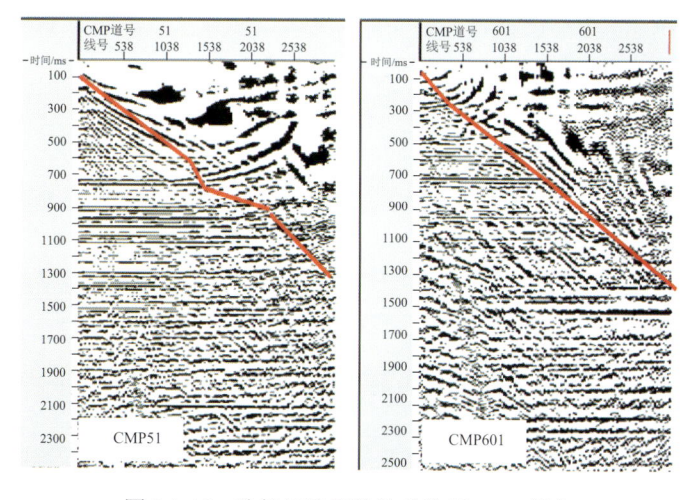

图 2.1-46　选择切除函数的动校正 CMP 道集

4) 接收排列片

接收排列片就是确定接收排列长度 L_r 和炮排列长度 L_s（炮排列长度是在单一的接收线上记录的炮线长度），也就是确定所需要的接收线数 N_L 和每条接收线所用的接收道数 N_R。炮排列长度通常称为排列宽度，一般取两倍的最大非纵距。常规三维地震采集设计最大非纵距时，如果勘探目标不是各向异性和裂隙，设计的原则就是要确保同一 CMP 道集内不同非纵距及方位角的炮检对能同相叠加，即最大非纵距不能太大，这是基于叠后成像的技术手段提出的设计方法。高密度地震数据采集以叠前成像为主要手段，在设计高密度观测系统时不应该再考虑最大非纵距的限制，而是应该考虑最深目的层的成图要求、静校正的纵横向耦合、成像能力和投资成本等因素。下面关于接收排列片的三个设计原则就是基于这些因素提出的，具体采用哪一种原则，应该根据实际情况确定，但是无论采用哪一种原则，设计的排列片必须满足两个条件：一是要求最深目的层的成图和静校正的纵横向耦合好；二是需要成图的最深层位给地震采集使用的最大炮检距 X_{dp} 提供一个上限，最大炮检距 X_{dp} 的不同导致选择接收排列长度 L_r 和炮排列长度 L_s 不同的选择，切除函数为对应于层位的最大时间 t_{dp} 的最深层位作为最大炮检距 X_{dp}。根据切除函数确定最大炮检距 X_{dp} 的方法如下。

(1) 确定要作图的最深层位。
(2) 确定该层位的最大时间 t_{dp}。
(3) 从切除函数找到对应 t_{dp} 的最大炮检距 $X_{dp} = X_M(t_{dp})$。

为了确保折射静校正的纵横向耦合，最大非纵距应该大于折射层的追踪段，若保持追踪段有 4 道用于延迟时计算，则最大非纵距 Y 应该满足：

$$Y > 5\Delta s + \sum_{i=1}^{n} \frac{2h_{(i-1)}v_{(i-1)}^2}{\sqrt{v_i^2 - v_{(i-1)}^2}} \qquad (2.1\text{-}34)$$

式中，h_i 和 v_i 分别是低速层最厚位置第 i 层低速层的厚度和速度。

接收排列长度 L_r 与炮排列长度 L_s 要满足 $\sqrt{L_s^2 - L_r^2} > 2X_{dp}$ 和 $L_s > 2Y$ 两个条件是最基本的要求，在投资成本允许条件下应该尽可能提高成像能力。此外，子区中每一个面元的最大炮检距是不同的，要确保每一个面元至少有一道的最大炮检距达到 X_{dp}，则最小的最大炮检距 $X_{\min\max}$ 至少要等于 X_{dp}。求取 $X_{\min\max}$ 的表达式为

$$X_{\min\max} = \frac{1}{2}\sqrt{(L_r - 2\Delta s)^2 + (L_s - 2\Delta r)^2} \qquad (2.1\text{-}35)$$

2.2　准噶尔盆地地震采集关键技术

准噶尔盆地勘探目标已经转向具备"薄、深、隐、难"四大特点的复杂油气藏，这对地震资料的精度提出了更高要求。只有发展和应用"两宽一高"三维地震勘探技术才能满足准噶尔盆地岩性勘探的需要。

"两宽一高"泛指野外采集中使用宽频带的激发震源、宽方位的观测排列和高密度的空间采样，数据处理和资料解释中采用相适应的方法技术，转变思路，更新流程，获

得更为可靠的信息，服务于复杂储层的刻画与描述。其中宽频带要求倍频程在 5 以上；宽方位要求观测系统的横纵比大于 0.5；高密度要求每平方公里的道数大于 100 万道(炸药震源可要求 50 万道)。

当前准噶尔盆地勘探目标包括西北缘大玛湖凹陷区、准东阜康凹陷区、沙湾凹陷以及全盆地的火山岩油气藏勘探目标、南缘复杂构造油气藏等。近十年来针对准噶尔盆地不同勘探目标及地表条件，中石油新疆油田分公司在国内最早应用宽方位、宽频、高密度地震勘探技术，并进一步发展了复杂区观测系统设计技术、海量数据质控技术、基于 $T\text{-}D$ 规则的动态扫描技术等。尤其自 2017 年以来，分区高效采集技术、各向异性表层建模技术、大道数实时质控技术、有线+节点联采技术、井震混采技术、仿真模拟地震实施技术的使用为超高覆盖密度地震采集的经济可行性提供了坚实的技术支撑。

2.2.1 高密度

通常三维观测系统设计关注的是面元属性，如炮检距和方位角的分布、中心点的散布等。按高密度空间采样应该符合的"充分采样、均匀采样、对称采样"三个理念，"两宽一高"三维地震采集观测系统设计方法要更多强调三维地震数据在地震资料处理、叠前偏移成像中的空间连续性，旨在提高以精细构造、岩性、油藏描述和时间推移为目标的地震勘探的能力和精度。

1. 高密度勘探的作用及必要性分析

1)高密度采集可有效消除空间假频和偏移噪声

当道间距较大时，地下反射点距和面元也会随之增大，偏移后会出现空间假频，如图 2.2-1(c)和(d)箭头所指。另外，面元较大时在偏移过程中会出现偏移噪声，如图 2.2-2 所示。

2)高密度采集可提高分辨率

高密度采集时，线间距、道间距较小，有利于提高分辨率。图 2.2-3 是不同道间距的数值模拟结果。比较图 2.2-3(b)~(d)可以看出，充分采样时，模型最右侧的小断层(图中黑色箭头所示)更易于识别。

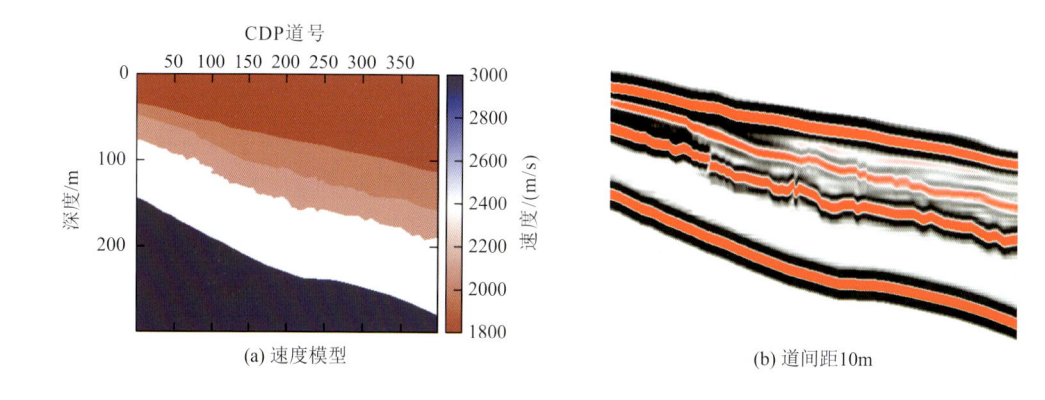

(a) 速度模型

(b) 道间距10m

(c) 道间距20m　　　　　　　　　　　　(d) 道间距40m

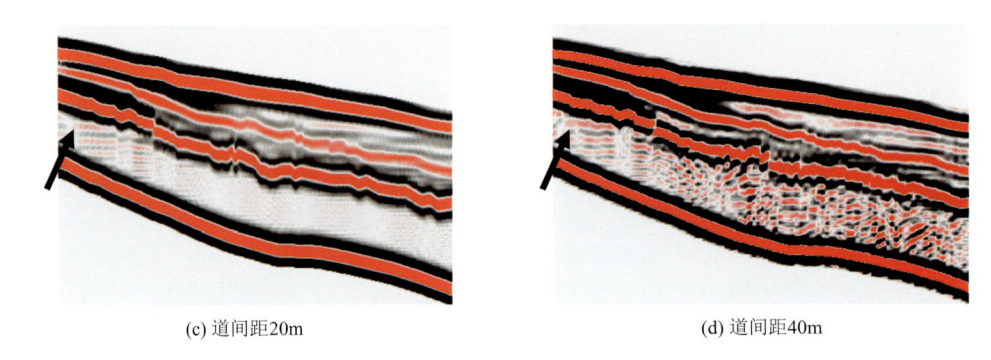

图 2.2-1　采样不充分引起的空间假频

CDP：common depth point，共深度点

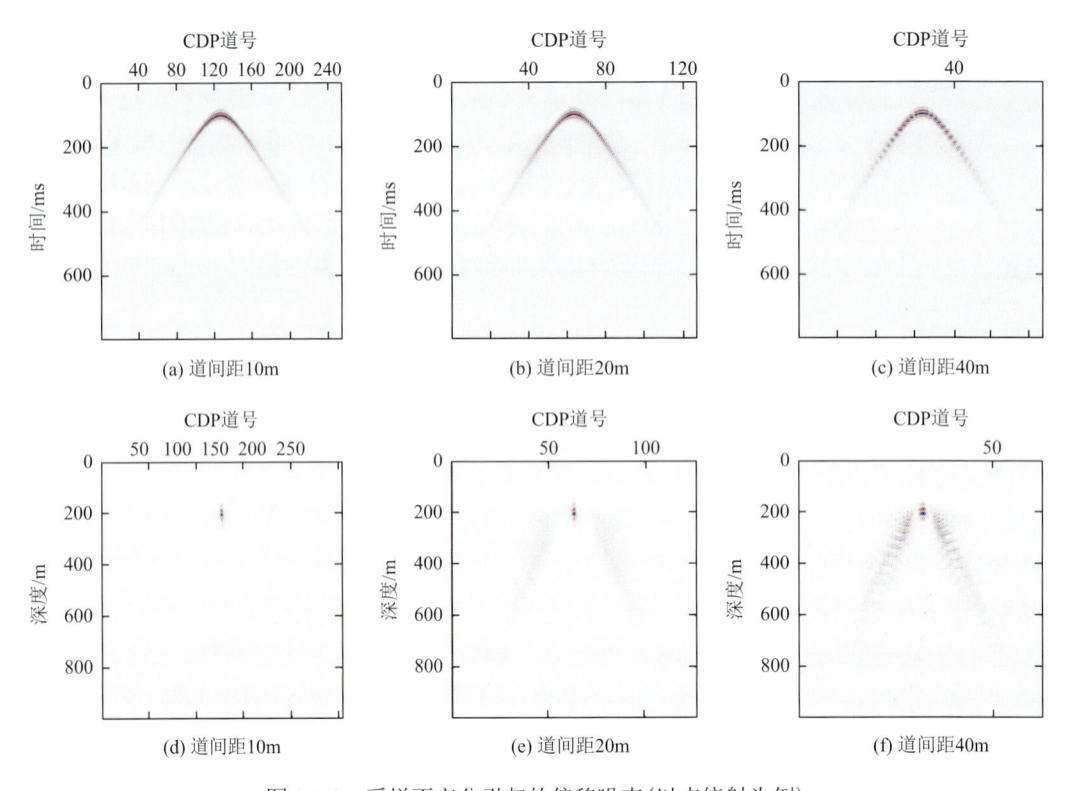

(a) 道间距10m　　　　　(b) 道间距20m　　　　　(c) 道间距40m

(d) 道间距10m　　　　　(e) 道间距20m　　　　　(f) 道间距40m

图 2.2-2　采样不充分引起的偏移噪声(以点绕射为例)

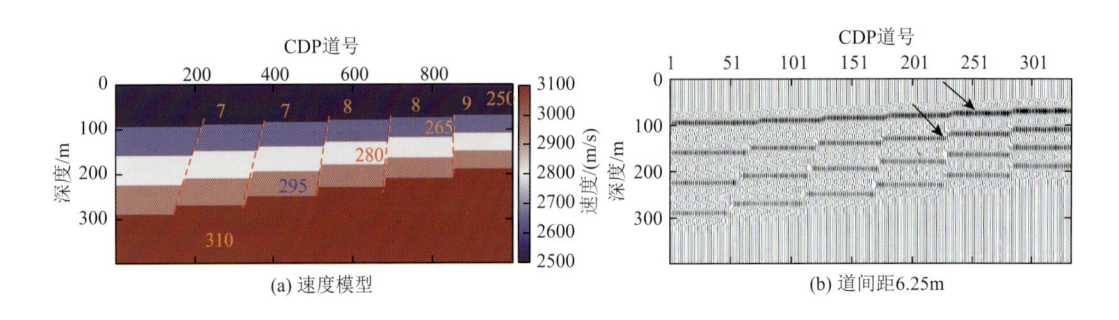

(a) 速度模型　　　　　　　　　　　　(b) 道间距6.25m

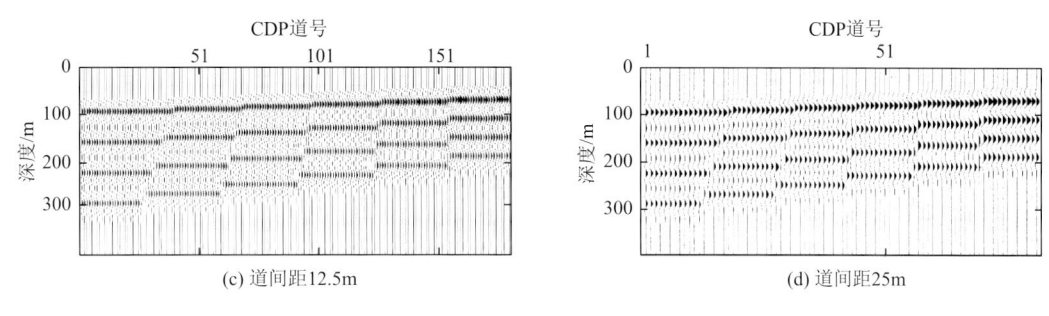

(c) 道间距12.5m　　　　　　　　(d) 道间距25m

图 2.2-3　不同道间距对分辨率的影响

2. 高密度勘探的量化分析

高密度勘探的"高"是一个相对概念，不同勘探目标、不同资料特征所需要的密度不同，但一定要满足对地质目标均匀照明、波场连续采样以及多方位/宽方位采集的要求。高密度勘探一般采用点激发、点接收、小面元、宽方位观测系统。"高密度"更多是从处理角度提出的概念，要有利于去噪、有利于成像、有利于提高分辨率。覆盖密度(炮道密度)是指单位面积内地震勘探的炮检对数。覆盖密度分总覆盖密度和有效覆盖密度，总覆盖密度为不考虑切除函数的覆盖密度，而有效覆盖密度需要针对目的层考虑切除函数后的覆盖密度。准噶尔探区覆盖密度的量级随着勘探深入呈逐年增加趋势，如表 2.2-1 所示。

表 2.2-1　克拉玛依—阜康地区三维项目覆盖密度对比表

年度	区块名称	地表类型	观测方案	总覆盖次数	覆盖密度/(万道/km²)
2011	西泉1井区(B)	农田、戈壁	36L5S240R	432	276.0
2013	西地2井区	农田、戈壁	14L(2×7)S336R(双边)	336	215.0
2013	北211井区	戈壁、沙漠	14L14S336R(双边)	336	215.0
2015	阜东5井区	农田、戈壁	16L(8×2)S480R	480	307.2
2015	沙109井区	沙漠	18L(2×6)S480R(双边)	720	460.8
2016	北43井区	农田、沙漠	20L(6×2)S528R	880	563.2
2017	双1井区	山前戈壁	20L(6×2)S504R	840	537.6
2019	阜北3井区	沙漠	22L(2×8)S640R	880	563.2
2019	北601井区	农田、戈壁	20L(7×2)S448R	640	409.6
2021	康探1井北区	沙漠	28L(3×2)S564R	1316	421.1

覆盖密度越高越利于提升复杂地质目标成像质量，但是覆盖密度的提高会直接带来勘探成本的提高。因此需要根据勘探目标区的地震地质条件、勘探潜力、勘探投入，综合设计覆盖密度。以往国际上覆盖密度的设计原则如下。

(1) 小于 6000 道/km²，一般不采用。
(2) 6000～18000 道/km²，在构造简单且信噪比较高时采用。
(3) 18000～25000 道/km²，进行岩性和调谐解释且信噪比较高时采用。
(4) 25000～100000 道/km²，在信噪比较低时采用，随信噪比变低而增加。

(5) 大于 100000 道/km², 随构造复杂性增加而增加。

近十年来,随着可控震源施工方式的广泛应用和勘探的深入,国内外地震勘探的覆盖密度呈指数级增长,准噶尔盆地可控震源采集项目的覆盖密度最高达 500 万道/km² 以上,为降低高密度持续强化带来的投资压力,技术人员开展了大量的基于勘探目标的技术经济一体化的观测系统分析优化,形成了适合盆地的勘探原则。

(1) 覆盖密度越高,资料处理速度精度越高、偏移效果越好。

(2) 小面元提高叠加效果有限,提高偏移效果明显;高覆盖既能提高叠加效果又能明显提高偏移效果。

(3) 在保证覆盖密度的基础上,观测方位一般不宜低于 0.5(横纵比)。

(4) 相同覆盖密度,较大面元、均匀性好,有利于提高偏移信噪比;相同面元,高覆盖密度明显优于低覆盖密度。

(5) 小面元、高覆盖观测是提高资料品质的最有效方式之一。

(6) 长排列对提高速度分析精度、压制多次波、接收深层低频信息效果明显,排列长度一般不宜低于目的层埋深的 1.3 倍。

(7) 正交型观测系统利于波场均匀采样和室内资料处理。

2.2.2 宽方位

1. 宽方位采集可全方位提高分辨率

偏移的作用在于提高横向分辨率。经过偏移,窄方位采集只能在纵方向完全归位,宽方位采集则能实现全方位的偏移归位,各方向的横向分辨率得到提高,如图 2.2-4 所示。

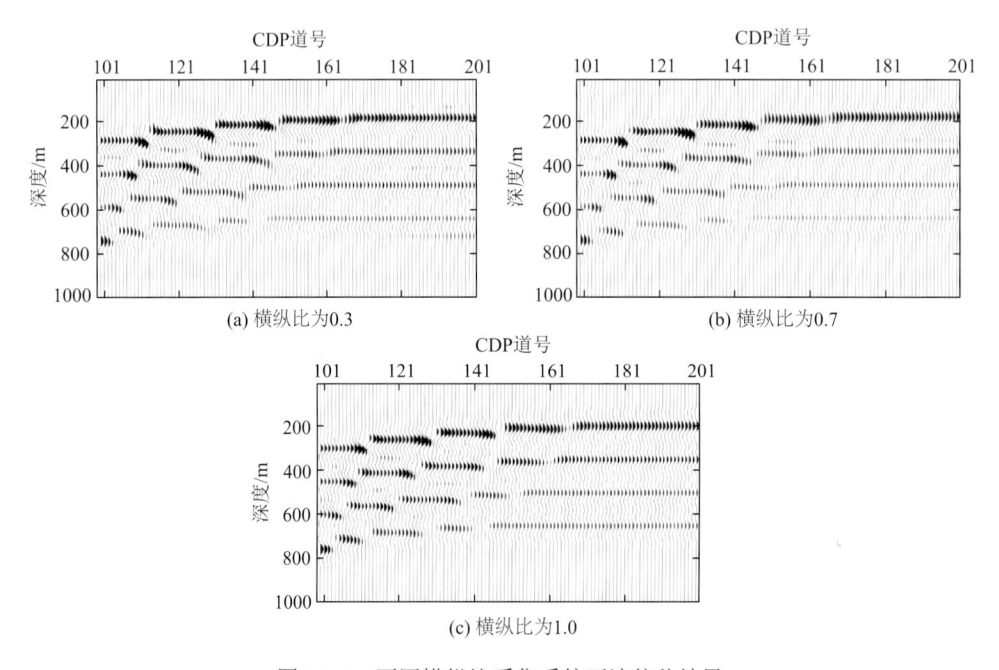

图 2.2-4 不同横纵比采集系统正演偏移结果

2. 宽方位采集是OVT域处理、分方位处理、各向异性处理等先进处理手段应用的前提

相较于传统的窄方位地震勘探，宽方位地震勘探有很多优势：宽方位采集可以进行全方位观测，增加采集照明度，获得较完整的地震波场，在进行地震资料处理时更具优势。例如，对断层或裂缝带而言，沿走向与垂直走向的弹性性质有明显差异，利用宽方位的 OVT 域数据可有效地检测出这种差异，从而识别断层或裂缝带(图 2.2-5)。因此，宽方位采集已经成为 OVT 域处理、分方位处理、各向异性处理等先进处理手段应用的前提。

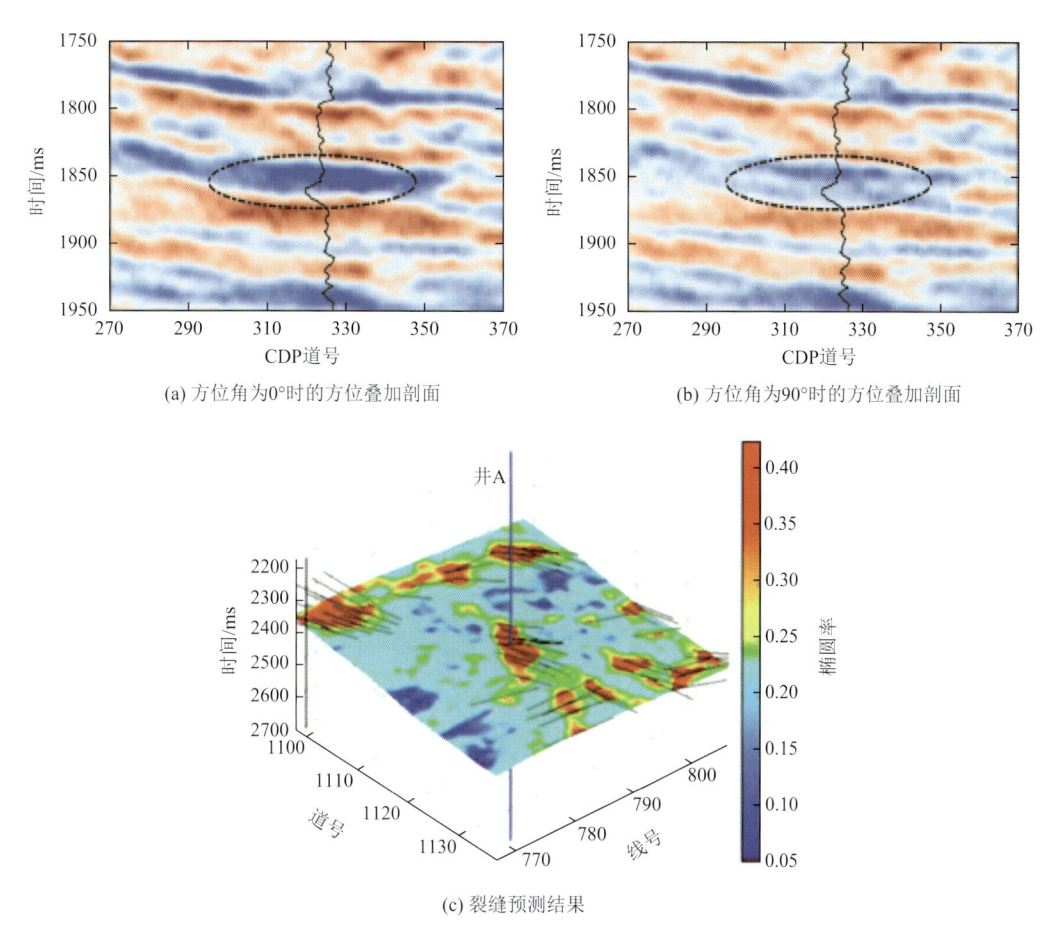

(a) 方位角为0°时的方位叠加剖面

(b) 方位角为90°时的方位叠加剖面

(c) 裂缝预测结果

图 2.2-5　含裂缝岩石方位叠加地震记录(曾勇坚，2016)

3. 宽/窄方位角勘探实例分析与评价

图 2.2-6(a)给出了具有与图 2.2-6(b)相同覆盖次数的宽方位角沿层振幅属性分析结果。从具有相同覆盖次数和面元尺寸的宽/窄方位角数据的沿层振幅属性对比结果可看出，小河的空间成像分辨率仍然是宽方位角的好，再次表明宽方位角采集数据比窄方位角采集数据具有更高的空间分辨率。

(a) 宽方位角　　　　　　　　　　(b) 窄方位角

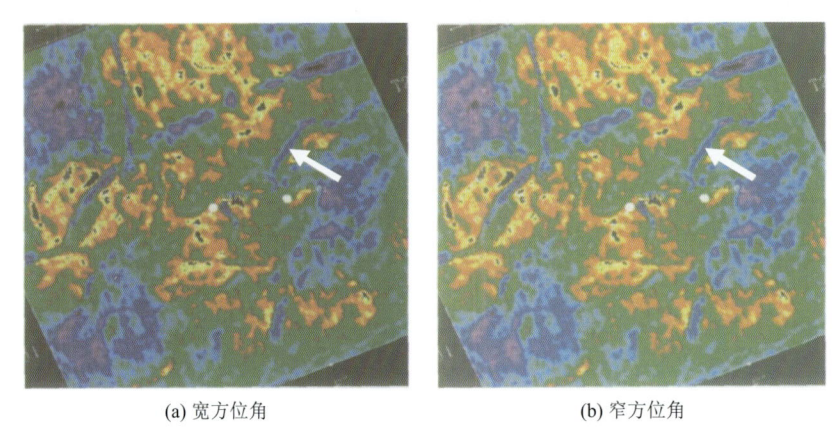

图 2.2-6　25m×25m 面元、50 次覆盖次数的振幅属性切片（凌云等，2015a）

2.2.3　宽频带

地球物理学家期望得到宽频带的地震资料，这对地震勘探激发和接收装备提出了更高的要求。常规可控震源受重锤最大位移、最大流量、气囊隔振以及平板结构四方面限制，扫描信号的频宽通常为 5～96Hz。其中，低频选择一般在不影响震源使用性能情况下结合地质任务和施工地表条件要尽量发挥震源的低频能力。高频选择要考虑地层对高频吸收的衰减，如果高频选择过高，震源力信号在高频段的畸变会增大，将影响地震资料的品质并对震源造成一定的损害。国内外的地球物理勘探公司分别推出了宽频激发的可控震源，从准噶尔探区的实际应用效果来看，可控震源宽频激发的高低频信息丰富，明显优于井炮资料。从装备性能和制造能力两方面综合来看，东方地球物理公司处于可控震源研发制造的全球领先地位，尤其是低频信号激发技术和低频可控震源制造技术，可使激发频宽拓宽为 6 个倍频程以上，远大于常规采集的 3～4 个倍频程。

1. 宽频采集的必要性

1）宽频采集能够有效提高资料分辨率

依据信号处理的相关理论可知，时宽与频宽成反比，即在时间域内若想要信号的延续时间短，则在频域该信号的频宽必然很宽。

下面以俞氏子波为例，说明频宽对分辨率的影响。俞氏子波表达式为

$$Y(t)=\frac{1}{q-p}\int_{p}^{q}R(t)\mathrm{d}f_0=\frac{1}{q-p}\left[q\mathrm{e}^{-(q\pi t)^2}-p\mathrm{e}^{-(p\pi t)^2}\right] \qquad (2.2\text{-}1)$$

式中，q 和 p 分别是里克子波 $R(t)$ 中心频率 f_0 的积分上限和积分下限。

积分下限 p 为 1.5Hz，上限分别 q 为 30Hz、40Hz、60Hz、80Hz 的俞氏子波和频谱如图 2.2-7 和图 2.2-8 所示，将其分别与一楔形模型（图 2.2-9）的时域反射系数褶积得到地震记录，如图 2.2-10 所示。

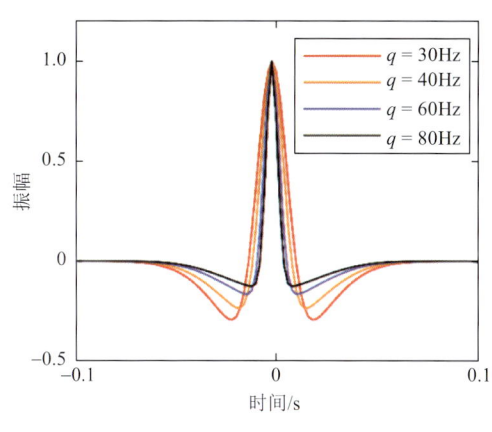

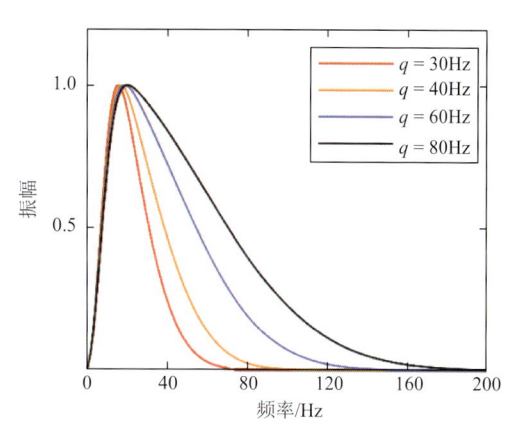

图 2.2-7　不同频宽的俞氏子波

图 2.2-8　不同频宽的俞氏子波频谱

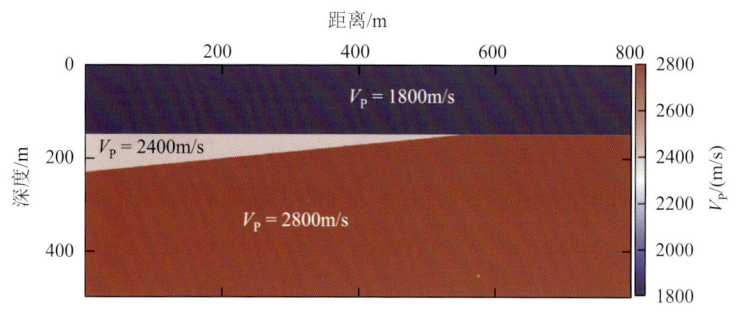

图 2.2-9　楔形模型

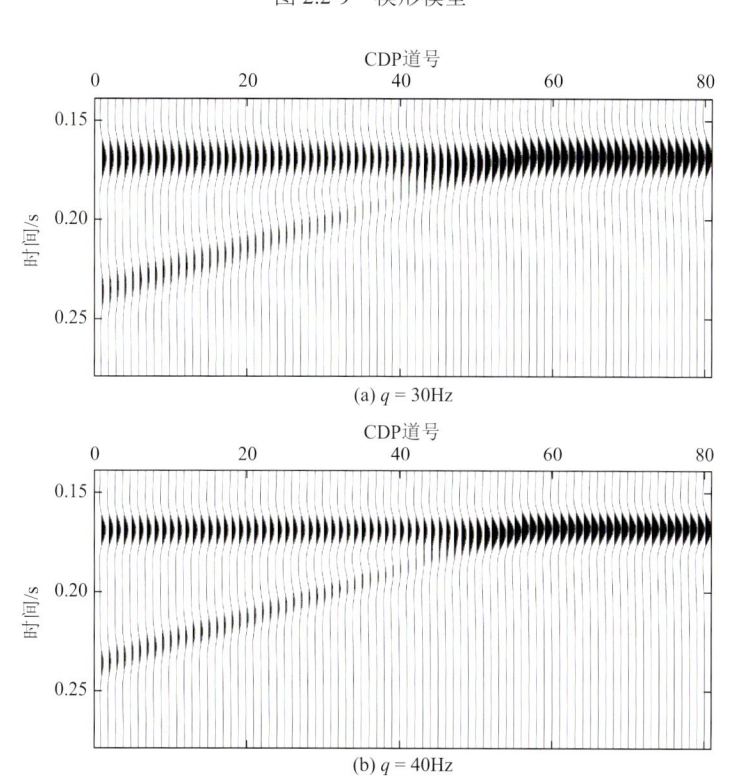

(a) $q = 30$Hz

(b) $q = 40$Hz

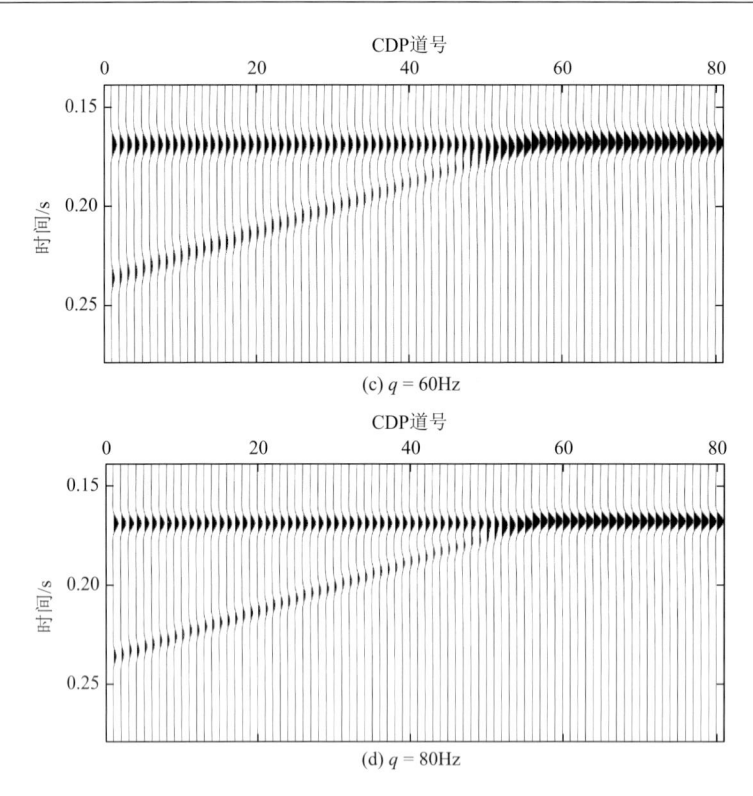

图 2.2-10　不同频宽俞氏子波的合成地震记录

通过不同频宽的俞氏子波合成地震记录结果可以看出，随着子波频宽的增加，子波时间延续度降低，地震记录纵向分辨率提高。对岩性勘探而言，提高分辨率是寻找岩性圈闭的重要保障，因此，宽频勘探势在必行。

2) 宽频采集有利于减少反演结果的假象

反演的过程可去除子波的影响，提高地震资料的分辨率。但当主瓣与旁瓣能量差异小时，反演过程中容易将旁瓣视为反射界面，反演结果中会出现"假层"。图 2.2-12 是对图 2.2-11 的反演结果，图中显示频带越窄，反演结果中"假层"越多。

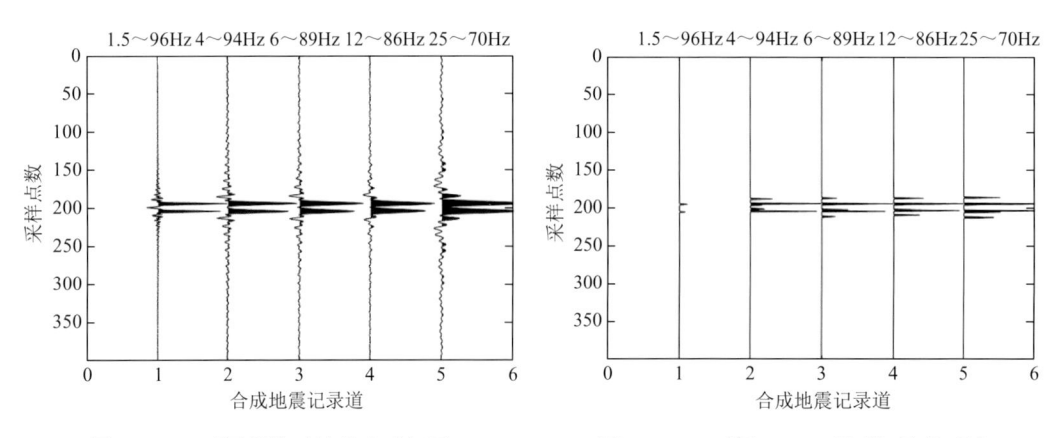

图 2.2-11　不同频带子波的合成记录　　　　图 2.2-12　对图 2.2-11 所示记录的反演

在地震采集中，往往通过增加高频激发部分来提高成像分辨率。在处理中，为了压制强烈的低频干扰，获得高信噪比的地震记录，通常要滤掉或消除低频信息。然而，地震波阻抗反演需要拓宽频带，增补低频段来提高地震波阻抗反演的分辨率和精度。为了理解用宽频子波反演的物理意义，建立了楔形模型并反演其阻抗剖面。

低阻抗楔形模型的时间厚度范围为 0～320ms（图 2.2-13），楔形体的阻抗低于上覆地层及下伏地层的阻抗值。子波是从研究工区 ZJNew 和 ZJOld 的数据体中分别提取的常相位振幅谱子波（图 2.2-14），其主要差异为研究工区 ZJNew 数据体提取的子波含有更多的低频成分。在整体趋势上，利用这样的子波能够很好地模拟研究工区 ZJNew 和 ZJOld 的每道数据道集。从图 2.2-15 可以看出，两个子波在时间域没有明显的差异，但含低频成分较多的子波旁瓣的幅度明显比含低频成分较少的子波旁瓣要小。因此含低频阻抗体能够提高分辨率，精确地反映地下储层的成藏及圈闭信息。

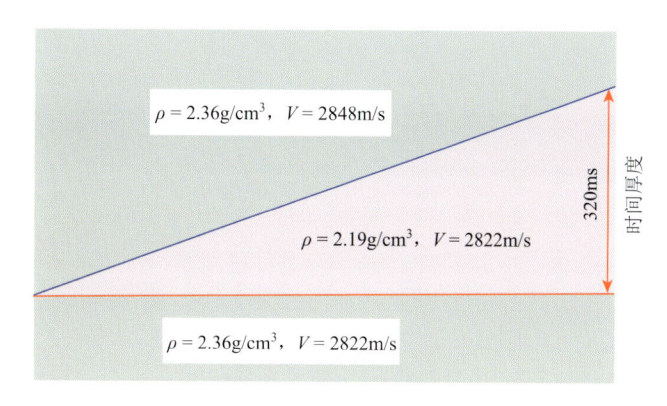

图 2.2-13　楔形模型

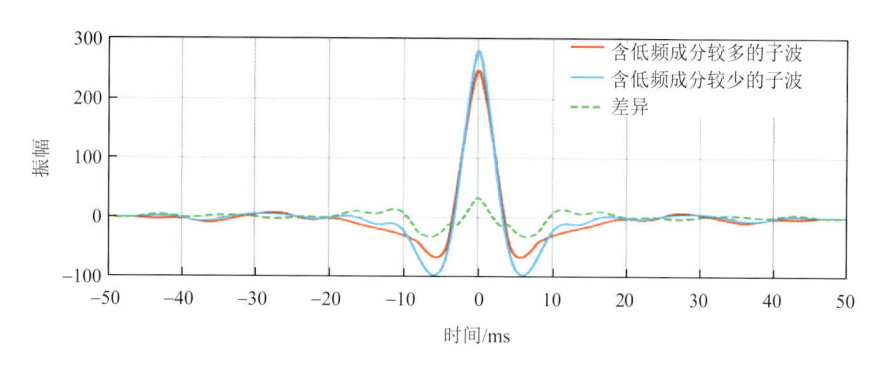

图 2.2-14　用于反演的时间域子波

从图 2.2-16 所示的两个波阻抗反演剖面图可以看出，图 2.2-16(a) 与图 2.2-16(b) 还是存在明显的差异。含低频成分较多的子波相对于含低频成分较少的子波，在楔形体尖灭的部位波阻抗反演更加接近楔形体的真实形态，分辨率更高，且随着楔形体厚度的增加，用含低频成分较多的子波比含低频成分较少的子波的反演更接近真实楔形体的厚度。

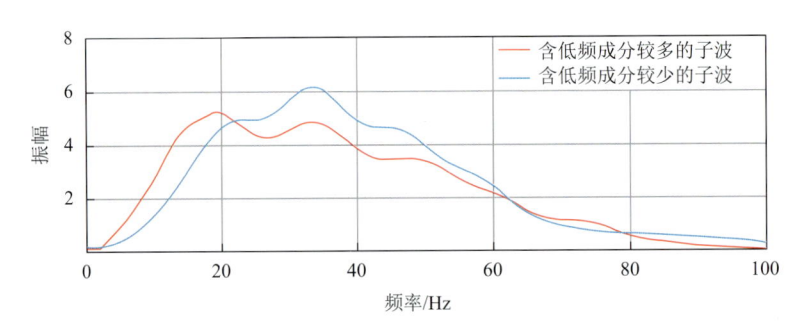

图 2.2-15　子波的频谱图

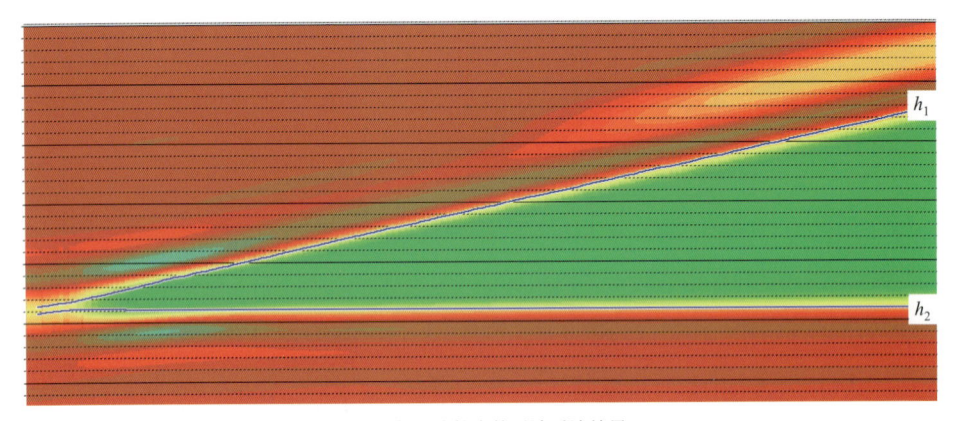

(a) 含低频成分较多的子波反演结果

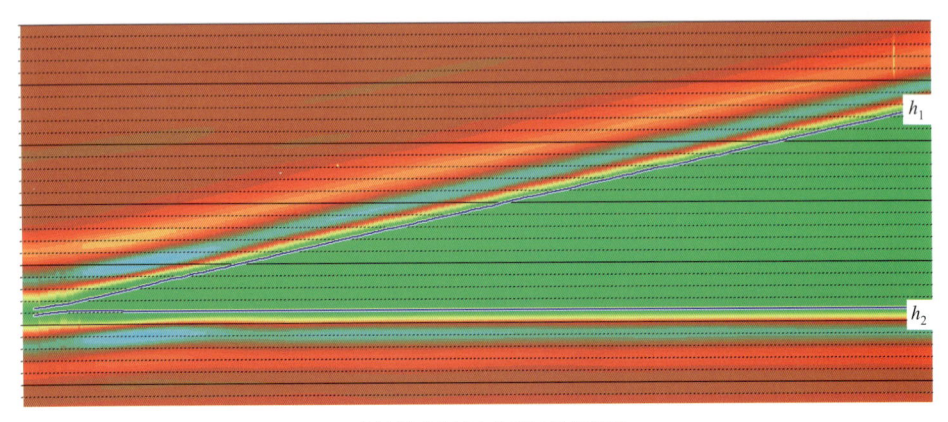

(b) 含低频成分较少的子波反演结果

图 2.2-16　有限频带合成地震记录的反演剖面

h_1：第一层界面最浅埋深；h_2：第二层界面最浅埋深

图 2.2-17 所示为过井 ZJ34 的反演波阻抗剖面。从视觉效果上来说，图 2.2-17(b)(含低频成分较多的子波反演结果)比图 2.2-17(a)(含低频成分较少的子波反演结果)分辨率低，但图 2.2-17(b)与测井曲线更吻合，说明低频有利于提高反演分辨率。从图 2.2-17 中箭头所指区域可以看出，ZJNew 的阻抗体比 ZJOld 能更好地反映地层的实际规律，具有更高的分辨率。

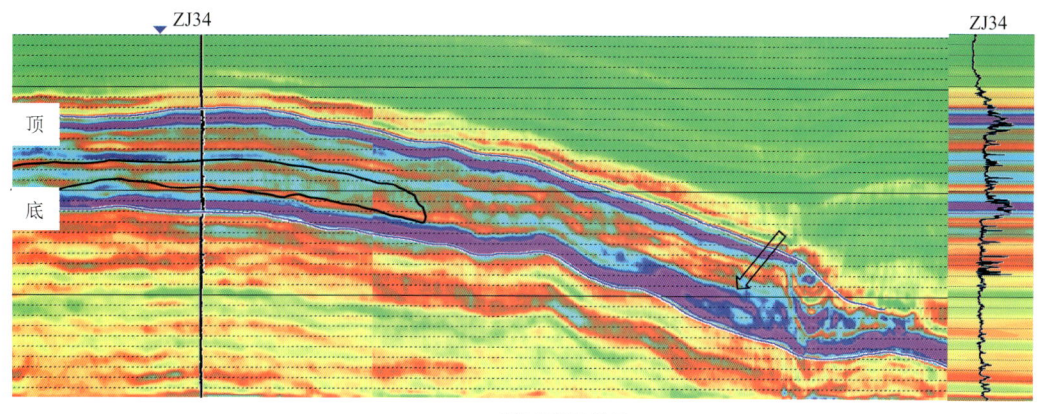

(a) ZJOld反演波阻抗结果

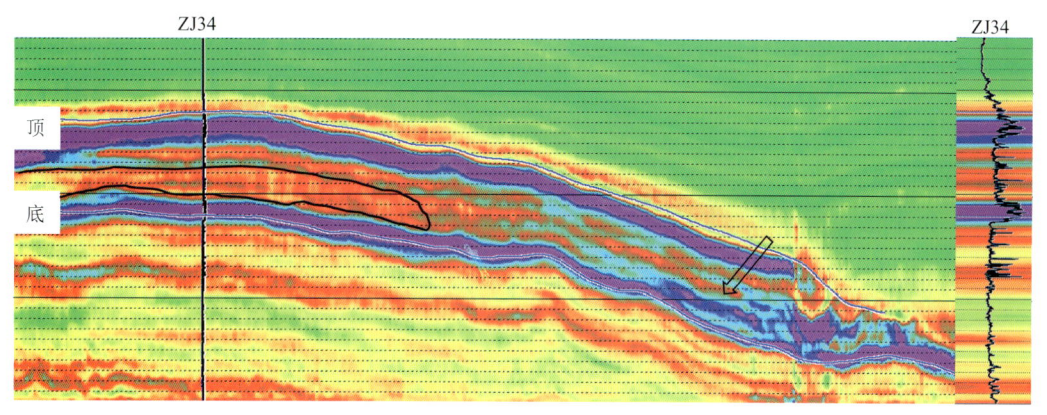

(b) ZJNew反演波阻抗结果

图 2.2-17　过井 ZJ34 的反演波阻抗剖面图

2. 宽频激发技术应用

Silin 等(2003)基于基本渗流理论推导出了渐进模式下低频谐波在饱水弹性多孔介质中的传播方程,研究了低频地震信号从弹性介质到多孔饱水介质的反射,得出了一个与频率和储层流体流动性能相关的反射系数。Korneev 等(2004)将这个反射系数在实际地震资料中进行低频成像,用于预测油田生产率。Goloshubin 等(2006)在 Silin 等的基础上应用流体流动性能和散射机制推导出了与地震频率相关的流度属性,并用该属性预测储层的流动能力和渗透率。但要进行这一类属性的提取,需要宽频带(尤其是低频)信息。

为拓展震源激发有效频带,在以往低频试验生产基础上,2019 年在准噶尔盆地北601 井区利用新一代低频可控震源开展了"两宽一高"三维地震采集,进一步拓展了扫描频宽,取得了良好的地质效果,如图 2.2-18 所示。石炭系(C)内幕成像品质明显改善,地层接触关系清晰。

2019 年在新疆吉木萨尔实施了国内页岩油部署面积最大、设计炮次最多的高密度三维地震勘探,采用激发频率为 1.5～96Hz 的可控震源进行采集,在东部核心区提高扫描频率至 120Hz，发挥宽频优势。最终经处理得到的地震剖面如图 2.2-19 所示，图 2.2-19(a) 为玛湖 11 井区三维南北向地震地质解释剖面（老资料），图 2.2-19(b) 为玛湖 131 井区与图 2.2-19(a) 相同位置的三维南北向地震地质解释剖面（新资料）。地震资料有效频宽拓展了 12Hz，主频提高了 10Hz；上甜点分辨率明显提高，下甜点地震成像实现了"从无到有"的突破。

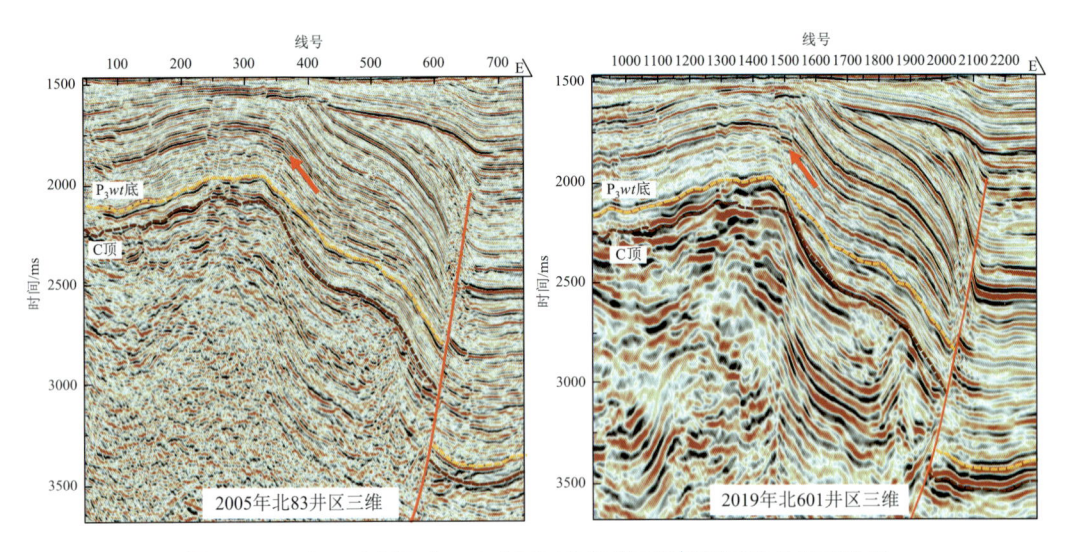

图 2.2-18　北 83 井区与北 601 井区三维低频可控震源采集效果对比图

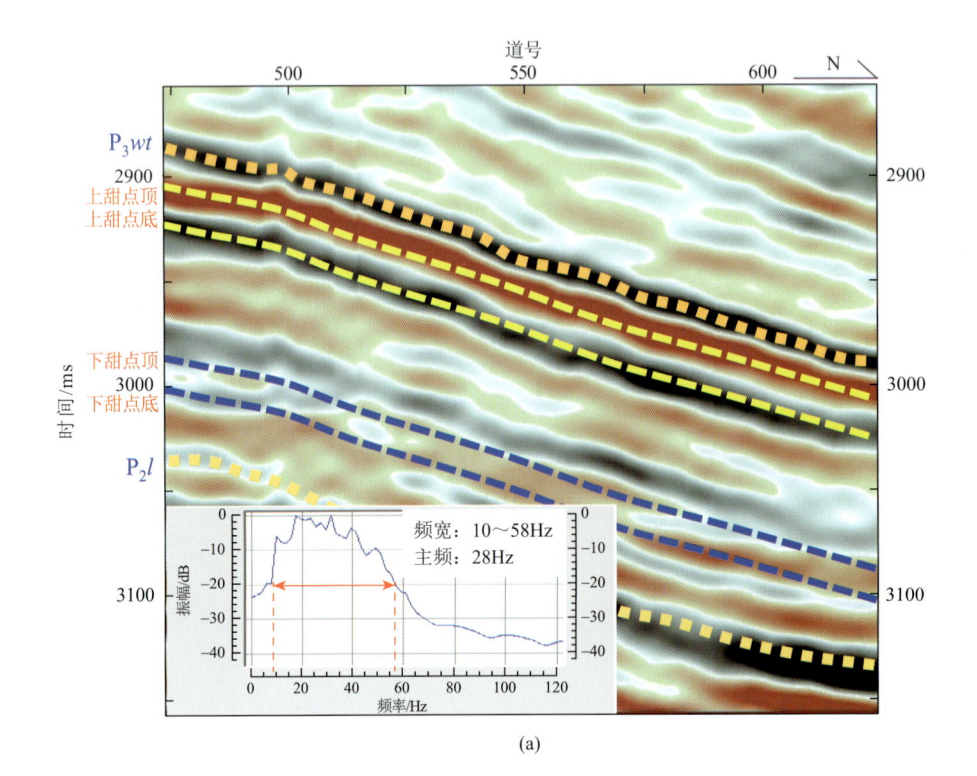

(a)

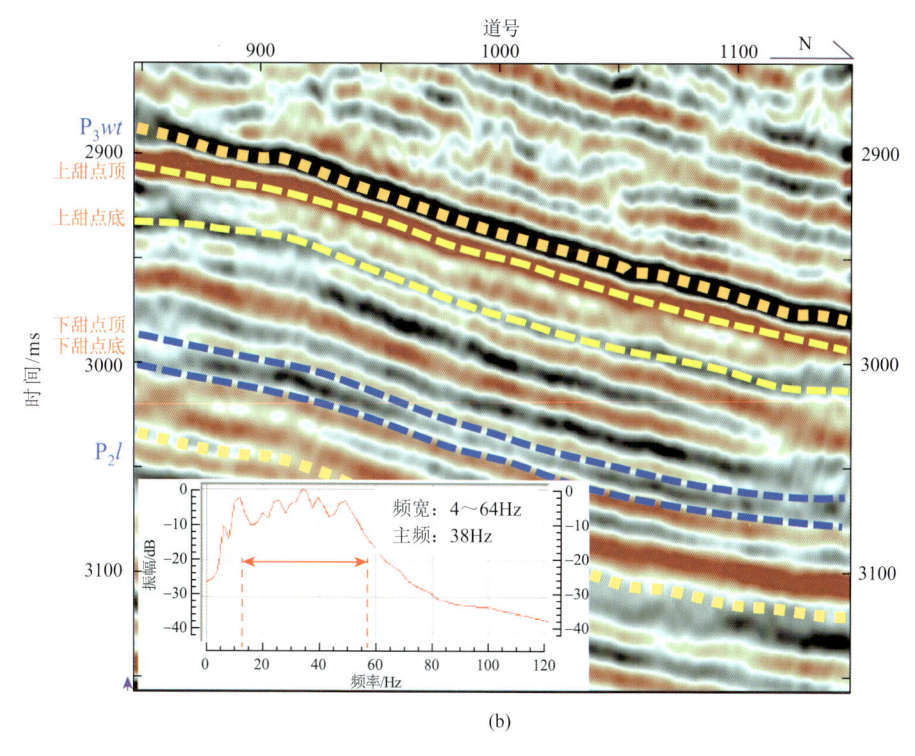

图 2.2-19　玛湖 11 井区(a)与玛湖 131 井区(b)同一位置地震剖面成果频谱对比图

近年来，随着深层石炭系火成岩地震勘探的不断深入，对可控震源激发有效频宽也提出了更高的要求。由于火成岩与上覆地层存在波阻变化大的特点，因此，在火成岩地区面临能量透射的难题。低频信号往往具备长波长的特点，信号频率越低能够穿透的火成岩厚度越大，东方地球物理公司生产的 EV56 高精度可控震源可稳定激发出 1.5Hz 的信号频率，能解决准噶尔盆地深层石炭系火成岩的勘探难题。可以说，低频也是目前解决火成岩类地区(能量屏蔽)能量透射的主要技术手段之一(图 2.2-20)。

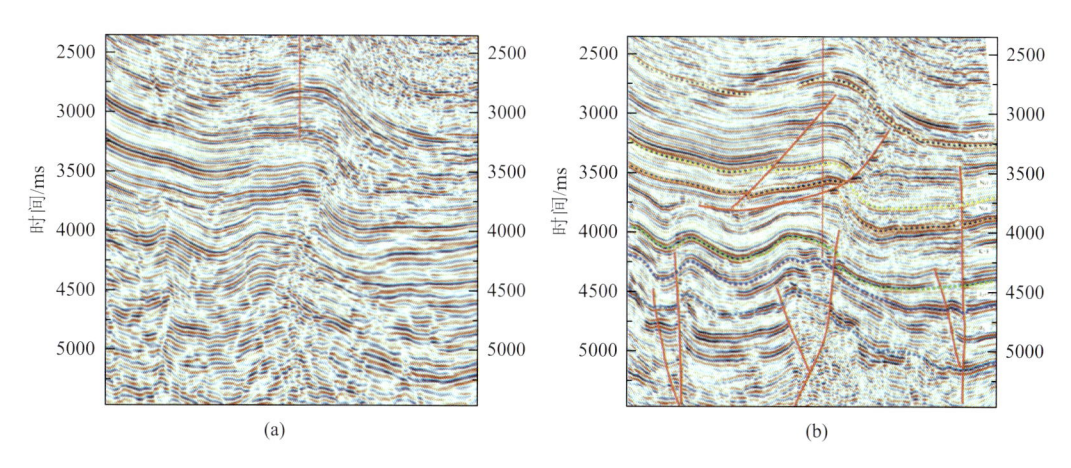

图 2.2-20　2019 年低频震源采集高探 1 井新资料(b)与老资料(a)对比

3. 单点采集技术应用

激发是基础，接收是关键。尽管组合接收可提高资料信噪比，但组合有低通滤波的作用，不利于宽频采集。同时，为拓展接收频带以便获得更宽频率的地震资料，检波器制造商开始研发自然频率更低的检波器。如法国 Sercel 公司的 SG-5 低频检波器灵敏度相当于 4 只常规检波器串联组合，能有效响应 2Hz 信号，适合大道数的单点、宽频地震勘探。因此，为了进一步提高地震采集资料的分辨率、保真性和地震采集效率，在信噪比较高的地区，单点采集技术越来越得到广泛应用。

为探索单点接收在准噶尔盆地地震采集中的可行性及适用条件，从 2013 年开始，在准噶尔盆地不同地表条件开展了单点与组合试验对比，如图 2.2-21 所示。根据不同的点接收与组合接收对比方案，进行了大量的资料分析研究，取得一定的效果，并积累了大量典型分析数据及资料处理对比分析方法，为准噶尔盆地点接收三维勘探技术的进一步发展提供技术支撑。经过实验对比分析，得到以下几点认识。

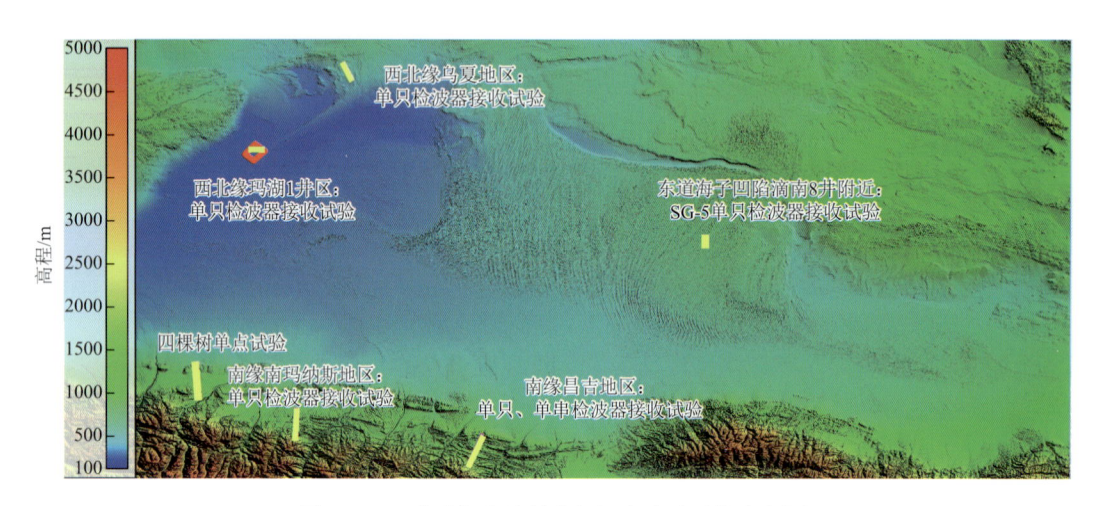

图 2.2-21　准噶尔盆地单点与组合试验对比分布图

（1）从准东地区资料分析看，采用单点接收、可控震源激发单炮信噪比弱于组合接收、井炮激发单炮信噪比。经过高覆盖次数叠加，单点接收可控震源资料的叠加剖面优于采用组合接收井炮激发的资料，且低频方面更具优势。2016 年在准噶尔盆地东部阜北斜坡区部署实施了单点高密度三维地震勘探。常规组合检波器采集老三维地震资料[图 2.2-22(a)]频宽为 8～69Hz，主频为 33Hz；单点接收地震资料[图 2.2-22(b)]频宽为 4～74Hz，主频为 40Hz，单点采集资料频宽拓宽 9Hz，主频提高 7Hz，其成像精度大幅度提高，地层接触关系清楚，侏罗系（J）地层层间信息丰富，信噪比提高，小断裂刻画清晰，目的层优势频带拓展明显。

（2）腹部沙漠区试验认识。选择较高且合理的覆盖次数，采用单只检波器接收，在大沙漠区也可以获得与组合接收相比更好的资料效果，覆盖次数选择是关键，如图 2.2-23 所示。在沙漠区部分信噪比低的区域，采用强化激发来弥补单只检波器接收信噪比低的不足，如图 2.2-24 所示。

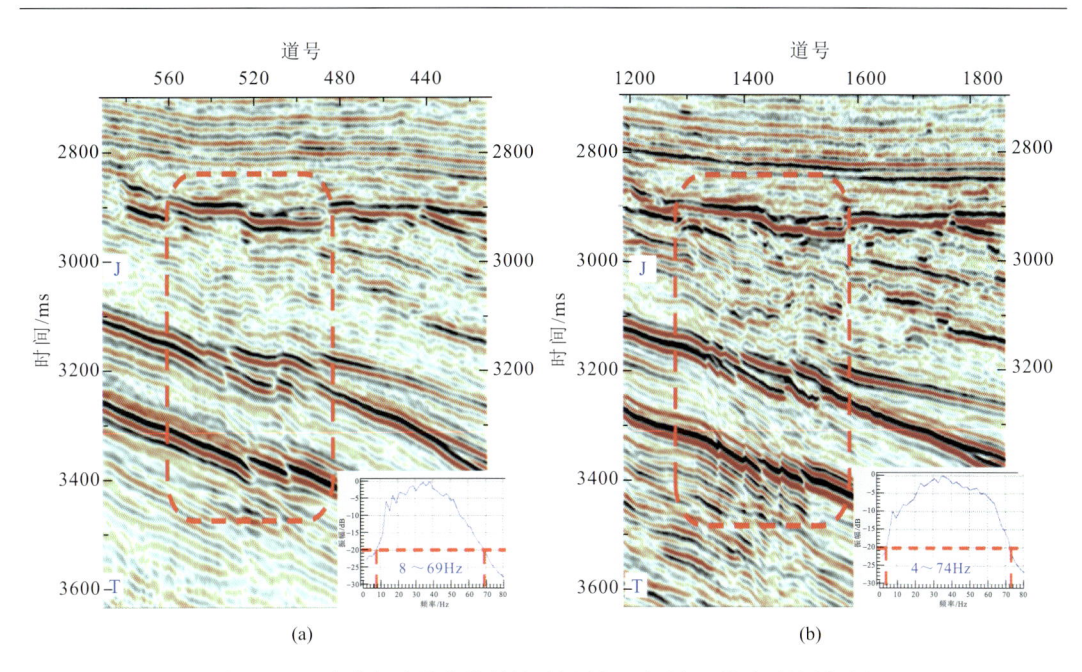

图 2.2-22　准噶尔盆地阜北斜坡区新(b)、老(a)三维地震资料对比

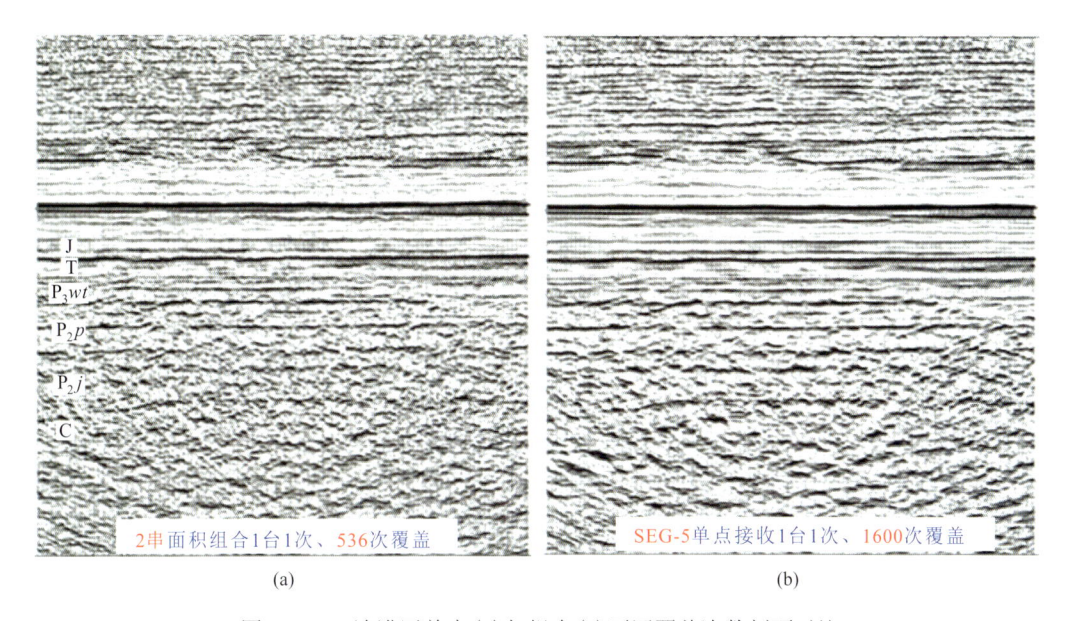

图 2.2-23　沙漠区单点(b)与组合(a)不同覆盖次数剖面对比

(3)沙漠外围单点接收认识。较高覆盖次数下，单只与组合成像品质相当，如图 2.2-25 所示；进一步提高覆盖次数，成像品质有所提高，如图 2.2-26 所示。主要原因是沙漠外围地表简单，吸收衰减弱，具有一定的信噪比基础，更具备单只检波器接收的推广应用条件。从 1500ms 时间切片对比图分析(图 2.2-27)，无论是信噪比、反射层能量、横向分辨率，采用单点接收可控震源激发高覆盖的资料都明显优于采用组合接收井炮激发低覆盖的资料。

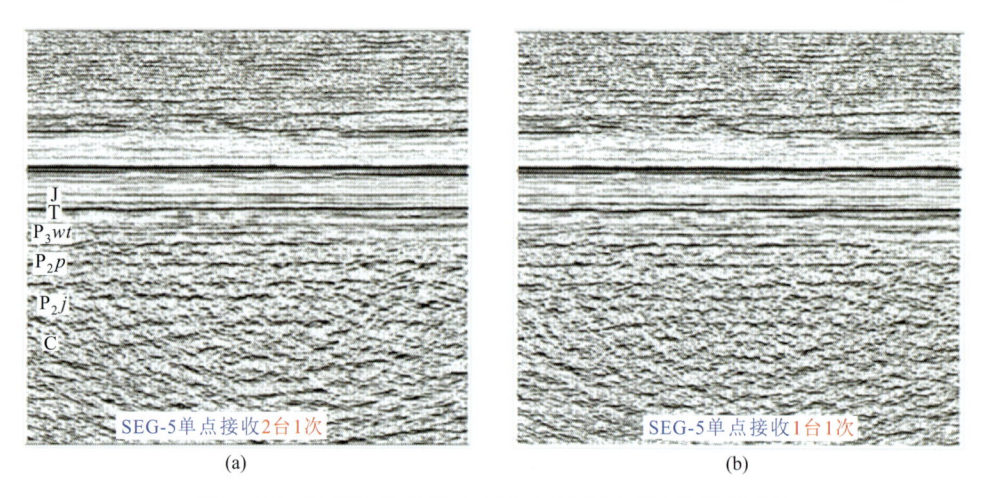

图 2.2-24　沙漠区单点(b)与组合(a)不同覆盖次数剖面对比

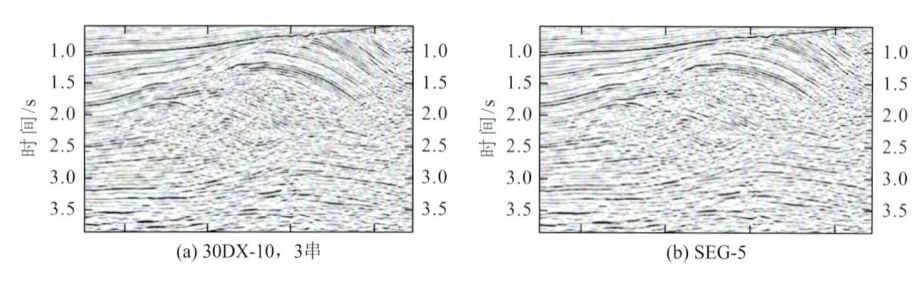

图 2.2-25　单点(b)与组合(a)400 次覆盖剖面对比

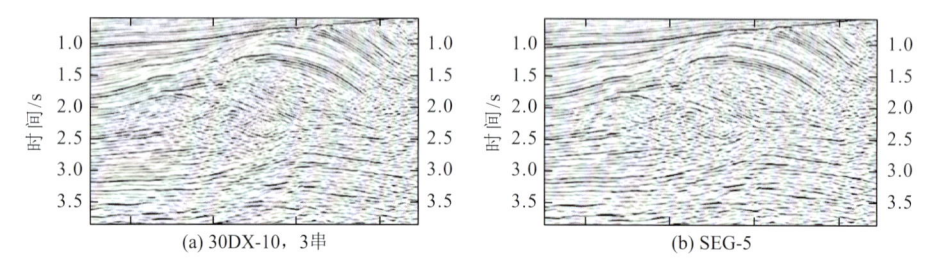

图 2.2-26　单点(b)与组合(a)800 次覆盖剖面对比

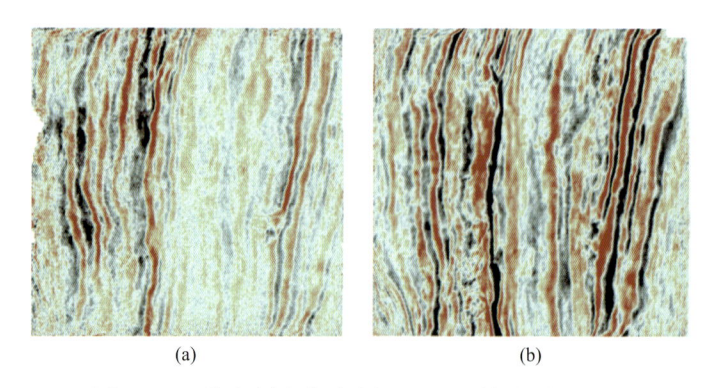

图 2.2-27　单点(a)与组合(b)1500ms 时间切片对比图

2.2.4 "两宽一高"地震采集配套技术

准噶尔盆地复杂的地表条件使地震采集施工面临巨大挑战，同时，随着"两宽一高"地震采集技术的广泛应用，采集日效越来越高，采集数据量越来越大，野外作业常规的设计和质量控制方法已经不能满足需求。为适应准噶尔盆地"两宽一高"地震采集技术的应用需要，东方地球物理公司研发了动态滑扫高效激发、联采实时质控、节点采集、作业路径设计优化等多项配套技术，保障了盆地高效勘探项目的有效实施。

1. 距离间隔同步滑动扫描(DSSSS)技术

为有效降低勘探成本，实现互利共赢，2003年以来，东方地球物理公司和中石油新疆油田分公司在准噶尔盆地投入近亿元资金，先后开展了可控震源震次拆分、交替扫描、滑动扫描、距离间隔同步滑动扫描等高效采集的试验和实践，取得了较好效果(图2.2-28)。

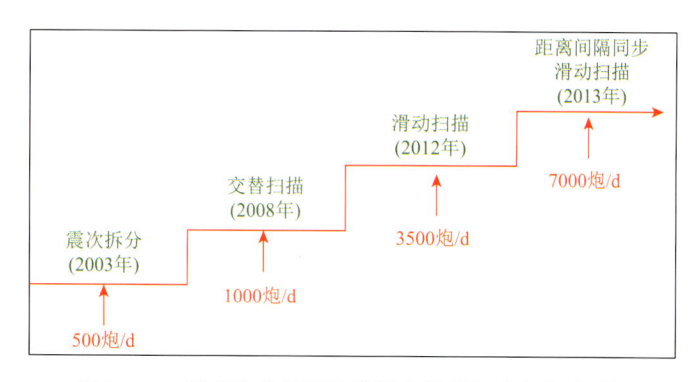

图2.2-28 准噶尔盆地可控震源高效采集技术发展历程

玛131井区三维地震勘探首次在国内应用可控震源DSSSS技术(间隔一定距离的两套多组震源同步滑动激发)实现高效采集。该技术通过应用多组(fleet)可控震源施工，2组或2组以上可控震源组成1个群(cluster)，群与群之间以滑动扫描方式施工。施工时，位于不同炮点上的每个fleet将自己的状态即时发送给仪器，仪器依据既定的距离间隔要求，根据各个fleet的状态情况，优化组成若干群，再安排各个群滑动扫描采集。但这些群内的fleets组合并不固定，而是随机变化的。即只要各个fleet的数字地震数据(digital seismic data，DSD)已经向动态脉冲发生器(dynamic pulsing generator，DPG)发出"Ready"信号，便可随机结合成不同的群，采集时同一群内的所有可控震源组采用同样的参数同步激发，实现用采集一炮的时间采集多炮的目的(俗称"一炮多响")，这些可控震源点具有相同的激活排列同时接收[图2.2-29(a)，如震源V1组与V6组随机组成群1，V2组与V5组成群2，V3组与V4组成群3]，完成接收后仪器采用震源组各自的参考信号与接收的数据进行相关，最终产生多个单炮数据文件。

这种技术相当于投入近两倍设备，效率在理论上比滑动扫描提高一倍。在施工过程中，要求接收线长度足够长，不小于2倍接收排列长度，同时激发的两炮相互不影响目的层

[图 2.2-29(b)]。而且，还必须满足以下条件：仪器具有超强带道能力，能够控制多台震源、具备震源源驱动功能、可实现远距离电台通信、配有震源可视化导航、能够实时监控设备状态。玛 131 井区创造了平均日效 7269 炮，最高日效 12316 炮的国内最高纪录。

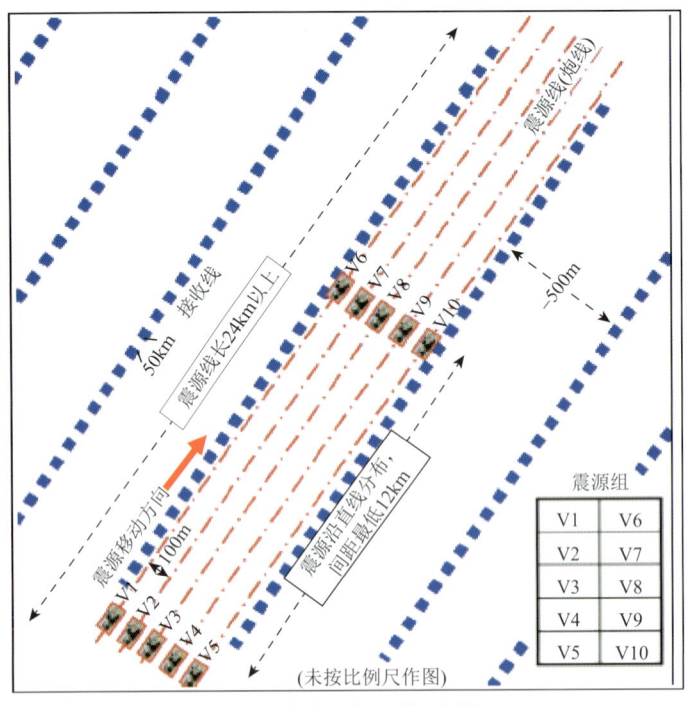

(a) DSSSS组内震源同步扫描示意图

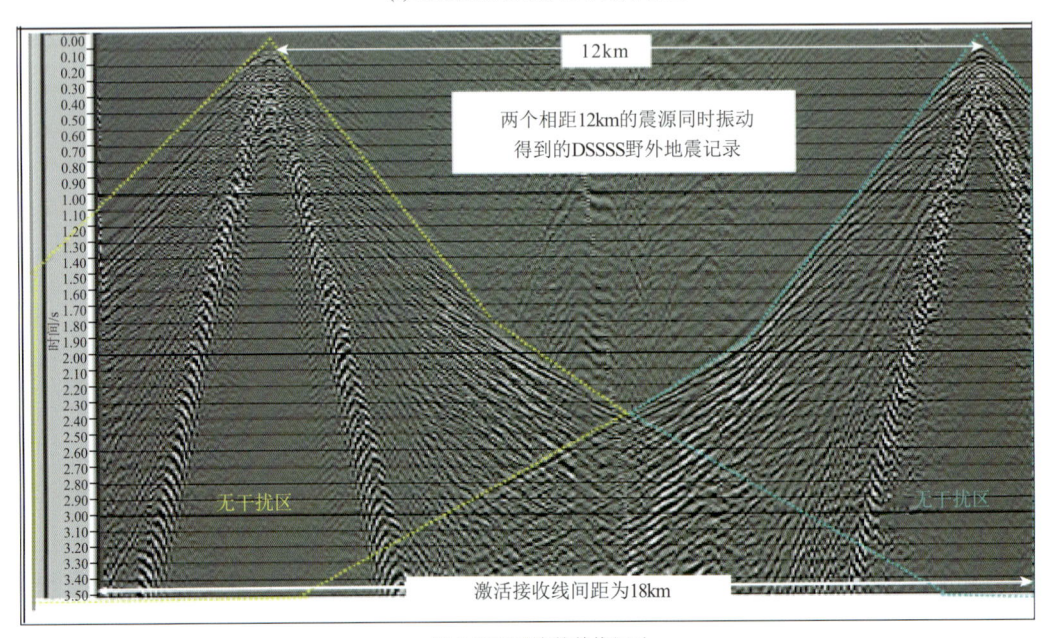

(b) DSSSS对应的单炮记录

图 2.2-29　DSSSS 组内震源同步扫描示意与对应的单炮记录

2. 高效采集实时质控

准噶尔盆地采用滑动扫描高效采集技术，其采集日效比较高，数据量比较大，海量数据质量监控面临巨大挑战。常规的质量控制方法已经无法满足其需求，因此，高效采集有其对应的采集现场质量监控和室内地震数据检查方法。在现场质量监控方面，由于滑动扫描连续采集，采用块排列接收，仪器车无法进行纸质记录回放，现场单炮记录监控采用实时监控软件(KL-RtQC)进行评价，实现了实时量化采集质量监控，提高了效率。

实时监控软件(KL-RtQC)由东方地球物理公司自主研发，该软件数据传输的平均速率可达到 100MB/s，能够满足超大道数数据采集的实时监控需求，通过准噶尔盆地三维地震勘探项目的应用，KL-RtQC 实时完成了三维地震勘探项目所有采集的炮质量监控，实时率 100%，重大质量问题报警的准确率为 100%。实时监控软件通过对震源参数、炮数据的初至、面波、环境噪声、频谱、信噪比、能量、高程、偏移距等进行全自动的快速分析，实现施工质量的全面评价，详细描述每炮施工参数值、等级及不合格原因等，并及时采取补救措施。图 2.2-30 为可控震源高效采集时相应指标的统计分析图。

(a) 平均出力超标点分布图　　(b) 峰值畸变超标点分布图　　(c) 炮点重震分布图

图 2.2-30　高效采集震源状态监控及重震分布图

3. 海量数据转储与评价

准噶尔盆地开展滑动扫描高效采集技术施工中，在海量数据室内进行快速人机交换监控流程时，转储和人机交互监控效率比较低。针对这一问题，东方地球物理公司开发了海量数据转储与克浪地震评价系统，该系统配备刀片节点服务器，由 8 个节点组成，安装了监控软件 KL-SeisPro 和现场处理软件 GeoEast，可以实现万炮采集日效的野外记录数据快速转储和监控评价。图 2.2-31 为海量数据转储与克浪地震评价系统的架构图。

4. 作业预设计及可视化导航

准噶尔盆地地表类型复杂多变，物理点布设困难，可控震源车通行困难，为此首先充分利用高清卫星图片、航拍数据信息(图 2.2-32)进行室内物理点优化布设和震源行走路线精细设计(图 2.2-33)。其次到现场进行详细踏勘和实际放样并记录实际震源行走路线航迹,按照先室内布设,后现场放样的流程进行实施(图 2.2-34)。通过多轮次室内、现场联合优选炮检点,确保主要目的层有效覆盖次数达到设计要求,使复杂区的炮检点全部实测到位,同时优化设计每台震源的行进路线,每台震源分配的任务明确易懂,从而提高震源施工效率。

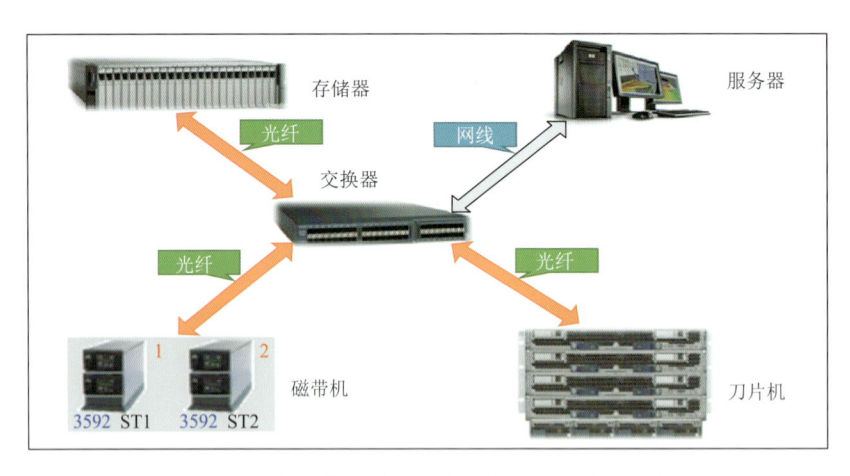

图 2.2-31　海量数据转储与克浪地震评价系统架构图

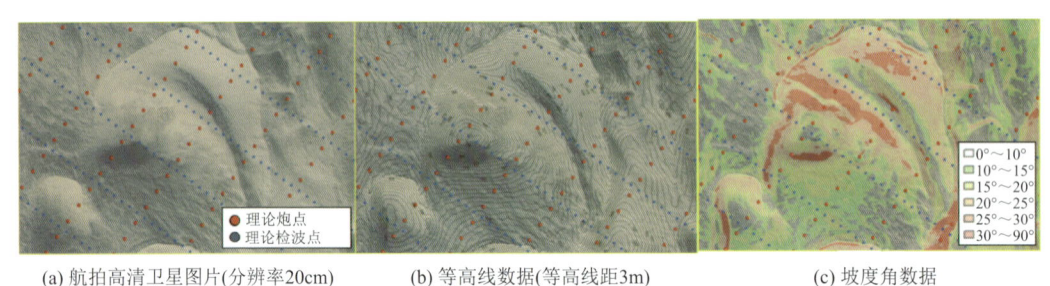

(a) 航拍高清卫星图片(分辨率20cm)　　(b) 等高线数据(等高线距3m)　　(c) 坡度角数据

图 2.2-32　地理信息提取

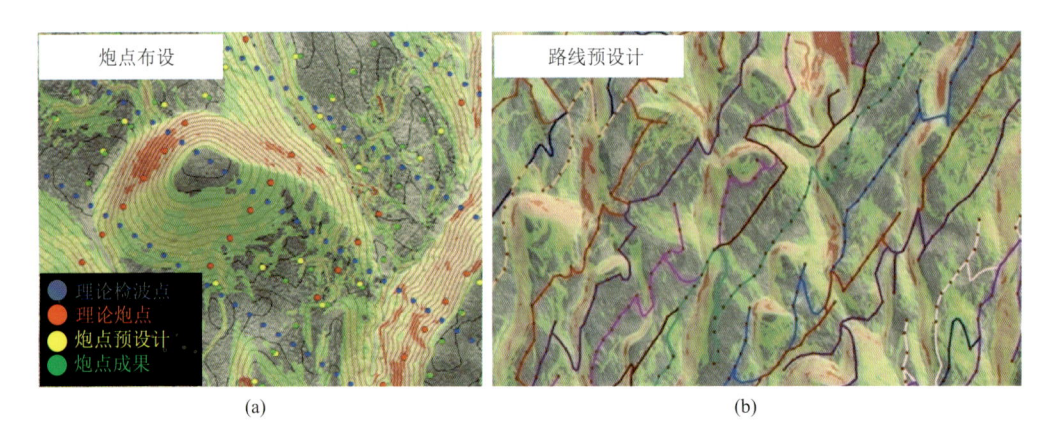

图 2.2-33　炮点布设及路线预设计

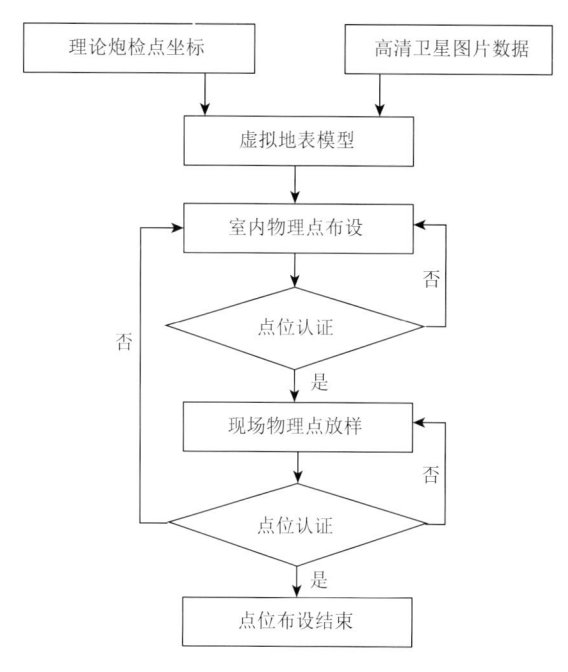

图 2.2-34　炮点布设及路线预设计流程

2.2.5　准噶尔盆地浅表层调查技术

准噶尔盆地地表复杂，地形起伏剧烈，主要有山地、沙漠、戈壁、冲沟、农田等多种地表类型。与各种地表类型相关联的近地表地层厚度及速度结构变化也较大，静校正问题突出，影响地震资料成像效果。从而使得浅表层调查在地震资料采集中对于提高地震资料品质具有举足轻重的地位，浅表层调查技术成为地震采集的关键技术之一。

随着勘探的逐步深入，对勘探目标的精度要求越来越高，要分辨薄互层等小地质目标体，就要求地震资料频带宽、分辨率高。而地震波在地层中传播时，能量被地层吸收衰减，导致频率降低、相位畸变。相对于深部岩层，近地表的介质疏松，对子波的改造更为严重。地层吸收补偿的方法目前较为成熟，技术的关键是建立高精度的地层品质因子 Q 模型。常用的 Q 提取方法有谱比法、质心频率频移法、峰值频率频移法、频谱多项式拟合法等。

下面以滴南地区为例，阐述针对准噶尔盆地特色的 Q 值调查技术。地震资料如图 2.2-35 所示，准噶尔盆地滴南地区发育有 4~8m 厚度不均的侏罗系西山窑组煤层，煤层下方发育西山窑一段厚砂层，是目标出油层。在地震剖面上，煤层的横向不均匀分布，使得煤层下砂层的振幅和煤层振幅呈镜像对应关系，直接影响了对储层属性的认识，迫切需要进行合适的振幅补偿。侏罗系为强反射界面，连续性强，为全区标志层。二叠系及石炭系内幕反射相对较弱，全区对比追踪难度较大。

双井微测井 Q 值调查技术作为准噶尔盆地 Q 值调查的一项特色技术，在实际应用中取得了较好的效果，得到推广应用。

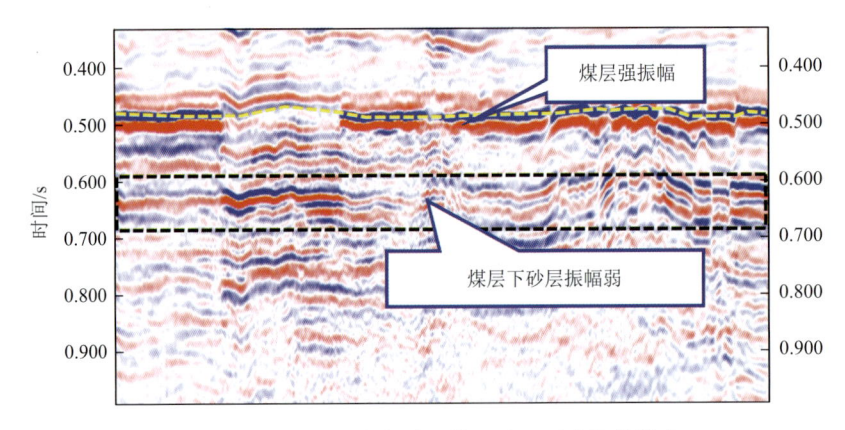

图 2.2-35　准噶尔滴南地区煤层对深层成像的影响

以下为该技术的基本工作流程。

(1) 采用激发井和接收井双井观测方式，接收井位置为调查点坐标；接收井与激发井间距 5～10m，井口间高差不大于 0.5m，激发井井口采用 11 只检波器接收；1～4 道，距激发井口 1m；5～8 道，距激发井口 2m；9～11 道，距激发井口 3m；扇形摆放，扇形位置为激发、接收井连线方向；接收井井底放置 1 只检波器接收，如图 2.2-36 所示。

(2) 激发井、接收井井深一致。

(3) 每个激发井按常规微测井采集激发，具体如下。激发深度：0.5m，1m，1.5m，…；5m，6m，…；10m，12m，…；20m，23m，…。

(4) 激发参数一致，地震波形稳定。激发顺序由深至浅依次激发；井中检波器采用玻璃胶进行密封，防止漏电，同时确保插入井底，耦合良好。

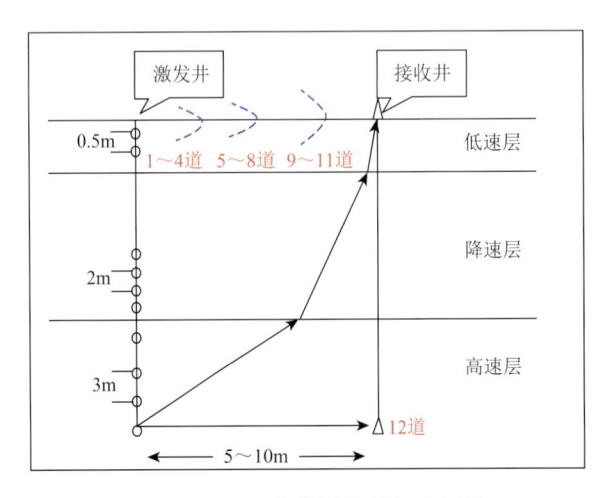

图 2.2-36　双井微测井采集示意图

利用微测井资料和频谱比法计算近地表 Q 值，对求出的 Q 值与速度进行最小二乘法拟合，可将近地表速度模型换算为 Q 模型。由实际测量的品质因子与速度、频率关系曲线可知，沙漠区近地表 Q 值与频率基本无关，仅与速度 v 有关，这样可利用近地表层析反演得到的速度模型建立近地表三维 Q 模型，采用黏弹波动方程波场延拓技术，就可以实现近地表吸收衰减补偿。图 2.2-37 对比了补偿前、补偿后的单炮记录及对应的频谱，可以看出，补偿后的单炮记录有效频带得到明显拓宽，地震分辨率得到提高，弱反射能量得到加强。图 2.2-38 对比了补偿前、补偿后的地震剖面，可以看出补偿后的单炮记录有效频带得到明显拓宽，地震分辨率得到提高，弱反射能量得到加强。

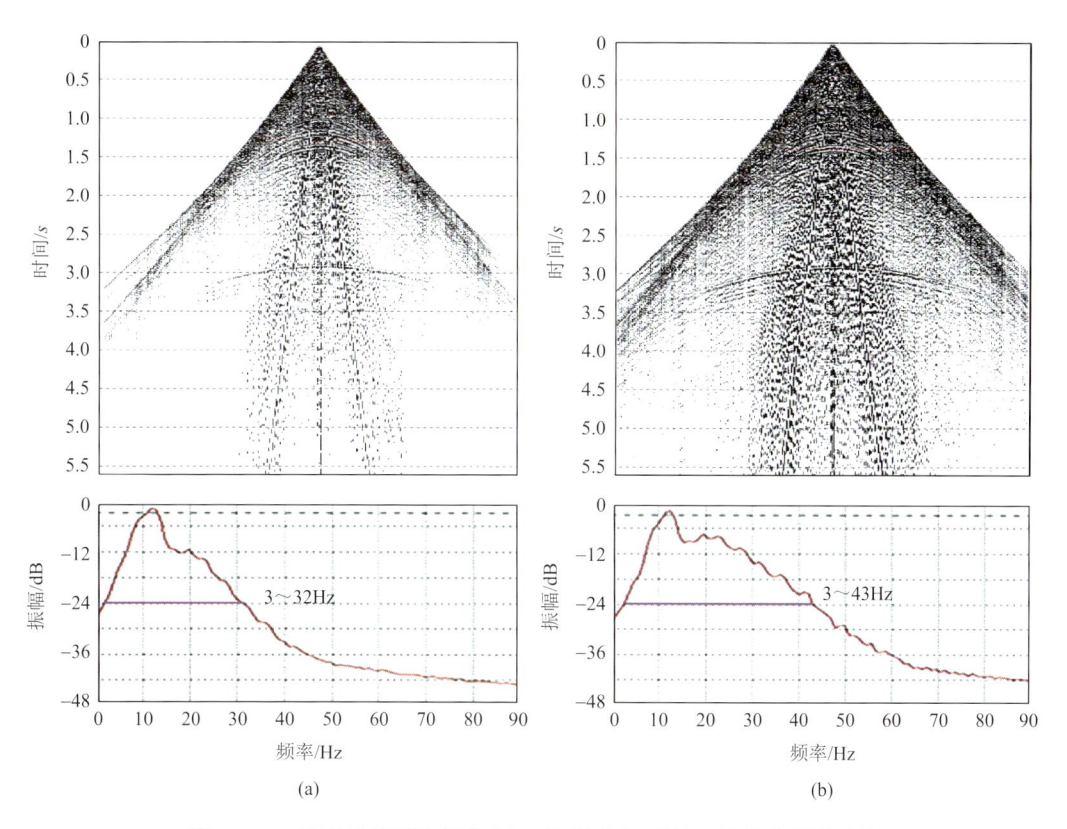

图 2.2-37　腹部沙漠区补偿前(a)、补偿后(b)单炮记录及其频谱对比

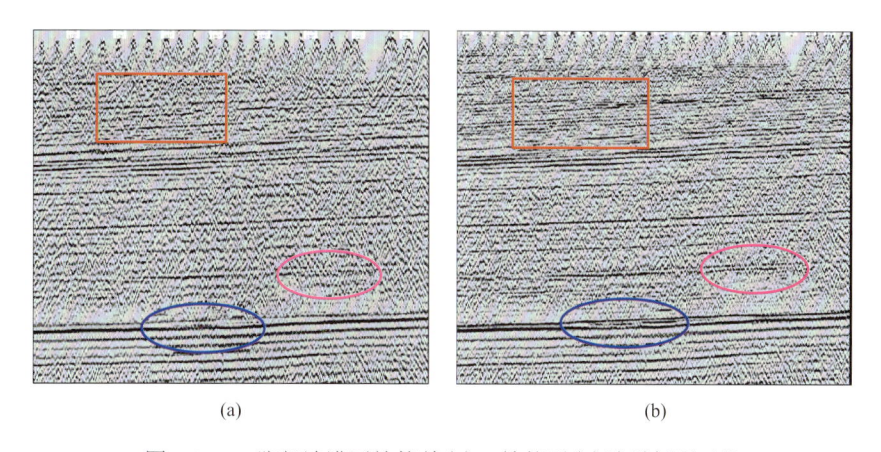

图 2.2-38　腹部沙漠区补偿前(a)、补偿后(b)地震剖面对比

2.2.6 沙漠区浅层反射静校正技术

1. 沙漠区存在的静校正问题的基本特点

静校正是陆上反射波地震勘探资料处理中的一项重要基础工作。目前常用的静校正方法有模型法、沙丘曲线法和基于生产炮的初至时间法。模型法和沙丘曲线法受数据源控制点密度和精度的影响，在低速层变化剧烈时很难得到准确的校正量值，在实际生产中应用很少。基于生产炮初至时间的静校正主要包括折射和层析两种方法。由于这两种方法得到的静校正精度高，因此在解决陆上复杂近地表地区校正问题中应用非常广泛。

折射法和层析法静校正应用的基础是初至时间。当初至波连续、信噪比较高时，拾取初至时间比较容易，应用折射法和层析法能够顺利解决静校正问题。但是初至波信噪比极低时，很难拾取准确的初至时间，折射法和层析法静校正则失去了应用的基础。

在准噶尔盆地东部沙漠区，折射层常出现串层现象，导致折射静校正可用追踪段不稳定，影响了静校正效果。随着可控震源滑动扫描激发方式的推广应用，炮密度越来越大，一般工区炮数较以往常规激发方法增加了几倍，甚至十几倍，炮数由一两万炮增加到十万炮以上，有些工区则高达二十万炮以上。初至波信噪比低的问题越来越普遍，基于初至时间的折射和层析静校正方法在可控震源高效采集项目中的应用难度也越来越大。

准噶尔盆地三面环山，中间是巨厚的沙漠，表层结构复杂多变，许多地区静校正问题非常严重。但是沙漠区低降层巨厚，高速层为一强波阻抗界面，该界面形成了较好的反射，可以用该反射来反演表层结构模型。以往计算反射波静校正有拟合法和叠加剖面法，其中拟合法受地表起伏影响较大，不适合沙漠区；叠加剖面法本身也需要进行静校正才能较好地对高速层的反射叠加成像，因此也不适合大沙漠区。需要针对本区特点研究可以避开地表起伏影响的反射波静校正方法。

尽管折射初至波的时间无法准确拾取，但是低速层底界面是一个较强的反射界面。当地震波入射到低速层底界面时产生反射波，这种来自低速层底界面的浅层反射波，如在图2.2-39的C位置，可以隐隐约约地看出具有双曲线特征。浅层反射波的双程旅行时和双曲线形态与低速层厚度和速度有关，因此可用于建立表层结构模型和计算静校正量。利用浅层反射波调查的静校正方法在工程地震、环境调查和地下水研究中有较好的应用效果。但是应用该方法的前提是需要做小道间距浅层反射波调查，这会增加额外的地震数据采集成本，因此，在陆上地震数据采集和处理中应用较少。随着高密度空间采样地震采集技术的推广应用，通过地震采集得到的浅层反射波信息量越来越多，直接应用地震数据的浅层反射波的静校正方法具备了数据基础。

2. 沙漠区浅层反射静校正思路

基于地震数据浅层反射静校正方法的主要思想，是对浅层反射波进行 CMP 叠加成像，首先在叠加剖面上拾取浅层反射波的双程旅行时，然后通过双程旅行时建立低速层的厚度和速度模型，最后用这个模型计算静校正量。实现这一思想，首先要建立起伏

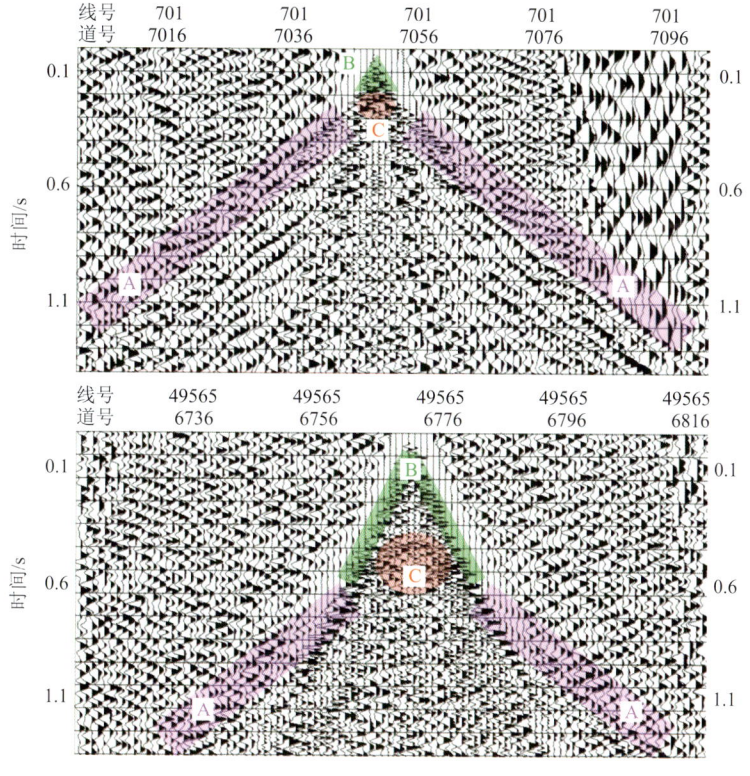

图 2.2-39 可控震源高效采集典型数据

地表浅层反射波的时距曲线方程，为浅层反射波叠加的速度分析和动校正提供计算公式。此外，需要一套建立低速层模型的技术流程，用于静校正量计算。最后，资料处理也需要采取一些措施，提高低速层模型的精度。

以往反射波资料一般使用单独采集小道间距资料，限制了反射波静校正的应用，所以在以往静校正中反射波静校正很少应用。在准噶尔盆地东部的一些沙漠区，折射层变得不稳定，连续性较差，出现严重的串层现象，导致可用追踪段长度不稳定，从而导致折射静校正效果受到影响。通过分析单炮资料，发现该区高速层顶界面是一强波阻抗界面，产生了较好的反射，尤其是使用小道间距采集资料时，反射波在面波带内非常清晰，不需要进行处理就可以较准确地拾取（图 2.2-40），为使用反射波进行静校正提供了条件。

一般针对浅层反射静校正有两种常用方法，一是将反射波时距曲线方程变换到公式(2.2-2)，使用公式(2.2-3)拟合出风化层速度(v)和截距时间(t)。

$$t = \sqrt{x^2 + 4h^2}/v \tag{2.2-2}$$

$$t^2 = x^2/v^2 + 4h^2/v^2 \tag{2.2-3}$$

式中，x 为炮检距；h 为高速层顶界面埋深。

大沙漠区由于地表起伏剧烈，拟合的速度变化较大，不能反映真实的表层结构变化。图 2.2-41 展示的是滴南二维地震勘探中用式(2.2-3)拟合得到的直线，从图中可以看到某些炮左右两支的拟合速度和零炮检距旅行时相差较大。因此，该方法在起伏频繁的大沙漠区应用会产生较大的误差。

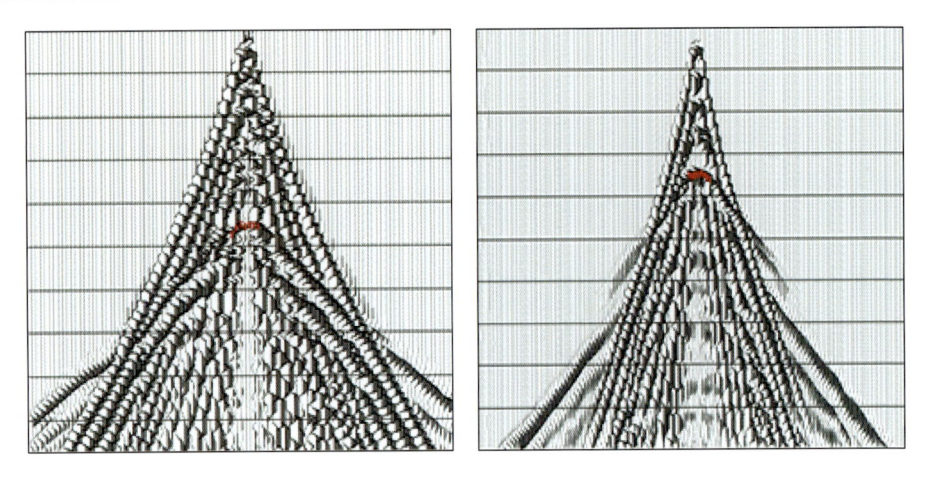

图 2.2-40　准噶尔沙漠区存在浅层反射的单炮

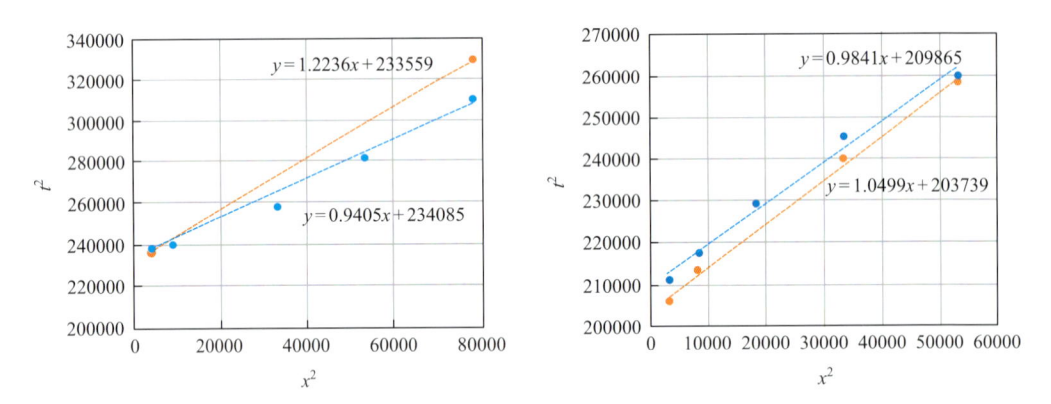

图 2.2-41　不同单炮左(黄)右(蓝)两支拟合的速度和零炮检距旅行时差

另一种方法是针对浅层反射进行叠加处理，在叠加剖面拾取反射界面的旅行时。但在进行叠加处理时需要进行静校正，而且浅层反射对静校正非常敏感，因此效果难以保证。针对准噶尔盆地沙漠区的表层结构特点，提出了反射旅行时分离静校正方法。

3. 沙漠区反射旅行时分离静校正方法

反射旅行时分离静校正方法，是通过统计地表高差与旅行时时差的关系将拾取的双程旅行时分离成炮检点的单程旅行时。

反射旅行时分离静校正方法的计算过程如下。

(1) 从单炮拾取反射波旅行时，进行相位、井深、炮检距校正。炮检距校正可直接通过对式(2.2-3)变换后得到的式(2.2-4)进行校正。

$$t_0 = \sqrt{t^2 + x^2/v^2} \qquad (2.2\text{-}4)$$

式中，t_0 为校正到零炮检距的双程旅行时；t 为相位和井深校正后的旅行时；x 为炮检距；v 为平均速度。其中平均速度 v 可以通过沙丘曲线转换后的时间-速度曲线换算得到。若 t_0 与 t 相差较大，可以用 t_0 重新获得 v，并重新计算 t_0 值。

(2)校正后进行逐炮分离,将旅行时平均分离到炮点和检波点:

$$\overline{T}_R = \overline{T}_S = \sum_{i=1}^{n} t_{0i} / (n/2) \quad (2.2\text{-}5)$$

式中,$\overline{T}_R$ 为分离到接收点的旅行时;$\overline{T}_S$ 为分离到炮点的旅行时;t_{0i} 为校正到零炮检距的旅行时;n 为每一炮计算所用道数。

(3)按炮统计每炮各个接收点高程 Z 与每炮接收点平均高程 $\overline{Z}$ 的差、各道旅行时 T 与该炮所有道平均旅行时 $\overline{T}$ 的差:

$$\Delta Z = Z - \overline{Z}, \ \Delta T = T - \overline{T} \quad (2.2\text{-}6)$$

拟合 ΔZ、ΔT,线性拟合得

$$\Delta T = f(\Delta Z) \quad (2.2\text{-}7)$$

(4)以炮为单位计算所有物理点高程与平均高程的差,将其代入拟合公式计算对应的旅行时 ΔT,得到每个物理点的最终旅行时。

接收点最终单程旅行时:

$$T_R = \overline{T}_R + f(\Delta Z_R) \quad (2.2\text{-}8)$$

炮点最终单程旅行时:

$$T_S = \overline{T}_S + f(\Delta Z_S) \quad (2.2\text{-}9)$$

(5)分离出炮检点低速层的旅行时后,需要将炮检点旅行时转换成低速层厚度才能计算静校正量。而本研究区沙丘曲线规律性较好,可以直接利用沙丘曲线将旅行时转换成厚度,即可计算静校正量。

本方法在滴南断裂带二维地震勘探中进行了试用。该区位于准噶尔盆地东部沙漠区,单炮和共炮检距数据如图 2.2-42 所示。从图中可以看到,单炮折射初至存在明显的串层问题,该现象在共炮检距数据中显示更加清楚。

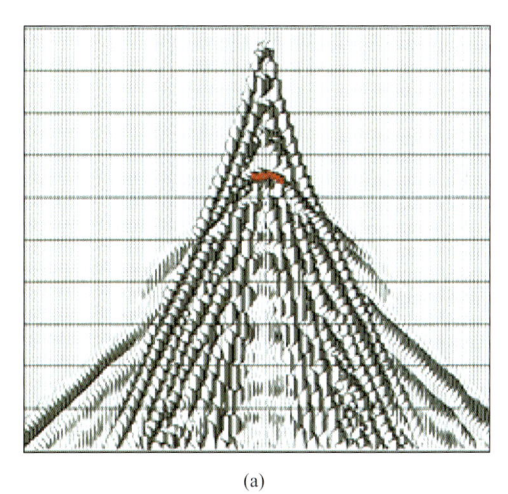

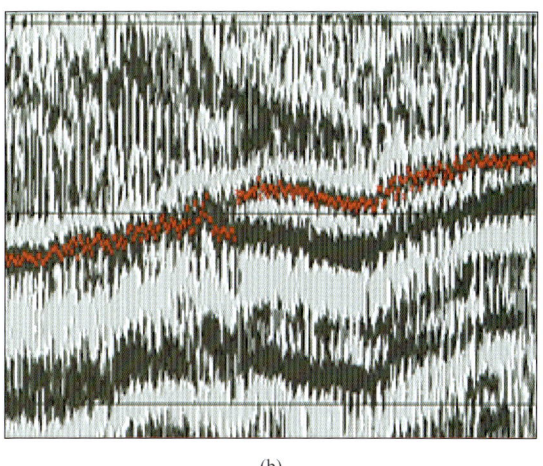

图 2.2-42 滴南断裂带二维地震勘探初至串层的单炮(a)和共炮检距(b)数据

该研究区沙丘曲线规律较好(图 2.2-43),利用该曲线计算出不同旅行时对应的均方根速度用于炮检距校正。

对校正后的旅行时进行炮检点旅行时平均分离。统计每炮各个接收点高程与每炮接收点平均高程的差、旅行时与平均旅行时的差。进行线性拟合可得线性公式,如图 2.2-44 所示。

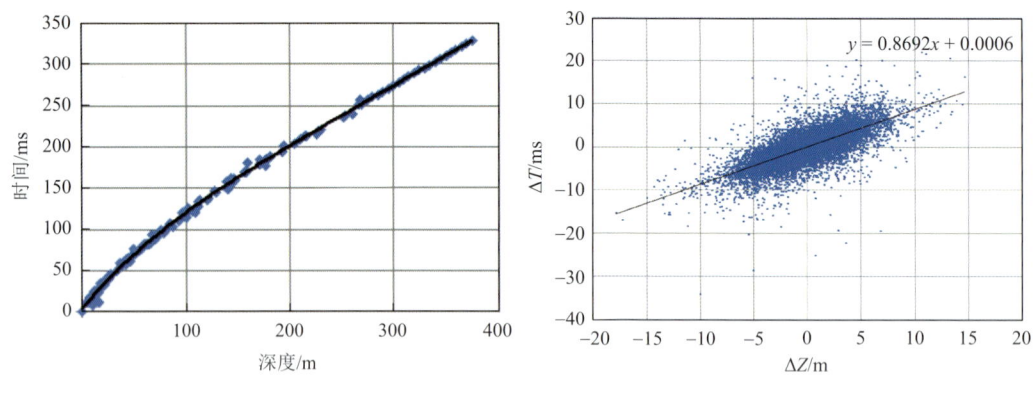

图 2.2-43　沙丘曲线时深关系图

图 2.2-44　每炮各个接收点高程与每炮接收点平均高程的差、旅行时与平均旅行时的差统计图

以炮为单位计算所有物理点高程与平均高程的差,将其代入拟合公式计算对应的时间。将分离的平均旅行时与本步骤计算的时间合并后得到最终每个炮检点的低速层旅行时。

将分离出的炮检点旅行时与原始旅行时进行对比,采用该方法分离出的炮检点旅行时之和并不严格等于原始旅行时,差值如图 2.2-45 所示,其误差基本在±3ms 以内。其特点是滤除了拾取误差较大的初至,同时可能使静校正的高频受到损害,本例中高频损害小于 3ms。

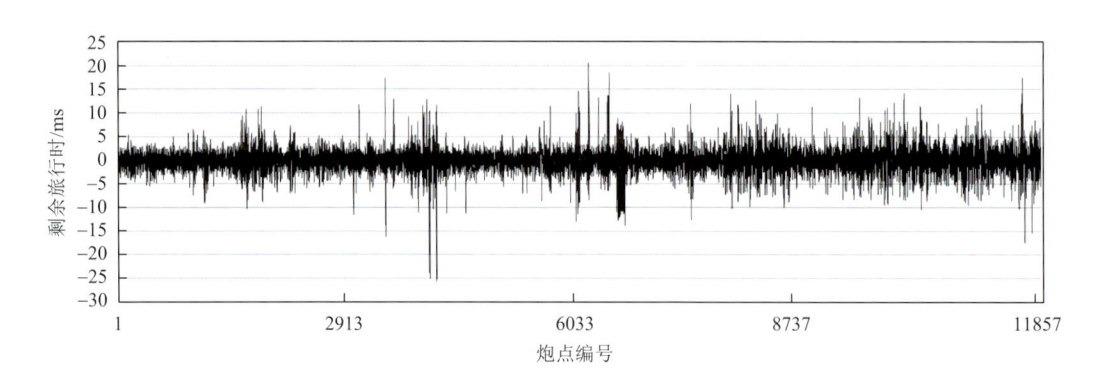

图 2.2-45　原始旅行时与分离出的炮检点旅行时之和的差值

最终获得的高程变化模型如图 2.2-46 所示,该方法计算的高速层顶界面与微测井获得的界面吻合较好。

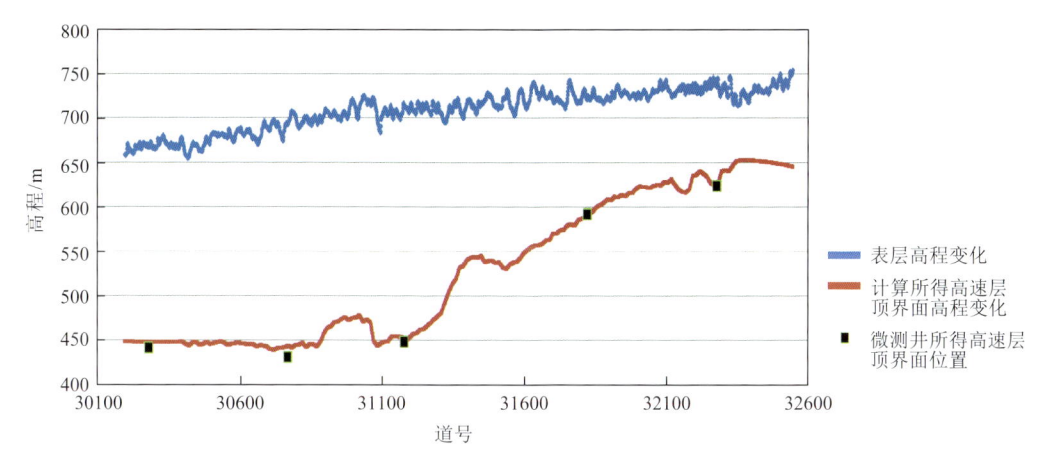

图 2.2-46　反演的高速层顶界面与微测井所得高速层顶界面对比图

使用图 2.2-46 所示的模型进行了静校正量计算，并与常规的沙丘曲线静校正和折射静校正进行了对比。对比剖面如图 2.2-47 所示，在剖面中部偏左部分，以及图中矩形框部分，反射静校正剖面聚焦好于沙丘曲线静校正、折射静校正。从剖面形态来看，反射静校正的剖面形态更加自然。

从最终处理得到的质控剖面看，该方法可以满足该区静校正精度要求。资料处理后的对比剖面如图 2.2-48 所示。

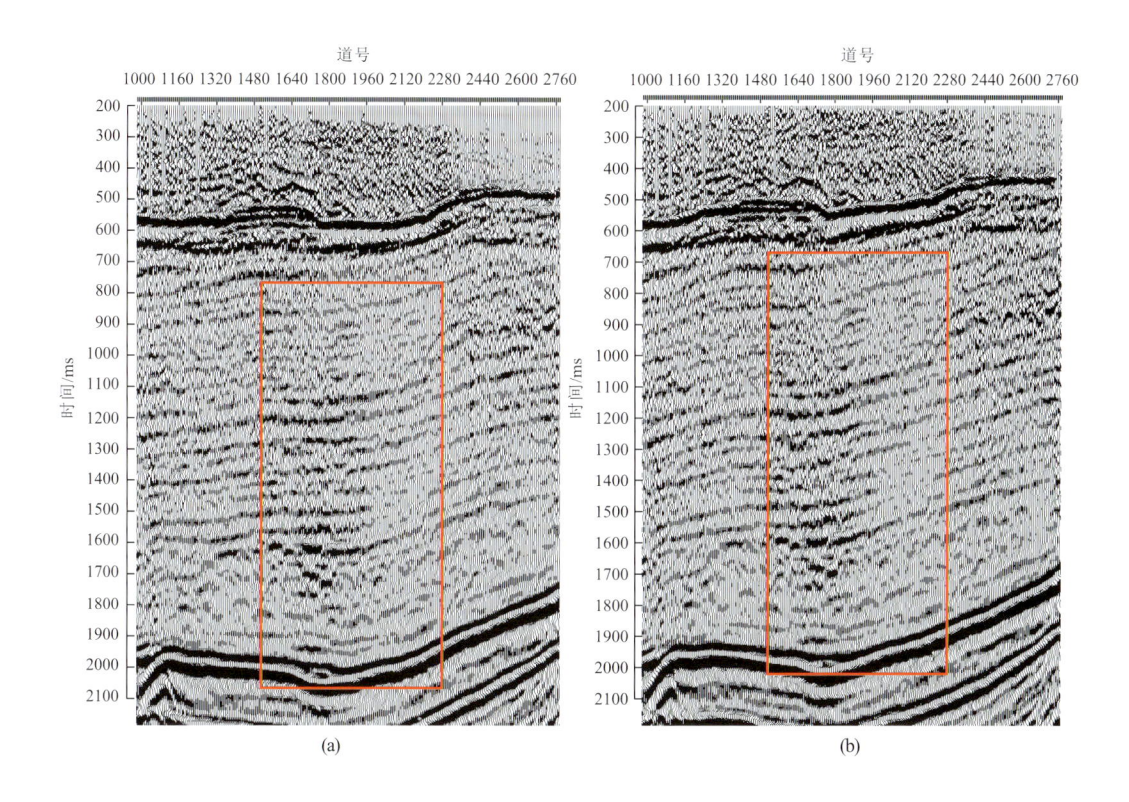

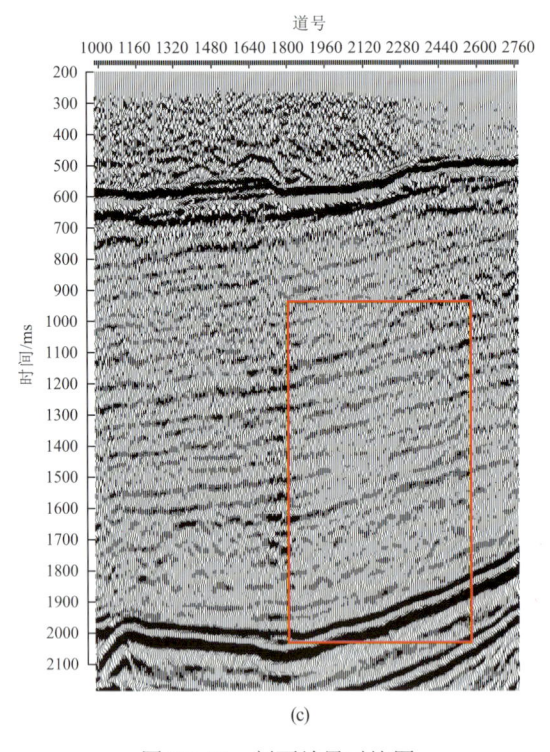

图 2.2-47 剖面效果对比图

(a)沙丘曲线静校正；(b)折射静校正；(c)反射静校正

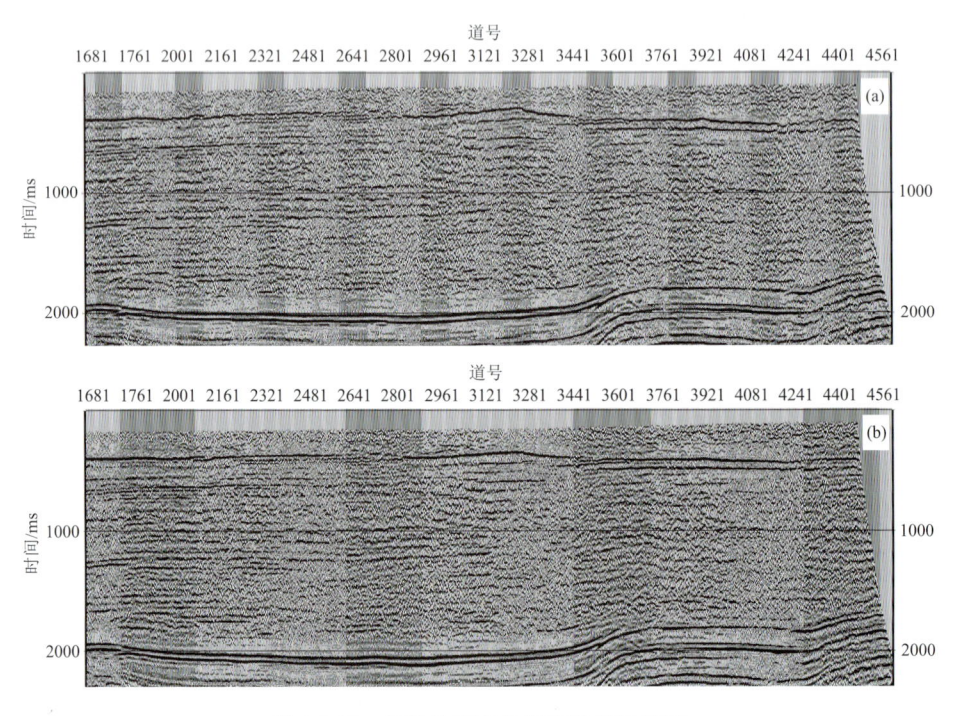

图 2.2-48 资料处理后的剖面效果对比图

(a)沙丘曲线静校正；(b)反射静校正

2.3 "两宽一高"地震采集技术的评价优化

"十三五"以来,准噶尔盆地地震勘探全面进入"两宽一高"时代,随着高精度低频可控震源的推广应用,以往"地震资料频带窄、低频成分不足、深层资料信号弱"等问题得到了较好的解决,节点地震仪的普及使用大幅提高了地震勘探的效率。"两宽一高"代表地震采集技术发展方向和追求的目标,随着该技术的推广应用,高密度的关键参数覆盖密度年均强化增长率达到35%,近10年增长10倍以上。

"两宽一高"地震采集技术在准噶尔盆地取得了一定效果,但是其弱化"野外激发、接收因素,强化空间采样密度"的理念,以及可控震源采集方法固有干扰的影响,造成原始单炮资料噪声水平较以往采集方法明显增加,从而对原始资料信噪比造成影响。这些噪声影响主要以高覆盖密度为代价来消除,而覆盖密度的高低与生产成本紧密相关,所以"两宽一高"地震采集技术方法评价优化研究对提高野外地震采集项目的采集效果和经济效益具有非常重要的意义,是勘探工作者需要重点考虑的问题。

2.3.1 观测系统的评价与优化方向

观测系统的评价与优化就是通过分析观测系统的属性参数(由基础参数换算得到的参数)与资料效果的关系,客观评价效果,以确定具有最优性价比的属性参数和基础参数(点距、点数、线距、线数)。它是决定采集资料品质的关键,核心是尽可能接收到主要地质目标体的反射波场信息。观测系统优化是针对勘探目标,以提高地震资料品质为目的、以经济适用为原则,实现三维地震高效率、低成本、高精度勘探。

1. 基于噪声剔除和压制的评价优化

1)基于噪声剔除的评价优化

高密度空间采样和三维宽方位观测技术是实现充分采样和均匀、对称、波场连续无假频采样的两项重要技术。充分采样能够兼顾有效波场和主要噪声,采样充分,线性噪声无假频或假频小,有利于室内去噪。图 2.3-1~图 2.3-3 展示了剔除线性噪声的分析过程,目的是基于噪声剔除优选道间距。如图 2.3-1、图 2.3-2 所示,10m 道间距为相对充分的采样间距,低频线性噪声基本没有假频,其线性规律最好,最有利于线性噪声压制;20m 道间距,低频线性噪声产生假频,但对有效波影响较小;30m 道间距,噪声产生假频,已经对有效波产生影响;40m 道间距,噪声产生假频,已经对有效波产生较大影响,其线性规律最差,不利于线性噪声压制。陆东—五彩湾地区石炭系二维 L2006T02 实际地震资料处理结果显示,不同道间距叠加剖面效果有明显差别(图 2.3-3),这充分说明小道间距观测能够大幅提高地震资料处理的去噪能力。

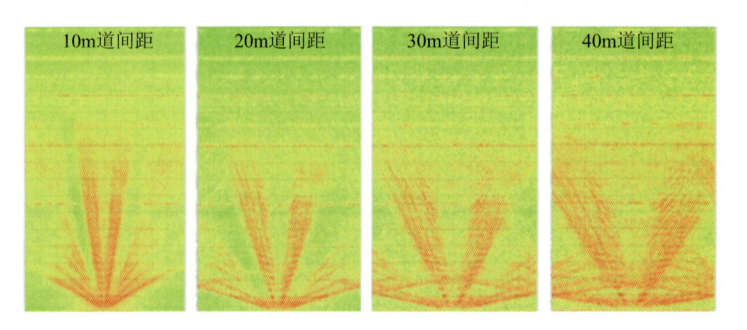

图 2.3-1 不同道间距原始单炮频率-波数域谱

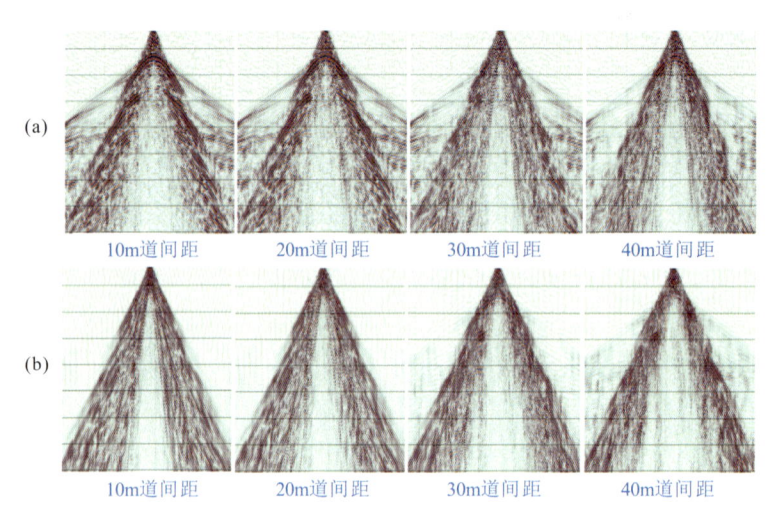

图 2.3-2 不同道间距原始单炮去噪效果
(a)去噪后单炮记录；(b)分离出的噪声

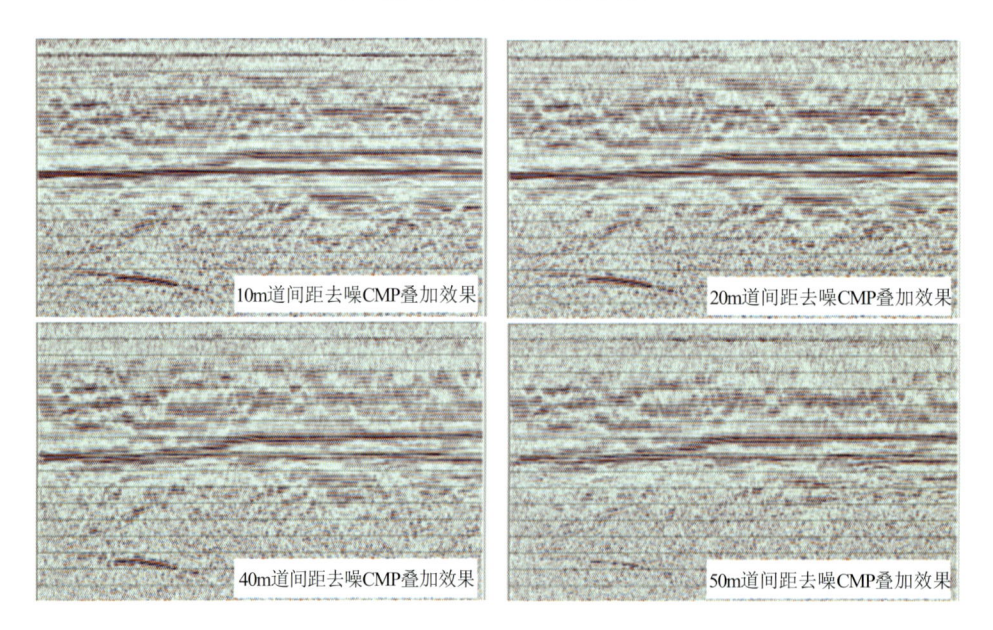

图 2.3-3 陆东—五彩湾地区石炭系二维 L2006T02 实际地震资料处理结果

2) 噪声压制的评价优化

随覆盖密度增高,噪声得到更好的压制,覆盖密度增加到 100 万道/km² 时,噪声衰减曲线稳定在接近 0.40 的平台区域,平台区的拐点正是压噪所需的覆盖密度(图 2.3-4)。

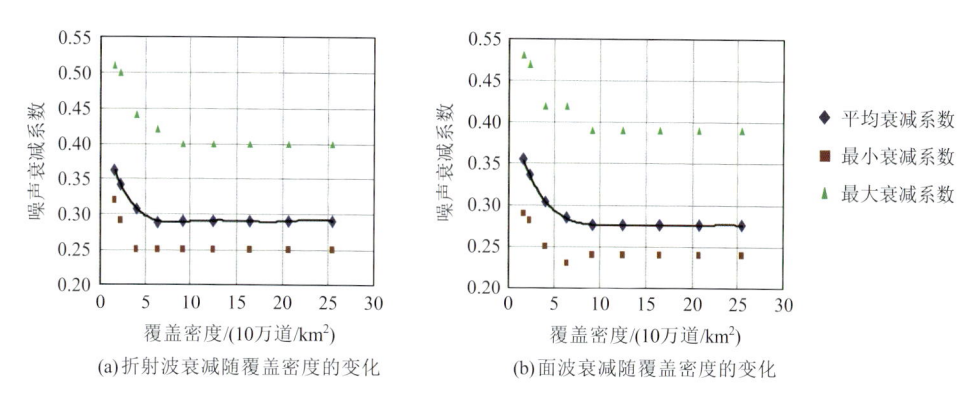

(a)折射波衰减随覆盖密度的变化　(b)面波衰减随覆盖密度的变化

图 2.3-4　不同覆盖密度与噪声衰减系数关系

2. 基于叠前偏移振幅响应的评价优化

合理的高密度采样,即做到合理且充分的采样,是提高资料品质的核心。图 2.3-5 是保持横纵比不变(0.83),覆盖密度与波数的关系图。图 2.3-5(a)观测系统为 40L5S240R,接收线距(RLI)= 125m,激发线距(SLI)= 125m,覆盖密度为 307.2 万道/km²;图 2.3-5(b)观测系统为 40L5S240R,RLI = 125m,SLI = 250m,覆盖密度为 153.6 万道/km²;图 2.3-5(c)观测系统为 20L10S240R,RLI = 250m,SLI = 250m,覆盖密度为 76.8 万道/km²;图 2.3-5(d)观测系统为 10L20S240R,RLI = 250m,SLI = 500m,覆盖密度为 38.4 万道/km²。从图 2.3-5 可知覆盖密度增高,波数相应范围变宽,横向分辨率越高,偏移效果越好。保持横纵比不变(0.83),覆盖密度增高,偏移振幅离散度越小,偏移效果越好,如图 2.3-6 所示。

随着覆盖密度增加,叠前道集的信噪比明显提高,叠加剖面的信噪比和分辨率会明显提高,对于地质体刻画的清晰度会越来越高。如图 2.3-7 所示,覆盖密度由 307.2 万道/km² 降低到 38.4 万道/km²,地质体刻画随着覆盖密度降低而变得不清晰。

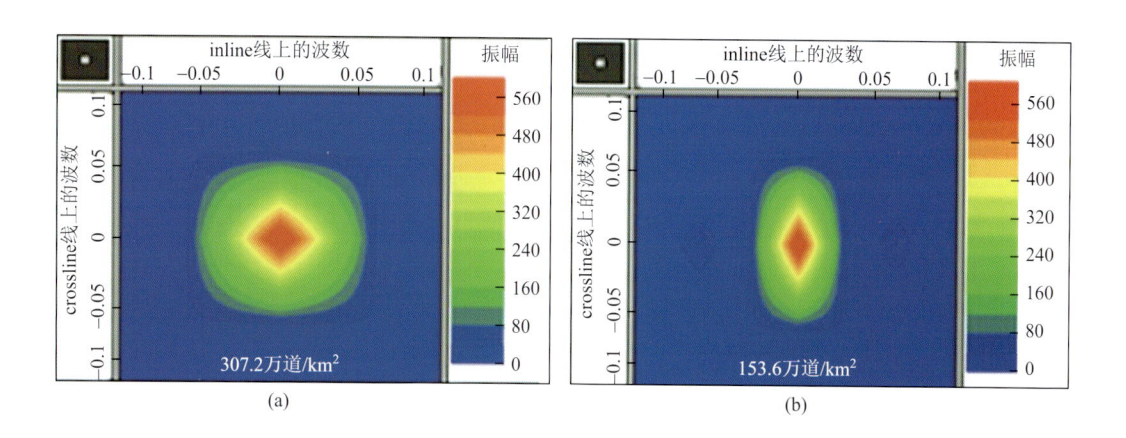

(a) 307.2万道/km²　(b) 153.6万道/km²

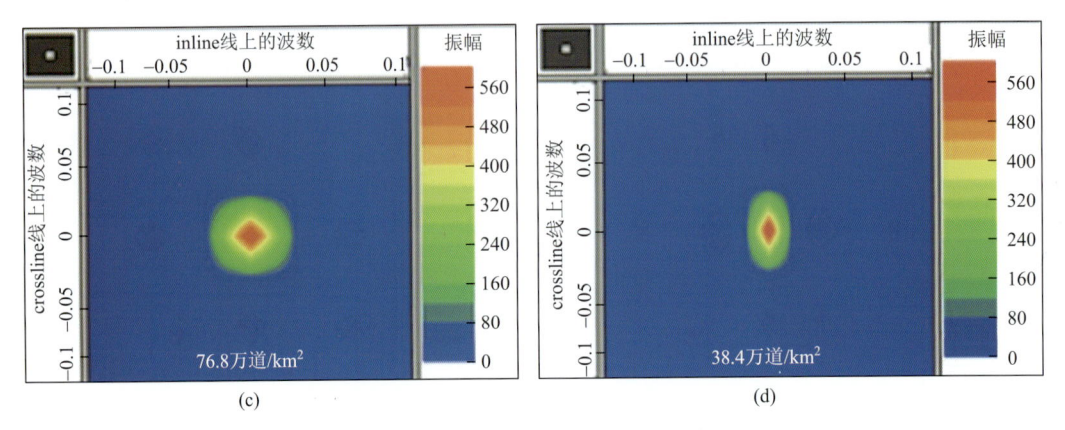

图 2.3-5　覆盖密度与波数的关系

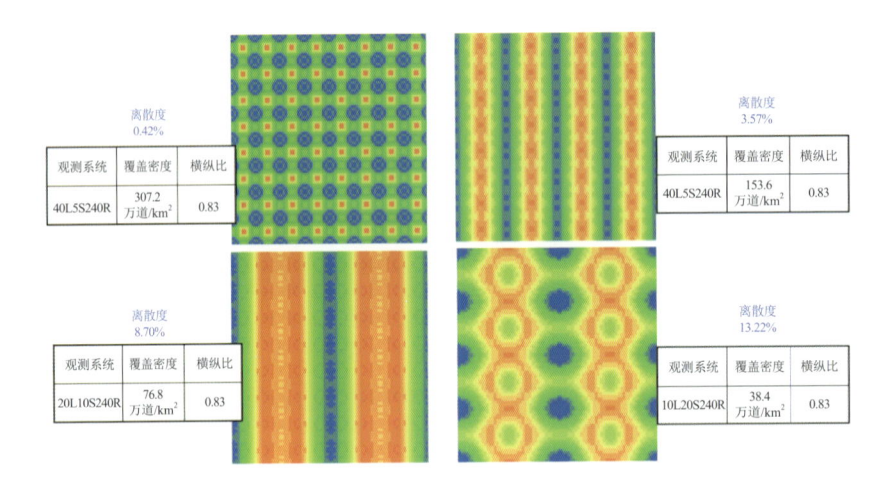

图 2.3-6　覆盖密度与离散度

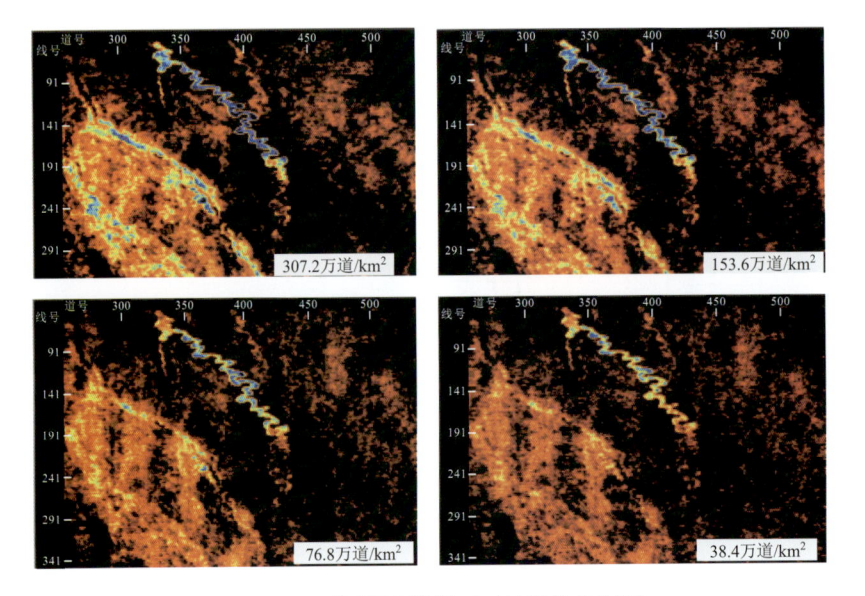

图 2.3-7　不同覆盖次数下对地质体的刻画

高密度空间采样技术和三维宽方位观测技术相对于常规采集技术而言,均需要较高的经济投入,同时对装备有较高的要求,因此需要在勘探效益和经济投入上进行权衡;同时还要研究推广应用时各方面的条件是否具备。从准噶尔盆地地震勘探实践来看,对于复杂地区地质体要取得较好的刻画效果,覆盖密度至少在 100 万道/km²。若用于油田开发、岩性勘探,寻找隐蔽油气藏,覆盖密度至少应在现有的基础上提高 2 倍,即 180 万道/km² 以上。通过对覆盖密度重要性的认识,近年来准噶尔盆地地震采集覆盖密度得到大幅提高,这对资料品质提升起了关键作用。图 2.3-8 是 2010~2020 年准噶尔盆地地震采集覆盖密度变化趋势图。

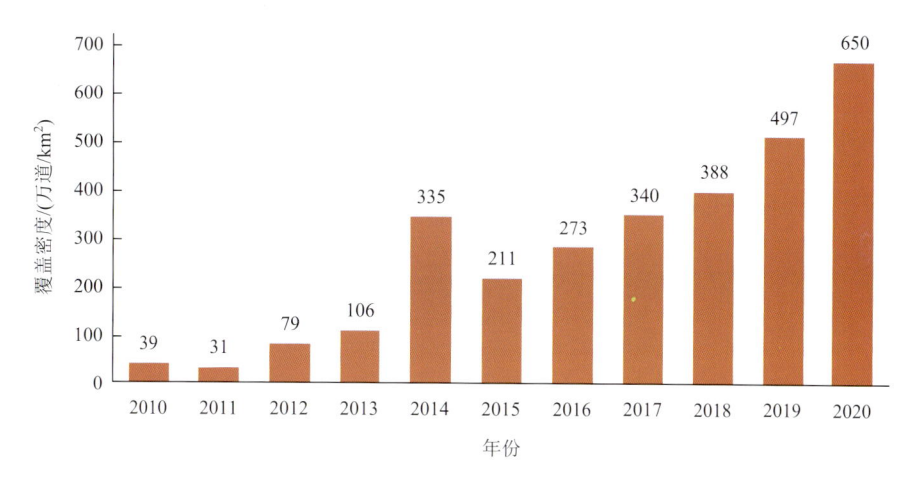

图 2.3-8　2010~2020 年准噶尔盆地地震采集覆盖密度变化趋势图

覆盖密度确定后,观测宽度即方位角的合理优化,也是极其重要的。理论属性计算结果表明,覆盖密度不变时,波数响应值随观测宽度增加而增加,有利于偏移成像;但波数响应值随观测宽度增加,其对称性变差,不利于保持纵横向分辨率一致性。这表明,不能单纯地通过增加线距来增加观测方位,如图 2.3-9 所示。

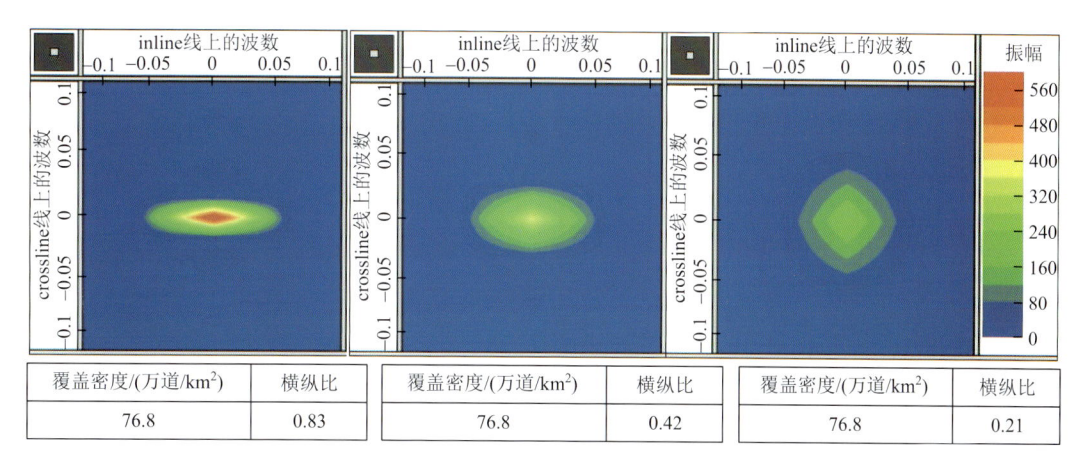

覆盖密度/(万道/km²)	横纵比	覆盖密度/(万道/km²)	横纵比	覆盖密度/(万道/km²)	横纵比
76.8	0.83	76.8	0.42	76.8	0.21

图 2.3-9　不同方位角的波数响应值

图 2.3-10 是 2020 年吉木萨尔凹陷吉 36 井西三维地震资料不同方位处理对比，从分方位处理资料剖面看，不同方向存在各向异性。这说明野外宽方位观测是必须的，有利于各向异性参数的提取、横向分辨率的提高。但是，角道集的偏移成像和叠前处理解释，必须保证在每个方位角范围内均有一定的覆盖次数，在进行宽方位观测时，应注意这一点。

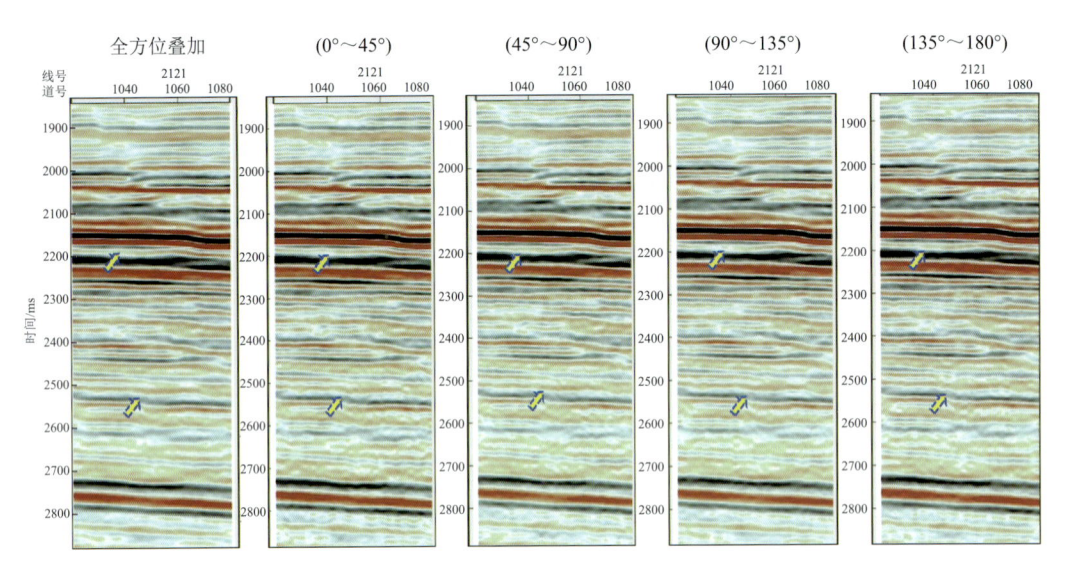

图 2.3-10　2020 年吉木萨尔凹陷吉 36 井西三维地震资料不同方位处理对比

综合分析，准噶尔盆地大部分地区用单炮排列的宽度和长度之比(即横纵比)大于 0.5 (接近 0.6)，单位面积的数据量(即覆盖密度)大于 180 万道/km² 时，子区 PSTM 振幅响应均值趋于稳定，如图 2.3-11 所示。故准噶尔盆地大部分地区覆盖密度大于 180 万道/km²，横纵比不小于 0.5 是合理的选择。

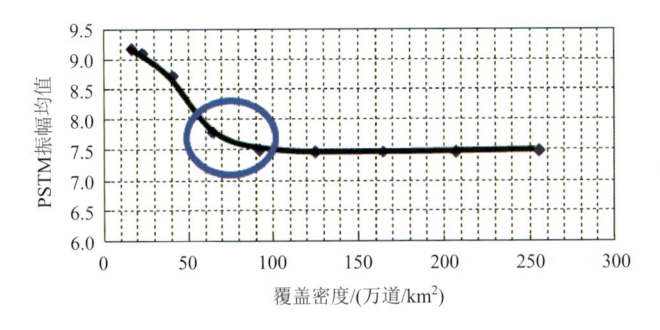

图 2.3-11　准噶尔盆地大部分地区覆盖密度与 PSTM 振幅均值关系

图 2.3-12(a) 的观测系统为 40L5S240R，覆盖次数为 480 次，覆盖密度为 307.2 万道/km²，横纵比为 0.83；图 2.3-12(b) 只保留中间 24 条排列，观测系统为 24L5S240R，覆盖次数为 288 次，覆盖密度为 184.32 万道/km²，横纵比为 0.5；图 2.3-12(c) 中的接收线隔线抽稀，炮排每 4 排保留 1 排，观测系统为 20L10S240R，覆盖次数为 60 次，覆盖密度

为 38.4 万道/km², 横纵比为 0.83。从实际剖面上看,图 2.3-12(a)和(b)剖面效果相当,图 2.3-12(c)剖面效果明显变差。

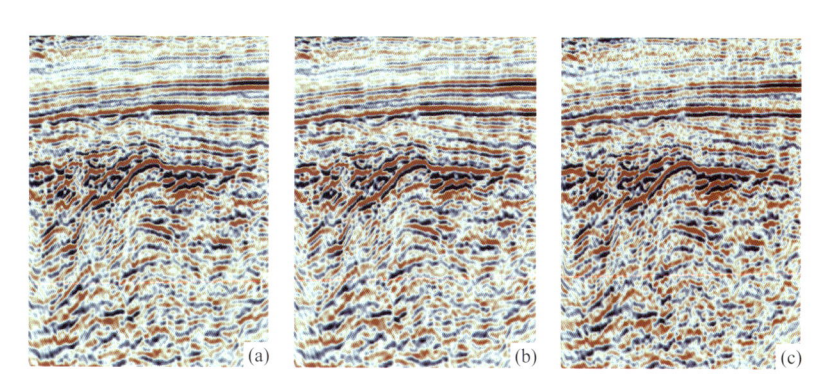

图 2.3-12　不同观测系统剖面对比

高密度地震数据采集以叠前成像为主要手段,最大非纵距设计应考虑最深目的层的成像要求、静校正的纵横向耦合、成像能力和投资成本等因素。但由于准噶尔盆地最深目的层的信噪比低,建立起包含最深目的层的切除函数难度较大,因此在实际设计过程中常通过不同炮检距范围的叠加效果来确定最大非纵距。但是,在观测系统设计过程中,不能一味追求方位角大小,如果为了追求宽方位而造成较大的线距,会造成炮检对数据的跳跃性变化,不利于偏移成像,如图 2.3-13 所示。

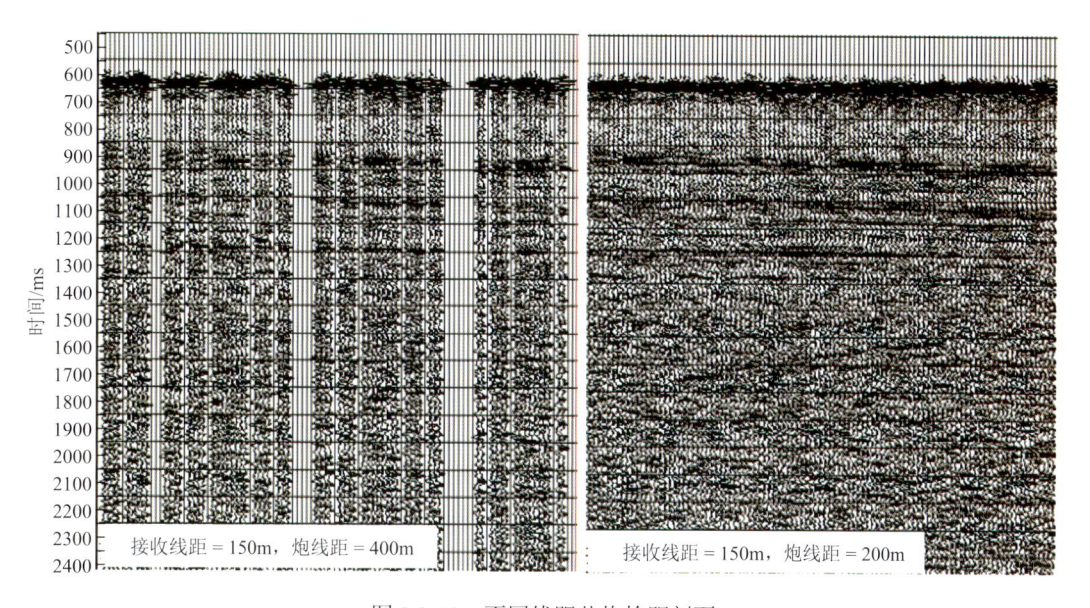

图 2.3-13　不同线距共炮检距剖面

在准噶尔盆地西北缘地区,根据上述分析结果和岩性目标的埋深和相关参数,可以计算出理论的最大非纵距。而最大非纵距需要满足同一面元内不同方位角的反射同相叠加，三维数据体的叠前偏移需要较宽的方位角，同时也需要有一定的空间范围来满足偏移孔径的要求。从实际资料看，该区横纵比大于 0.5（接近 0.6），覆盖密度大于 180 万道/km² 时，子区 PSTM 振幅响应均值趋于稳定。

采集密度和观测面元的合理优化也是观测系统设计不可忽略的因素，采样的均匀性是观测系统设计的前提。面元小有利于提高横向分辨率，但理论计算表明，覆盖密度、采集宽度相同的条件下，面元越小，波场均匀性越差，子区 PSTM 振幅响应离散度更高，采集脚印更严重，成像精度变差。面元相同的条件下，增加覆盖密度有利于降低 PSTM 振幅离散度，有利于偏移成像，如图 2.3-14 所示。

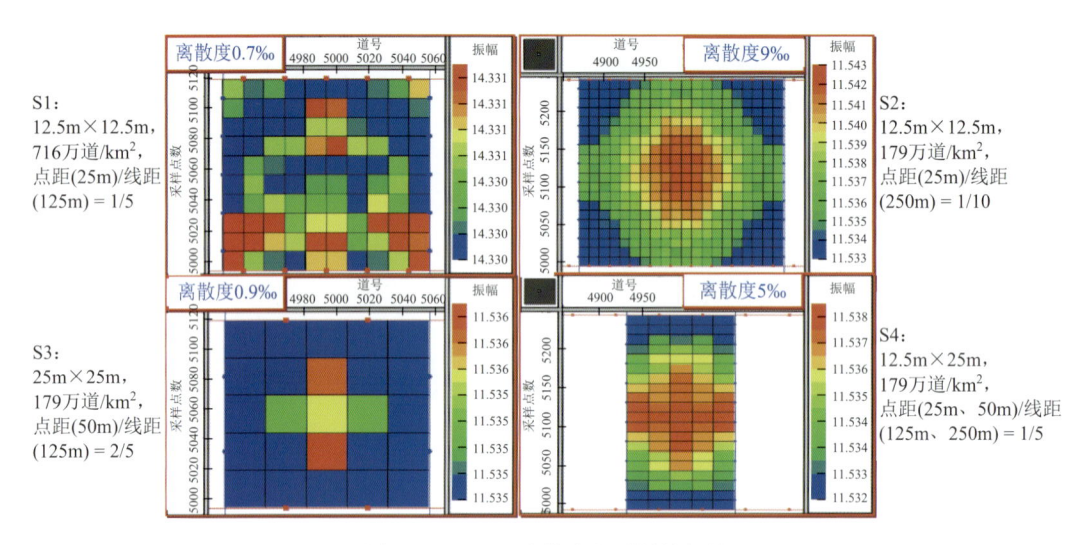

图 2.3-14　不同离散度的采样均匀性

图 2.3-15 为玛湖 1 井高密度试验资料，覆盖密度均为 179.2 万道/km²，图 2.3-15（a）面元为 25m×25m，覆盖次数为 280 次；图 2.3-15（b）面元为 12.5m×12.5m，覆盖次数为 1120 次。从实际地震资料上看，相同覆盖密度条件下大面元、高覆盖的 PSTM 效果好于小面元、低覆盖，其主要原因就是大面元情况下采样的均匀性更好。

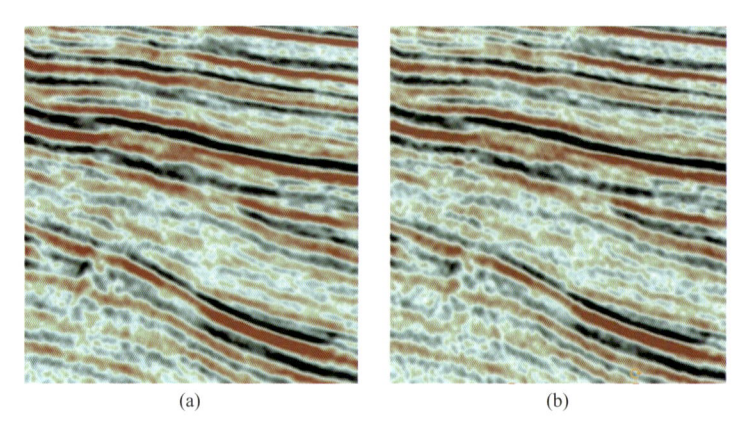

图 2.3-15　玛湖 1 井高密度试验资料

近年基于叠前深度偏移成像需求的高精度三维地震采集技术在准噶尔盆地复杂岩性勘探中得到快速发展，通过理论研究与方法试验形成了包括基于波动方程的正演模拟技术、照明度分析技术、基于起伏地表和三维地质模型的共反射点(common reflection point，CRP)面元分析技术在内的面向叠前深度偏移成像的三维观测系统设计技术。这些技术在近年准噶尔盆地实施的多个山地三维地震采集项目中得到应用，使复杂区三维观测系统逐步向较宽方位、较高道密度等利于叠前偏移成像的方向发展(表2.3-1)。

"十三五"期间以深层勘探为目标的三维地震采集项目，采用宽频进行激发与接收，覆盖密度达179万～710万道/km^2，横纵比达0.42～0.81，单炮道数达7200～22400道。图2.3-16为玛湖地区针对岩性目标设计的不同覆盖密度的效果对比。从图中可以看出，设计的高密度方案岩性目标在信噪比和成像效果上都有了大幅度提高。

表2.3-1　准噶尔盆地不同三维地震采集项目参数一览表

工区名称	观测系统类型	面元尺寸	覆盖次数	接收线距、炮线距/m	覆盖密度/(万道/km^2)	横纵比	扫描频率/Hz
白家1井南试验三维	40L(2×2)S246R	12.5m×12.5m	400～1760	100、100	256.00	1.00	3～84
彩9井区三维	14L(2×6)S300R	12.5m×12.5m	350～520	150、150	224.00～332.80	0.56	3～84
火1井三维	16L(2×6)S240R	12.5m×12.5m	320	150、150	204.80	0.80	3～80
北211井区三维	14L(2×6)S336R	12.5m×12.5m	336	175、175	215.04	0.58	3～100
西地2井区三维	14L(2×6)S336R	12.5m×12.5m	336	175、175	215.04	0.58	3～90
玛西1井三维	14L(2×10)S440R	12.5m×12.5m	280	250、275	179.20	0.64	3～90
玛10井三维	14L(2×10)S440R	12.5m×12.5m	280、308	250、275	179.20、197.12	0.64	3～90
玛湖1井区三维	28L(2×5)S400R	12.5m×12.5m	1120	125、125	716.80	0.70	3～90
玛131井—玛5井区三维	36L(2×6)S420R	12.5m×12.5m	1260	150、150	806.04	1.00	3～90
滴南8井区三维	48L3S288R、50L3S324R	25m×25m	1152～1350	150、150	184.32～216.00	0.50	1.5～84
沙109井区三维	18L(2×6)S480R	12.5m×12.5m	720	150、150	460.80	0.45	1.5～96
前哨1井区三维	20L(2×6)S480R	12.5m×25m	800	150、150	256.80	0.45	1.5～96

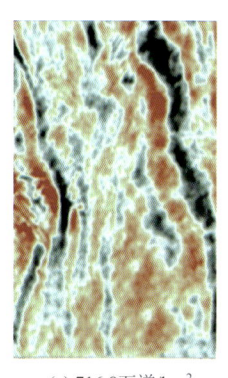

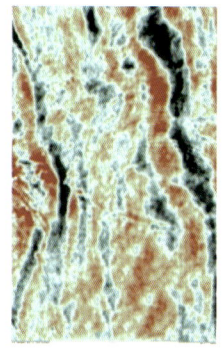

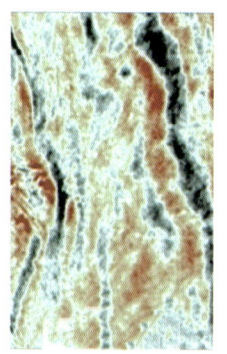

(a) 716.8万道/km^2　　(b) 358.0万道/km^2　　(c) 179.2万道/km^2　　(d) 89.6万道/km^2

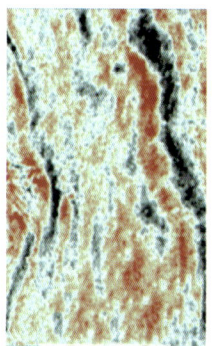

图2.3-16　准噶尔盆地玛湖地区不同覆盖密度处理时间切片对比

3. 基于叠前偏移有效频宽的评价优化

图 2.3-17 是三种观测系统对应的信噪比谱及有效频宽。方案 1 是小面元、高覆盖的采集观测系统,是覆盖密度最高的观测系统,它的有效频宽最宽,达到 51Hz,说明增加空间采样密度对提高分辨率具有非常重要的作用。方案 2 为小面元、低覆盖方案,方案 3 是大面元、高覆盖方案,这两种观测系统的覆盖密度相同,但只有方案 1 的 1/4,因此方案 2 和方案 3 的有效频宽都比方案 1 窄,分别为 46Hz、42Hz。从信噪比谱的峰值来看,各方案之间的成像效果差别与有效频宽分析的结论一致,所以,三种观测系统的分辨率由高到低分别是方案 1、方案 2 和方案 3,方案 2 的成像质量接近方案 1。

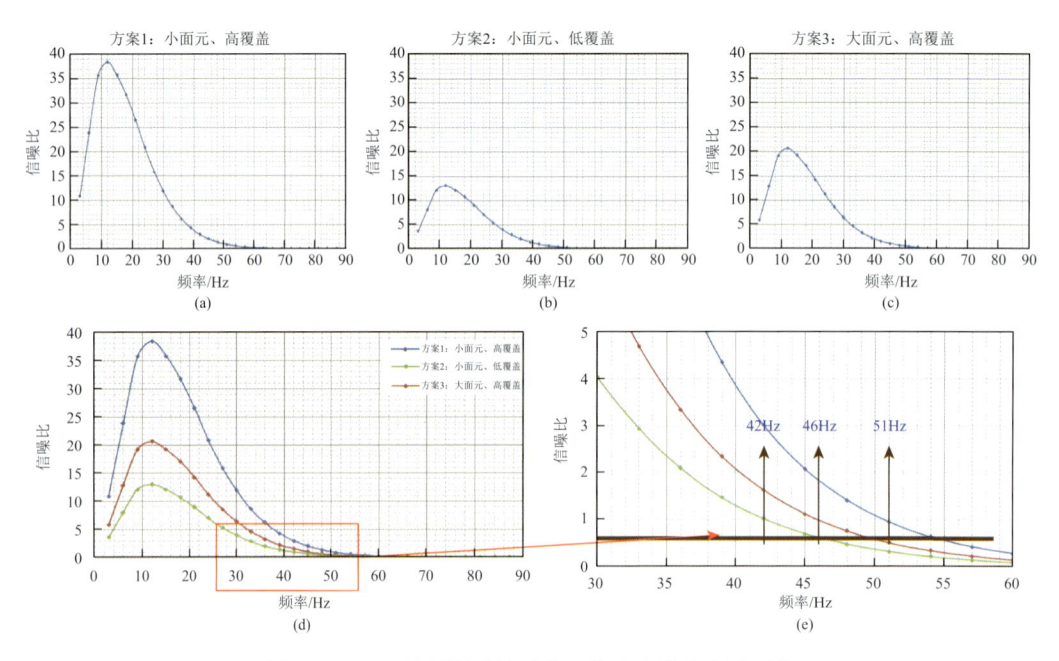

图 2.3-17 三种观测系统对应的信噪比谱及有效频宽

(a)方案 1 的信噪比谱;(b)方案 2 的信噪比谱;(c)方案 3 的信噪比谱;(d)三种方案的信噪比谱叠合显示;(e)三种方案对应的有效频宽

图 2.3-18 是三种观测系统的理论信噪比谱和实际偏移成像数据的信噪比谱对比,其中实际偏移成像数据的信噪比谱由实际偏移成像数据窄带滤波后计算的信噪比得到,从图中可以看出三种观测系统信噪比谱的理论与实际资料统计结果一致。

从相干体(图 2.3-19)来看,方案 1 刻画的断裂最精细,背景噪声最低;方案 2 刻画的断裂较精细,背景噪声略高;方案 3 刻画的断裂范围宽,背景噪声高。综上所述,基于有效频宽的成像分辨率分析方法来优化设计观测系统,可突破以往观测系统设计分析分辨率的局限性,建立观测系统与偏移成像分辨率的定量关系,是一个分析优选观测系统参数的有效手段。从成像质量来看,方案 2 的结果与方案 1 接近,说明采用小面元方案,可以将原来的覆盖密度从 700 万道/km^2 左右,适当降低到 200 万道/km^2 左右。

(a) 理论信噪比谱

(b) 实际偏移成像数据的信噪比谱

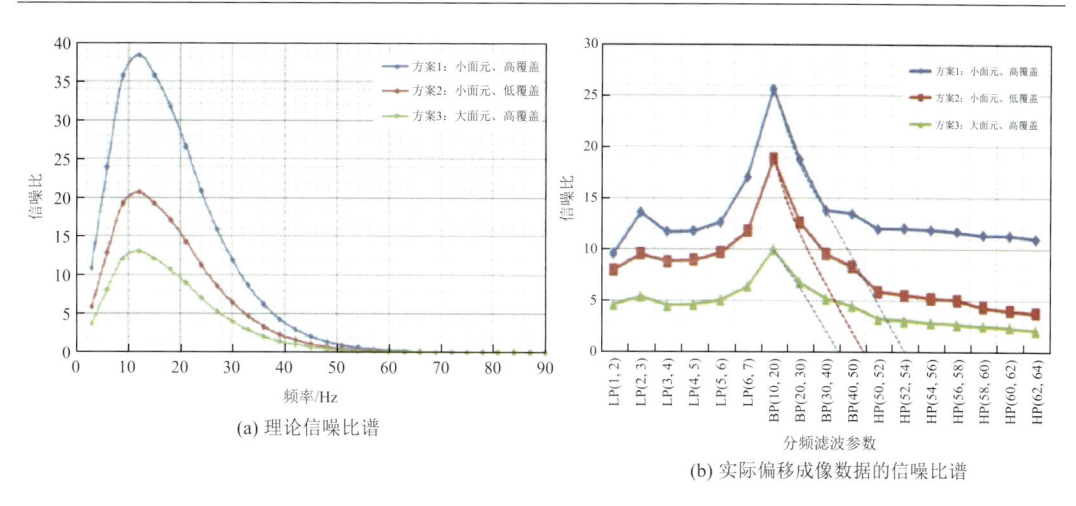

图 2.3-18　三种观测系统的理论信噪比谱和实际偏移成像数据的信噪比谱对比

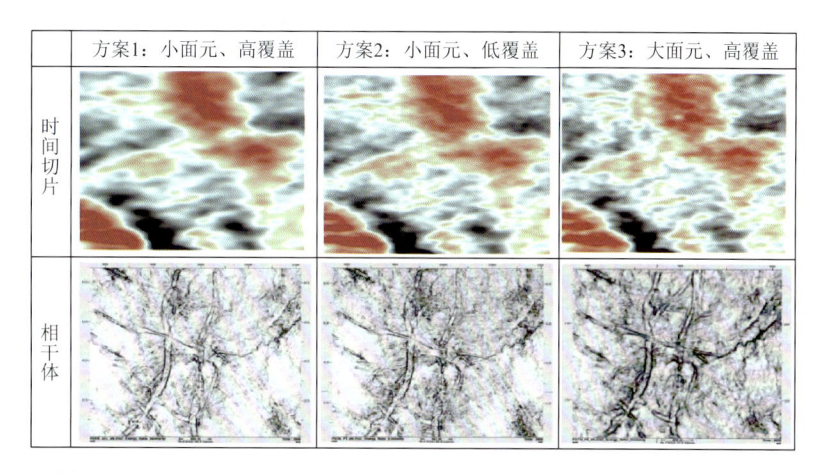

图 2.3-19　三种观测系统对应的实际数据的叠前偏移时间切片和相干体

1) 面元和横纵比固定时覆盖密度优化

以 716.8 万道/km² 数据为基础，保持面元 12.5m×12.5m、横纵比 0.7 不变，分别依次抽稀炮线距、接收线距，获得三套对比采集方案，详细参数见表 2.3-2。

表 2.3-2　面元和横纵比固定对比方案参数表

方案	1	2	3
覆盖次数	28(横)×40(纵)	14(横)×20(纵)	7(横)×10(纵)
面元尺寸	12.5m×12.5m	12.5m×12.5m	12.5m×12.5m
道间距/m	25	25	25
炮点距/m	25	25	25
接收线距/m	125	250	500
炮线距/m	125	250	500
横纵比	0.7	0.7	0.7
覆盖密度/(万道/km²)	716.8	179.2	44.8

图 2.3-20 为三套对比采集方案 CRP 成像道集分频扫描记录，从图中可以看到三套采集方案无论从原始道集还是三个低频段及高频段，表现差异都非常明显：覆盖密度为 716.8 万道/km² 的道集具有最高的信噪比；当覆盖密度减少到 179.2 万道/km² 时，道集的噪声比重明显增加，信噪比随之降低；当覆盖密度继续减少到 44.8 万道/km² 时，道集噪声更加严重，信噪比进一步降低，已经严重影响到有效波组的识别。

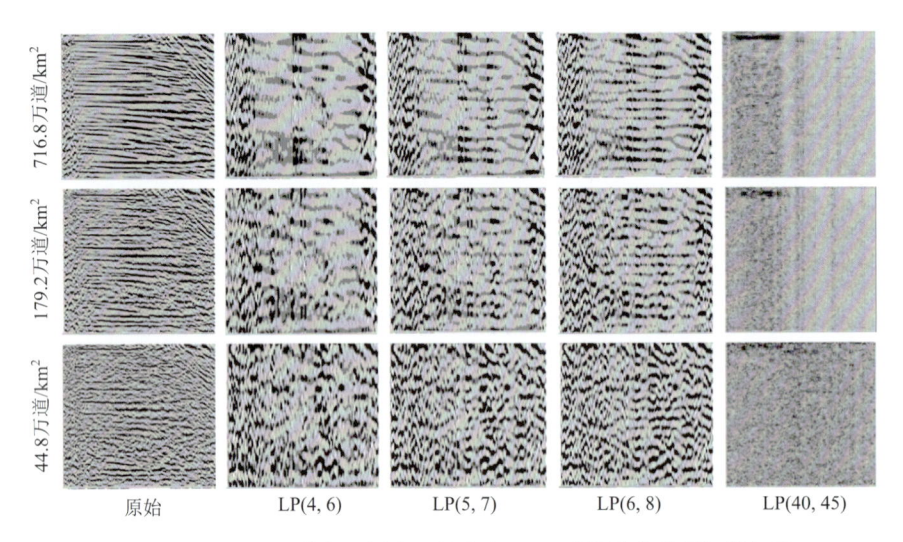

图 2.3-20 面元和横纵比固定对比方案 CRP 成像道集分频扫描记录

图 2.3-21 为三套对比采集方案的 PSTM 成果 2700ms 的时间切片，从图中可以看到覆盖密度为 716.8 万道/km² 的道集具有最高的信噪比；当覆盖密度减少到 179.2 万道/km² 时，切片的噪声比重明显增加，弱反射、小微构造的内幕信息及边界接触关系的分辨能力开始变差；当覆盖密度继续减少到 44.8 万道/km² 时，切片信噪比进一步降低，弱反射信号、小微构造可辨识度明显变差，而且大型构造的边界及接触关系也出现严重的失真现象。

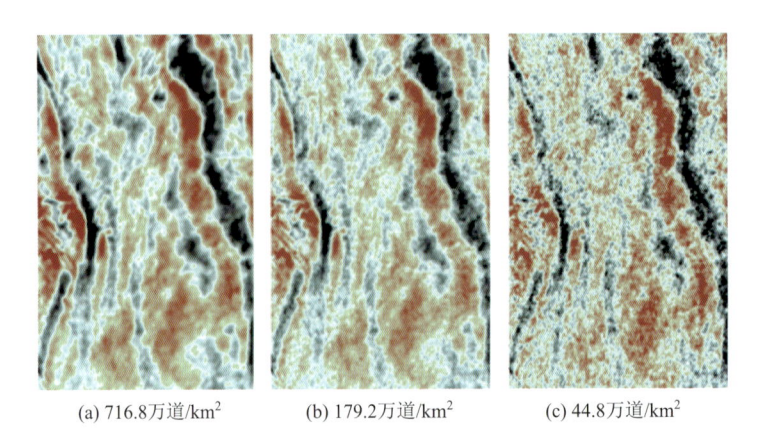

(a) 716.8万道/km² (b) 179.2万道/km² (c) 44.8万道/km²

图 2.3-21 面元和横纵比固定对比方案 PSTM 成果 2700ms 的时间切片

选取相同的时窗和采样点数,对以上三套方案进行信噪比估算,分别以覆盖密度、信噪比为坐标轴,建立的覆盖密度与信噪比关系曲线如图 2.3-22 所示。

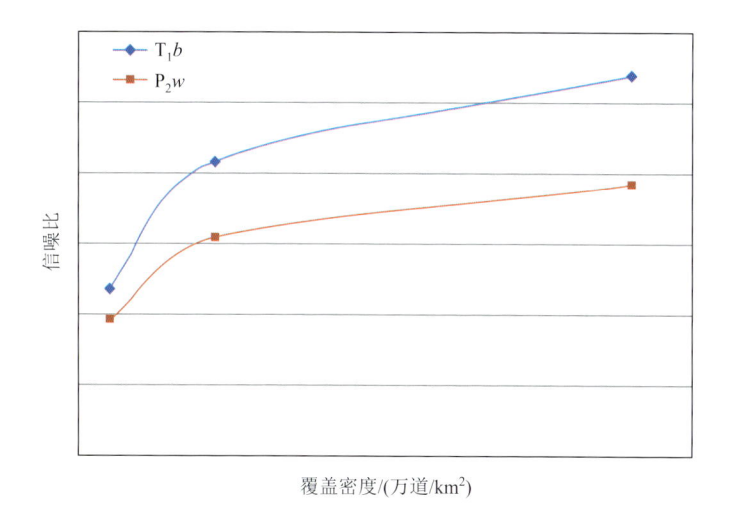

图 2.3-22　面元和横纵比固定对比方案覆盖密度与信噪比关系曲线

图 2.3-22 中分别统计了 T_1b 和 P_2w 两套目的层的信噪比,可以看到覆盖密度与信噪比的变化趋势是一致的:覆盖密度较小时,信噪比变化较快,当达到某一拐点后,信噪比变化速率随覆盖密度增加明显变缓。另外可以看到,由于两套目的层信噪比不同,即使在相同数据体上,覆盖密度与信噪比的变化关系也存在明显差异。两条曲线具有相似的变化趋势(均可以拟合为某种幂函数关系曲线),但两条曲线变化率不同,同时根据幂函数性质可以推断,两个目的层信噪比提高的潜力不同;信噪比相对较高的 T_1b 具有更大的信噪比提升空间,信噪比提升的潜力与目的层原始资料信噪比有相关性。

通过对比分析得到以下几点认识。

(1)对于叠前反演道集,在保持面元和横纵比不变的情况下,增加覆盖密度有利于提高资料的信噪比。

(2)对于叠后成像数据,在保持面元和横纵比不变的情况下,覆盖密度对资料成像的信噪比具有明显的影响,覆盖密度增加则信噪比提高,当信噪比随覆盖密度的降低而降低的同时,空间分辨能力也随之降低。

(3)对于不同目的层,覆盖密度较小时,信噪比变化较快,当达到某一拐点后,信噪比变化速率随覆盖密度增加明显变缓。

2)相同覆盖密度下的采集方案优化

研究过程中发现在相同覆盖密度条件下,除了面元变化的情况外,理论上仍可能产生多种炮检分布方式:观测宽度、炮线距、接收线距的变化均可能形成不同观测属性的观测系统,既然相同覆盖密度、不同面元的方案之间信噪比存在明显差异,那么相同覆盖密度、相同面元的方案之间是否同样存在信噪比差异,这需要验证落实。

为了验证以上结论以及获得更具体的研究结论,以实际采集原始观测系统为基础数据，设计"①炮线距 125m 抽稀到 250m；②其他因素不变，接收线距 125m 抽稀到 250m；③其他因素不变，甩掉炮点两边一半排列（保留两边近排列）"三套观测系统采集方案进行基于叠前时间偏移成像的对比处理分析，对比采集方案具体参数设置见表 2.3-3。从表中可以看出，三套方案的覆盖密度均为 358.4 万道/km²、面元尺寸均为 12.5m×12.5m，只是炮点和检波点比例以及观测宽度发生改变，提取这三套方案三维 PSTM 成果 2700ms（目的层 P_2w 位置）的时间切片，如图 2.3-23 所示。从图中可以看到，各方案间成像依然存在明显的差异性，这说明即使在覆盖密度和面元都一样的条件下，炮检分布或者观测宽度变化仍然会影响最终成像的效果。

表 2.3-3 玛湖地区相同覆盖密度条件下三种对比观测系统方案

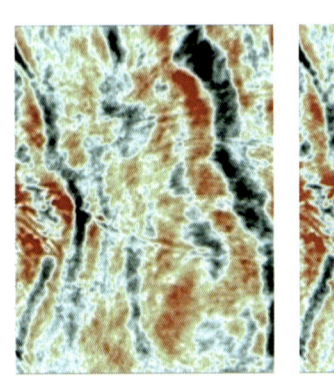

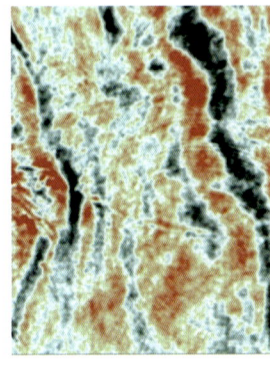

方案	1	2	3
道间距/m	25	25	25
炮点距/m	25	25	25
接收线距/m	125	250	125
炮线距/m	250	125	125
面元尺寸	12.5m×12.5m	12.5m×12.5m	12.5m×12.5m
覆盖次数	28（横）×20（纵）	14（横）×40（纵）	14（横）×40（纵）
横纵比	0.7	0.7	0.35
覆盖密度/(万道/km²)	358.4	358.4	358.4

(a) 甩1/2排列　　(b) 炮线抽稀1/2　　(c) 接收线抽稀1/2

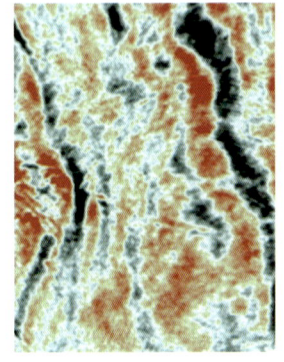

图 2.3-23　相同覆盖密度和面元条件下采集方案的时间切片平面图

为了进一步量化分析对比方案之间的信噪比变化，选取相同时窗和采样点数，对以上三套对比方案进行信噪比估算，分别以采集方案、信噪比为横、纵坐标，建立信噪比关系曲线，如图 2.3-24 所示。从图中可以很直观地看到对比方案间信噪比的差别：抽稀接收线方案信噪比最高，抽稀炮线方案次之，窄方位（甩 1/2 排列）方案最低，但总的差异值不大，与覆盖密度、面元等因素对信噪比的影响相比要小很多。

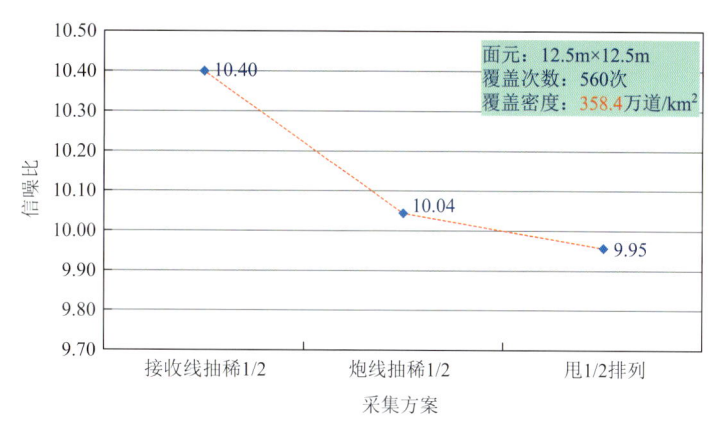

图 2.3-24　相同覆盖密度和面元条件下采集方案的信噪比关系平面图

通过分析可以认为，相同覆盖密度、相同面元的方案之间，炮点和检波点比例以及观测宽度发生改变，对信噪比的影响不大。由此可见，炮点和检波点比例可以进行适当优化，这对复杂山地提高作业效率意义重大。

4. 基于实际数据地震属性的评价优化

近年来，准噶尔盆地的地震勘探项目主要集中在油气开发成熟区，具有丰富的二维和三维地震数据。实践证明，前期的采集既有成功的经验，也有失败的教训。基于前期采集的实际地震资料，深入分析经验和不足，对于优化三维地震采集方案是非常必要的。基于实际地震数据驱动的地震属性观测系统评价方法，在不同道集数据上建立时-空变化的能量、频率等地震属性与炮检距的关系曲线(量板)，通过量板定量分析不同观测系统设计方案的采集脚印分布规律。

因此，可以利用已有的实际地震数据计算新设计的观测系统中每个共成像点的地震属性值，根据共成像点属性值的分布选择最优的观测系统。一般包括以下步骤。

(1)收集探区已有的原始地震资料，根据探区地质任务设计几种观测系统，通过计算分析得到每一个共成像点的炮检距分布。

(2)对探区根据地表特征(山地、丘陵、河流、湖泊、平原、海洋、湿地、沙漠、城镇等)进行划分，每个区块从原始地震资料中选取能代表区块特征的炮集或者共成像点道集，该炮集或者共成像点道集应包括最大的炮检距，且炮检距分布均匀。

(3)在地震记录上用时窗选定所要研究的地震波(反射波、面波、折射波、多次波等)，计算每一道在选定时窗内的地震属性(能量、主频、信噪比等)值。

(4)利用中值滤波对步骤(3)中求出的地震属性值进行滤波，对滤波后的地震属性值根据炮检距拟合，求取地震属性拟合公式，建立不同炮检距与分析的地震波(反射波、面波、折射波、多次波等)属性(能量、频率、信噪比等)值的关系曲线(量板)。

(5)对步骤(1)设计的观测系统模拟放炮得到的每个共成像点，按步骤(4)的拟合公式计算每个炮检距对应的地震属性值，每个共成像点所有的地震属性值求均值，即为每个共成像点的地震属性值。

(6)计算步骤(1)设计的观测系统的地震属性值分布的标准方差,如果新设计的观测系统共成像点地震属性值分布的标准方差越小,表明该观测系统共成像点的地震属性值波动范围越小,分布越均匀,为最合理的观测系统。

本方法在观测系统设计过程中充分与探区以往的地震数据相融合,根据观测系统共成像点地震属性值的分布选择最优的观测系统,为观测系统评价提供了一种更科学、定量的评价方法,减少了观测系统选取不合理产生的采集脚印,提高了复杂地区地震资料的采集效果。

在原始炮集数据目的层上拾取反射波,如图2.3-25所示。在给定的时窗内计算每一道的均方根振幅,建立炮检距与均方根振幅的关系曲线,如图2.3-26所示。设计两种观测系统:方案1为28线3炮234道正交观测系统,覆盖次数为182次,最大炮检距为5721m;方案2为30线3炮240道正交观测系统,覆盖次数为300次,最大炮检距为5960m。对设计的观测系统模拟放炮,得到每一个共成像点的炮检距分布。利用图2.3-26所示的能量曲线(量板),分别对设计的两种观测系统方案共成像点各炮检对取值并叠加(图2.3-27),得到每一个共成像点的属性值。方案1和方案2共成像点能量分布如图2.3-28所示,图例代表共成像点的能量均值,红色能量均值大,蓝色能量均值小。这样根据探区已有资料进行分析,通过分析目的层的能量强弱,对观测系统的属性值分布进行评估,以选择合理的观测系统。

上述方法无须构建地质模型,可用于地表障碍区地震资料缺失评价、加密方案优化设计等,有效地优化了三维观测系统方案设计,使准噶尔盆地岩性、复杂构造、深潜山、缝洞储集体等油气藏的预测符合率均得到明显提高,可为面向目标勘探、油藏开发的二次和三次地震资料采集,提供技术支撑和分析工具。

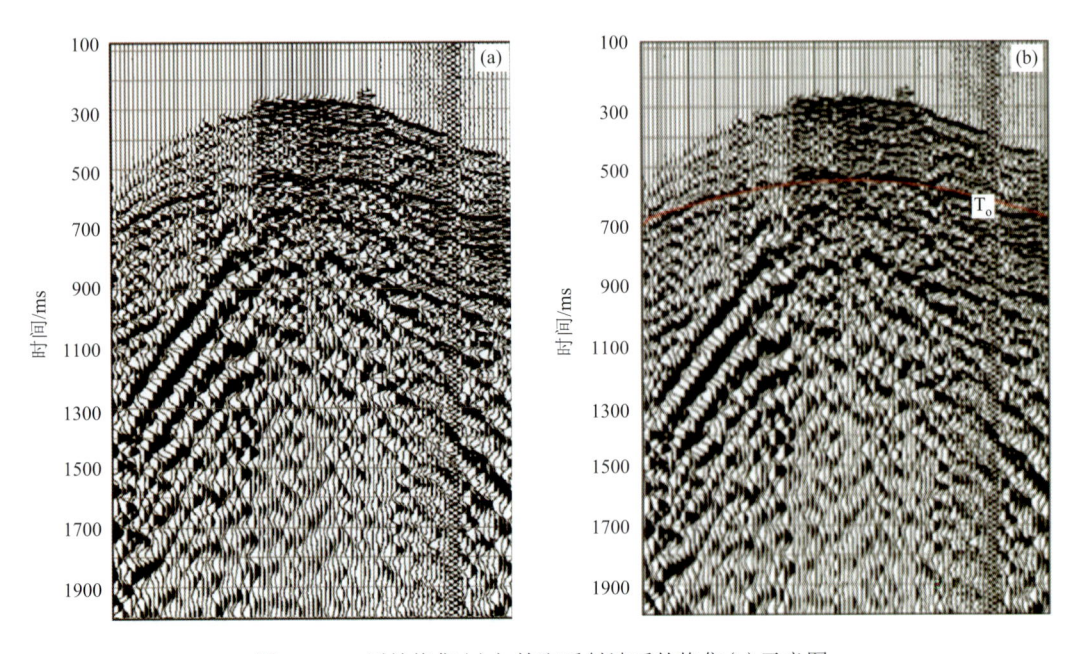

图 2.3-25 原始炮集(a)与拾取反射波后的炮集(b)示意图

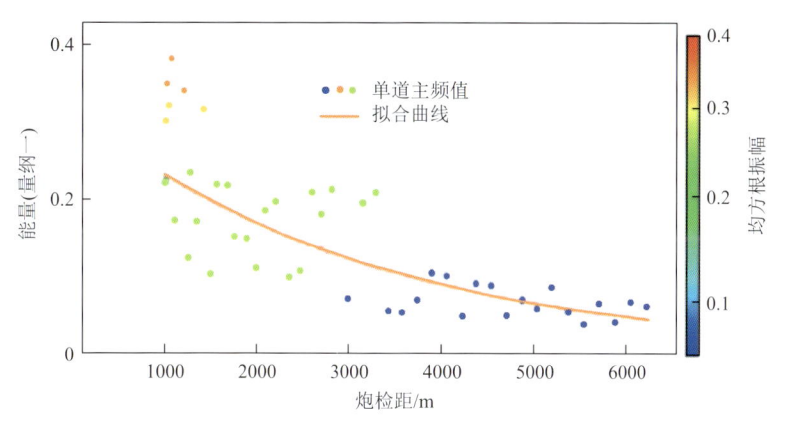

图 2.3-26 炮检距与能量的关系曲线

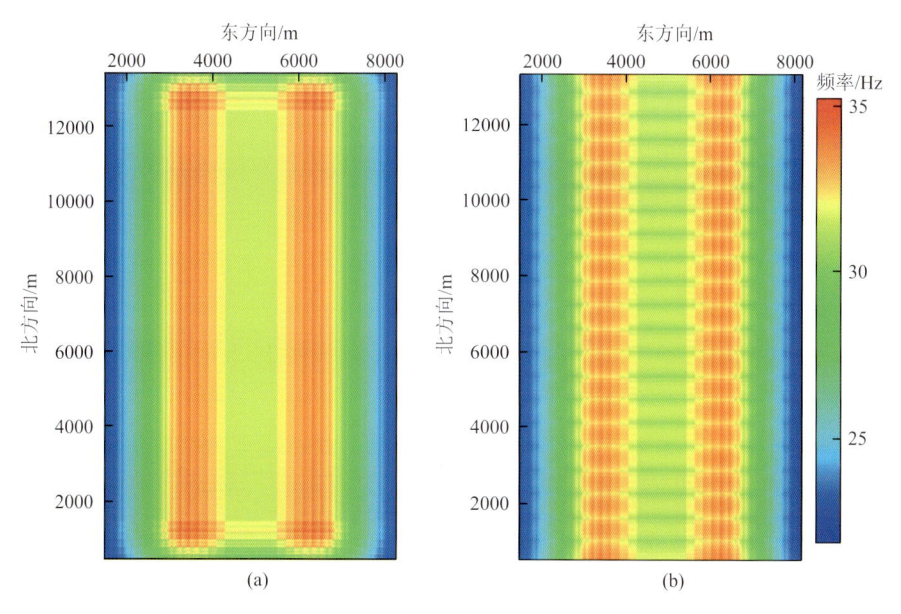

图 2.3-27 方案 1(a) 和方案 2(b) 共成像点主频叠加平面图

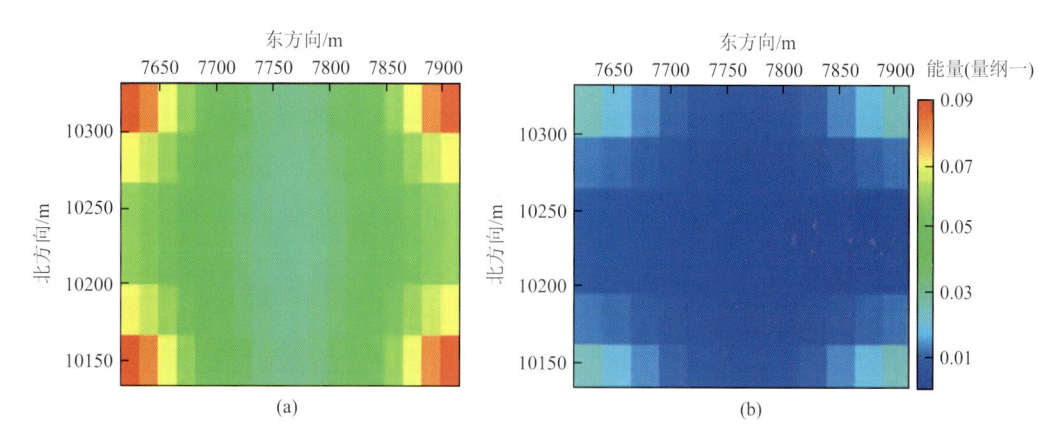

图 2.3-28 方案 1(a) 和方案 2(b) 共成像点能量分布

注：方案 1 均值 0.0518，方差 0.023；方案 2 均值 0.0073，方差 0.0082。

2.3.2　激发技术的评价及优化方向

1. 激发试验及其认识

激发技术是影响勘探成本的关键因素之一，因此做好激发参数的优化评价是准噶尔盆地岩性勘探的重要步骤。激发技术的优化是通过激发参数试验资料分析，确定最优化的激发方式和参数，把一个激发点拆分成多个激发点，即由多口井组合激发的一炮井炮拆分成少井多炮、由震源多台多次组合激发拆分为少台一次多炮，提高"两宽一高"地震采集技术的激发密度和经济可行性。评价是对优化的程度及其资料效果给出客观评价，为确定具体参数提供资料依据。随着"两宽一高"地震采集技术的实施，大部分地区采用可控震源采集，部分山地、沼泽、农田区域采用井炮作业。地震采集激发是实践性非常强的技术，为了选择最优的激发参数，在准噶尔盆地做了大量的试验工作，如图2.3-29所示。通过开展井炮和可控震源激发对比试验，进行不同激发方式和覆盖密度对比处理分析，研究不同激发参数的覆盖密度设计方法，为准噶尔盆地激发方式和参数选择优化提供技术工具，改善地震勘探效果，提高采集性价比。

图2.3-29　准噶尔盆地地震采集激发对比试验工作位置及参数图

从近年来地震勘探实践看，采用可控震源采集时，相对于以往准噶尔盆地不同区域井炮覆盖密度与可控震源覆盖密度大致存在以下关系（表2.3-4）。

第2章 地震采集关键技术及评价优化

表2.3-4 准噶尔盆地不同区域井震覆盖密度比

序号	勘探区域	井炮覆盖密度与可控震源覆盖密度之比（井震覆盖密度比）
1	盆地西北缘	1∶3左右
2	盆地南缘	1∶4以上
3	盆地东部	1∶3以上
4	盆地腹部沙漠	1∶4以上

可控震源单炮资料信噪比一般低于井炮资料（图2.3-30），可控震源对改善低频端能量具有优势（图2.3-31）。图2.3-30和图2.3-31中的①、②、③为平面位置不同的三个炮集。图2.3-30中的上下两个红色矩形代表两个不同的时间扫描窗口，分别为1300～2000ms和2500～4500ms，与图2.3-31(a)和(b)对应。不同地区井炮与可控震源信噪比不一样，所需的覆盖密度也不一样，如准噶尔盆地西北缘井炮覆盖密度60.8万道/km^{2}的信噪比相当于可控震源覆盖密度200万道/km^{2}的水平，获取相同信噪比资料，井震覆盖密度比约为1∶3.3。

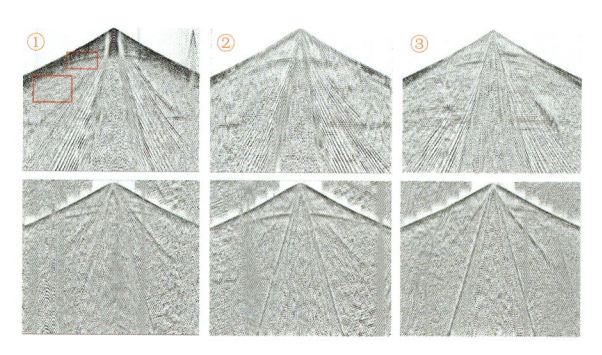

图2.3-30 准噶尔盆地西北缘井震（井炮与可控震源）单炮资料对比图
上排图：井炮；下排图：可控震源

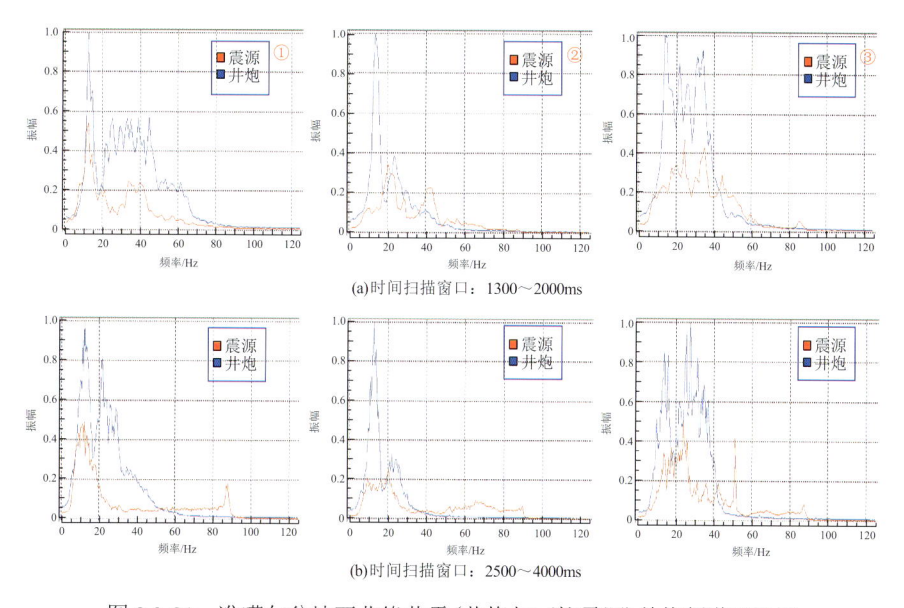

图2.3-31 准噶尔盆地西北缘井震（井炮与可控震源）单炮频谱对比图

2. 组合激发拆分评价优化

从提高空间采样密度的角度出发，面元细分、组合井拆分以及可控震源拆分技术，都具有获得较好采集数据的潜力。面元细分，覆盖次数降低，炮道工作量不变，具有下列好处：①存在提高横向分辨率的潜力；②可通过组合压噪为室内资料处理创造有利条件；③可实现更细的方位角采样，便于角道集处理与解释；④可灵活地进行面元叠加，从而增加覆盖次数；⑤偏移孔径内道数增多、道间距减小，空间假频得到抑制，适应偏移倾角范围增大，能改善偏移成像效果。为了进行面元细分，对观测系统设计会有一些特殊的要求。浅井组合激发，采集成本会急剧增加，同时由于组合基距过大，在取得压噪效果的同时，也会损害有效信号；如果将大组合激发井分成几组，例如分为两组，即变成两个激发点，激发点密度将增加一倍，组合基距变小，有利于保护有效信号，但有可能会影响高频段的信噪比(井数减少，组合基距变小)。组合井拆分后，可在原地激发两次，然后进行垂直叠加，这时要注意因垂直叠加所带来的问题。使用可控震源拆分技术，有利于增加激发点密度和覆盖次数(图 2.3-32)。减少震次，在同样工作量的情况下，可增加激发点数。如果改为单震次，就可以避免由于垂直叠加所带来的一些问题，且可以放弃多次振动而有效信号完全一致的假设，这个假设在大多数情况下是不能满足的。使用可控震源拆分技术可以取得较好的叠加效果(图 2.3-33)。

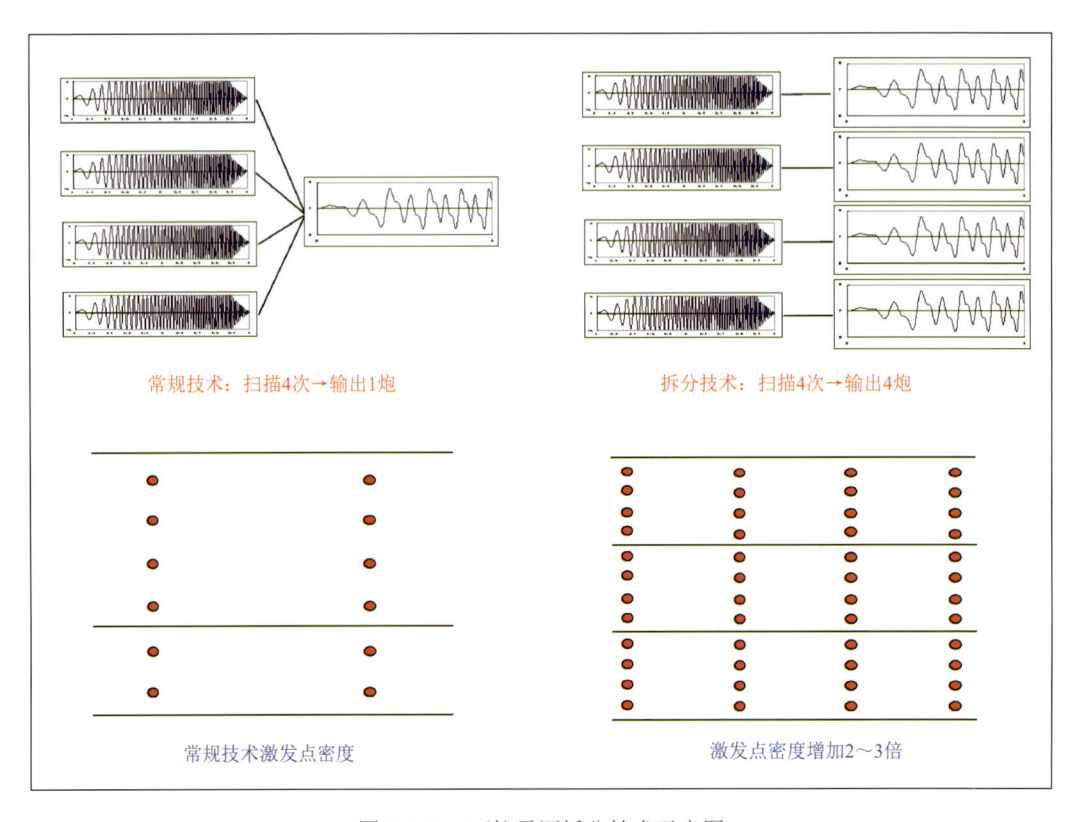

图 2.3-32 可控震源拆分技术示意图

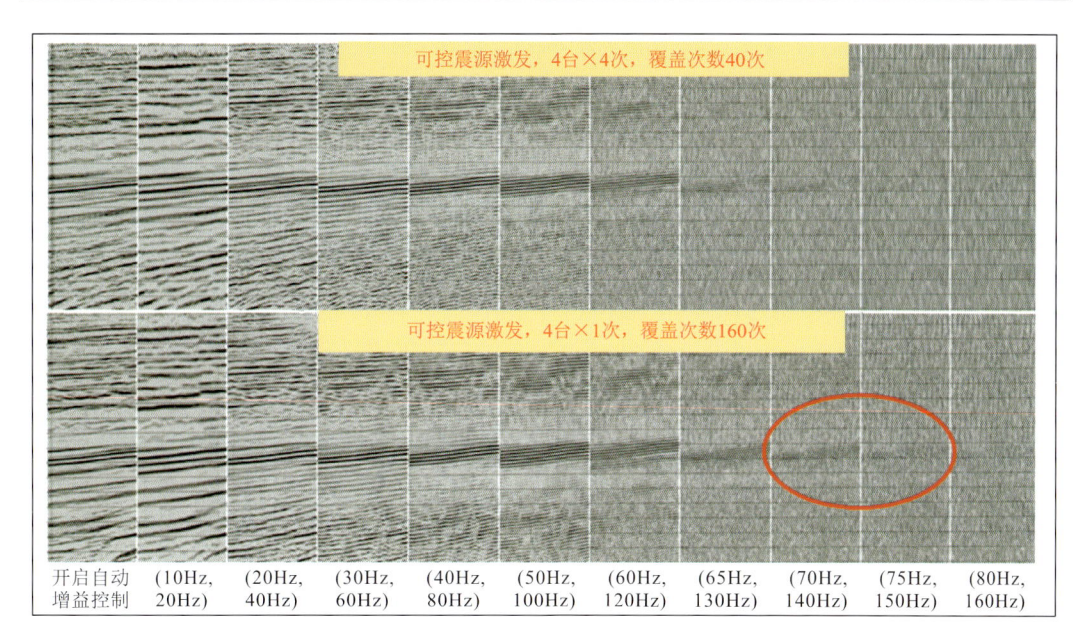

图 2.3-33　可控震源拆分效果对比

3. 震源替代井炮激发评价优化

准噶尔盆地西北缘井炮、可控震源资料采用了相同的单串检波器小组合接收的接收方式，但是由于采用了不同的观测系统以及不同的激发条件（井炮资料采用的是单井潜水面下激发，而可控震源资料则采用的是单台震源单次滑动扫描的激发方式），原始单炮记录面貌存在明显的差异，井炮资料的噪声干扰少且类型简单，主要是多组面波干扰；而可控震源资料由于其特殊的激发方式，在地震记录上除面波、折射干扰外增加了多组震源机械干扰、谐振噪声等，噪声水平、分布范围均明显强于井炮资料，井炮单炮资料深层反射的能量明显强于可控震源单炮。

对井炮、可控震源激发资料进行叠前时间偏移处理后，提取过玛湖 1 井相同位置的最终处理的 PSTM 成果剖面如图 2.3-34 所示，虽然井炮激发采集的覆盖密度比可控震源资料要少约 90.91%，但是由于井炮单点激发能量更强，而且采用了相对较大的面元（井炮 12.5m×25m；可控震源 12.5m×12.5m），所以从图中剖面上看资料整体面貌在形态、能量水平上差异并不大，但可控震源资料在小断裂的空间分辨能力、中深层弱反射目的层内幕信息及接触关系的刻画能力等方面明显优于井炮资料，通过频谱分析可以了解到二者在时间分辨能力方面的差别：二者在低频端水平相当，但可控震源先导试验资料有效频宽范围为 7~69Hz，主频 35Hz，比井炮资料有效频宽（7~63Hz）稍宽，在时间分辨率方面也具有一定优势。

从图 2.3-35 中比较发现，两种采集方法对大的构造形态的刻画均能够满足要求，但是从整体面貌上看，二者能量强弱以及对小微构造的刻画能力方面均存在较大差异。对于基于岩性勘探的目标，这种振幅保真度之间的差异足以影响最终地质解释的模式认识，而对小断裂刻画能力的差异会对高精度勘探中储层模式的认识产生重要影响。从图中可以很明显看出，可控震源资料对小微构造、小断裂的刻画分辨能力要优于井炮资料，而二者振幅之间的差异通过工区内的玛湖 1 井、玛湖 2 井两口井资料进行验证，结果表明可控震源资料解释成果与井资料吻合程度明显优于井炮资料。

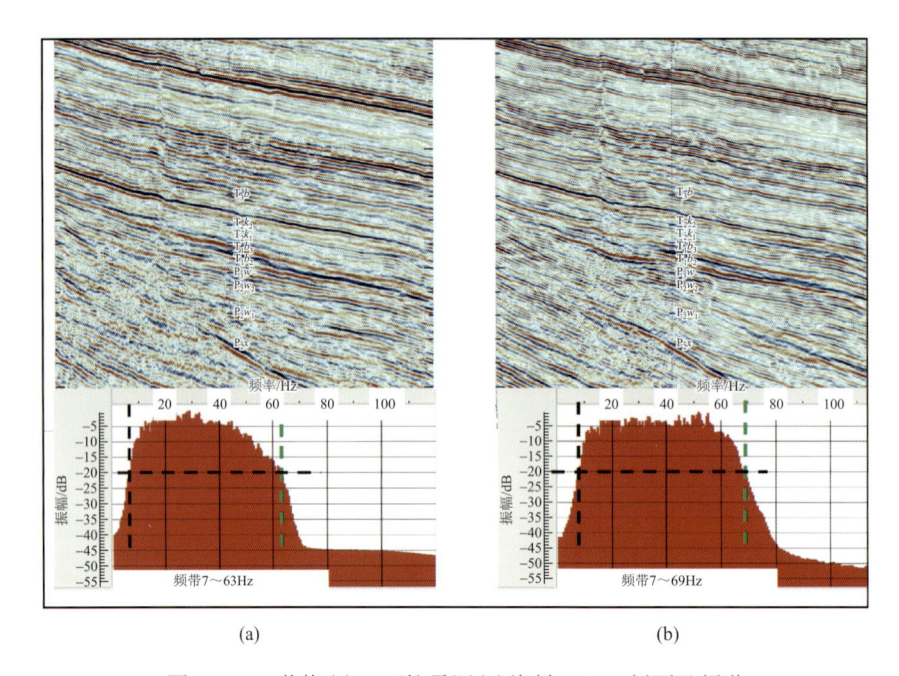

图 2.3-34　井炮(a)、可控震源(b)资料 PSTM 剖面及频谱

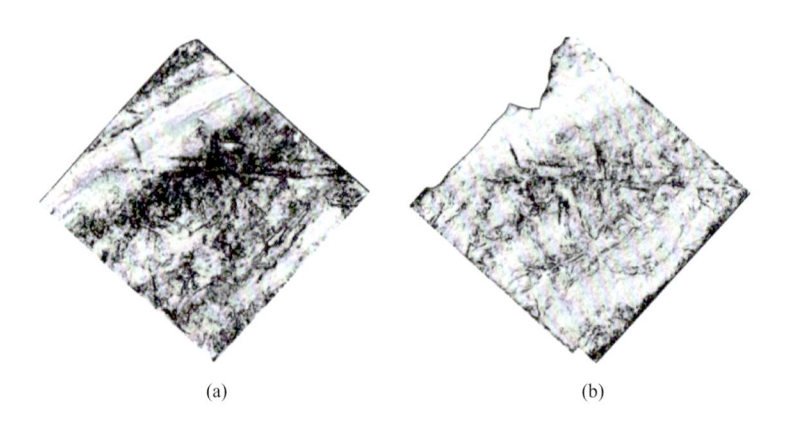

图 2.3-35　井炮(a)、可控震源(b)资料 PSTM 成果 2600ms 相干属性切片

图 2.3-36 为井炮、可控震源资料目的层 T_1b 覆盖密度与信噪比关系曲线交会图，从图中可以看出井炮、可控震源资料的覆盖密度与信噪比关系的拟合趋势线均表现为某种幂函数关系，但二者变化速率存在明显差异，即井炮资料关系曲线达到信噪比变化的拐点所需覆盖密度要远小于可控震源资料。同时可以得出如下结论：在相同信噪比要求情况下，增加单点激发能量是减少覆盖密度强度的有效方法之一，从图 2.3-36 中可以看到在变化拐点附近相同信噪比条件下二者覆盖密度强度关系约为 1∶3.5（对于目的层 T_1b 而

言，不同信噪比水平的目的层，关系可能发生变化），当覆盖密度超过变化拐点后，不同激发方式覆盖密度对信噪比的影响逐渐减弱。图 2.3-37 为井炮、可控震源资料目的层 P_2w 覆盖密度与信噪比关系曲线交会图，从图中可以看出井炮、可控震源资料的覆盖密度与信噪比关系的拟合趋势线均表现为某种幂函数关系，同时两种激发条件下的关系曲线表现出与 T_1b 目的层相似的规律，但对于信噪比相对较弱的目的层 P_2w 井炮、可控震源曲线在变化拐点附近相同信噪比条件下二者覆盖密度强度关系则变化为 1∶4.5，说明即使是同一套资料针对不同信噪比水平的目的层，井炮、可控震源资料之间关系仍存在差异：信噪比水平越低，二者之间的覆盖密度差异越大。

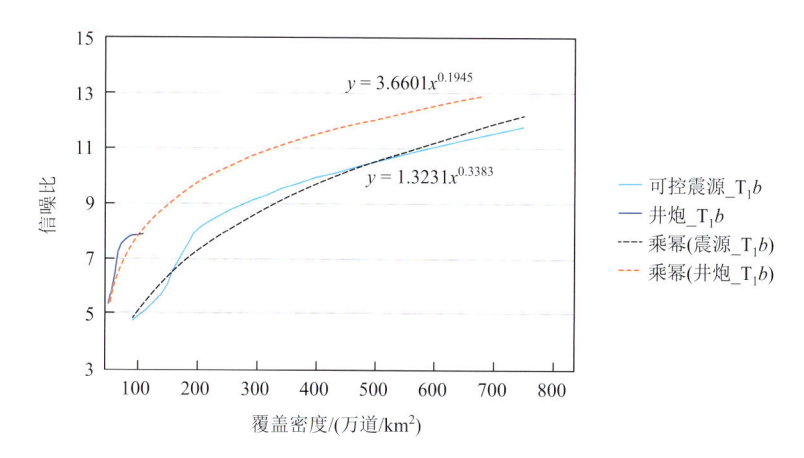

图 2.3-36　井炮、可控震源资料目的层 T_1b 信噪比变化曲线

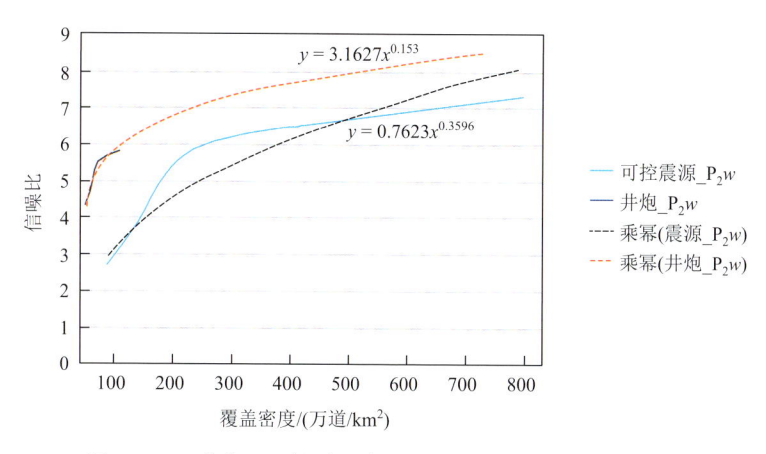

图 2.3-37　井炮、可控震源资料目的层 P_2w 信噪比变化曲线

以上分析表明，单炮品质的优劣不再是评价地震采集质量的唯一标准，覆盖密度在一定程度上能够弥补单炮低信噪比、低主频的不足。可控震源激发，选择宽倍频程的激发信号，是保证地震资料分辨率和保真性的关键，固定低频可以拓宽高频，有利于提高分辨率；固定高频可以拓宽低频，有利于提高保真度(图 2.3-38)。

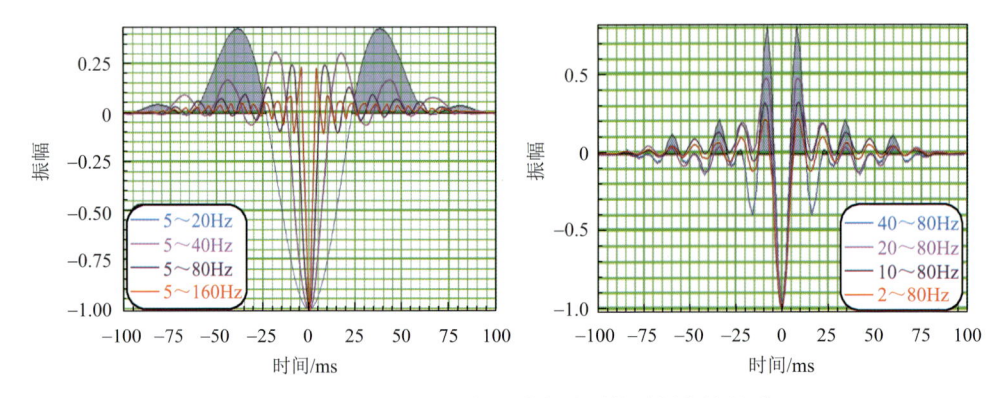

图 2.3-38　可控震源激发子波与地震信号频率的关系

宽频可控震源激发，高、低频信息丰富，明显优于井炮资料，从图 2.3-39 可以看出，可控震源激发的剖面在低频段和高频段，资料信息均比井炮激发丰富。

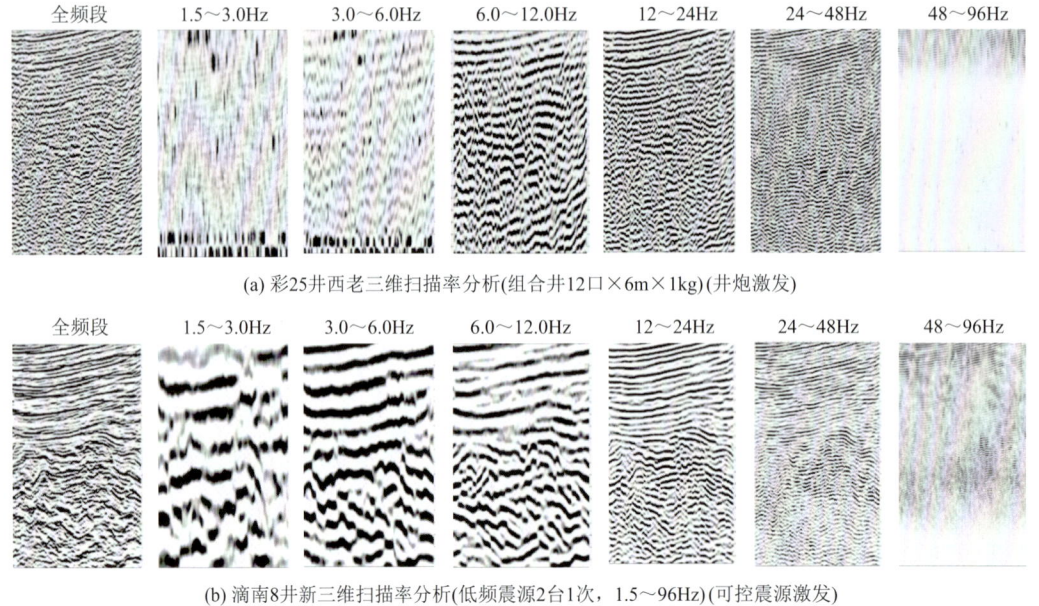

(a) 彩25井西老三维扫描率分析(组合井12口×6m×1kg)(井炮激发)

(b) 滴南8井新三维扫描率分析(低频震源2台1次，1.5～96Hz)(可控震源激发)

图 2.3-39　可控震源与井炮剖面分频对比

高覆盖密度是高密度地震采集的关键参数，而可控震源高效采集技术为高密度地震采集提供了技术支撑，其中可控震源覆盖密度可以根据井炮资料进行优化。在实践生产中，在保证覆盖次数的前提下，可控震源 1 台 1 次激发能够保证深层资料的成像。在准噶尔盆地腹部沙漠低信噪比地区，可控震源高覆盖密度激发的剖面成像效果明显优于覆盖密度较低的井炮激发资料(图 2.3-40)。

玛湖地区地表主要为平坦戈壁，采用可控震源激发，如需要达到与井炮激发同等的信噪比，覆盖密度至少不小于井炮激发覆盖密度的 3 倍，且因目的层信噪比不同而有所差异。

通过近几年的广泛应用，准噶尔盆地已形成了具有指导意义的参数优化认识。

(1) 高覆盖密度可以弥补可控震源单点激发能量弱、原始资料信噪比低的缺点，并且在波长均匀性、资料分辨率方面要优于覆盖密度相对较低、面元较大的井炮资料。

(2) 在相同信噪比要求情况下，增加单点激发能量是减少覆盖密度强度的有效方法。

(3) 源覆盖密度可以根据井炮资料进行优化，不同目的层信噪比对覆盖密度的要求不一样，本区对于目的层 T_1b 井震覆盖密度强度关系约为 1∶3.5，对于信噪比相对较弱的目的层 P_2w，井震覆盖密度关系则变化为 1∶4.5。

(4) 目的层二叠系建议可控震源覆盖密度不小于 180 万道/km²。

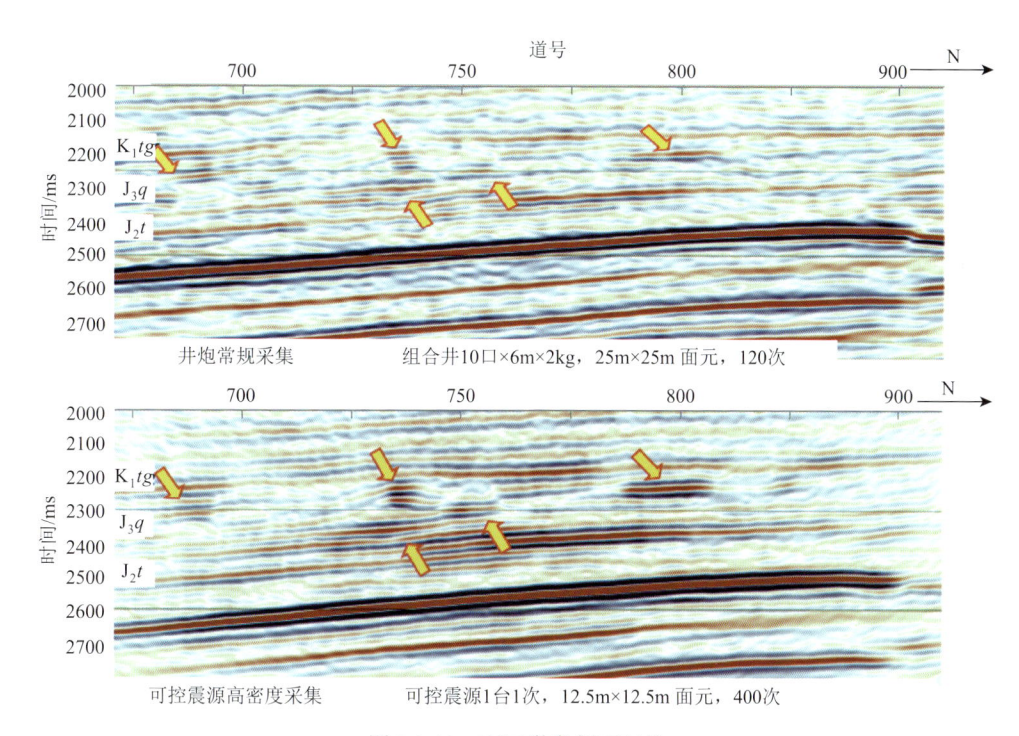

图 2.3-40　不同激发剖面对比

2.3.3　接收技术的评价及优化方向

1. 接收试验及其认识

随着"两宽一高"地震勘探技术的深化应用，准噶尔盆地地震勘探项目的接收线距和接收点距等参数不断强化，但由于存在环保要求高、障碍物星罗棋布、地表复杂多变等因素，给野外项目的接收点布设造成了困难。因此，通常采用炮检点偏移的方式避开地表障碍物和环保敏感区，但不合理的接收点偏移会造成地震剖面浅层出现缺口和深层信噪比下降等问题，因此需要对接收点位的偏移进行评价和优化，减少对后续地震数据处理和解释的影响。接收技术的优化是通过接收参数、检波器选型、埋置耦合试验资料分析，确定最优化的结束方式和参数，把一个接收点拆分成多个接收点，即单道的多串多只大组合接收拆分成多道的少串少只小组合或单只不组合接收，提高"两宽一高"地震采集技术的接收密度和经济可行性。评价就是对优化的程度及其资料效果给出客观评价，为确定具体参数提供资料依据。同时，不同地表类型、检波器型号和组合方式等会对地震信号的接收和噪声压制的效果产生不同影响。为解决上述问题，近年来，准噶尔盆地在接收评价与优化方面针对炮检偏移、不同检波器类型、组合与单只等方面开展了大量试验和研究工作，图 2.3-41 为准噶尔盆地接收试验位置图，对应的试验方案详见表 2.3-5。多年来，东方地球物理公司针对检波器型号、组合图形、水陆检波器和单点接收做了大量的试验。总的来说，组合接收在灵敏度和噪声压制方面都要高于单点接收，但在覆盖密度日益提高的情况下，逐渐弱化组合参数是可行的。

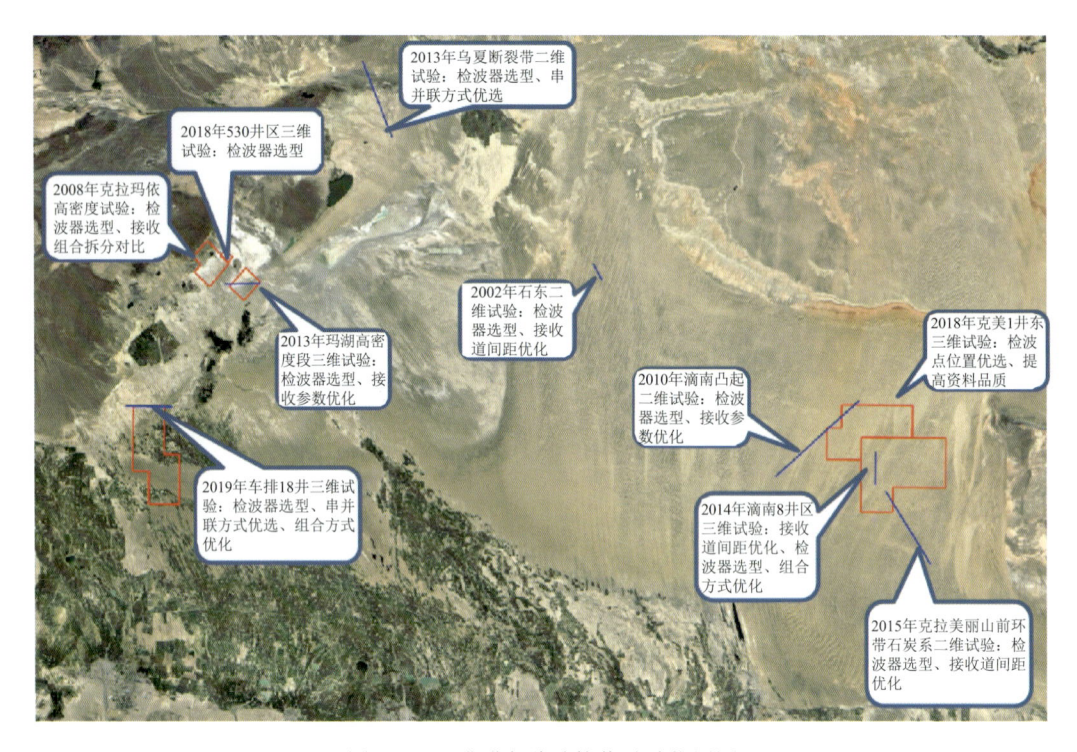

图 2.3-41　准噶尔盆地接收试验位置图

表 2.3-5　准噶尔盆地接收试验方案汇总表

项目名称	时间	目的	试验方案
石东二维试验	2002 年	检波器选型、接收道间距优化	①道间距 5m，3 串，井中接收；②道间距 5m，单只，井中接收；③道间距 5m，2 串，一字组合；④道间距 25m，3 串，矩形组合
克拉玛依高密度试验	2008 年	检波器选型、接收组合拆分对比	①3 台 1 次激发，组合接收和单点接收数据体对比；②1 台 1 次激发，组合接收和单点接收对比；③3 台 4 次激发，组合接收和单点接收对比
滴南凸起二维试验	2010 年	检波器选型、接收参数优化	①9 串与 6 串检波器大组合对比；②1S2L（9 串+6 串）、2S1L（9 串）、2S1L（6 串）
玛湖高密度段三维试验	2013 年	检波器选型、接收参数优化	1 串 30DX-10、2 串 30DX-10、1 串 CDK-JSⅢ、单只 20DX-10（1×1）检波器对比

续表

项目名称	时间	目的	试验方案
乌夏断裂带二维试验	2013年	检波器选型、串并联方式优选	3串30DX-10检波器(1串并联、1串串联、1串堆放)和单只SG-5检波器对比
滴南8井区三维试验	2014年	接收道间距优化、检波器选型、组合方式优化	①30DX-10检波器(3串6排矩形、3串4排矩形、1串八边形、1串一字垂直测线、2串2排垂直测线)和单只SG-5检波器对比；②不同接收道间距对比
克拉美丽山前环带石炭系二维试验	2015年	检波器选型、接收道间距优化	①30DX-10、SN5-10、SG-5检波器对比；②不同接收道间距对比
530井区三维试验	2018年	检波器选型	SN5-10、SG-5、G-15、GL-LF1、SY-2、LDKJ-1A和30DX检波器对比
克美1井东三维试验	2018年	检波点位置优选、提高资料品质	检波点偏移与不偏移的剖面效果对比
车排18井三维试验	2019年	检波器选型、串并联方式优选、组合方式优化	①SG-5、SG-10、30DX-10、SY-2检波器对比；②SG-10检波器不同组合(3串2并、6串1并、3串2并、9串1并、4串2并、5串2并)对比；③组合图形(六边形、正方形、弓字形)对比

2. 组合接收拆分评价优化

国内常用的检波器以模拟检波器为主，主要类型包括SN系列、DX系列、DS系列和SG系列，性能参数详见表2.3-6。就单只检波器而言，SN7C-10检波器和30DX-10检波器的灵敏度要低很多，但其芯体个头较小、耐用性好。

表2.3-6 国内主流单只模拟检波器参数对比表

型号	SN7C-10	30DX-10	SN5-10	DS-10	SN5-5	SG-5
自然频率/Hz	10	10	10	10	5	5
直流电阻/Ω	375	395	1550	1800	1820	1850
阻尼系数	0.250	0.300	0.680	0.700	0.707	0.600
开路灵敏度/[V/(m·s)]	28.8	28	98	85	86	80
失真度/%	≤0.1	≤0.1	≤0.1	≤0.1	≤0.1	≤0.1

从图2.3-42和图2.3-43可以看出，在低水平环噪背景下，耦合好的检波器其高频和低频的信号接收效果基本相当。从图2.3-44可以看出，自然频率低的检波器其低频能量较强。图2.3-45展示了SG-5检波器单点接收与30DX检波器3串组合接收的高频信号单炮分频结果，尽管两者的灵敏度相当，但组合接收具有更好的噪声压制能力，其高频信号更丰富。然而，单点接收通过提高采样密度完全可以达到组合接收的效果，如图2.3-46所示。

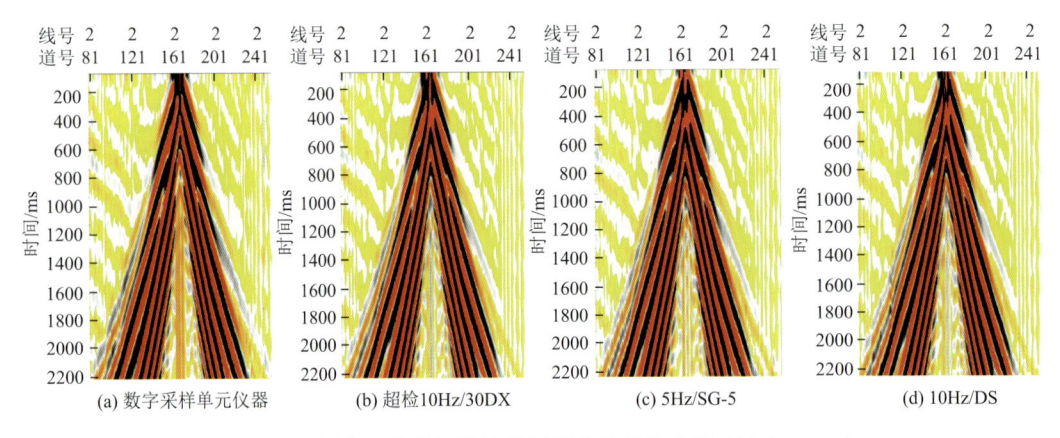

(a) 数字采样单元仪器　　(b) 超检10Hz/30DX　　(c) 5Hz/SG-5　　(d) 10Hz/DS

图 2.3-42　国内主流模拟检波器低频信号单炮分频对比（3～5Hz）

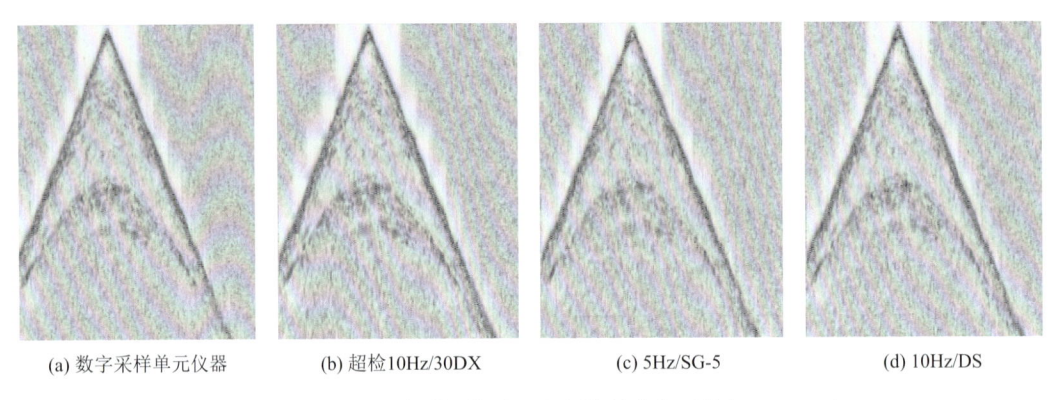

(a) 数字采样单元仪器　　(b) 超检10Hz/30DX　　(c) 5Hz/SG-5　　(d) 10Hz/DS

图 2.3-43　国内主流模拟检波器高频信号单炮对比（60～70Hz）

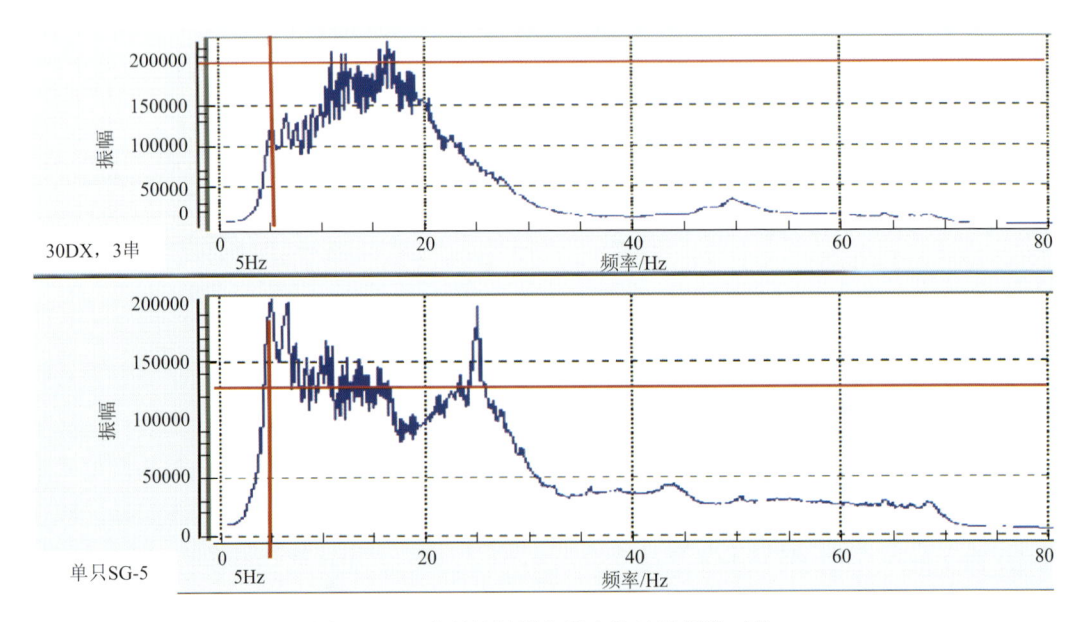

图 2.3-44　单只检波器与组合检波器频谱对比

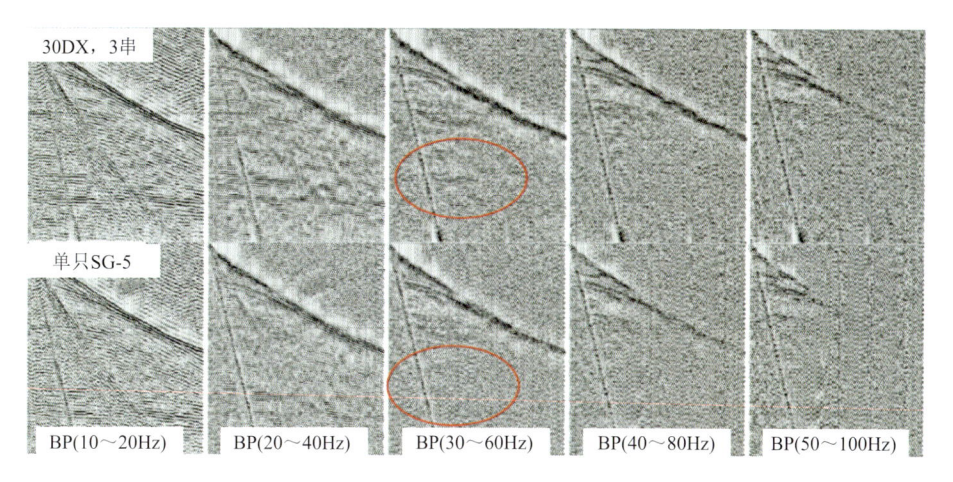

第 2 章　地震采集关键技术及评价优化

图 2.3-45　单只检波器与组合检波器单炮分频对比

BP：带通滤波

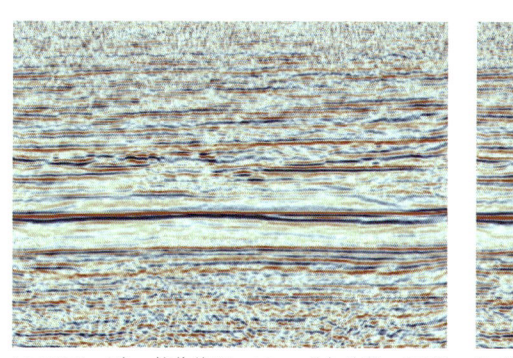

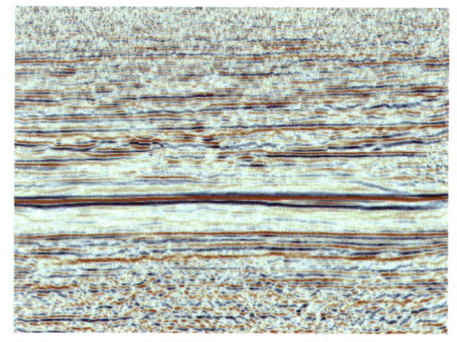

图 2.3-46　单只检波器与组合检波器剖面对比

(a) 30DX，3串，接收线距=25m，叠加次数=900次　(b) 单只SG-5，接收线距=12.5m，叠加次数=1800次

3. 埋置耦合评价优化

准噶尔盆地复杂地表区的地形地貌特征复杂，选线选点极其重要，现场试验发现，检波点适当偏移有利于提高地震资料品质。除了检波点偏移试验，东方地球物理公司还对地表条件与地震资料品质的关系进行了综合研究，形成了检波点偏移的原则及软件自动化(图 2.3-47)，包括"五避五就"(避高就低、避虚就实、避陡就缓、避干就湿、避危就安)的选点原则以及高精度卫星图片辅助选线选点等技术，极大地提高了复杂地表区地震资料品质。

然而，上述各项技术出发角度较单一，存在不能整体考虑选线选点效果的缺陷，如"五避五就"选点方法仅依靠野外施工人员现场确定，观测系统属性往往受到影响，卫星图片数据又不能反映低速层特征等。针对这些问题，近年来开发了复杂地表区自动化选线选点系统，该系统综合考虑了影响地震资料品质的各种因素，包括地形地貌特征、地质岩性特征、低速层特征等，多种物探信息数据库可视化显示于统一平台，平衡提高单炮质量和整体三维属性需求，找到合理的结合点，从而最大限度地提高整体三维采集质量。在 2020 年实施的前哨 2 井和滴西 241 井区三维项目的检波器选点工作中，前哨 2 井北检波点选点偏移 2775 个，占总放样点数的 1.5%；滴西 241 井区检波点选点偏移 1212 个，占总放样点数的 1.7%，如图 2.3-48 所示。有线采集由于大线的限制，检波点选点还不能大面积应用，节点仪器的推广应用为未来的检波点选点奠定了良好的基础。

图 2.3-47　检波点偏移的软件自动化

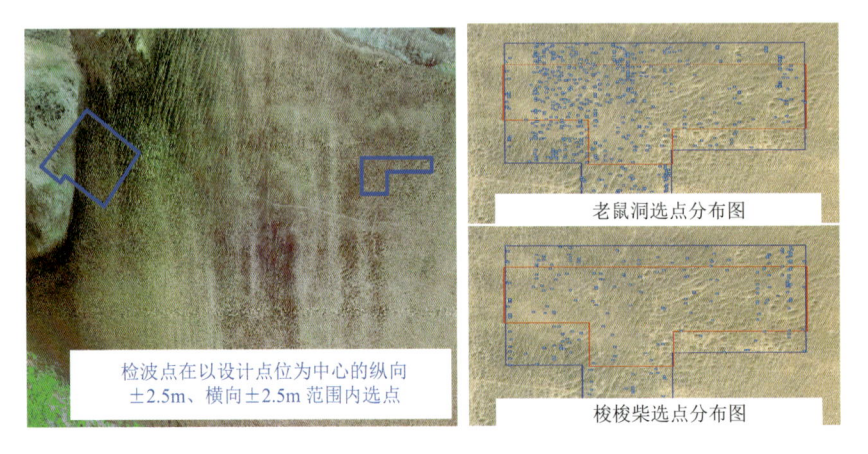

图 2.3-48　检波点选点偏移图

通过选线选点系统的规模化应用，一定程度上改善了地震资料品质，从图 2.3-49 中可以看出，地形对资料信噪比的影响远大于检波器型号与接收参数的影响。图 2.3-50 展示了选点偏移前后单炮的信噪比和频宽，经过偏移后的点具有更宽的频带和更高的信噪比。

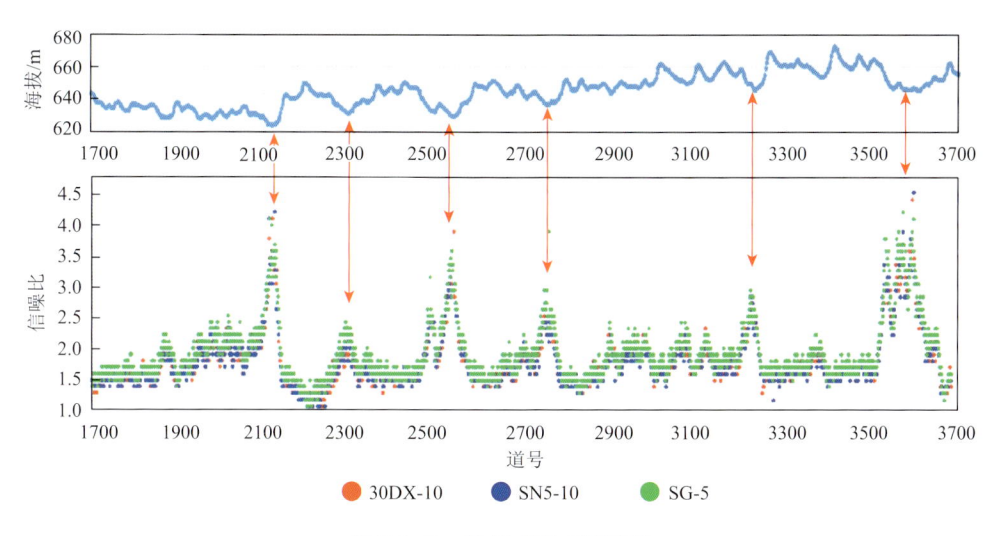

图 2.3-49　检波点选点偏移图

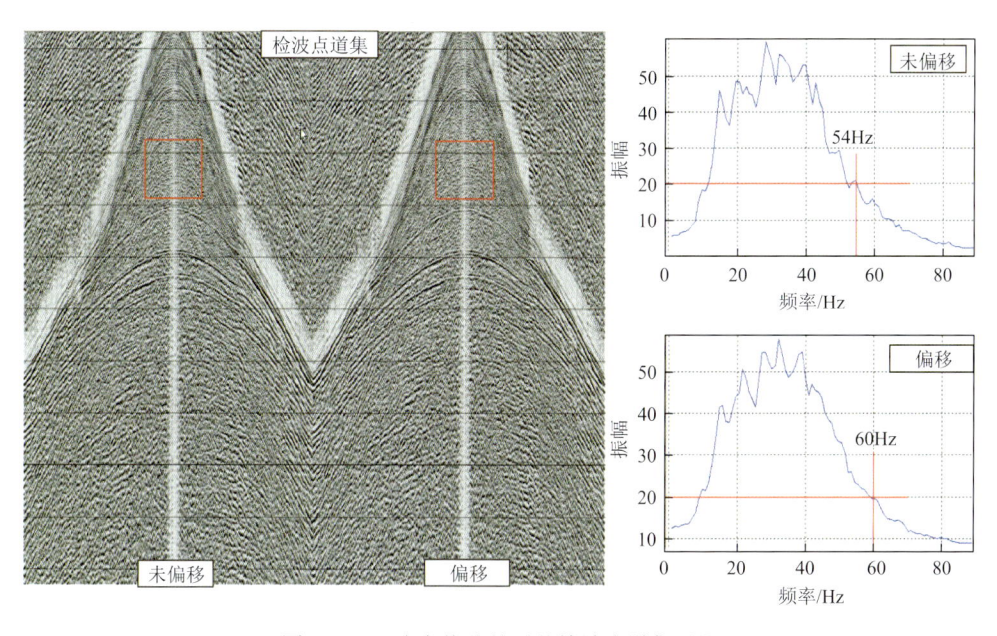

图 2.3-50　选点偏移前后共检波点道集对比

4. 沙漠区接收效果影响因素分析

"两宽一高"地震采集技术在准噶尔盆地的应用已经从西北缘高信噪比地区推广到了沙漠腹部，单点接收的采集方式虽然为接收资料的保真性提供了更大的保障，但是也对检波器的接收条件提出了更高要求，因为一个检波器埋置条件的优劣直接决定了一个接收道或者说一次覆盖的有效性。沙漠中检波器埋置条件对地震波接收效果的影响更大，主要原因有两方面：一是巨厚沙层对地震反射波能量的强吸收衰减作用导致单点接收能量和信噪比较组合接收差很多；二是沙漠不同地表物性的介质中检波器接收响应差异远大于平坦的戈壁区和农田区。这种检波器接收响应差异反映在地震道间有效反射的能量、频率及相位的损失和畸变上,这些非地质目标造成的反射信号异常很难在后续处理中消除,反射信号也很难得到恢复,这不仅影响最终叠加成像的分辨率和精度,还会造成地质假象,误导后续的解释评价。

1) 沙漠地表特征

准噶尔盆地沙漠属于固定、半固定沙漠,主要呈条带状和蜂窝状分布特征,地表普遍发育植被,但发育程度在空间上变化大。沙漠区低速层厚度为8～30m,地表相对高差大,但高速层稳定,速度在1800m/s左右。地表湿度随季节变化很大,每年的4～6月由于积雪融化及降雨较多,是沙漠表层湿度最大的时段;7～8月则是沙漠温度最高、地表最干燥的时段,也是地震采集条件最差的时段。

2) 影响接收效果的因素分析

准噶尔盆地沙漠的表层结构具有"地表复杂、地下简单"的特点,局部范围内,地表高差变化大,但高速层顶界面则相对平缓稳定,所以地表高程高的位置低速层厚度也相应较厚。理论上讲,该位置检波点接收到的反射信号经过低速层传播的路径相对要长,信号能量尤其是高频能量的衰减会更多。这也是业界普遍认可的沙漠区采集"避高就低"优选原则的理论基础,在准噶尔盆地这个原则同样具有一定适用性。

图2.3-51(a)显示了沙漠区一个地表起伏地段的地表高程,图2.3-51(b)显示了在该地段选择的3个不同高程位置检波点70～140Hz带通滤波的道集。由图2.3-51(b)可以看出,3个道集的品质差异明显:①相对低部位(薄层)道集,中深层反射(蓝色圆圈指示区域)及深层反射(绿色方框指示区域)的信噪比明显较高;②斜坡部位的道集,信噪比次之;③高部位的道集,信噪比最差。随着高程(低速层厚度)增加,有效波高频的信噪比降低,如果将高处的检波点偏移到低部位,不但可以降低噪声的影响,同时还可以获得能量较强的高频有效波,提高原始采集资料的有效频宽,为提高最终成像的分辨率提供更好的基础资料。

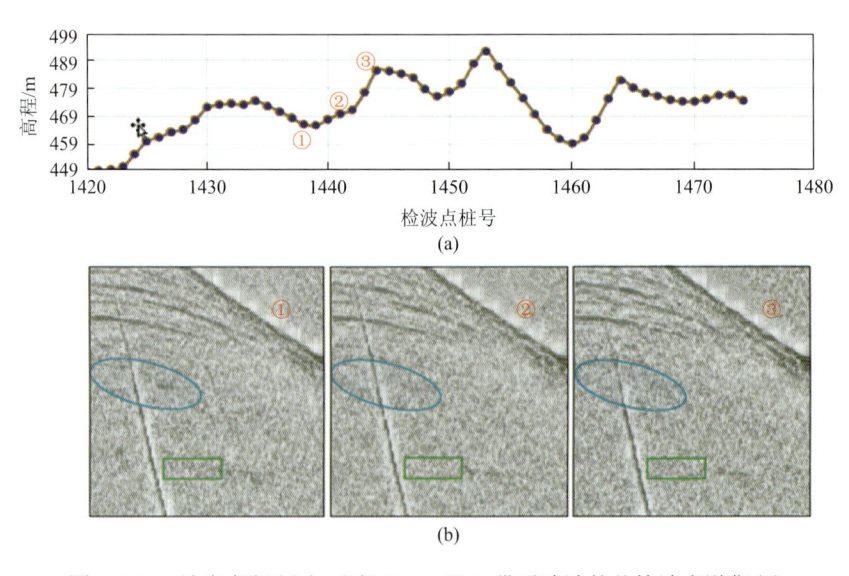

图2.3-51 地表高程(a)与对应70～140Hz带通滤波的共检波点道集(b)

对准噶尔盆地沙漠区实际资料统计分析发现：地表植被发育程度(地表颜色)、地表坡度是影响检波器高频信号接收响应的另外两个重要的地表因素。图 2.3-52(a)显示了沙漠腹地一个最大高差达 50m(低速层厚度差达 40m)的连续沙丘的高程，图 2.3-52(b)为在该连续沙丘不同高程位置选取的 9 个检波点 70～140Hz 带通滤波的道集。以道集上强反射层[图 2.3-52(b)红色方框指示区域]为分析目标，分别计算其 70～140Hz 频段的信噪比，结果如图 2.3-52(c)所示。与对应的检波点高程[图 2.3-52(a)]对比发现，二者没有明显相关性，但具有一定的区域特征：沙丘右翼的检波点桩号 2694～2715 范围内信噪比明显好于左翼的检波点桩号 2659～2687，比检波点桩号 2666 高 40m 的检波点桩号 2694 却表现出更高的信噪比。实地勘察发现，沙丘右翼浅根类植被发育、沙层湿度大、压实度高，而沙丘左翼被压实度低的浮沙覆盖、植被稀疏、沙层湿度小，顶部为压实度很高的大平顶。资料表明，局部范围内检波点与介质的耦合状态对有效反射高频响应的影响要强于高差。而在地表物性相当的 2666、2673、2680 三个检波点则又表现出传统的"随着高程增加，信号能量降低"的相关性规律。

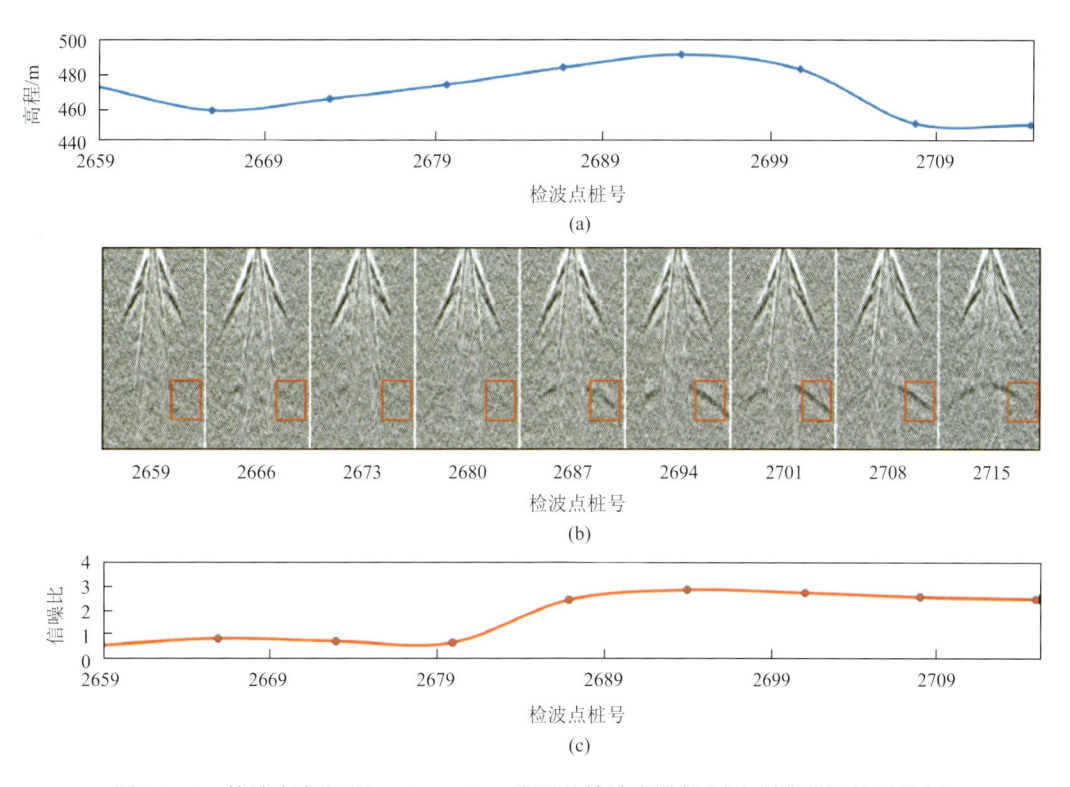

图 2.3-52　检波点高程(a)、70～140Hz 带通共检波点道集(b)与道集带限信噪比(c)

图 2.3-53 显示了沙漠区某接收线线检波点高程与其道集主频段 15～50Hz 带通滤波后的均方根(root mean square，RMS)能量统计分析关系。由图 2.3-53 可得出，关系曲线变化趋势(红色虚线)符合高程增加而信号能量降低的相关性规律，但在局部范围内，符合高程与信号能量负相关映射规律的检波点(蓝线标识位置)，与不符合该规律的检波点(红

线标识位置），均占有相当大的比例。用同样的方法对另外两个已采集沙漠区地震资料的检波点有效波能量进行抽样统计，发现接收点道集有效信号能量与高程不相关的比例超过 40%，可见这种不相关并非偶然个例。统计结果具有以下关系特征：坡度越小、植被发育程度越高，则地表湿度和压实程度越高，其中植被发育程度与地表湿度和压实程度相关度最高，坡度次之，高程最小。因此，准噶尔盆地沙漠区检波点位置优选的原则为：首选植被发育（地表颜色深）的位置；在植被发育相当的情况下，再选择坡度较小的位置；在植被发育、坡度相当的条件下，才选择高程较低的位置，即所谓的"先避虚就实，后避高就低"的原则。

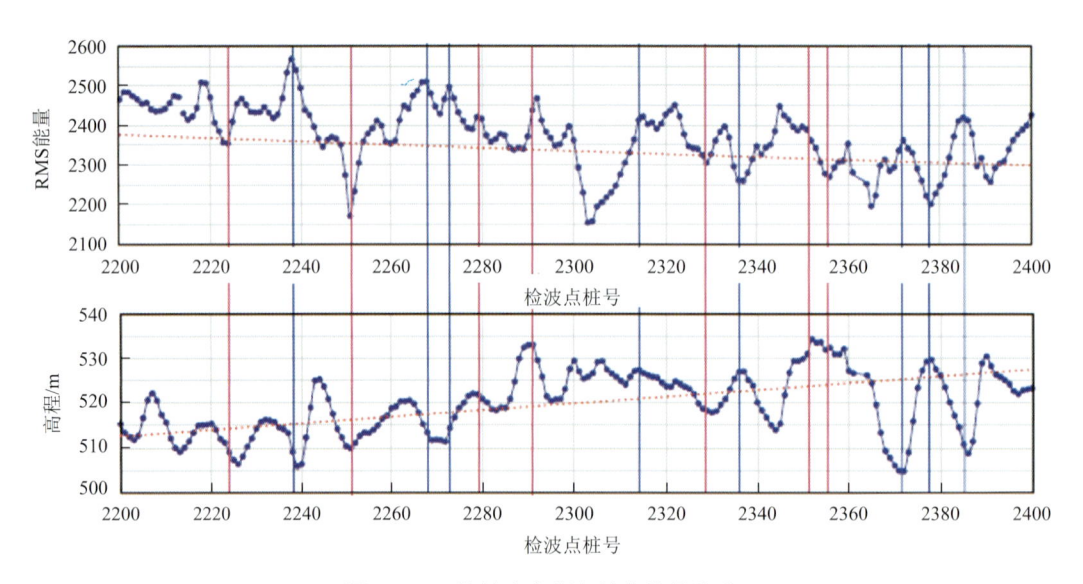

图 2.3-53 检波点高程与接收能量关系

在准噶尔盆地东部沙漠某工区进行了检波点位置偏移对比采集试验，试验采用 3 线 2 炮的宽线二维观测系统，道间距 20m，激发、接收线距均为 40m。选择三条接收线中的外侧一条依据"先避虚就实，后避高就低"原则进行检波点选点位置偏移，依据地表植被发育程度、坡度、高程等因素选择检波点，其他两条接收线按照传统的不偏移方法布设。如图 2.3-54 所示，偏移接收线总检波点数 2902 个，实际优化、偏移点数 1936 个，偏移点占比 66.7%，由于特殊地表高差、地物特征变化及接收设备连线长度的限制，造成偏移距离大于 40m（一个接收线距）的检波点约占 10%，偏移距离在 20～40m 的占 10.89%，近 80% 的检波点偏移距离在 20m（一个地表面元）之内，这种对偏移距离的约束可以在改善检波点接收响应的同时，保持地震波场的均匀性。

检波点位置偏移前后的全频带检波点道集整体面貌差异不大，位置偏移后道集有效波能量稍强于不偏移检波点位的道集（图 2.3-55），道集上相对应的弱反射目的层（红色方框指标区域）的频谱上检波点位置偏移后道集在低频和高频端均有不同程度的拓宽，从而使原始资料具有更大的提高分辨率的潜力。应用相同处理流程分别对检波点偏移、检波点不偏移及所有检波点数据进行叠前时间偏移（PSTM）成像处理，然后在 3 套处理成果剖

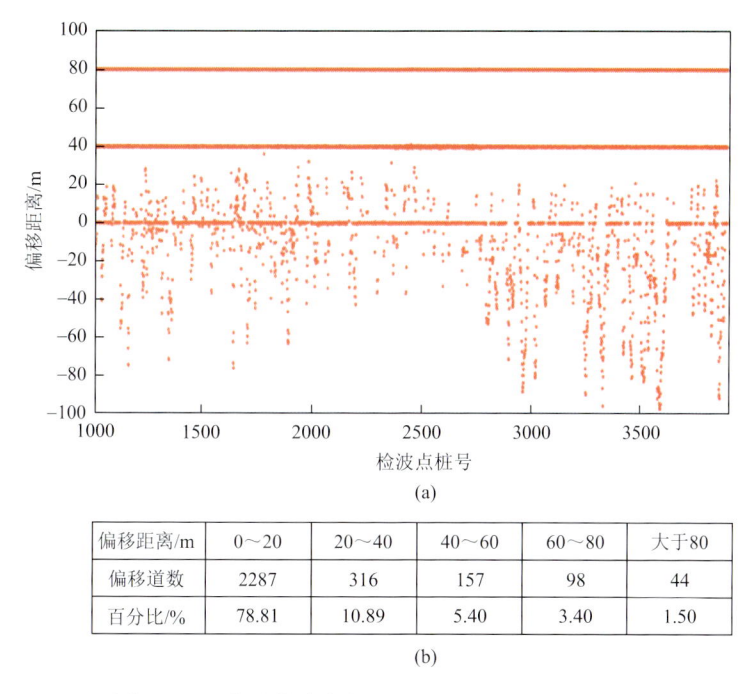

第 2 章　地震采集关键技术及评价优化

(a)

偏移距离/m	0~20	20~40	40~60	60~80	大于80
偏移道数	2287	316	157	98	44
百分比/%	78.81	10.89	5.40	3.40	1.50

(b)

图 2.3-54　偏移检波点位置分布(a)及偏移量统计(b)

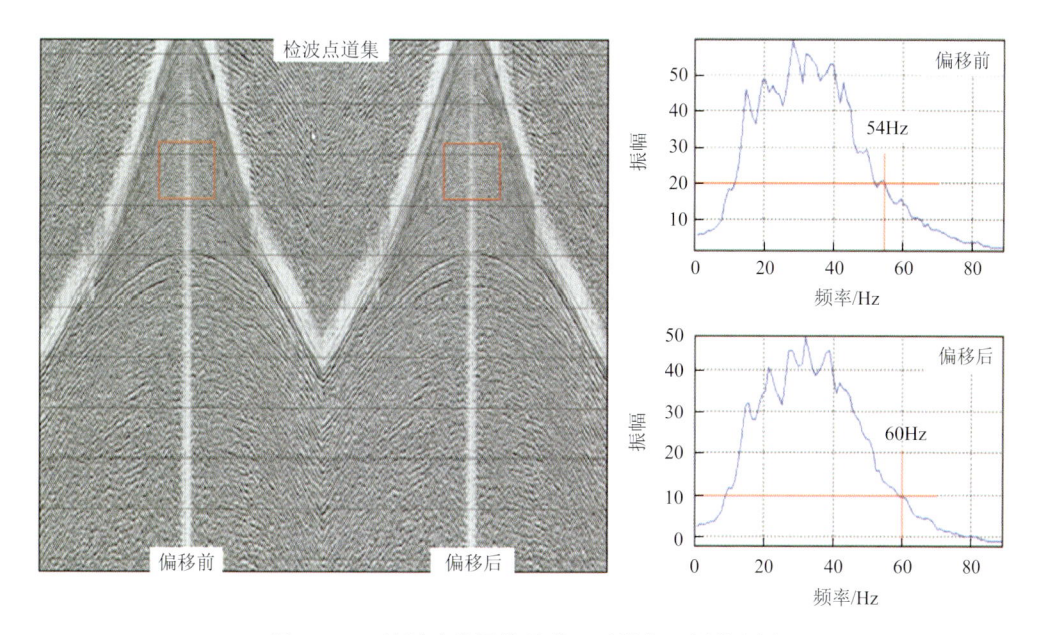

图 2.3-55　检波点位置偏移前、后道集及频谱分析

面上选取相同位置、相同时窗进行频谱分析，通过选择不同埋深和信噪比的 3 个目的层分析时窗 W1、W2、W3 以及不同目的层时窗的频谱曲线，如图 2.3-56 所示。以相对振幅 20dB 为参考，对于浅层高信噪比目的层 W1，检波点位置偏移的接收线(蓝线)成像具有最宽的频带[比检波点不偏移(红线)成像高频拓宽了 1.5Hz]，检波点不偏移与所有检波

点的成像频宽基本相当；而对于中深层低信噪比目的层 W2，同样是检波点位置偏移的接收线成像具有最宽的频带（比检波点不偏移成像高频拓宽了 3.5Hz），检波点不偏移与所有检波点成像频宽基本相当；对于深层高信噪比目的层 W3，同样也是检波点位置偏移的接收线成像具有最宽的频带（比检波点不偏移成像高频拓宽了 1.0Hz），所有检波点成像频宽次之，检波点不偏移成像频带最窄。分析结果表明，优选检波点埋置位置有利于提高资料成像的分辨率，且对不同目的层影响程度不同，目的层反射能量越弱，检波点位置优选对拓宽频带的作用越明显。

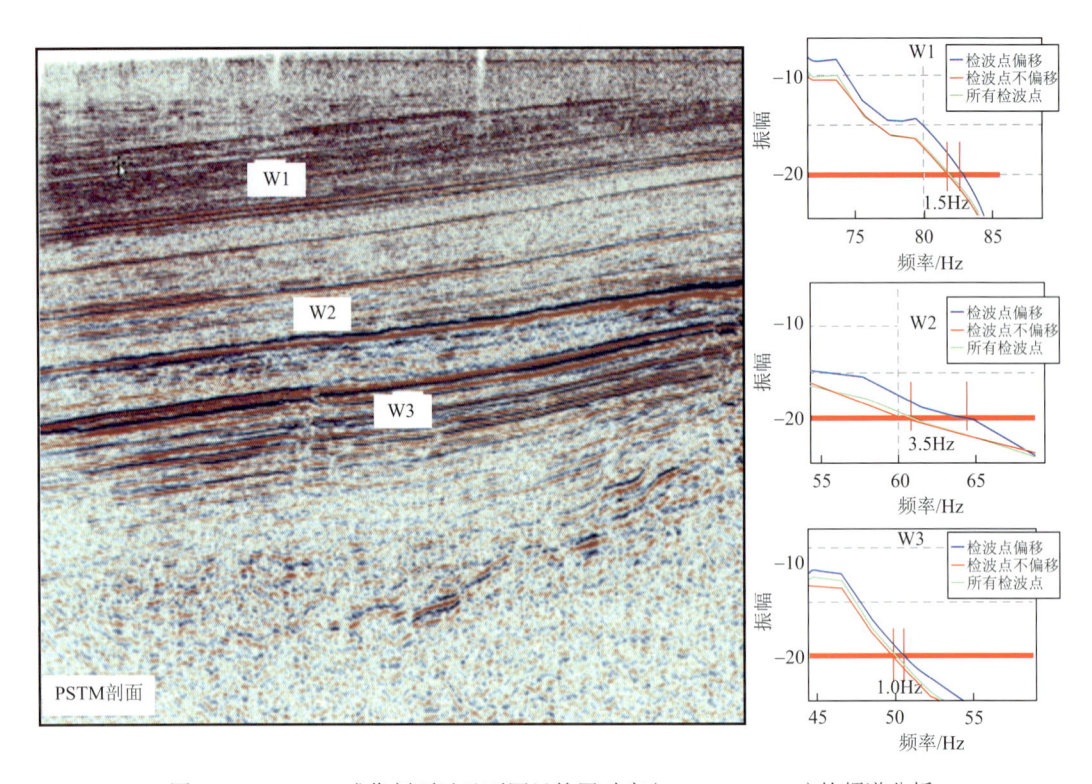

图 2.3-56 PSTM 成像剖面以及不同目的层时窗（W1、W2、W3）的频谱分析

5. 单点接收下覆盖密度指标

单点接收有利于小面元高密度采集，小面元使得有效地震频带展宽，加上高密度空间采样使得单点高密度采集比常规采集更具有提高纵向、横向分辨率的优势。单点轻便易施工，降低野外员工劳动强度，有利于野外生产组织和作业效率提高；降低野外劳动力投入，节约运载设备的投入，能够很好地控制高密度地震采集条件下的野外施工成本。单点检波器具有低自然频率，有利于保护低频信号，拓展频宽，提高地震资料分辨率、反演和成像精度，有利于岩性地层圈闭识别和油气检测。

但是单点接收有较强的面波和背景噪声（图 2.3-57），在信噪比相对较低的地区，原始地震记录上较难识别出连续的反射同相轴，需要相对较高的覆盖密度，确保提高数据处理效果。

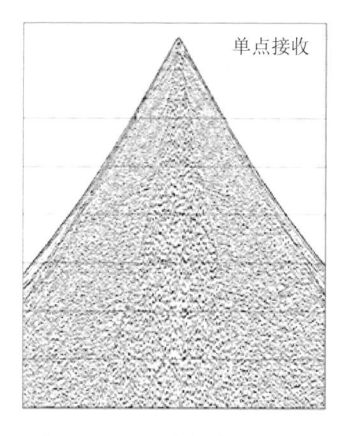

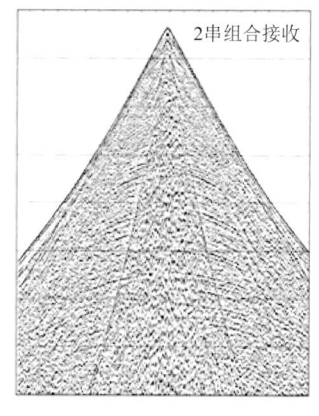

图 2.3-57 准噶尔盆地腹部单点接收与组合接收单炮记录对比

准噶尔盆地2020年开始全面使用单点接收，"十三五"期间做了大量的对比试验（表2.3-7），共实施29个单点接收三维地震采集项目(7695km^2)，仅6个三维项目(1935km^2)使用单串小面积组合，主要集中在油区、信噪比极低沙漠区。

表 2.3-7 准噶尔盆地不同区域单点与组合接收试验对比表

区域	项目名称	地表	试验内容
西北缘	乌夏地区SG-5检波器接收试验	戈壁、农田	3串长方形面积组合、1串无组合(堆放)，以及SG-5检波器单点接收的单炮及成像效果
	玛湖1井区CDK宽频检波器接收试验	戈壁	1串、2串30DX-10检波器面积组合与CDK宽频检波器对比
腹部	东道海子凹陷地区SG-5检波器接收试验	沙漠	单只与串不同组合图形对比
南缘	南玛纳斯地区SG-5检波器接收试验	山地	单只SG-5检波器、2串30DX-10检波器面积组合接收效果对比
	昌吉地区DS-10H检波器接收试验		单只DS-10H检波器、1串检波器面积组合与2串检波器面积组合对比
	四棵树地区SG-5检波器接收试验		单只检波器与1串组合单炮对比

根据地表条件及地下地质目标，开展了单点接收与组合接收资料成果的信噪比、分辨率和保真性的量化关系研究；同等信噪比、分辨率和保真性条件下的点接收与组合接收的覆盖密度关系研究；基于单点接收的观测系统参数设计方法研究，形成了不同地质目标下单点接收的覆盖密度指标，见表2.3-8。

表 2.3-8 准噶尔盆地不同区域单点可控震源采集覆盖密度要求

区域	区带	主要目的层	覆盖密度/(万道/km^2)
西北缘	戈壁山前	侏罗系、白垩系	>200
	山地区	三叠系、侏罗系	>300
	台盆区	侏罗系、三叠系	200~500

续表

区域	区带	主要目的层	覆盖密度/(万道/km²)
东部	山地区	侏罗系、石炭系	>200
	平坦区	侏罗系、三叠系	200~500
南部	山地区	侏罗系、二叠系	>300
	山前带	二叠系、石炭系	200~500
腹部	大沙漠	二叠系、三叠系	>300

2.3.4 "两宽一高"地震采集技术整体评价

1. 准噶尔盆地"两宽一高"地震采集技术整体应用情况

"两宽一高"代表了地震采集技术发展方向和追求的目标。多年以来，围绕准噶尔盆地不同勘探领域及地质目标需求，针对地震采集观测系统、激发、接收等关键技术环节开展了"理论分析+现场试验"的系统研究，结合 10 万道级以上地震仪器及高精度可控震源等先进采集装备的引进推广，形成了具有自身特点的"两宽一高"核心采集技术，推动了准噶尔盆地地震采集资料品质逐年提升，为油田勘探开发不断取得重大突破发挥了重要作用。准噶尔盆地从"十一五"开始高密度试验，"十二五"发展宽方位观测，到"十三五"拓展宽频带，"两宽一高"地震采集技术不断完善并规模化应用，技术水平位于国内采集技术前列(图 2.3-58)。

图 2.3-58 准噶尔盆地"两宽一高"地震采集技术发展历程

2012 年至 2020 年实施基于可控震源高效采集的"两宽一高"三维地震勘探项目 65 个，满覆盖面积近 15300km²，炮次 670 余万炮(图 2.3-59)。特别是近年来，准噶尔盆地油气勘探的重点逐渐转向地层、岩性油气藏，勘探领域也由凸起区向斜坡区、凹陷区及深层火山岩延伸，勘探难度更大，对地震资料的精度要求更高。在这一过程中，"两宽一高"地震勘探技术发挥了重要作用，助推中石油新疆油田分公司发现了玛湖10亿吨级砾岩油田，在阜康凹陷东斜坡及滴南凸起火山岩等领域的勘探中获得重要突破。

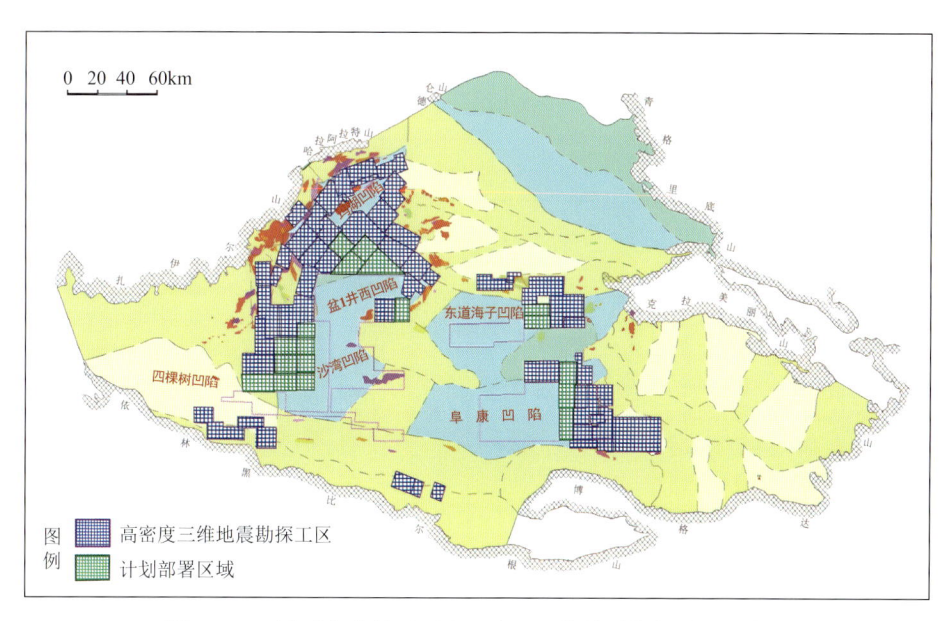

图 2.3-59 准噶尔盆地"两宽一高"三维地震勘探项目分布图

高密度勘探的关键参数覆盖密度年均强化增长率达到 35%，从"十二五"初期的 35 万道/km² 强化到"十三五"末的近 570 万道/km²，10 年增长 10 倍以上（图 2.3-60）。

图 2.3-60 准噶尔盆地不同年度三维地震勘探平均覆盖密度统计图

"两宽一高"核心指标——宽方位的关键参数横纵比从"十二五"初期就已提高到 0.5 以上，目的层横纵比始终保持在 0.9 左右（图 2.3-61），为 OVT 域及其分方位角、各向异性处理奠定了资料基础。

随着"两宽一高"核心技术的推广应用,宽频带的关键参数倍频程从"十二五"初期的 3.5 个倍频程提高至"十二五"末的 5 个倍频程。而起始扫描频率低到 1.5Hz,满幅出力最低频率小于 4Hz。

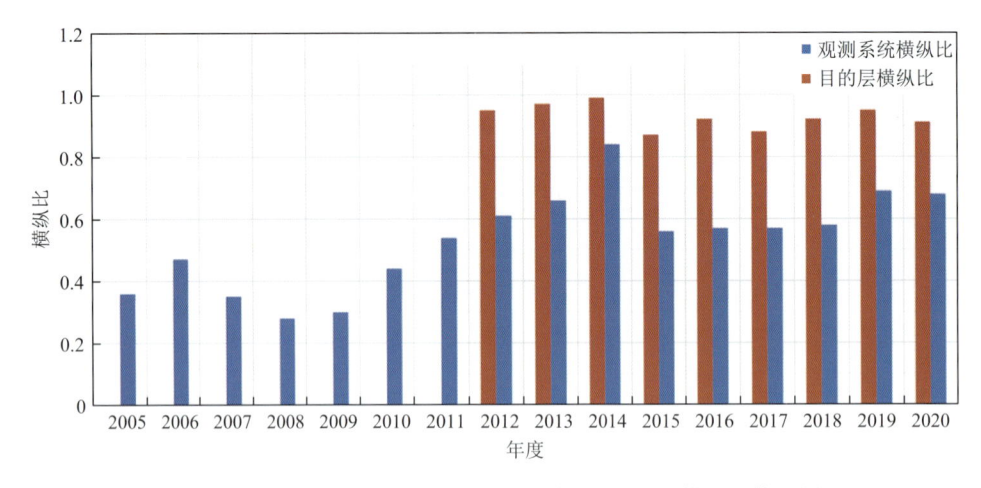

图 2.3-61　准噶尔盆地不同年度观测系统与目的层横纵比统计图

2. "两宽一高"地震采集技术成效

围绕地质需求,强化"两宽一高"核心技术关键参数,勘探成效明显。

随着"两宽一高"技术横纵比指标的强化,OVT 域及其各向异性处理效果明显,砂体和断裂特征明显清晰(图 2.3-62)。

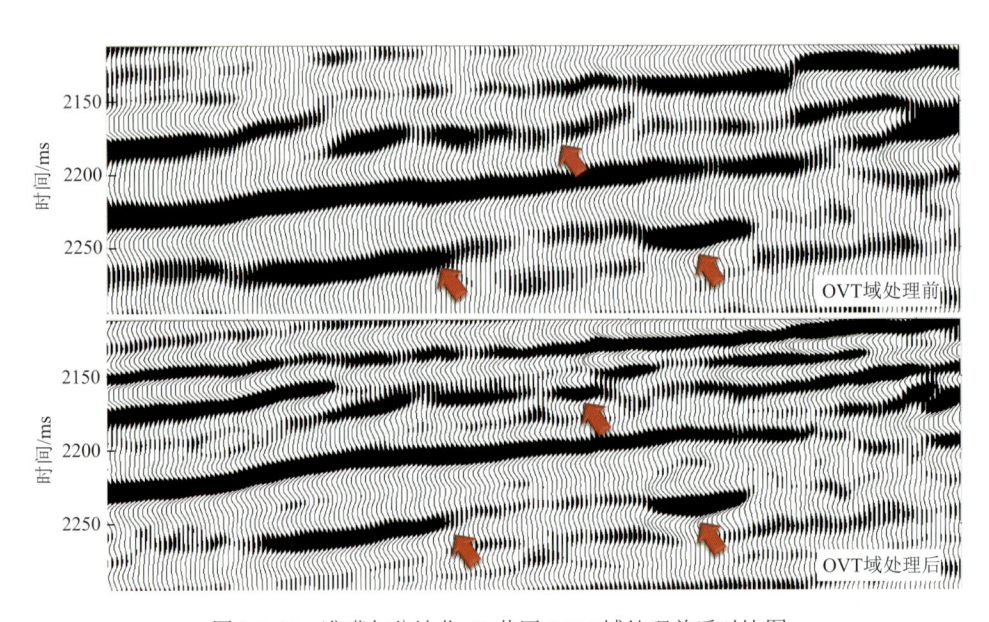

图 2.3-62　准噶尔盆地北 43 井区 OVT 域处理前后对比图

随着"两宽一高"技术倍频程指标的强化,可获取丰富的低频信息,为提高复杂构造成像精度、反演精度、薄层识别能力提供了保障(图 2.3-63)。丰富的低频信息使得深层成像实现"从无到有",隆凹格局清晰,控凸断裂特征清晰(图 2.3-64)。

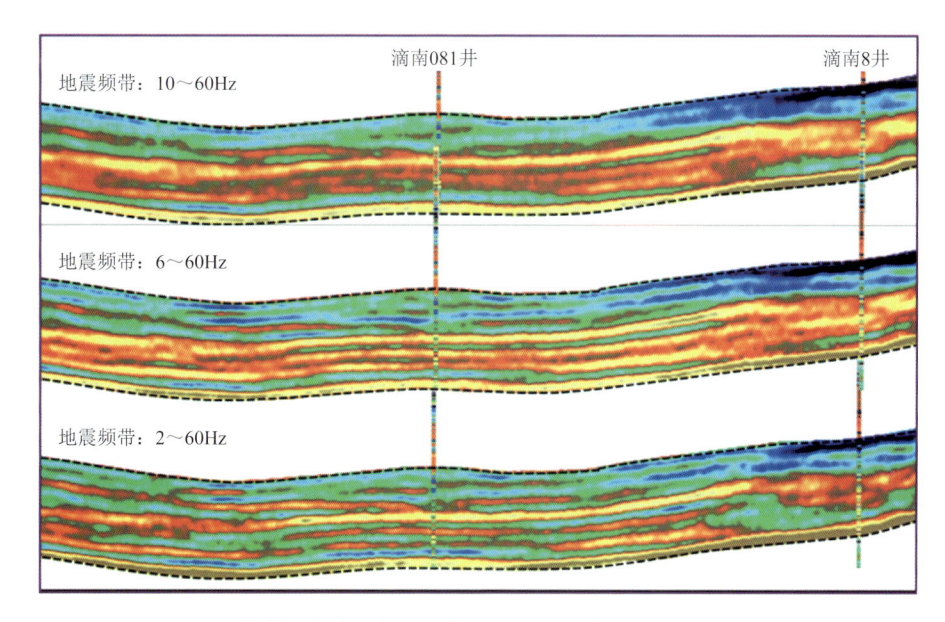

图 2.3-63 准噶尔盆地滴南 081 井区与滴南 8 井区不同频带储层反演图

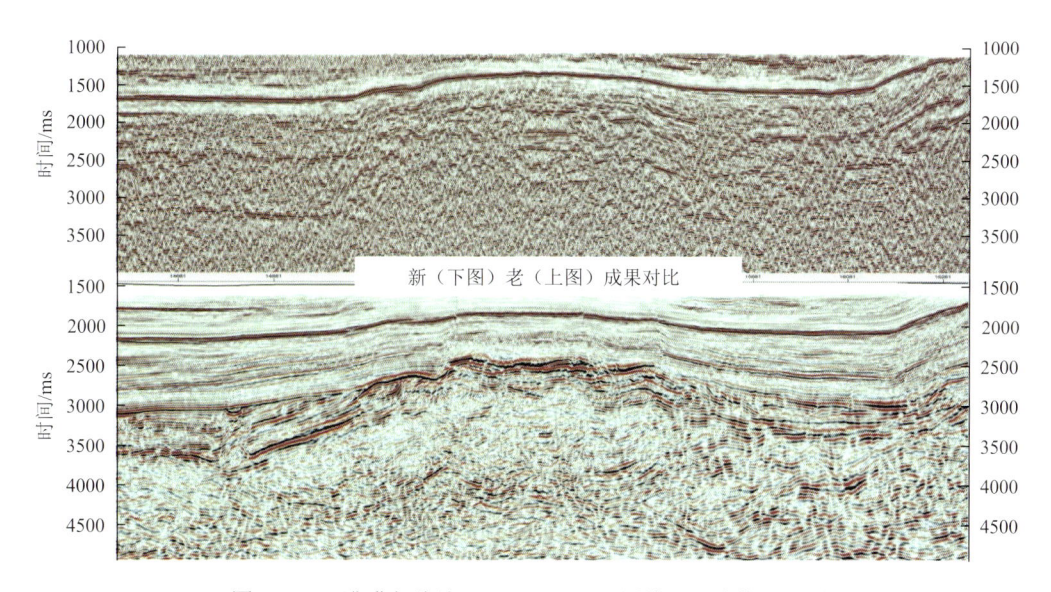

图 2.3-64 准噶尔盆地 GJ2019EW04A 测线深层成像对比图

准噶尔盆地东部地区地震资料分辨率明显提高,吉木萨尔三维地震资料有效频宽拓展了 12Hz,主频提高了 10Hz;上甜点分辨率明显提高,下甜点地震成像实现了"从无到有"的突破,如图 2.3-65 所示。

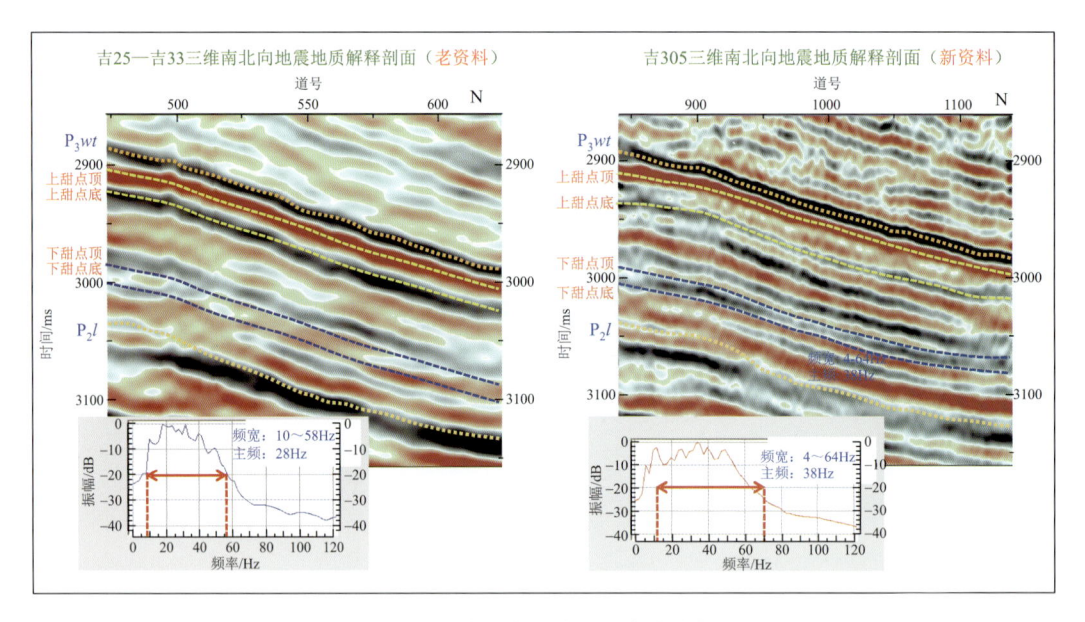

图 2.3-65　准噶尔盆地吉木萨尔三维地震剖面解释图

准噶尔盆地腹部地震资料分辨率明显提高。芳 10 井目的层分辨率显著提高，小断裂成像更聚焦，不整合接触关系更加清晰，如图 2.3-66 所示。

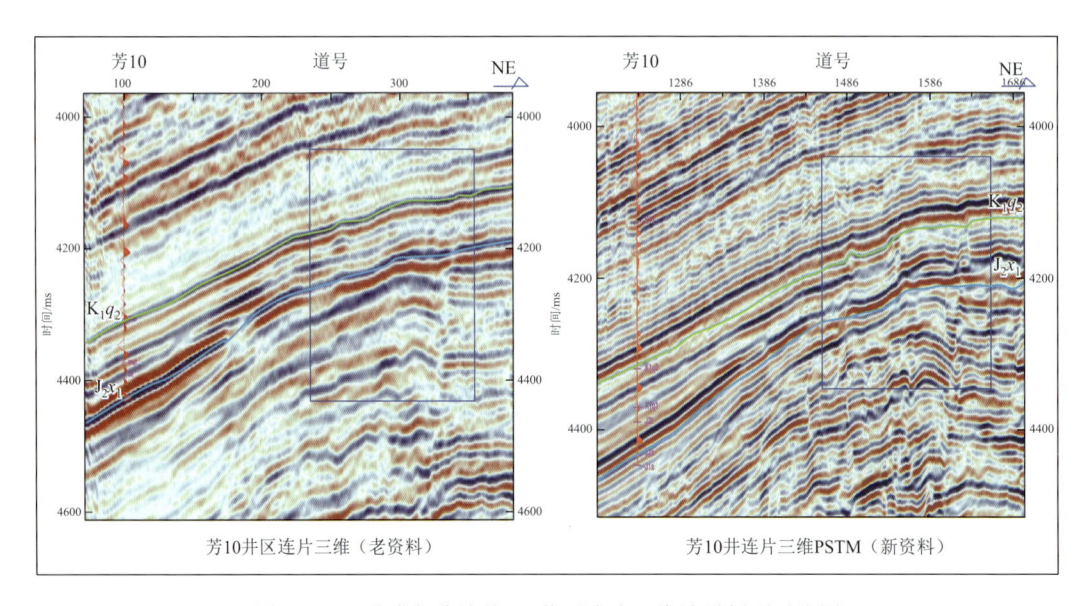

图 2.3-66　准噶尔盆地芳 10 井区连片三维地震剖面对比图

中深层目的层地震资料均见到很好的效果。准噶尔盆地西北缘车 45 井三维地震资料，随着覆盖密度和低频能量的提高，低频信息明显丰富，内幕反射明显改善，如图 2.3-67 所示。

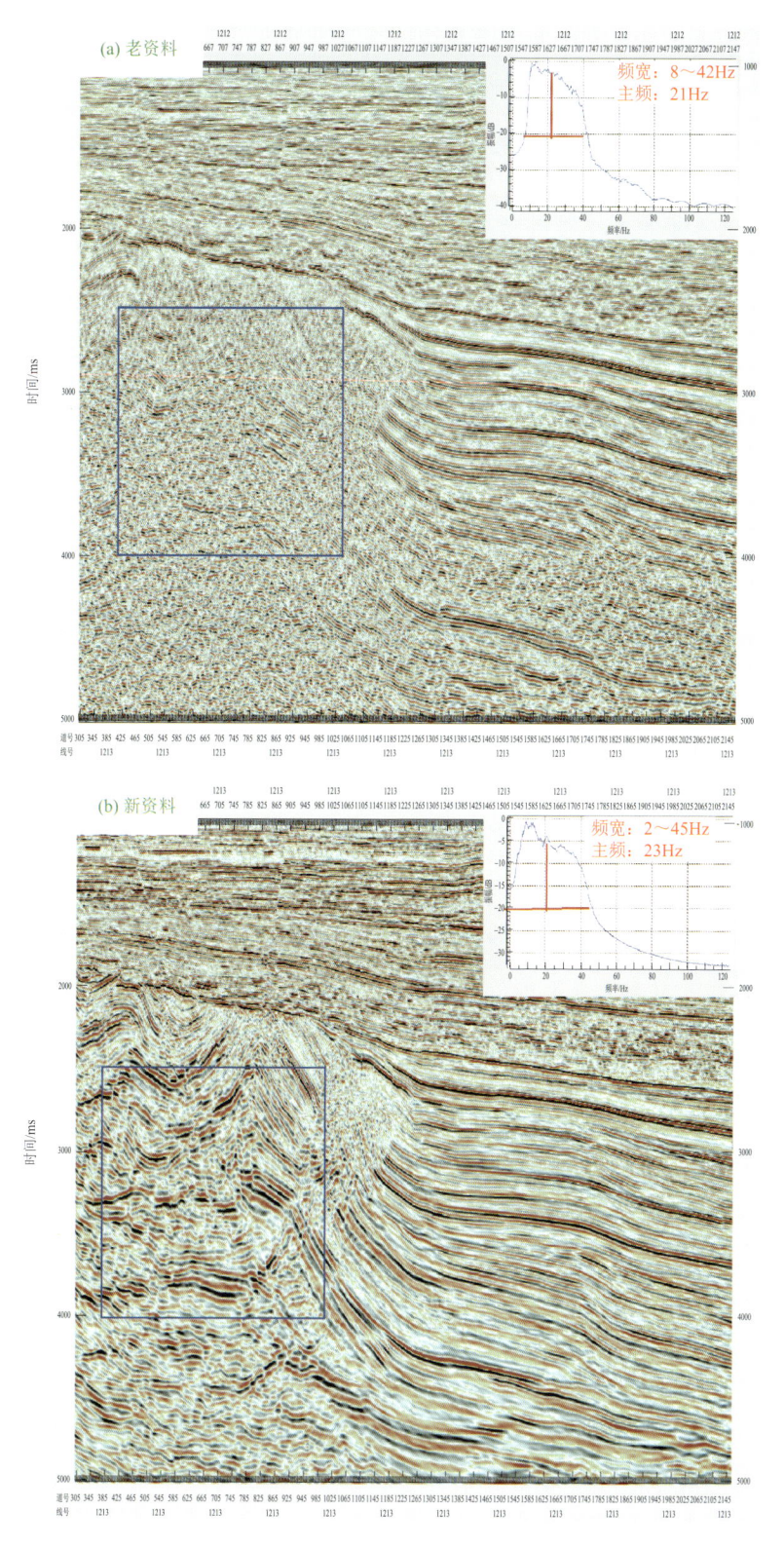

图 2.3-67　准噶尔盆地西北缘车 45 井老、新三维地震资料深层效果对比

准噶尔盆地西北缘车探 1 井三维地震资料，内幕成像质量显著提高，断面清晰，地层接触关系更明确，如图 2.3-68 所示。

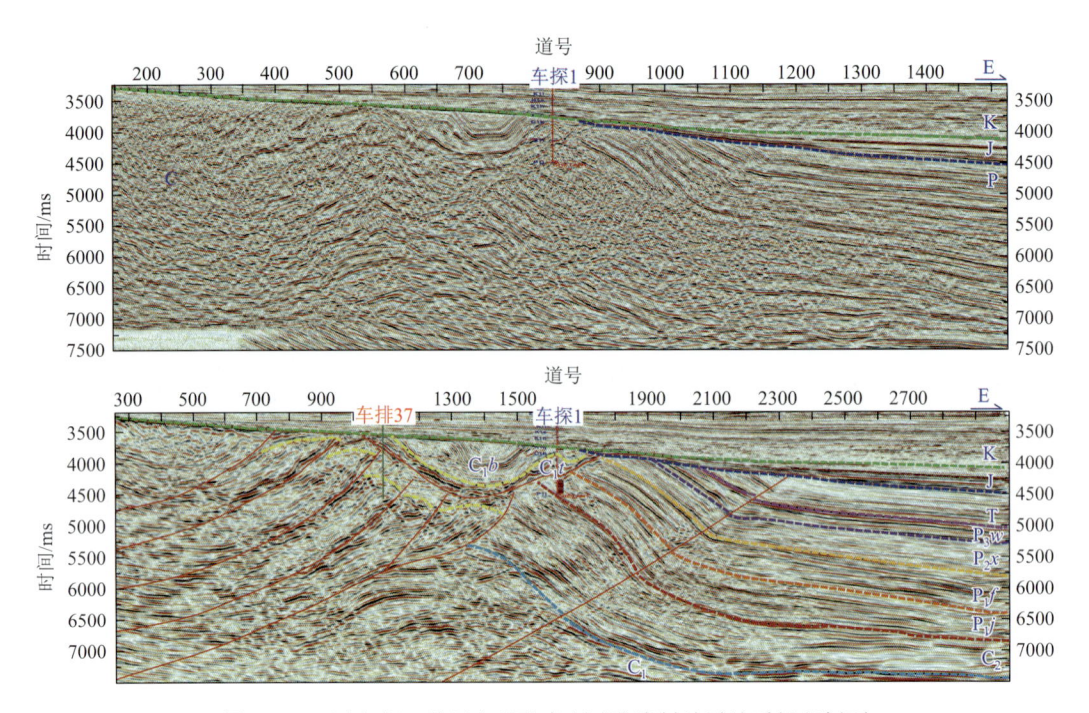

图 2.3-68　过车探 1 井新(下图)老(上图)资料地震地质解释剖面

3. "两宽一高"地震采集技术基本认识

在准噶尔盆地"两宽一高"地震勘探实践中，取得了如下主要认识。

(1)充分采样要兼顾有效波场和主要噪声，为室内去噪打好基础。

(2)高密度采样(合理的充分采样)是提高资料品质的核心：①覆盖密度越高，资料处理时的速度精度越高、偏移效果越好；②小面元提高叠加效果有限，提高偏移效果明显；③高覆盖密度既能提高叠加效果又能明显提高偏移效果。

(3)针对准噶尔盆地不同勘探目标，在保证覆盖密度的基础上，目的层观测方位一般不宜低于 0.5。

(4)观测面元与覆盖密度应依据地质目标和需求合理优先：①相同覆盖密度，较大面元均匀性好，有利于提高偏移信噪比；②相同面元，高覆盖密度明显优于低覆盖密度；③小面元、高覆盖观测是提高资料品质的最有效方式。

(5)长排列对提高速度分析精度、压制多次波、接收深层低频信息效果明显，准噶尔盆地排列长度一般不宜低于目的层埋深的 1.3 倍。

(6)正交型观测系统利于波场均匀采样和室内资料处理。

第 3 章 地震资料处理关键技术及评价优化

3.1 地震资料处理的基础理论

3.1.1 地震资料处理概述

地震资料处理就是利用计算机中特定的程序来分析和处理现场工作中采集到的地震资料，最后得到类似于地质构造剖面形式的地震记录剖面，用剖面来反映地下构造形态和岩性信息，以供后阶段的地震资料解释使用。地震采集得到的地震资料，即地震处理输入信号的一般性特点是：①地震记录覆盖范围广且深；②能量衰减问题严重；③炮检关系复杂多样；④原始记录中广泛存在时差；⑤广泛存在噪声和干扰波；⑥波场复杂度与地下并不一一对应；⑦地震记录的分辨率受限于激发信号。而地震解释对地震处理后的数据，即地震处理输出信号的要求是，信号必须是高分辨率的、高保真度的、高信噪比的，而且近年来随着勘探目标的复杂化，处理要求大幅提高，并提出了保真保幅等要求。

地震资料处理的特点是方法多、系统性强。一般由野外原始地震记录到最终的地震剖面要使用几十种处理方法和技术，经过几十个步骤才能完成。将各种处理方法进行有序的组合，形成一套结合紧密的处理过程称为地震资料处理流程(李振春和张军华，2004)。图 3.1-1 展示了常规的三维地震资料处理流程，实际应用中还需根据工区地震地质特点和勘探目标，对处理流程进行调整和增减，并对处理方法的算法进行具体化。

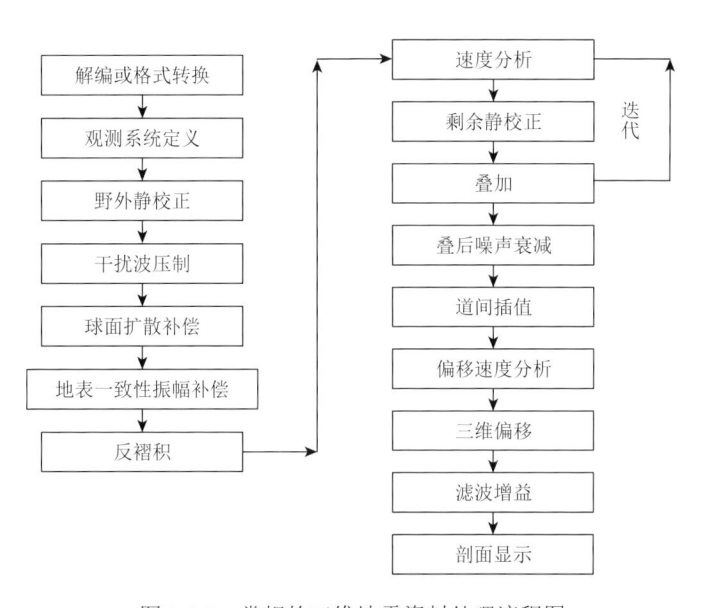

图 3.1-1 常规的三维地震资料处理流程图

3.1.2 地震资料处理的方法理论

1. 地震资料分析方法

地震资料的处理复杂多样,为了使地震资料处理发挥出良好的效果,处理流程与处理方法必须紧密结合实际地震资料的特点,并设计针对性处理流程。这就要求进行处理工作前,必须对地震资料的静校正因素、噪声类型及发育程度、信噪比、能量、频率特征等进行全面的分析,总结出处理的要求和难点。资料分析的目的是在了解地震信息的基础上为地震数据处理寻找最佳处理方法和参数。

(1)静校正分析,主要包括:①工区高程分布的统计,对工区进行高程静校正处理,通过处理结果了解低速层对资料的影响,并作为静校正的控制因素;②工区微测井资料的统计分析,通过微测井资料初步建立工区低速层模型。

(2)信噪比分析,主要包括:①工区信噪比属性分析,通过相关算法计算出全区的信噪比属性,以了解全区的信噪比情况,并作为控制条件对去噪处理提出标准;②噪声类型及发育程度分析,根据炮集记录了解和总结工区噪声的类型和发育程度,针对噪声特点设计去噪流程和选择去噪技术。

(3)分辨率分析,主要包括:将地震资料换算到频率域内,分析和总结地震资料的频宽、主频大小、高低频特点、子波一致性等,为后续的高分辨处理和提频处理提供参考和实施标准。

(4)能量分析,主要包括:①能量一致性分析,受地表激发接收条件差异的影响,原始资料一般在横向上远炮检距能量弱于近炮检距,平面上存在强能量区和弱能量区,需要对工区的能量差异进行统计分析;②衰减特征分析,地震资料一般在纵向上还存在吸收衰减问题,因此也需要从时域、频域两个方面对衰减特征进行分析,针对目标地对地震资料进行能量补偿。

2. 地震资料的噪声压制方法

在地震勘探中,用于解决地质任务的地震波称为有效波,而其他波统称为干扰波。地震记录上的有效波与干扰波往往在频率、波数或相关性方面存在差异,数字滤波是利用这些差异来提高地震记录信噪比的数字处理方法。

压制干扰、提高信噪比,是贯穿勘探全过程的任务。以我国西部地区为例,表层的强烈吸收和中、新生界的屏蔽作用,产生了比较强的噪声,使得中、深层反射波的信噪比低、频带窄,因此必须在多个阶段进行去噪处理以提高地震资料品质。为了有效地压制噪声,提高勘探精度,人们在提高地震数据信噪比处理方法理论方面进行了深入的研究,形成了各种各样的去噪理论和去噪方法。要充分理解这些方法技术,首先要充分了解地震资料中噪声的类型和特征。

1)噪声的分类与特征

按照不同的特征,地震资料中的噪声有不同的分类方法。较常规的分类有三种:一是按噪声在地震剖面上出现的特征，将噪声分为规则噪声（相干噪声）和不规则噪声（随机噪声）；二是按噪声的传播机理，将噪声分为面波（地滚波）、折射波、声波、侧面波、多次波、管波等；三是按噪声的频谱特征，将噪声分为低频噪声、高频噪声和50Hz工业干扰等（张军华等，2006）。下面简述不规则噪声和规则噪声的特征。

（1）不规则噪声。

不规则噪声主要指没有固定频率和固定传播方向的波，在地震记录上表现为无规则的震动，构成了道集上杂乱无章的背景，如图3.1-2所示。这类噪声的频谱很宽，无明显的视速度特征和频带特征，因而很难利用噪声与有效波在频谱上的差异或传播方向上的差异对其进行压制。

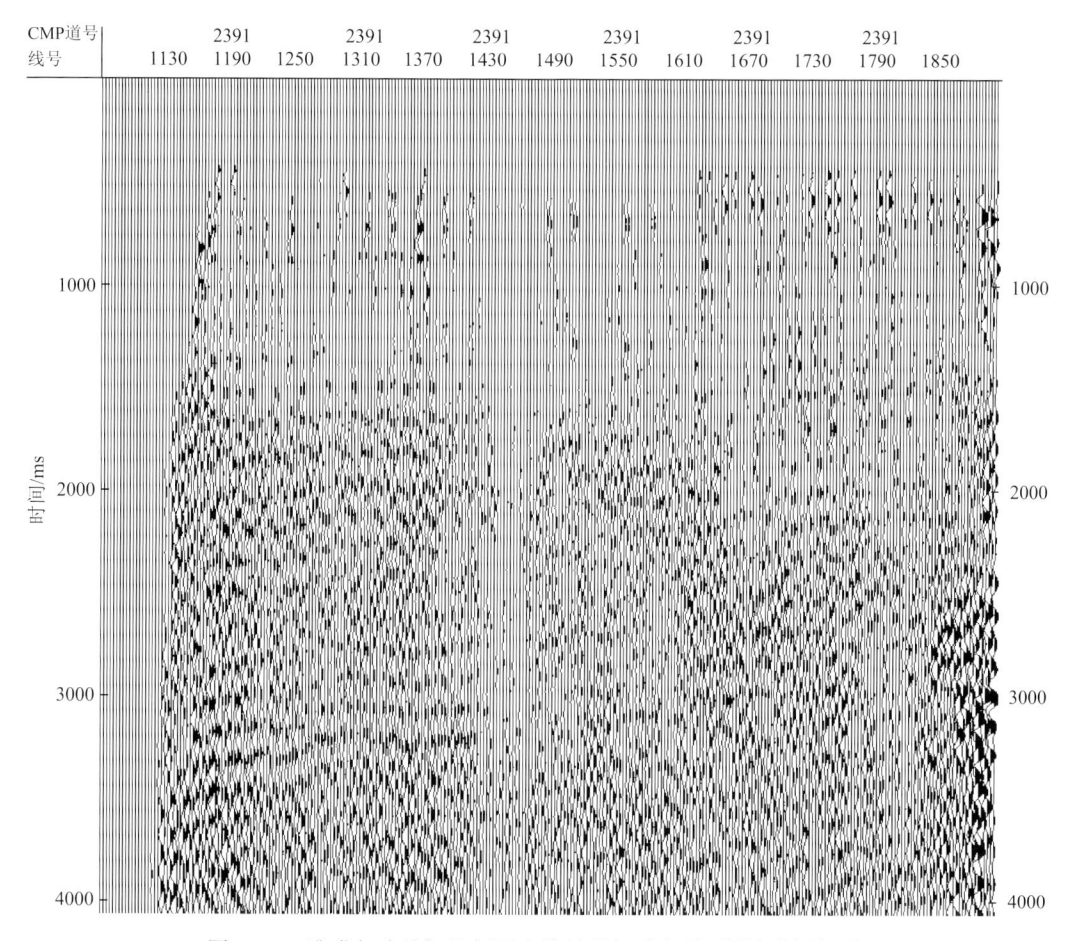

图 3.1-2 准噶尔盆地初叠剖面去除的随机噪声显示图（玛湖地区）

不规则噪声的主要来源大致可以分为三类：第一类是地面微震，如风吹草动和一些人为因素引起的无规则震动；第二类是仪器在接收时或处理过程中产生的噪声；第三类是激发所产生的不规则噪声，包括介质的不均匀性造成的弹性波散射以及任意方向来的、相位变化毫无规律的波的叠加等。第三类这种与激发条件和地震地质条件有关的随机噪声，在大型积水坑区、沙漠砾石区和黄土覆盖区最为严重。

(2) 规则噪声。

规则噪声主要是指有一定主频和视速度的噪声，在地震记录中往往具有特定的时空特征。常见的规则噪声有面波、声波、浅层折射波、侧面波和多次波等。

①面波。面波是在陆上地震勘探中遇到最多的一类干扰波。它的特点是低频，频率一般为几赫兹至三十赫兹；低速，速度一般为 100~1000m/s。面波的时距曲线为直线，因此在小排列的波形记录上同相轴是直的。面波随着传播距离的增大，震动延续时间也越长，形呈"扫帚状"，即发生频散。面波能量的强弱与激发岩性、激发深度以及表层地震地质条件有关。图 3.1-3 是单炮记录上的面波和折射波特征图，从图中可以看到面波集中在红色指示区域内，呈"扫帚状"，频散现象明显，并具有较强的能量。

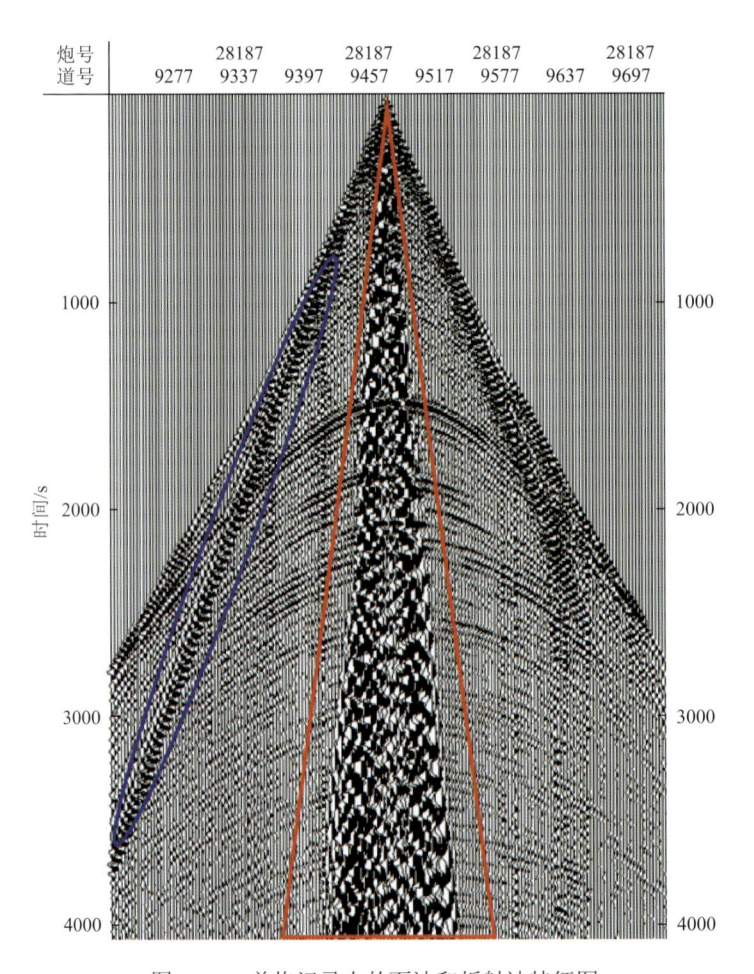

图 3.1-3 单炮记录上的面波和折射波特征图

②声波。在坑中、浅水池中、河中和干井中的爆炸，都会产生强烈的声波。声波是在空气中传播的弹性波，速度为 340m/s 左右，比较稳定且频率较高，呈窄带出现。在山区工作时，有时还会遇到多次声波的干扰。声波在地震记录中的时空特征如图 3.1-4 所示，图中共发育三处声波记录。

③浅层折射波。当表层存在高速层或第四系下面的老地层埋藏浅时,可能观测到同相轴为直线的浅层折射波,在地震记录中的时空特征如图3.1-3所示,浅层折射波集中在蓝色指示区域。值得提出的是,折射波在地震记录的成像过程中虽然是一种干扰波,但根据折射波的时空特征可以提取诸多有利于地震资料处理的参数。因此,在地震处理中折射波应得到合理的处理和提取,而非单纯地切除或压制。

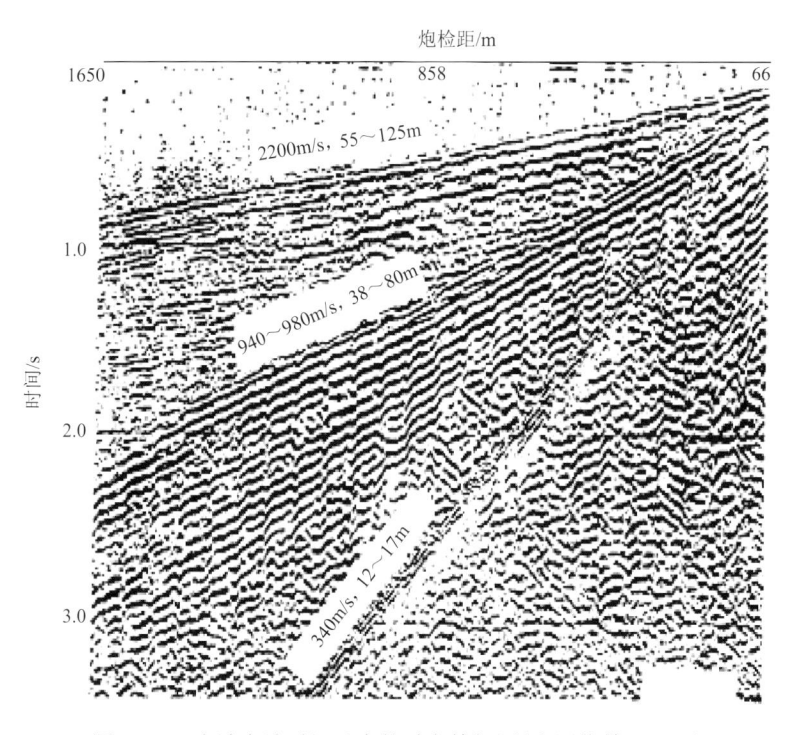

图 3.1-4　声波在地震记录中的时空特征图(张军华等,2006)

④侧面波。在地表条件比较复杂的地区进行地震勘探工作时,还会出现侧面波的干扰波。例如在黄土高原地区,由于水系切割,形成沟谷交错的复杂地形。黄土高原上的塬和沟的相对高差达数百米,在塬与沟的交界为陡峻的黄土与空气的接触面,形成一个强波阻抗界面,因此地震波激发后,传播到黄土边沿被反射回来,记录上可能出现来自不同方向的具有不同视速度的干扰波,这种干扰波是一种侧面波。侧面波在地震记录中的时空特征如图3.1-5所示,侧面波记录呈双曲线状,特征与绕射波类似。一般来说,侧面波多发育在浅表位置,对浅层的反射波记录有明显影响。

⑤多次波。地震勘探中常使用的是反射波中的一次反射波,但反射波在地下的传播极其复杂,因此在实际工作中常能记录到以多次波为代表的更复杂的反射波。多次波常产生于波阻抗差很大的界面上,根据其传播路径可分为多种类型,如图3.1-6所示。多次波在地表与反射界面或多个反射界面间往返多次反射,传播机制复杂、具有反射波特征,常常与一次反射波波场相混叠,影响地震记录品质,在常规勘探中是一种需要去除的噪声干扰(图3.1-6)。

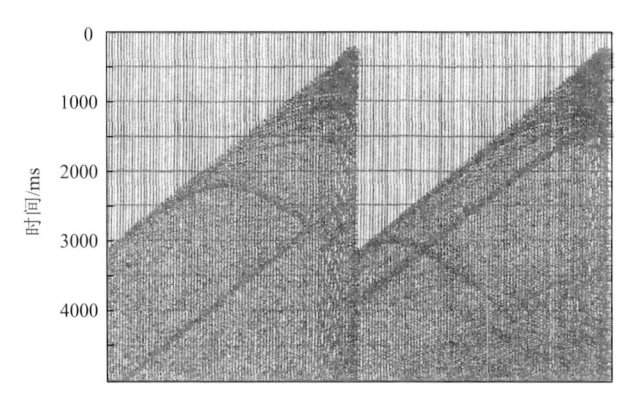

图 3.1-5　侧面波在地震记录中的时空特征图

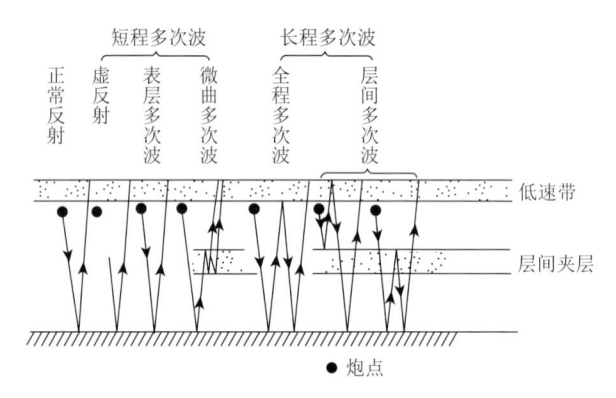

图 3.1-6　多次波的形成原因和类型图

图 3.1-7 所展示的是某道集的多次波去除结果，图 3.1-7(a)～图 3.1-7(c) 分别是原始剖面、去噪剖面、去除的多次波噪声。从图中可以看出，工区内多次波复杂，波形特征与有效波相似，对地震记录造成了明显影响。

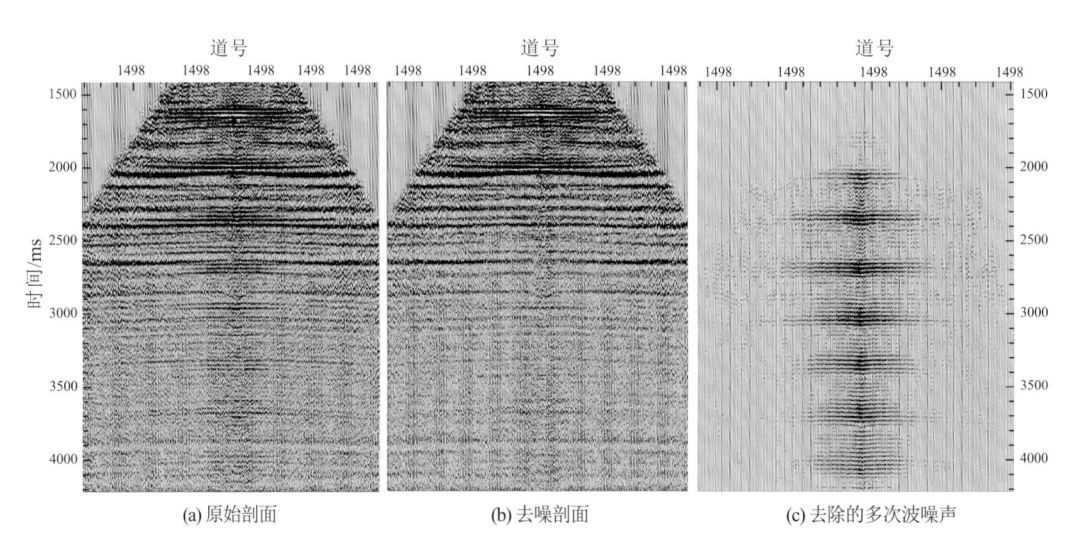

(a) 原始剖面　　(b) 去噪剖面　　(c) 去除的多次波噪声

图 3.1-7　多次波在地震记录中的时空特征图

2)常规的噪声压制方法

噪声的特征不同,相应的去噪方法也就不同。对于规则噪声,如果具有简单的空间特征,如面波,可通过 f-k 滤波去除;多次波可通过拉东(Radon)变换、聚束滤波或预测反褶积去除。对于不规则噪声,在时间域很难直接去除,若其频谱具有较明显的特征,如低频噪声、高频噪声或 50Hz 工业干扰则可方便地通过频率域滤波去除。如果噪声是随机的,可以转变去噪思路,不对噪声进行处理,而是根据有效信号的相关性,通过多道拟合去除噪声。

实际地震资料中的有效波和噪声并不能做到"泾渭分明",而且使用上述方法也只能大致地去除噪声的主要能量。因此,还需要根据噪声的特征不断地改进去噪方法,并寻找最佳方法,真正提高地震资料信噪比。

下面简要介绍三维地震资料处理中常用的噪声压制方法。

(1)基于傅里叶变换的频率域去噪方法。

①频率域滤波:基于傅里叶变换,将时域信号转换到频域内,利用信号和噪声在频域的可分特征进行去噪的一类手段。

设地震记录 $x(t)$ 由有效波 $s(t)$ 和干扰波 $n(t)$ 组成,即

$$x(t) = s(t) + n(t) \tag{3.1-1}$$

利用傅里叶变换将时域信号变换到频域内:

$$S(f) = \int_{-\infty}^{+\infty} s(t)\mathrm{e}^{-\mathrm{i}2\pi tf} \mathrm{d}t \tag{3.1-2}$$

得到地震记录 $x(t)$ 的频谱 $X(f)$,其应该满足:

$$X(f) = S(f) + N(f) \tag{3.1-3}$$

式中,$S(f)$、$N(f)$ 分别为 $s(t)$、$n(t)$ 的频谱。

如果 $X(f)$ 的分布特点可用图 3.1-8 表示,则说明有效波和干扰波在频域内是可分的。设计一个频率域函数 $H(f)$ 的振幅谱为

$$|H(f)| = \begin{cases} 1, & |f| \leqslant f_1 \\ 0, & |f| > f_1 \end{cases} \tag{3.1-4}$$

其示意图如图 3.1-9 所示。$H(f)$ 是一个低通滤波器函数,通过将 $H(f)$ 和地震记录频谱 $X(f)$ 作乘积,只使得低频的有效波通过,从而实现对干扰波的滤除。

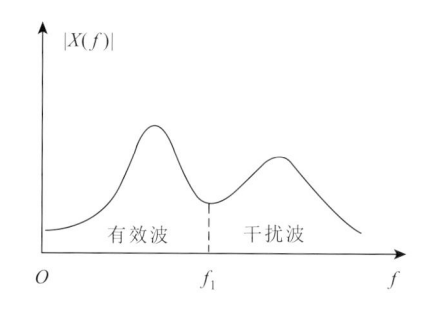

图 3.1-8 有效波和干扰波频谱分布示意图

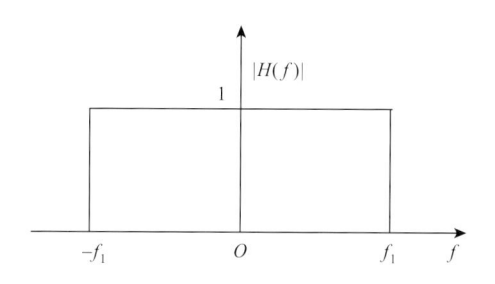

图 3.1-9 低通滤波器函数示意图

②f-k 域(频率-波数域)滤波方法：f-k 域滤波(视速度滤波)是建立在二维傅里叶变换基础上，通过将地震记录换算到 f-k 域内，利用信号和噪声在 f-k 域的可分离特征进行去噪的一类手段，多应用于去除面波和一些视速度相同的侧面干扰波。这种方法是一维频域滤波的拓展，当信号与干扰的频谱接近甚至重合时，频域滤波无法将两者分开，就可以考虑它们在 f-k 域的特征来进行滤波。

地表接收的地震波动实际上是时间和空间的二维函数，即是振动图和波剖面的组合，二者之间的内在联系如下式：

$$k = \frac{f}{v} \tag{3.1-5}$$

式中，k 为空间波数，表示单位长度上波长的个数；f 为频率；v 为波速。

将地震记录 $g(t,x)$ 换算为频率波数谱 $G(\omega, k_x)$ 的换算公式为

$$\begin{cases} G(\omega, k_x) = \int_{-\infty}^{+\infty}\int_{-\infty}^{+\infty} g(t,x) e^{-j(\omega t + k_x x)} dt dx \\ g(t,x) = \frac{1}{2\pi} \int_{-\infty}^{+\infty}\int_{-\infty}^{+\infty} G(\omega, k_x) e^{j(\omega t + k_x x)} d\omega dk_x \end{cases} \tag{3.1-6}$$

上式说明，$g(t,x)$ 是由无数个角频率为 $\omega = 2\pi f$、波数为 k_x 的平面简谐波所组成，它们沿测线以视速度 v^* 传播。

如果有效波和干扰波的平面简谐波成分(视速度)有差异，其 f-k 域分布特点可用图 3.1-10 表示，则可用 f-k 域滤波将它们分开，达到去噪的目的。具体的滤波方式是在 f-k 域设计一个滤波器函数，最常用的是扇形滤波器函数：

$$|H(f, k_x)| = \begin{cases} 1, & \left|\frac{f}{k_x}\right| \geq v^*, |f| < f_c \\ 0, & 其他 \end{cases} \tag{3.1-7}$$

该扇形滤波器函数的 f-k 域响应特征如图 3.1-11 所示。

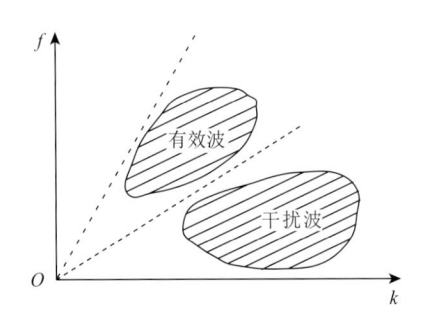

图 3.1-10 有效波和干扰波 f-k 域分布示意图 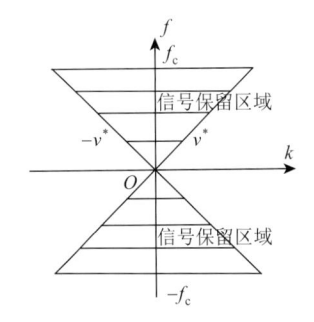　　图 3.1-11 扇形滤波器函数示意图

(2)基于其他信号变换的去噪方法。

①小波分解和重建的去噪方法：小波变换实际上是一种线性运算，它把信号按不同尺度进行分解。这种多尺度、多分辨率的时频分解方法，使信号在空间域和频率域同时具有良好的局部分析性质，能够展示不同频率范围内信号和噪声的时间分布特

征,并且通过伸缩、平移聚焦到信号的任一细节加以分析。利用小波变换的这些特长,可以消除地震资料中的各种噪声。但是,只应用小波变换并不能有效地消除噪声,往往需要结合传统的傅里叶去噪方法,这为地震信号去噪提供了有效途径(吴招才和刘天佑,2008)。

小波变换可以表示为一个信号和一个滤波因子的褶积。首先给定一个基函数 $\psi(t)$,它应满足能量归一化条件:

$$\int_{-\infty}^{+\infty} \psi(t) \mathrm{d}t = 1 \tag{3.1-8}$$

对式(3.1-8)进行伸缩和平移,得到:

$$\psi_{a,b}(t) = \frac{1}{\sqrt{a}} \psi\left(\frac{t-b}{a}\right) \tag{3.1-9}$$

式中,a 为尺度因子,起着类似于频率的作用;b 为时移因子或位置因子,其作用是确定信号分析的时间位置(即时间中心)。

通过 a、b 不断地变化,基函数经伸缩和平移就形成了一族函数 $\psi_{a,b}(t)$,此时 $\psi_{a,b}(t)$ 就相当于一个相对带限恒定的滤波器组。对于一个信号 $f(t) \in L^2(R)$,其尺度因子 a 及位置因子 b 的小波变换由褶积来定义,得到下式:

$$W_a f(t) = f(t) * \psi_a(t) \tag{3.1-10}$$

尺度因子 a 刻画了信号的特征和规律。在实践中,常对尺度因子 a 作二进制离散,简化为序列 $\{2^j|_{j \in \mathbf{Z}}\}$,因此上式可被改写为

$$W_{2^j} f(t) = f(t) * \psi_{2^j}(t), \quad \psi_{2^j}(t) = \frac{1}{2^j} \phi\left(\frac{t}{2^j}\right) \tag{3.1-11}$$

并定义 $s_{2^j} f(t)$ 为尺度 2^j 上的多分辨逼近:

$$s_{2^j} f(t) = \psi_{2^j}(t) * f(t) \tag{3.1-12}$$

假定最小尺度为 1、最大尺度为 2^j,则 $s_{2^j} f(t)$ 为在尺度 $2^j (j \in 0,1,2,\cdots,J)$ 上的多分辨逼近,而 $W_{2^j} f(t)$ 为在尺度 $2^j (j \in 0,1,2,\cdots,J)$ 上的小波分解。可以证明得到:

$$\|s_1 f(t)\| = \sum_{j=1}^{J} \|W_{2^j} f(t)\|^2 + \|s_{2^j} f(t)\|^2 \quad (1 \leqslant j \leqslant J) \tag{3.1-13}$$

即 $s_1 f(t)$ 的低频部分可以由 $s_{2^j} f(t)$ 来恢复,高频部分可以由 $W_{2^j} f(t)_{1 \leqslant j \leqslant J}$ 来恢复,故称 $\{s_{2^j} f(t), [W_{2^j} f(t)_{1 \leqslant j \leqslant J}]\}$ 为 $s_1 f(t)$ 的小波变换。

同时,对于任意一个离散的能量有限的地震信号 $D \in \{d_n\}_{n \in \mathbf{Z}}$ 都存在 $f(t) \in L^2(R)$,使

$$s_1 f(t) = d_n, \quad n \in \mathbf{Z} \tag{3.1-14}$$

因此,$\{s_{2^j} f(t), [W_{2^j} f(t)_{1 \leqslant j \leqslant J}]\}$ 也即是 d_n 的离散小波变换,也常用形如式(3.1-15)来表示这种变换关系[马拉特(Mallat)算法],并且任何一个离散信号都可以用离散小波变换来进行分解和重构,分解、重构方式如图 3.1-12、图 3.1-13 所示。

$$d_n = A_j + D_1 + D_2 + \cdots + D_j, \quad 1 \leqslant j \leqslant J \tag{3.1-15}$$

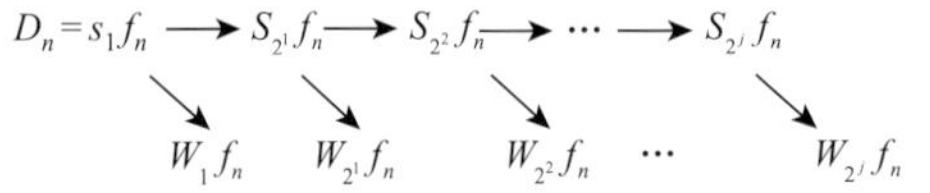

$$D_n = s_1 f_n \longrightarrow S_{2^1} f_n \longrightarrow S_{2^2} f_n \longrightarrow \cdots \longrightarrow S_{2^j} f_n$$
$$\searrow \quad \searrow \quad \searrow \quad \quad \searrow$$
$$W_1 f_n \quad W_{2^1} f_n \quad W_{2^2} f_n \quad \cdots \quad W_{2^j} f_n$$

图 3.1-12　小波分解结构图

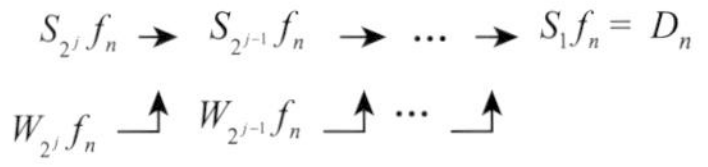

$$S_{2^j} f_n \rightarrow S_{2^{j-1}} f_n \rightarrow \cdots \rightarrow S_1 f_n = D_n$$
$$W_{2^j} f_n \nearrow \quad W_{2^{j-1}} f_n \nearrow \quad \cdots \nearrow$$

图 3.1-13　小波重构结构图

应用小波变换来压制地震资料中的噪声主要有两个途径。一是基于小波分频的去噪方法：其去噪思路是，将信号换算到小波域中，对干扰波与有效波频率成分可分的区间，直接剔除干扰波的成分；对于两种频率成分存在混叠的区间，则用小波分频方法提取混叠部分，再用传统方法分离有效波和干扰波。因此小波分频去噪常需要与其他去噪方法相结合，以最大限度地保留有效波能量，压制噪声干扰。二是小波阈值收缩去噪方法。其去噪思路是，将含噪信号在多个尺度上分解，然后根据信号和噪声的小波系数在不同尺度上的特征，构造相应的规则对小波系数进行非线性处理，目的在于最大限度地保留信号的小波系数，剔除噪声的小波系数，最后将处理后的小波系数利用小波逆变换进行重构，恢复有效信号（夏洪瑞等，1994）。

② K-L（卡尔胡宁-勒夫，Karhunen-Loève）变换。早在 1987 年，K-L 变换就被提出用来提高多道地震数据的信噪比。实际上，K-L 变换是正交分解法在压制噪声中的应用实例，两者的基本原理是相同的。如果对随机向量 $\boldsymbol{X}$ 作正交变换，即

$$\boldsymbol{Y} = \boldsymbol{K}^\mathrm{T} \cdot \boldsymbol{X} = [y_1, y_2, \cdots, y_m]^\mathrm{T} \tag{3.1-16}$$

则称 m 维随机向量 $\boldsymbol{Y}$ 是随机向量 $\boldsymbol{X}$ 的 K-L 变换，其中 $\boldsymbol{K}$ 是一个正交矩阵。K-L 变换是一种与傅里叶变换、沃希变换类似的线性变换，不同的是，K-L 变换的正交变换矩阵 $\boldsymbol{K}^\mathrm{T}$ 是根据原始空间向量 $\boldsymbol{X}$ 推导而得到的。

基于上述 K-L 变换的定义，若令 $\boldsymbol{X}$ 表示地震数据集经 K-L 变换的输入道集，$\boldsymbol{Y}$ 表示地震数据集经 K-L 变换的输出道集，则取 K-L 变换后的第一主分量作为输出，就能提高数据的信噪比。

③以拉东（Radon）变换为基础的去噪方法。Radon 变换由数学家 Radon 在 1917 年提出，其后经过多年的发展、变形和补充，在诸多领域都已得到广泛的应用。在地球物理领域，以李远钦（1994）提出的一种在任意变换曲线簇情况下的 n 维广义 Radon 变换及反投影公式较为实用。

设函数 $y = g(x)$ 连续可导，而且其反函数是单值的，$f(x,t)$ 可积，则定义式(3.1-17)为 Radon 正变换的连续公式，式(3.1-18)为 Radon 反变换的连续公式。

$$U(\tau, p) = R[f(x,t)] = \int f[x, \tau + pg(x)] \mathrm{d}x \tag{3.1-17}$$

$$f(x,t) = -\frac{1}{2\pi} |g'(x)| \frac{\partial}{\partial t} H^+ \int U[t - pg(x), p] \mathrm{d}p \tag{3.1-18}$$

式中，$U[t - pg(x), p]$ 是 $f(x,t)$ 的 Radon 正变换结果；$H^+ = -\dfrac{1}{\pi \cdot t}$，$H^+$ 称为希尔伯特（Hilbert）算符。

根据 $g(x)$ 的不同，可以把 Radon 变换分为线性 Radon 变换和非线性 Radon 变换：①如果 $g(x) = x$，则我们定义的 Radon 变换就是线性 Radon 变换，这种变换与 $\tau\text{-}p$ 变换基

本等同，可以把 t-x 域中的直线映射成 τ-p 域中的一个点；②如果 $g(x)=x^2$，或者是其他的非线性函数，则我们定义的 Radon 变换就是非线性 Radon 变换（广义 Radon 变换）。这时的 Radon 变换具有更广泛的意义，它可以把 t-x 域中的一条曲线 $t=\tau+pg(x)$ 映射成 τ-p 域中的一个点。在地震资料处理中，最常见的两种非线性形式是抛物线和双曲线，在 Radon 变换中它们各自对应的方程如下：

$$t=\tau+\rho\cdot x^2 \tag{3.1-19}$$

$$t=\left(\tau^2+\rho^2\cdot x^2\right)^{\frac{1}{2}} \tag{3.1-20}$$

每种形式各有优劣，线性可以对具有线性时差的同相轴进行很好的建模，但不适合具有正常时差的双曲线同相轴；双曲线性适合正常时差的资料，但变换中的开方运算使得方程稳定性降低；抛物线性相对折中，较线性可以表示弯曲同相轴的曲线形状，较双曲线性的稳定性更好。

还有一种形式是令 $g(x)=ax+bx^2+cx^3+\cdots$，所得的就是多项式的 Radon 变换，在 Radon 变换中对应的方程如下：

$$t=\tau+p\cdot x+q\cdot x^2 \tag{3.1-21}$$

其变换可以看成是线性 Radon 变换和抛物线 Radon 变换的组合，在一些特殊问题中应用效果较好。

在地震资料处理中，不同形式的 Radon 变换有不同方面的应用，常见的是对多次波和随机噪声的衰减。其优点是：①在近偏移距和远偏移距处，对多次波和随机噪声的衰减效果相当；②在衰减多次波时，不需要了解多次波的产生机制，也不需要详细地了解多次波和一次波的速度；③可以在一个较宽的范围内衰减具有不同时差的多次波；④在最小化由于有限的数据孔径而产生的边界效应时，可以适应不同的采集几何体，从而可以应用于三维数据体的处理。其缺点和局限性包括：①与其他的常规技术相比，所需计算时间多了很多；②经验表明，要想使用该方法有效地衰减多次波，在实际数据中从近道到远道的多次波时差至少应为 30ms，也就是说，多次波必须有足以可分辨的时差（张军华等，2004）。

3. 地震资料的高分辨处理方法

在地震勘探中，分辨率分为横向分辨率和纵向分辨率，前者指地震记录在横向上分辨同相轴、构造、尖灭等的能力，后者指地震记录在纵向上分辨地层、地质体边界的能力。一般来说，高分辨处理主要指提高纵向分辨率的处理技术。提高纵向分辨率的原因在于：由于大地滤波作用，在地层中地震波的高频成分因被吸收而发生衰减。这就使得反射波延续时间变长，导致薄层反射界面或微小构造等形成的反射波复合叠加在一起，降低了地震记录的纵向分辨率。而反滤波处理是解决这个问题的主要手段。

反滤波是压缩反射波延续度，从而提高地震记录纵向分辨率的数字处理方法。其思路是，通过构造一个反滤波器函数与信号进行褶积，抵消大地滤波作用，使地震子波压缩为震源脉冲的形状，有利于形成理想的地震记录。因此，反滤波方法可以改进垂向分辨率，还可以消除短周期鸣震和多次波等干扰。这一过程可以用下式来表示：

$$x(t)*a(t) = r(t)*b(t)*a(t) = r(t)*\delta(t) = r(t) \tag{3.1-22}$$

式中，$x(t)$、$a(t)$、$r(t)$、$b(t)$ 和 $\delta(t)$ 分别指地震记录、反滤波器函数、反射系数序列、地震子波和冲激函数。下面对反滤波中几种具有代表性的方法进行讨论。

1) 最小平方反滤波

最小平方反滤波是最小平方滤波（或称维纳滤波）在反滤波领域中的应用，基本思想在于设计一个滤波算子，用它把已知的输入信号转换为与给定的期望输出信号在最小平方误差意义下是最佳接近的输出。

设输入信号为 $x(t)$，它与待求的滤波因子 $h(t)$ 相褶积得到实际输出，即 $y(t) = x(t)*h(t)$。由于各种原因，实际输出 $y(t)$ 不可能与预先给定的期望输出 $\hat{y}(t)$ 完全一样，只能要求二者最佳地接近。判断是否为最佳接近的标准很多，最小平方误差准则是其中之一，即当二者的误差平方和为最小时，则意味着二者为最佳接近。在这个意义下求出滤波因子 $h(t)$ 所进行的滤波即为最小平方滤波。

2) 预测反褶积

预测问题是对某一物理量的未来值进行估计，利用已知的该物理量的过去值和现在值得到它在未来某一时刻的估计值（预测值）的问题。预测实质上也是一种滤波，称为预测滤波。预测反褶积就是用预测滤波的思想来解决地震信号反褶积问题，根据地震记录中一次波和多次波等干扰的信息预测出纯干扰部分，再从地震记录中减去纯干扰部分，就得到消除干扰后的一次反射波信号，同时起到压缩地震子波长度的作用。

根据预测理论，若将地震记录 $x(t)$ 看成一个平稳的时间序列，地震子波 $b(t)$ 为物理上可实现的最小相位信号，反射系数 $r(t)$ 为互不相关的白噪声，由地震记录的褶积模型，在 $(t+\alpha)$ 时的地震记录为

$$\begin{aligned} x(t+\alpha) &= \sum_{s=0}^{\infty} b(s)r(t+\alpha-s) \\ &= \sum_{s=0}^{\alpha-1} b(s)r(t+\alpha-s) + \sum_{s=\alpha}^{\infty} b(s)r(t+\alpha-s) \\ &= \sum_{s=0}^{\alpha-1} b(s)r(t+\alpha-s) + \sum_{j=0}^{\infty} b(j+\alpha)r(t-j) \quad (j=s-\alpha) \end{aligned} \tag{3.1-23}$$

$$\sum_{s=0}^{\alpha-1} b(s)r(t+\alpha-s) = b(0)r(t+\alpha) + b(1)r(t+\alpha-1) + \cdots + b(\alpha-1)r(t+1) \tag{3.1-24}$$

令式 (3.1-23) 等号右边的第二项为

$$\hat{x}(t+\alpha) = \sum_{j=0}^{\infty} b(j+\alpha)r(t-j) = b(\alpha)r(t) + b(\alpha+1)r(t-1) + b(\alpha+2)r(t-2) + \cdots \tag{3.1-25}$$

$\hat{x}(t+\alpha)$ 是由 t 和 t 以前时刻的 $r(t)$ 值决定的，也就是说 $\hat{x}(t+\alpha)$ 可由现在和过去的资料预测，称 $\hat{x}(t+\alpha)$ 为预测值。$x(t+\alpha)$ 与 $\hat{x}(t+\alpha)$ 的差值为

$$\varepsilon(t+\alpha) = x(t+\alpha) - \hat{x}(t+\alpha) = \sum_{s=0}^{\alpha-1} b(s)r(t+\alpha-s) \tag{3.1-26}$$

式中，$\varepsilon(t+\alpha)$ 称为预测误差，或称为新记录。

比较式 (3.1-23) 与式 (3.1-25)，当预测值已知时，从原记录 $x(t+\alpha)$ 中减去预测值

$\hat{x}(t+\alpha)$ 后形成的新记录 $\varepsilon(t+\alpha)$ 中比原记录中涉及的反射系数少,与子波褶积后波形的干涉程度轻,波形易分辨,即分辨率提高了。

3) 地表一致性反滤波

地表一致性反滤波是建立在地表一致性假设上的,地表一致性假设指出基本子波波形仅依赖于震源和接收点的位置,而与震源—反射层—检波器之间具体的射线路径无关。基于此思路,可以将地震道分解为震源、接收器、炮检距和地震脉冲响应的褶积,即"地表一致性谱分解",从而可以清楚地说明引起子波形态变化的影响因素。进一步地,根据影响因素对分解出的地震道进行反滤波,达到提高地震分辨率的效果。

地表一致性假设的数学模型为

$$x_{ij}(t) = s_i(t) * g_j(t) * h_{|i-j|}(t) * e_{(i+j)/2}(t) + n(t) \tag{3.1-27}$$

式中,$s_i(t)$ 为炮点 i 位置的波形分量;$g_j(t)$ 为接收点 j 位置的波形分量;$h_{|i-j|}(t)$ 为与炮检距有关的波形分量;$e_{(i+j)/2}(t)$ 为震源-检波器中心点位置的地层脉冲响应;$n(t)$ 为噪声干扰。

对式(3.1-27)做傅里叶变换,并提取振幅谱,得到以下关系式:

$$A_{ij} = A_s \cdot A_g \cdot A_h \cdot A_e \tag{3.1-28}$$

现在假设相位部分都是最小相位,并对振幅谱取对数,可得

$$\ln A_{ij} = \ln A_s + \ln A_g + \ln A_h + \ln A_e \tag{3.1-29}$$

然后对其振幅谱形式做改写,得到式(3.1-27)的振幅谱关系式:

$$\tilde{X}_{ij}(\omega) = \tilde{S}_i(\omega) + \tilde{G}_j(\omega) + \tilde{H}_{|i-j|}(\omega) + \tilde{E}_{(i+j)/2}(\omega) \tag{3.1-30}$$

$$\tilde{X}'_{ij}(\omega) = \tilde{X}_{ij}(\omega) - \tilde{X}_{\text{avg}}(\omega) \tag{3.1-31}$$

式中,$\tilde{X}'_{ij}(\omega)$ 为地震道剩余频谱分量;$\tilde{X}_{\text{avg}}(\omega)$ 为数据体平均频谱分量;$\tilde{S}_i(\omega)$ 为第 i 个炮点位置的剩余频谱分量;$\tilde{G}_j(\omega)$ 为第 j 个接收点位置的剩余频谱分量;$\tilde{H}_{|i-j|}(\omega)$ 为与炮检距有关的剩余频谱分量;$\tilde{E}_{(i+j)/2}(\omega)$ 为震源(i)-检波器(j)中心点位置的剩余频谱分量。

以式(3.1-30)建立模型方程,则式中各项的频谱分量可以通过最小平方误差的方法计算,并结合莱文森(Levinson)递推方程,得到:

$$\tilde{S}_i^m = \frac{1}{n_g} \sum_{j}^{n_g} \left(\tilde{X}_{ij} - \tilde{G}_j^{m-1} - \tilde{H}_{|i-j|}^{m-1} - \tilde{E}_{(i-j)/2}^{m-1} \right) \tag{3.1-32}$$

$$\tilde{G}_i^m = \frac{1}{n_s} \sum_{i}^{n_s} \left(\tilde{X}_{ij} - \tilde{S}_i^{m-1} - \tilde{H}_{|i-j|}^{m-1} - \tilde{E}_{(i-j)/2}^{m-1} \right) \tag{3.1-33}$$

$$\tilde{H}_{|i-j|}^{m-1} = \frac{1}{n_e} \sum_{(i-j)/2}^{n_e} \left(\tilde{X}_{ij} - \tilde{S}_i^{m-1} - \tilde{G}_j^{m-1} - \tilde{E}_{(i-j)/2}^{m-1} \right) \tag{3.1-34}$$

$$\tilde{E}_{(i-j)/2}^m = \frac{1}{n_h} \sum_{|i-j|}^{n_h} \left(\tilde{X}_{ij} - \tilde{S}_i^{m-1} - \tilde{G}_j^{m-1} - \tilde{H}_{|i-j|}^{m-1} \right) \tag{3.1-35}$$

式中,m 为迭代次数。

值得注意的是,该方法实际计算工作量巨大,因此可以选择只用炮点 S 和检波点 G 两个分量以减少计算量。之后以采样间隔作为预测步长,通过各分量振幅谱的自相关谱

求取各分量谱的反褶积算子,将这些算子以串联方式应用于数据体中的每一道,实现地表一致性反褶积。这种方法的优点是对于子波振幅的调整效果较好,在研究 AVO 现象时能得到更加精确的结果,但需要较好的子波相位校正处理作为基础。

4. 地震资料的动、静校正方法

1) 动、静校正理论基础

地震资料的解释工作中,常关心的信息只与地层信息相关,解释的结果一般表现为构造、圈闭的深度位置。但事实上,地震采集中得到的资料都是含有时差的,这些时差使得资料中包含地层信息的有效波在时域内出现的位置与地震、圈闭在深度域的真实位置之间不对应。因此必须对资料进行时差上的校正,使有效波的时域位置大致归位,使地层信息、构造信息、圈闭信息时深关系对应良好,以方便进一步的归位和成像工作。

地震资料中的时差可以大致分为两类。

(1) 地震勘探的基本理论都是建立在水平地表、近地表介质均匀的假设前提下,但在实际的工程中,这些条件基本是无法满足的。因此,实际的激发和采集中,地表起伏不平、低速层厚度和速度横向变化等因素对地震波传播造成了一个时差。这个时差的特点是各采集道间的时差虽然不同,但对于一道内不同时深的记录都具有相同的时差。因此,将解决这种时差问题的技术称为静校正技术。

(2) 一般来说,希望得到的记录是自激自收式的记录,反射波的旅行时只包含垂直传播的旅行时,但真实记录都是多炮激发、多道接收的记录,这就使得记录中同相轴具有一个地震波从炮点经地层到检波点在横向上的时差分量,这个时差称为正常时差,其使得同相轴在记录中呈现出双曲线状。这个时差的特点是不仅道间的记录具有不同的时差,对道内不同时深处的记录同样具有不同的时差。因此,将解决这种时差问题的技术称为动校正技术。下面分别对两者常用的处理方法做系统性的概述。

2) 静校正处理方法

静校正方法大致可分成野外(一次)静校正和剩余静校正两大类。

A. 野外(一次)静校正

利用野外实测的表层资料直接进行的静校正称为野外(一次)静校正,目的是将地震激发、接收的起伏地表校正到近水平的基准面,并消除低速层的影响。野外静校正的方法很多,常用的归纳起来可以分为三大类:第一类是基于模型和高程的静校正算法,该类的基本技术要素是基准面的选取、替换速度的确定、低速层底面形状的选取;第二类是基于初至波和折射波的静校正计算方法,该类的基本技术要素是存在折射界面、初至信息有较高的信噪比、有稳定的折射面;第三类是基于走时的层析反演静校正技术,该类的基本技术要素是要求低速层有一定的厚度(林伯香等,2006)。

各类野外静校正方法计算一个物理点(炮点或接收点)相对固定基准面的静校正量的通用公式为

$$t = -\sum_{i=1}^{M} \frac{h_i}{v_i} + \frac{E_d - E_g + \sum_{i=1}^{M} h_i}{v_c} \quad (3.1\text{-}36)$$

式中，E_g 为物理点(炮点或接收点)的高程；E_d 为固定基准面的高程；h_i 和 v_i 分别为物理点低速层各层的厚度和速度；M 为低速层层数；v_c 为替换速度，其物理意义是先剥离低速层，用速度为 v_c 的介质替代。由式(3.1-36)得到的是具有地表一致性特点的野外静校正量。计算出炮点和接收点的静校正量后，根据观测系统把它们分配到每个地震道，实现静校正处理。

所有野外静校正方法均需建立表层速度模型，它们的差别主要是建立表层速度模型的方法不同。

(1)高程静校正。高程静校正是一种不考虑低速层影响，仅根据物理点与固定基准面的高程差计算静校正量，并进行校正的一种静校正方法。校正方法是直接在高程差内填充上速度为 v_c 的介质，即

$$t = \frac{E_d - E_g}{v_c} \tag{3.1-37}$$

严格地讲，这只适合不存在低速层或低速层结构横向没有变化的地区，在地震资料处理中更多的是作为静校正质量控制的最基本标准。在使用其他静校正方法前，先对地震资料施加高程静校正，在速度分析基础上得到初叠剖面，以了解地震资料的基本情况。在使用其他静校正方法后，将其与高程静校正的效果进行对比，判断所用静校正方法对该地区是否适用，计算静校正量的参数是否合理。

(2)模型法静校正。广义地讲，所有野外静校正都是模型法静校正。此处所讲的模型法静校正指的是，通过小折射、微测井等常规低速层调查方法得到离散点的表层速度资料，内插出空间速度结构，计算静校正量的一种方法。

以一个剖面为例，内插基本原理如图3.1-14所示。已知 A 和 B 两点的低速层速度和厚度，C 点的低速层速度由 A 和 B 两点的速度线性内插求得，低速层厚度则由下式计算：

$$h_C = h_{AB} + (E_C + E_D)(1-R) \tag{3.1-38}$$

式中，h_{AB} 是由 A、B 两点的低速层厚度在 C 点线性内插的结果；E_C 是 C 点低速层顶面高程；E_D 是 A、B 两点低速层顶面高程在 C 点线性内插的结果；R 是低速层底界起伏与地表起伏间的相关系数，一般取值范围为[0,1]。R 取 0 时表示低速层底界与地形起伏完全不相关，底界直接用线性内插计算；R 取 1 时表示低速层底界与地形起伏完全相关，即随地形起伏变化，低速层厚度直接由 A、B 两点的厚度线性内插获得。R 的值一般根据不同地区的情况依据经验给定，也可以根据整个地区低速层调查点资料统计获得。

模型法在近地表条件简单的地区比较有效。在复杂地区，剧烈变化的横向速度和地形起伏需要足够密的测点来满足内插方式。因此，在复杂地区的地震资料处理中很少单独使用模型法。将模型法与折射、层析等基于初至时间的静校正方法结合，取长补短，可以很好地解决特别复杂地表区的静校正问题。

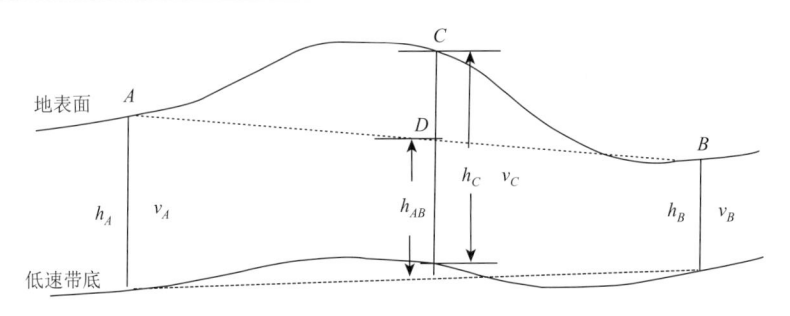

图 3.1-14 模型法建立表层速度模型原理图(林伯香等，2006)

（3）折射静校正。折射静校正是通过提取地震记录中的折射波，获得折射波的时间和速度信息，然后从折射方程出发反演出地下速度结构模型，并用此模型求取静校正量的一种方法。折射静校正的实现技术有许多种，但原理都是基于基本折射方程，即

$$T_{SR} = T_S + \frac{X}{v_2} + T_R \tag{3.1-39}$$

式中，S 和 R 分别表示炮点和接收点；T_S 和 T_R 分别是炮点和接收点的延迟时间（$T_S + T_R$ 是截距时间，在折射面水平时 T_S 和 T_R 为截距时间的 1/2）；X 是炮检距；v_2 是折射速度。

在存在相对稳定折射面的条件下，从基本折射方程出发，能比较正确地反演出折射面速度和延迟时间。在已知表层速度 v_1 的情况下，利用公式(3.1-40)将延迟时间 T_S 转换成折射面深度 h_S（以炮点为例，接收点也一样），建立表层速度模型：

$$h_S = T_S v_1 / \cos\theta_c = T_S v_1 v_2 / \sqrt{v_2^2 - v_1^2} \tag{3.1-40}$$

式中，θ_c 是临界角，静校正量用式(3.1-36)计算。由此可见，应用折射静校正必须具备两个基本条件：一是存在相对稳定的折射面；二是已知表层速度。

折射静校正是使用最广的一种技术，在基本满足上述两个条件的地区，结合多域统计等剩余静校正方法，可以较好地解决静校正问题。但是，在复杂地表区很难同时满足上述两个基本条件，折射静校正效果往往并不理想。

（4）层析静校正。层析静校正是利用初至波（或者是初至波的一部分）反演表层低速层速度结构并据此计算静校正量的方法。广义地讲，折射静校正也可以归入层析静校正的范畴，只是其反演得到的是比较简单的层状速度结构。而此处所阐述的层析静校正方法，则是利用初至波反演纵、横向连续变化的表层低速层，避免了层状速度结构的假设，更适合包括山地在内的各种复杂近地表条件表层速度模型的建立，具有更强的适应能力。

首先寻找使目标函数 $F(\boldsymbol{S})$ 达到最小的近地表慢度模型矩阵 $\boldsymbol{S}$：

$$F(\boldsymbol{S}) = \sum_{i=1}^{n} \left(T_{t_i} - T_{r_i}\right)^2 \tag{3.1-41}$$

式中，T_{t_i} 和 T_{r_i} 分别是第 i 道实际走时和基于慢度模型矩阵 $\boldsymbol{S}$ 的理论走时；n 为总道数。由式(3.1-41)得

$$\boldsymbol{A}\Delta\boldsymbol{S} = \Delta\boldsymbol{T} \tag{3.1-42}$$

式中，$\boldsymbol{A}$ 是与模型射线路径有关的距离矩阵；$\Delta\boldsymbol{S}$ 是慢度修正量矩阵；$\Delta\boldsymbol{T}$ 是实际与理论走时的时差矩阵。基本过程是：给出一个初始慢度模型矩阵 $\boldsymbol{S}$，计算初至波理论走时与射线

路径(正演过程),并与实际走时进行比较;求解式(3.1-42),得到慢度修正量矩阵 $\Delta \boldsymbol{S}$ (反演过程),修改慢度模型。经过多次迭代,可得到纵、横向连续变化的近地表速度模型。

实践表明,只要观测系统有足够的近偏移距道,拾取的初至信息可靠,层析静校正就可以取得较好的结果。

B. 剩余静校正

由于技术和人为因素,野外实测资料和野外静校正的反演结果往往与实际存在出入(主要在于低速层模型的速度与结构)。故野外静校正之后地震记录中仍残存着因表层因素引起的时差(剩余静校正量),进一步去除这些时差的过程称为剩余静校正。

剩余静校正量可分为短波长(高频)分量和长波长(低频)分量两类,如图3.1-15所示。一般认为,短波长分量是局部范围内低速层变化引起的,对同一CMP道集内各道的反射波到达时影响不一,使动校正后的CMP道集各道无法同相叠加,影响叠加效果;长波长分量是区域性异常,是指相当于一个排列以上范围的低速层变化影响,对排列内各道记录的动校正和叠加影响不大。

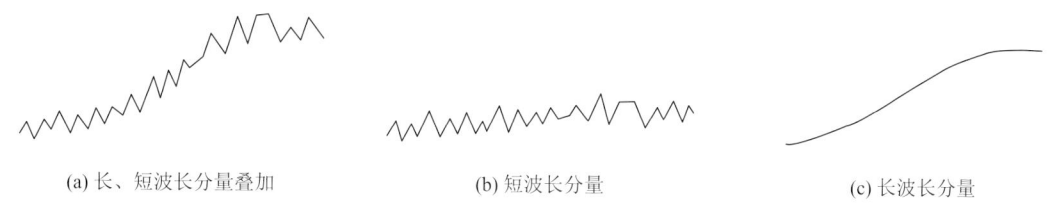

(a) 长、短波长分量叠加   (b) 短波长分量   (c) 长波长分量

图 3.1-15 长、短波长剩余静校正量分量示意图

(1)多域统计剩余静校正。多域统计(多域迭代或交互迭代)剩余静校正认为剩余静校正量在一定计算范围内的均值为零,因此通过多域统计的方法形成参考道,根据参考道与地震道的时间差来计算剩余静校正量,是使用较多、效果较明显的一种基于初至时间的剩余静校正方法。其假设剩余静校正量与波的传播方向、路径(地表一致性条件)无关,即对同一地面点来说它的取值不变,而对不同的地面点来说它的取值具有随机性,可以用统计学的方法提取;剩余静校正量属于高频干扰,在一定长度范围内统计剩余静校正量时,其均值为零。

实现过程为,首先在CMP道集上用统计的方法形成参考道;然后,计算各地震道与参考道的时间差,得出具有地表一致性特点的相对静校正量;最后,将相对静校正量分解后分别应用于共炮点道集、共接收点道集,实现剩余静校正。

(2)相对折射法剩余静校正。基于初至时间的相对折射法剩余静校正,其适应能力远低于多域统计的方法。其基本原理是:①在炮集内计算相邻道的时差,利用折射速度消除偏移距差的影响后,再根据地表一致性原理采用统计方法计算出各个接收点的静校正量;②在接收点道集中计算相邻道的时差,统计出炮点的静校正量。

相对折射法剩余静校正的假设前提是,在对数据应用正确的静校正量并用折射速度线性动校后,共炮点和共接收点道集上的折射波时距曲线应该是一条水平直线,如果偏离水平直线则认为存在剩余静校正量。要取得好的效果必须满足的条件是:①参加分析统计的数据必须来自同一个折射面；②有能使折射时距曲线校正成水平线的准确折射速度。实际上，在复杂地表区这两点是很难满足的。

3) 动校正处理方法

动校正也称为正常时差(normal moveout，NMO)校正。对多次覆盖地震记录而言，水平叠加是在共深度点道集进行的。动校正就是把不同偏移距、不同深度的反射波的时间位置，校正为共中心点处的回声时间位置，以保证在叠加时它们能实现同相叠加，形成反射波能量突出的叠加道。

动校正的实现分为两步：动校正量的计算和根据动校正量进行的校正。下面系统性地概述几种动校正量的计算和调整方法。

A. 常规时距曲线方程动校正

时距曲线方程是用一个方程的形式来描述地震射线反射时间 t 和炮点与检波点的距离 x 之间的函数关系。通过时距曲线方程，可以计算出地震波的走时，即正常时差，将正常时差应用于动校正处理中，就可以实现动校正。

目前常规的动校正走时计算公式是双曲线公式：

$$t^2(x) = t_0^2 + \frac{x^2}{v_{\text{rms}}^2} \tag{3.1-43}$$

式中，$t(x)$ 是任意道的地震波走时；$t_0 = \dfrac{h}{v_{\text{rms}}}$ 为零偏移距处的反射时间，h 为计算走时的反射波的深度；x 为炮点和检波点的距离，即偏移距；v_{rms} 为均方根速度。

B. 高阶非双曲时距曲线方程动校正

常规双曲时距曲线方程的一个问题是，为了精简计算量，使得走时计算能快速完成，在方程的四阶项以后进行了高阶项截断，这就使得常规双曲时距曲线方程仅适用于浅层及近偏移距排列的地震勘探。对于远偏移距处，方程中高阶项截断使得其对动校正方程的贡献减弱，产生了较大截断误差(李子等，2016)。

解决常规方程的远偏移距不适应问题的一种行之有效的方法是，提高方程的拟合阶数，因此提出了高阶非双曲时距曲线方程动校正。此处列举两个时距曲线的高阶方程：

$$t^2(x) = C_0 + C_1 x^2 + C_2 x^4 \tag{3.1-44}$$

$$t^2(x) = C_0 + C_1 x^2 + C_2 x^4 + C_3 x^6 \tag{3.1-45}$$

式中，各项系数与各地层的参数有关，具体为

$$C_0 = t_0^2, \quad C_1 = \frac{1}{\mu_1}, \quad C_2 = \frac{\mu_1^2 - \mu_2}{4 t_0^2 \mu_1^4}, \quad C_3 = \frac{2\mu_2^2 - \mu_1 \mu_3 - \mu_1^2 \mu_2}{8 t_0^4 \mu_1^7} \tag{3.1-46}$$

式中，$\mu_j = \dfrac{\sum_{k=1}^{n} t_k v_k^{2j}}{\sum_{k=1}^{n} t_k} (j=1,2,3,\cdots)$，$n$ 表示地层层数；v_k 和 t_k 分别代表第 k 层的纵波速度以及垂直旅行时。

C. 频谱代换动校正

动校正的目的是将具有正常时差的地震记录校正为自激自收式的地震记录，并保证其振幅特征不被破坏。对于一个 CMP 道集，根据地震波传播理论不难得知，不同偏移距的地震道应当具有相同的走时。频谱代换动校正就是通过取零偏移距的频域相位谱来代换不同偏移距的相位谱，但不破坏不同偏移距记录的振幅谱，从而实现动校正的一种方法(董水利，2020)。

假设地震记录 $s(t)$ 由地震子波 $w(t)$ 和反射记录 $r(t)$ 褶积形成，即

$$s(t) = w(t) * r(t) \tag{3.1-47}$$

对三者做傅里叶变换，分别得到地震子波、反射系数、地震记录的振幅谱和相位谱，它们之间应该具有如下关系：

$$|A_S(f)| = |A_W(f)| \cdot |A_R(f)| \tag{3.1-48}$$

$$\varphi_S(f) = \varphi_W(f) + \varphi_R(f) \tag{3.1-49}$$

因此在地震子波一定的情况下，地震记录的振幅谱 $|A_S(f)|$ 和相位谱 $\varphi_S(f)$ 除均与反射系数有关外，振幅谱 $|A_S(f)|$ 还和反射旅行时组合有关，但与到达时间无关；而相位谱 $\varphi_S(f)$ 和到达时间有关，但与反射旅行时组合无关。

式(3.1-49)表明，地震记录的相位 $\varphi_S(f)$ 是地震子波相位 $\varphi_W(f)$ 和反射系数相位 $\varphi_R(f)$ 之和，子波的相位决定子波的波形，反射系数的相位包含了同相轴的位置信息。根据这一思路，取零偏移距道的相位谱替换其他偏移距道的相位谱，同时振幅谱保持不变，就可以将整个 CMP 道集在频率域校正为自激自收道集，最后进行反傅里叶变换得到动校正后的时间域道集。

5. 地震资料的速度分析

速度是地震勘探的重要资料，在资料的动校正、叠加、偏移、时深转换等多个处理流程中都以它为参数，它还可以直接用来进行地质构造以及地层岩性的解释。速度分析是通过使用一系列速度扫描方法，观察扫描结果，来拾取最有利于处理速度的一种方法。通过速度分析，可以了解到地震记录的速度特征，并建立起高精度的地震速度模型，对资料的处理尤为重要。

在地震勘探中速度的类型多种多样，并不单指地震波的传播速度。资料处理中主要使用的速度包括：层速度，指每一个地层的地震波传播速度，层速度模型是最能描述地下介质特点的模型，但建立难度较大；叠加速度，指最适合叠加处理的速度，即动校正处理的速度，一般指均方根速度；偏移速度，指偏移处理中用到的速度模型。速度的类型需要结合具体的偏移方法来确定，如时域偏移用到的一般是类似于均方根速度的速度，而深度域偏移则需要使用层速度模型。

常规速度分析方法是建立在双曲线假设基础之上的，几种常见速度分析方法概述如下。

(1) t^2-x^2 法。t^2-x^2 平面上的反射波双曲线时距方程为线性方程。因此，从 t^2-x^2 坐标

中的最佳拟合直线可估计出零炮检距上的反射波时间和该反射波的叠加速度。

(2) 速度扫描法。该方法是应用一系列常速度值在 CMP 道集做动校正，并将结果并列显示，从中选出能使反射波同相轴拉平程度最高的速度作为 NMO 速度。

(3) 常速叠加(constant velocity stack，CVS)法。取测线的一小段，用一系列常速度值作叠加处理，不同的速度叠加成不同的叠加图像，称为 CVS 图像。从 CVS 图像中取出能获得最佳叠加效果的速度为叠加速度。

(4) 速度谱法。速度谱的原理是测量速度与零炮检距双程时间信号的相干性，基本做法是沿着双曲线轨迹在一个小时窗(通常在信号主周期的一半到一倍之间)内计算 CMP 道集信号的相干关系。在速度谱上根据有用同相轴出现的时间，挑选出产生相干性最高的速度函数，把它解释为叠加速度。

有时沿着某个特殊反射层需要精细地确定叠加速度的变化，而水平方向速度分析可提供沿某个有用层面叠加速度的横向变化。

6. 地震资料的偏移处理方法

1) 偏移的基本理论

反射地震资料的偏移校正、射线偏移和波动方程偏移等方法统称偏移处理。偏移处理可使倾斜界面的反射波、断层面上的断面波、弯曲界面上的回转波及断点、尖灭点上的绕射波收敛和归位，得到地下反射界面的真实位置和构造形态，以及清晰可辨的断点和尖灭点。因此，偏移处理对提高地震勘探的横向分辨率具有重要的作用。偏移处理通常又可称为偏移归位、偏移成像、波场延拓成像等。基于偏移原理分类，偏移处理可分为射线偏移和波动方程偏移；若基于偏移处理的流程分类，偏移处理可分为叠前偏移和叠后偏移。

反射波水平叠加剖面相当于自激自收记录剖面，在叠加剖面上的反射波同相轴与地下的反射界面有关。当反射界面水平时，如图 3.1-16(a)所示，反射波同相轴与地下界面形态一致；当反射界面倾斜时，如图 3.1-16(b)所示，反射波同相轴则与反射界面形态不一致，若直接将反射时间作时深转换，所得视界面为 $R_1'R_2'$，与地下真实反射界面 R_1R_2 比较，不论是界面长度、界面位置及界面倾角两者均不一致。视界面 $R_1'R_2'$ 相对于界面 R_1R_2，向界面下倾方向偏移，而且倾角变小。我们称这种现象为偏移现象，R_1 至 R_1' 的水平距离称为偏移距。

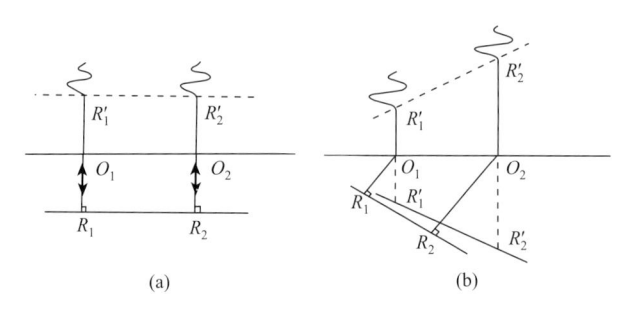

图 3.1-16　偏移的反射分析示意图

偏移现象随反射界面的埋深和陡度增加而越严重。由于偏移现象的存在，当地下构造复杂时，自激自收剖面上反映的视界面因位置不正确可能在背斜界面出现空白带，而向斜界面出现界面交叉重叠，如图 3.1-17 所示。

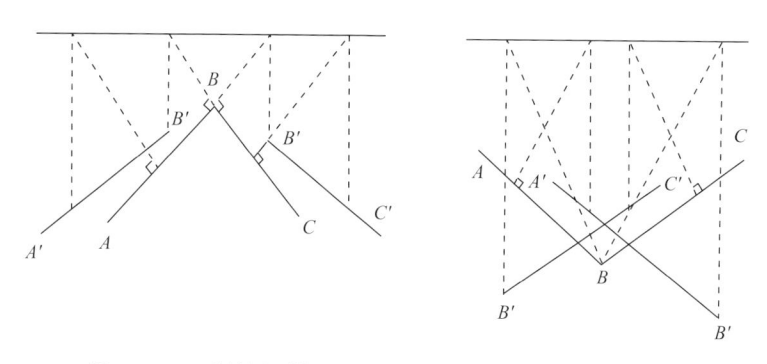

图 3.1-17　反射界面位置不正确造成空白或干涉交叉示意图

另外，根据绕射理论，在断点、尖灭点等岩性突变点还会产生绕射波，这些绕射波与偏移后的反射波叠加，使得水平叠加地震剖面上的记录变得很复杂。若直接用水平叠加剖面解释地下界面，很难得出正确的结论。由此可见，偏移现象会使地震剖面的横向分辨率降低。若能使偏移后的波场归位，绕射波收敛到绕射点，就可恢复反射界面的真实形态，而这一过程称为偏移处理(李正文和贺振华，2003)。

2) 常规的偏移方法

A. 射线偏移方法

射线偏移是建立在几何地震学基础上的一类偏移方法，基本原理可用地震脉冲的偏移响应来说明，偏移方法可分绕射扫描叠加偏移、椭圆法偏移等。

以绕射扫描叠加偏移为例，利用这一方法做偏移处理时，只考虑几何关系，将绕射双曲线上的能量汇聚于其顶点。首先，将地下空间划分为网格，每个网格点都被认为是绕射点。根据网格点坐标计算出它的绕射波时距曲线：

$$t_i = \left\{\left[\frac{2z}{v}\right]^2 + \left[\frac{2(x-x_i)}{v}\right]^2\right\}^{1/2} = \left\{t_0^2 + \frac{4(x-x_i)^2}{v^2}\right\}^{1/2} \tag{3.1-50}$$

式中，(x,z) 是绕射点 R(地下网格点)的坐标；$(x_i,0)$ 是接收点坐标；t_0 是绕射点至地表的双程垂直传播时间。然后，按此绕射双曲线的时距关系 t_i-x_i 在实际记录道上取对应的振幅值，将它们相加后放置在绕射点 R 处，作为偏移后该点的输出振幅(图 3.1-18)。依次对每个网格点做如上处理就完成了绕射扫描叠加偏移的工作。

如果 R 点是真正的绕射点(界面点)，则按绕射双曲线取出的各道记录振幅应当是同相的，它们相加是同相叠加，能量增强，偏移后 R 点处振幅突出。若 R 点不是真正的绕射点(非界面点)，则参与叠加的幅值是随机的，叠加结果必然会相互完全抵消或部分抵消，从而使 R 点处振幅相对较小。因此，偏移后的剖面上，绕射波自动收敛到其绕射点处，在有反射界面处振幅变大，在无界面处振幅自然相对减小，从而显示出真实反射界面的位置(绕射双曲线顶点连线)。

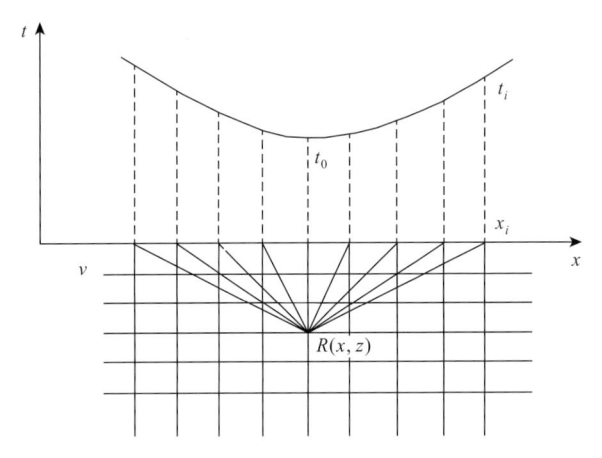

图 3.1-18　绕射扫描叠加的双曲线示意图

B. 波动方程偏移方法

如前文所述，射线偏移是一种近似的几何偏移，虽然地震波的运动学特点得以恢复，但波的动力学特点（如振幅、波形、相位等）却受到畸变。因此，射线偏移已逐渐被高精度的波动方程偏移所代替。

波动方程偏移是以波动理论为基础的偏移处理方法。其基本思路是，当地表产生弹性波向下传播（称为下行波），遇到反射界面时将产生反射，这时可将反射界面看作新的波源，又有新的波以波动理论向上传播（称为上行波），在地表接收到的地震记录就可被看作反射界面产生的波场效应。波动方程偏移可看作是一种波场延拓。其具体计算过程是，将地表接收到的波场按波动方程的传播规律反向向上传播（称为波场反向延拓），当波场反向延拓到真实反射界面时将会成像，找到真实的反射面表明偏移完成，达到偏移的目的（成像剖面称为偏移剖面）。

波动方程偏移主要由波场延拓和成像两部分组成，两者都可用多种不同的方法实现，随之形成了多种不同的波动方程偏移成像方法。

(1) 波动方程偏移的成像原理。

①爆炸反射界面成像原理。该原理属叠后偏移成像原理。叠加剖面相当于自激自收剖面，若将剖面中时间除以 2，或将传播速度减半，就可将自激自收剖面看作在反射界上同时激发的地震波沿界面法线传播到地表所接收的记录，即可将界面看作爆炸源，称为爆炸反射界面。若用波动方程将地表接收的波场（叠加剖面）作时间方向传播（向下延拓），当波场延拓到时间 t 为零 ($t=0$) 时，该波场的所在位置就是反射界面位置。因此，$t=0$ 成为叠后波动方程偏移的成像条件。从延拓的结果（地下各点的波场）中取出地下各点处零时刻的波场值组成剖面，即为成像剖面，该剖面为叠后波动方程偏移结果。

②波场延拓的时间一致性成像原理。时间一致性成像原理适用于叠前偏移。此成像原理可描述为：当在地下某一深度存在某一反射界面 R[图 3.1-19(a)]，在地面 S 点激发的下行波 D 到达界面 R 时产生反射上行波 U，到达 G 点被接收。下行波 D 到达界面 R 的时间（或空间位置）与上行波 U 到达 G 点的时间（或空间位置）是一致的，即称为时间（或空间位置）一致性。设波从 S 点到界面 R 的传播时间为 t_s，从界面 R 至 G 点的传播时间为

t_g，从 S 点到 G 点的总时间为 $t_{sg}=t_s+t_g$。在叠前偏移中，若模拟一震源函数 D 自 S 点正向(向下)延拓，而将 G 点接收到的上行波 U 反向延拓，当 D 和 U 延拓深度为 Z_1 时，D 的正向传播时间和 U 的反向传播时间分别为 t_{s1} 和 t_{g1}。因 $Z_1<Z_R$（Z_R 为反射点深度），$t_{sg}-t_{g1}>t_{s1}$，说明上行波和下行波所在的时间(或空间位置)不一致[图 3.1-19(b)]，当 D 和 U 延拓深度为 $Z_2=Z_R$ 时，D 的正向传播时间为 $t_{s1}=t_s$，U 的反向传播时间为 $t_{g1}=t_g$，即有 $t_{sg}-t_{g2}=t_{s2}$，或 $t_{sg}-t_g=t_s$。这时上行波、下行波所在的时间(或空间位置)是一致的。再将 D、U 延拓到 Z_3，$Z_3>Z_R$，即当延拓深度 $Z>Z_R$ 以后，不会再出现时间(或深度位置)一致的现象。在上、下行波延拓过程中，若下行波 D 和上行波 U 的零移位互相关，在满足时间(或空间位置)一致性条件时，相关值最大，而在其他情况下相关值很小或为零，延拓过程中的相关结果就为叠前偏移成像剖面。

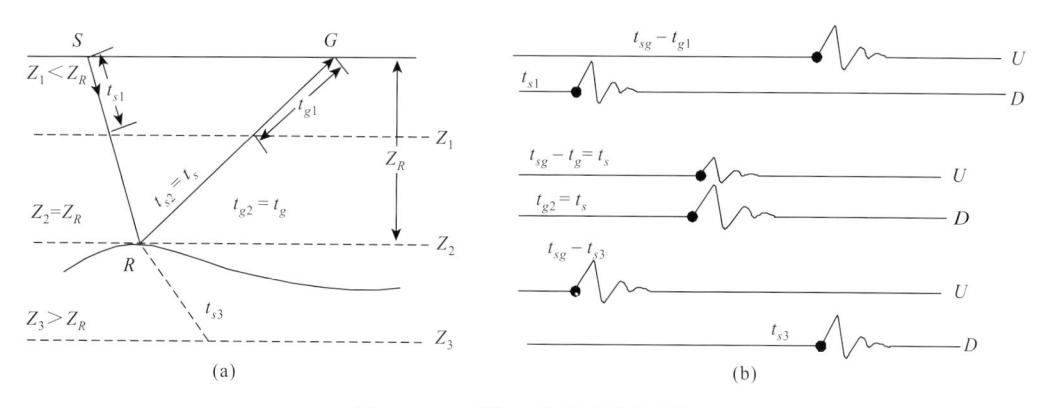

图 3.1-19 时间一致性成像原理图

(2) 有限差分法波动方程偏移。

有限差分法波动方程偏移是以地面上获得的水平叠加时间剖面作为边界条件，用差分代替微分，对只包含上行波的近似波动方程求解，以得到地下界面的真实图像。这也是一个延拓和成像的过程。

基于二维波动方程，建立方程：

$$\frac{\partial^2 u}{\partial x^2}+\frac{\partial^2 u}{\partial z^2}-\frac{1}{v^2}\frac{\partial^2 u}{\partial t^2}=0 \qquad (3.1\text{-}51)$$

经数学推导，即可得到以下方程：

$$\frac{v^2}{8}u_{xz}+\frac{1}{2}u_{\tau\tau}+u_{\tau t}=0 \qquad (3.1\text{-}52)$$

式中，u_{xz}、$u_{\tau\tau}$、$u_{\tau t}$ 分别表示波场 $u(x,z,t)$ 的二次导数。值得注意的是，此方程仍然包含了上行波和下行波，仍不能用来进行延拓。

当上行波的传播方向与垂直方向之间的夹角较小时(小于 15°)，$u_{\tau\tau}$ 可以忽略，而对下行波来说，$u_{\tau\tau}$ 不能忽略。忽略 $u_{\tau\tau}$ 项，就得到只包含上行波的近似方程：

$$\frac{v^2}{8}u_{xz}+u_{\tau t}=0 \qquad (3.1\text{-}53)$$

即 15°近似方程(因为它只适用于夹角小于 15°的上行波，或者只有倾角小于 15°的界面形成的上行波才能满足它），为常用的延拓方程。为了求解此方程，还必须给出定解条件。由于震源强度有限，可给出如下定解条件：

测线两端外侧的波场为零：
$$u(x,\tau,t)\equiv 0 \text{ （当 } x>x_{\max} \text{ 或 } x<x_{\min}\text{ ）} \tag{3.1-54}$$

记录最大时间以外的波长为零：
$$u(x,\tau,t)\equiv 0 \text{ （当 } t>t_{\max}\text{ ）} \tag{3.1-55}$$

自激自收记录（水平叠加剖面）为边界条件，即时间深度 $\tau=0$ 处的波场值 $u(x,0,t)$ 已知。

有了这些定解条件就可对方程(3.1-53)求解得到地下任意深度处的波场值 $u(x,\tau,t)$，这是延拓过程。再根据前述成像原理，取时间 $t=0$ 时刻的波场值，即时间 $t=\tau$ 时刻的波场值 $u(x,\tau,t)$，从而组成偏移后的输出剖面。

为了求解方程(3.1-53)，用差分近似微分，采用如图 3.1-20 所示的 12 点差分格式，将 u_{xz}、$u_{\tau t}$ 表示为差分表达式，可得差分方程：

$$u(i,j+1,l)=\frac{\boldsymbol{I}-(\alpha+\beta)\boldsymbol{T}}{\boldsymbol{I}+(\alpha-\beta)\boldsymbol{T}}[u(i,j+1,l+1)+u(i,j,l)]-u(i,j,l+1) \tag{3.1-56}$$

式中，$\boldsymbol{I}$ 和 $\boldsymbol{T}$ 为向量；α、β 为标量。

$$\boldsymbol{I}=[0,1,0], \quad \boldsymbol{T}=[-1,2,-1], \quad \alpha=\frac{v^2\Delta\tau\Delta\tau}{32\Delta x^2}, \quad \beta=\frac{1}{6} \tag{3.1-57}$$

图 3.1-21 为偏移结果取值位置图。其中，A 表示地面观测到的叠加剖面，由 A 计算下一个深度 $\Delta\tau$ 处的波场值 B，计算 B 时先算第 1′ 排的数值（只用到 A 中第 1 排数值），再算第 2′ 排数值（要用 A 中第 1、2 排和 B 中第 1′ 排数值），以此类推，直到 $t=\tau$ 为止。再由 B 计算下一个深度 $2\Delta\tau$ 处波场值 C……，在二维空间 $(x,t=\tau)$ 上呈现出需要的结果剖面信息。

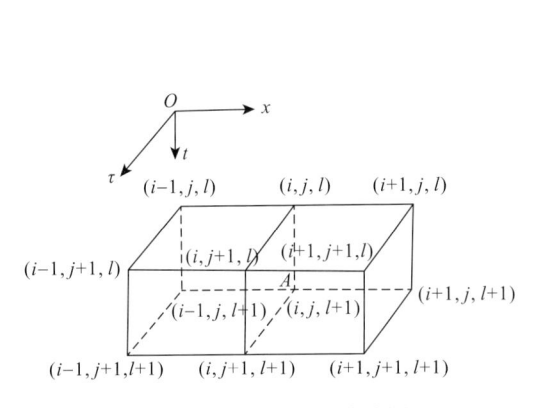

图 3.1-20　12 点差分格式图 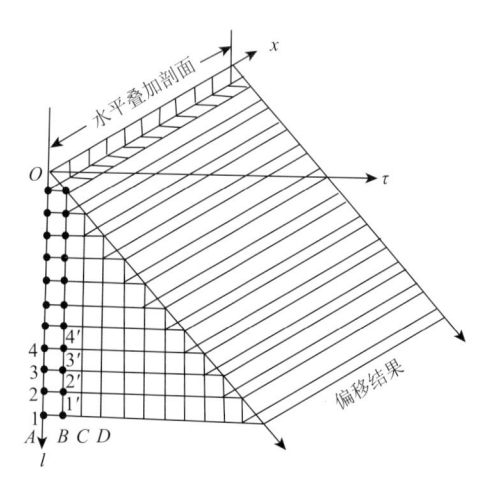　　　　图 3.1-21　偏移结果取值位置图

当延拓计算步长 $\Delta\tau$ 与地震记录的采样间隔 Δt 一样时，由图 3.1-21 的几何关系可以看到，偏移剖面是该图中 45°对角线上的值。实际工作中 $\Delta\tau$ 不一定要与 Δt 相等，可根据

界面倾角大小确定 $\Delta \tau$，倾角较大时应取较小的 $\Delta \tau$，倾角较小时可取较大的 $\Delta \tau$，以减少计算工作量。中间值可用插值求得。与其他波动方程偏移方法相比，有限差分法有能适应横向速度变化、偏移噪声小、在剖面信噪比低的情况下也能很好地工作等优点。但 15° 有限差分法对倾角太大的情况不能得到好的偏移效果。因此，相继又研究发展了 45°、60° 有限差分法和适应更大倾角的高阶有限差分分裂算法。

(3) 基尔霍夫积分偏移。

基尔霍夫（Kirchhoff）积分偏移是一种基于波动方程基尔霍夫积分解的偏移方法。三维纵波波动方程的基尔霍夫积分解为

$$u(x,y,z,t) = -\frac{1}{4\pi} \iint_Q \left\{ [u] \frac{\partial}{\partial z}\left(\frac{1}{r}\right) - \frac{1}{r}\left[\frac{\partial u}{\partial n}\right] - \frac{1}{vr} \frac{\partial r}{\partial z}\left[\frac{\partial u}{\partial t}\right] \right\} dQ \tag{3.1-58}$$

式中，Q 表示包围点的闭曲面；n 为 Q 的外法线；r 为由 (x, y, z) 点至 Q 面上各点的距离；$[u]$ 表示延迟位，$[u] = u\left(t - \frac{r}{v}\right)$。

此解的实质是由已知的闭曲面 Q 上各点波场值计算面内任一点处的波场值。它正是惠更斯原理的严格数学形式。选择的闭曲面 Q 由一个无限大的平面 Q_0 和一个无限大的半球面 Q_1 所组成。Q_1 面上各点波场值的面积分对面内任意一点波场函数结果的贡献为零。因此，仅由平地面 Q_0 上各点的波场值可以计算得到地下各点的波场值：

$$u(x,y,z,t) = \frac{1}{2\pi} \iint_Q \left\{ [u] \frac{\partial}{\partial z}\left(\frac{1}{r}\right) - \frac{1}{vr} \frac{\partial r}{\partial z}\left[\frac{\partial u}{\partial t}\right] \right\} dQ \tag{3.1-59}$$

此时，原公式中的 $\frac{1}{r}\left[\frac{\partial u}{\partial n}\right]$ 项消失，积分符号前的负号也因 z 轴正向与 n 相反而变为正。

以上是正问题的基尔霍夫积分计算公式。偏移处理的是反问题，是将反射界面的各点看作同时激发上行波的源点，将地面接收点看作二次震源，将时间"倒退"到 $t=0$ 时刻，寻找反射界面的源波场函数，从而确定反射界面。反问题也能用上式求解，差别仅在于 $[u]$ 不再是延迟位而是超前位，$[u] = u\left(t + \frac{r}{v}\right)$。根据这种理解，基尔霍夫积分延拓公式应为

$$u(x,y,z,t) = \frac{1}{2\pi} \iint_{Q_0} \left\{ \frac{\partial}{\partial z}\left(\frac{1}{r}\right) - \frac{1}{vr} \frac{\partial r}{\partial z} \frac{\partial}{\partial \tau} \right\} u\left(x_l, y_l, 0, \tau = t + \frac{r}{v}\right) dQ \tag{3.1-60}$$

按照成像原理，此时 $t=0$ 时刻的波场值即为偏移结果。只考虑二维偏移，忽略 y 坐标，将空间深度 z 转换为时间深度 $t_0 = \frac{2z}{v}$，得到基尔霍夫积分偏移公式：

$$u(x, t_0, t=0) = \frac{1}{2\pi} \int_x \left\{ \frac{\partial}{\partial z}\left(\frac{1}{r}\right) - \frac{1}{vr} \frac{\partial r}{\partial z} \frac{\partial}{\partial \tau} \right\} u(x_l, 0, \tau) dx \tag{3.1-61}$$

式中，$\tau = \left(t_0^2 + \frac{4(x-x_l)^2}{v^2}\right)^{1/2}$；$x_l$ 为地面记录道横坐标；x 为偏移后剖面道横坐标；$r = \left\langle z^2 + (x-x_l)^2 \right\rangle^{1/2}$（图 3.1-22）。

由 $\frac{\partial r}{\partial z} = -\cos\theta$，得到下式：

$$u(x,t_0) = \frac{1}{2\pi}\int_{+\infty}^{-\infty}\frac{\cos\theta}{r^2}u(x_l,0,\tau) + \frac{\cos\theta}{vr}\frac{\partial}{\partial\tau}u(x_l,0,\tau)\mathrm{d}x \qquad (3.1\text{-}62)$$

由此可见，基尔霍夫积分偏移与绕射扫描叠加十分相似，都是按双曲线取值叠加后放在双曲线顶点处。不同之处在于：基尔霍夫积分偏移不仅要取各道的幅值，还要取各道的幅值对时间的导数值 $\frac{\partial u}{\partial \tau}$ 参加叠加；此外，各道相应幅值叠加时不是简单相加，而是按式(3.1-62)加权叠加的结果。

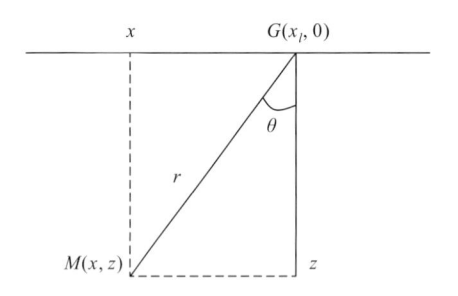

图 3.1-22　基尔霍夫偏移公式中部分变量示意图

正因如此，虽然形式上基尔霍夫积分偏移与绕射扫描叠加类似，但二者有着本质区别。前者的基础是波动方程，可保留波的动力学特性，后者属几何地震学范畴，只保留波的运动学特征。与其他波动方程偏移法相比，基尔霍夫积分偏移具有容易理解、能适应大倾角地层等优点，但在速度横向变化较大的地区难以使用，且偏移噪声较大。

3.2　地震处理关键技术

在地震数据处理中，任何一项有针对性的特殊处理技术的应用，都是以常规处理技术流程为基础。常规处理技术流程中的精细化处理主要体现在两个方面：一是常规处理技术流程中各项技术应用恰当，包括数据编辑(不正常道处理和各种道集的构成)、静校正、噪声压制、反褶积、速度分析和叠前偏移等；二是对各个处理步骤的质量监控手段应用完全到位。每一项技术都有常规方法和特殊方法之分。所谓常规方法是指一直沿用至今且效果十分稳定的方法与技术，例如野外采集人员提供的静校正量和一般的剩余静校正方法、频率滤波和视速度滤波、最小平方反褶积、基尔霍夫积分偏移等。所谓特殊方法是指针对特定的情况要达到特殊处理效果的方法与技术。

本节重点阐述与准噶尔盆地岩性勘探中三维地震资料处理相关的常规关键技术，对于涉及的特殊方法将在 3.3 节进行详细介绍。基于准噶尔盆地岩性勘探中的地震资料处理的三大难点(地震资料去噪、高分辨率处理和偏移成像)，选取具有准噶尔盆地区域特色的三大关键技术进行阐述，包括多次波去除(去噪)处理技术、井控高分辨率处理技术、高精度成像处理技术，为后续特色方法技术的介绍奠定基础。

3.2.1 多次波去除(去噪)处理技术

1. 基于滤波方法的多次波压制技术

滤波方法主要利用一次波与多次波的时差关系和周期特征进行多次波的识别和压制。由于多次波速度低于一次波速度,在动校正后的 CDP 道集上,一次波反射同相轴被拉平,而多次波同相轴呈近似抛物线形态,二者的动校正时差存在差异,为压制多次波奠定了基础,如抛物线 Radon 变换、双曲线 Radon 变换。Radon 变换是利用一次波与多次波的动校正时差差异压制多次波的常用方法,在实践中得到了广泛应用。

1) Radon 变换的方法理论

(1) 时间域的 Radon 变换及其二阶拟合公式。

二维连续空间-时间域 $d(x,t)$ Radon 变换的一般形式为

$$\mu(\tau, p) = R[d(x,t)] = \int_{+\infty}^{-\infty} d[x, \tau + p\varphi(x)]\mathrm{d}x \qquad (3.2\text{-}1)$$

式中,$d(x,t)$ 为空间-时间域地震数据;$\mu(\tau, p)$ 为变换域数据;x 为空间变量,如偏移距;τ 为零偏移距的截距时间;p 为射线参数;$\varphi(x)$ 为 Radon 变换积分曲线的曲率;t 为地震数据的双程旅行时。

在定义积分变量过程中,当 $t = \tau + px$ 时,式(3.2-1)为线性 Radon 变换;当 $t = \tau + px^2$ 时,式(3.2-1)为抛物线 Radon 变换;当 $t = \sqrt{\tau^2 + px^2}$ 时,式(3.2-1)为双曲线 Radon 变换。

(2) 频率域的 Radon 变换。

下面以抛物线 Radon 变换为例,解释频率域的 Radon 变换方法。

对于沿 x 方向规则采样的地震数据,抛物线 Radon 变换可表示为

正变换:

$$\mu(\tau, p) = \int_{+\infty}^{-\infty} d[x, t = \tau + qx^2]\mathrm{d}x \qquad (3.2\text{-}2)$$

反变换:

$$d'(x,t) = \int_{+\infty}^{-\infty} \mu[p, \tau = t - qx^2]\mathrm{d}q \qquad (3.2\text{-}3)$$

式中,p 为射线参数;$\mu(\tau, p)$ 为 Radon 域数据;τ 为截距时间;q 为曲率参数;$d'(x,t)$ 为反变换后的空间-时间域数据;x 为偏移距。

式(3.2-2)和式(3.2-3)对应的离散抛物线变换形式分别为

$$\mu(\tau, p) = \sum_{k=1}^{N_x} d'\left(x_k, t = \tau + qx_k^2\right) \qquad (3.2\text{-}4)$$

$$d'(x,t) = \sum_{j=1}^{N_q} \mu\left(q_j, \tau = t - q_j x^2\right) \qquad (3.2\text{-}5)$$

式中,N_x 为时间域内的地震道数;N_q 为 Radon 域内的地震道数。

对式(3.2-4)和式(3.2-5)分别做一维傅里叶变换,可得频率域的 Radon 变换公式:

$$\mu(\omega, q_j) = \sum_{k=1}^{N_x} d'(\omega, x_k) \mathrm{e}^{\mathrm{i}\omega q_j x_k} \qquad (3.2\text{-}6)$$

$$d'(x_k, \omega) = \sum_{j=1}^{N_q} \mu(q_j, \omega) e^{-i\omega q_j x_k^2} \quad (3.2\text{-}7)$$

式中，ω 为频率。

2) 基于频率域抛物线 Radon 变换的多次波压制技术

采用抛物线 Radon 变换实现一次波与多次波分离。在动校正后的 CDP 道集中，同一反射时间的多次波速度低于一次波速度，当一次波被拉平，多次波同相轴的弯曲轨迹可以近似认为是抛物线。

将式(3.2-6)和式(3.2-7)分别写成矩阵形式，则有

$$U = L^T D \quad (3.2\text{-}8)$$

$$D' = LU \quad (3.2\text{-}9)$$

式中，D 为时间域数据矩阵；U 为 Radon 域数据矩阵；L^T 为矩阵 L 的共轭转置。矩阵 L 为

$$L = \begin{pmatrix} e^{-i\omega q_1 x_1^2} & e^{-i\omega q_2 x_1^2} & \cdots & e^{-i\omega q_{N_q} x_1^2} \\ e^{-i\omega q_1 x_2^2} & e^{-i\omega q_2 x_2^2} & \cdots & e^{-i\omega q_{N_q} x_2^2} \\ \vdots & \vdots & & \vdots \\ e^{-i\omega q_1 x_{N_x}^2} & e^{-i\omega q_2 x_{N_x}^2} & \cdots & e^{-i\omega q_{N_q} x_{N_x}^2} \end{pmatrix} \quad (3.2\text{-}10)$$

为了估算 Radon 域数据矩阵 U，定义矩阵：

$$E = D - D' = D - LU \quad (3.2\text{-}11)$$

对式(3.2-11)求平方差，得到：

$$S = (D - LU)^T (D - LU) \quad (3.2\text{-}12)$$

当 $N_x > N_q$ 时，式(3.2-12)可以表示为

$$U = (L^T L)^{-1} L^T D \quad (3.2\text{-}13)$$

当 $N_x < N_q$ 时，式(3.2-12)又可以表示为

$$U = L^T (LL^T)^{-1} D \quad (3.2\text{-}14)$$

当 $N_x = N_q$ 时，式(3.2-13)等价于式(3.2-14)。

通过上述抛物线 Radon 变换可以实现多次波与一次波的分离，然后通过定义切除函数，在 Radon 域切除多次波。在 Radon 变换计算过程中，离散 Radon 变换不像连续 Radon 变换那样，使多次波同相轴收敛成一个点，而是收敛为一个能量团，该现象被称为截断效应。因此，为了减弱截断效应的影响，在方法实现过程中需要使用一种自适应的滤波函数。该滤波函数可以是

$$g(\tau, q) = 1 - \frac{1}{\sqrt{1 + \left[\dfrac{B(\tau, q)}{\varepsilon A(\tau, q)}\right]^2}} \quad (3.2\text{-}15)$$

式中，$A(\tau, q)$ 为 Radon 域 (τ, q) 点附近时窗内的能量绝对值之和；$B(\tau, q)$ 为 Radon 域多次波在 (τ, q) 点附近时窗内的能量绝对值之和；ε 为能量 A 和 B 之间的能量均衡系数。

通过使用式(3.2-15)中的自适应切除函数,在Radon域可以衰减多次波的能量,达到消除多次波的目的。对经上述处理后的地震数据,再进行Radon反变换,便可以得到压制多次波后的时间-空间域地震数据(张军华等,2004)。

2. 基于预测相减方法的多次波压制技术

预测相减方法基于波动理论,能更好地适应复杂介质的情况,诸多地球物理工作者都对该类方法进行了系统深入的研究。该类多次波压制方法包括 τ-p 域预测反褶积多次波压制方法、逆散射级数层间多次波预测方法等。

1) τ-p 域预测反褶积多次波压制方法

基于一次波不会重复出现、多次波会重复出现的基本假设条件,采用统计性方法分离一次波和多次波。预测反褶积利用一次波预测多次波,通过多次波的预测和减去两步实现。但在非零炮检距情况下,地震记录中不同阶的多次波呈非周期性,仅利用预测反褶积压制多次波难以取得良好效果。将包含多次波的地震记录变换到 τ-p 域,在相同的 p 值道上不同阶的多次波呈周期性,因此,可在 τ-p 域利用预测反褶积压制多次波。

假设地震子波 $b(t)$ 为白噪声序列,满足最小相位条件,反射系数序列为 $s(t)$,则褶积模型为

$$x(t) = b(t) * s(t) = \sum_{\tau=0}^{m} b(t)s(t-\tau) \qquad (3.2\text{-}16)$$

地震记录 $x(t)$ 子波 $t+l$ 时刻的预测值为

$$\hat{x}(t+l) = c(t) * x(t) = \sum_{\tau=0}^{m} c(t)x(t-\tau) \qquad (3.2\text{-}17)$$

式中,l 为预测步长;$c(t) = \{c(0), c(1), c(2), \cdots, c(m)\}$ 为线性预测因子;$m = l-1$。

对于 $t+l$ 时刻,预测误差 $\varepsilon(t+l)$ 为

$$\varepsilon(t+l) = x(t+l) - \hat{x}(t+l) \qquad (3.2\text{-}18)$$

$$Q = \sum_{t} \varepsilon_t^2 \qquad (3.2\text{-}19)$$

式中,Q 为误差能量,在最小平方准则下求解 $c(t)$。令 $\dfrac{\partial Q}{\partial c(t)} = 0$,得到:

$$\sum_{\tau=0}^{m} R_{xx}(\tau - j)c(t) = R_{xx}(j+l), \quad j = 0, 1, \cdots, m \qquad (3.2\text{-}20)$$

式中,R_{xx} 为地震记录的自相关;$R_{xx}(j+l)$ 为期望输出与原记录的互相关。

求解上式得到 $c(t)$,将 $c(t)$ 与 $x(t)$ 褶积得到预测的多次波,由地震记录减去预测的多次波得到压制多次波后的记录:

$$\varepsilon(t+l) = x(t+l) - \sum_{\tau=0}^{m} c(t)x(t-\tau) \qquad (3.2\text{-}21)$$

式(3.2-21)被称为最小平方预测反滤波。

由此可见,当存在周期性多次波时,相当于对一次波进行了滤波。对于实际地震数据,为了消除周期性多次波,必须进行反滤波。

2)逆散射级数层间多次波预测方法

基于逆散射级数的二维层间多次波预测公式是建立在逆散射级数的一维和 1.5 维层间多次波预测公式基础上的，首先对基于逆散射级数的一维和 1.5 维层间多次波预测公式进行推导。

假设炮点和检波点的深度相等且为零，可以得到一维层间多次波预测公式：

$$b_p(\omega)=\int_{-\infty}^{+\infty}\mathrm{e}^{-\mathrm{i}\omega t_1}b(t_1)\mathrm{d}t_1\times\int_{-\infty}^{t_1-\varepsilon}\mathrm{e}^{-\mathrm{i}\omega t_2}b(t_2)\mathrm{d}t_2\times\int_{t_2+\varepsilon}^{+\infty}\mathrm{e}^{-\mathrm{i}\omega t_3}b(t_3)\mathrm{d}t_3 \qquad(3.2\text{-}22)$$

式中，$b(t)$是一维地震记录；$b_p(\omega)$是频率域的一维层间多次波预测结果；ε是子波长度；ω是角频率；t_1、t_2和t_3是多重积分的不同时间区间。由式(3.2-22)积分上下限的关系可知，$t_2 \leq t_1-\varepsilon$，$t_3 \geq t_2+\varepsilon$。

在近似水平的层状介质条件下，通过引入阶跃函数，式(3.2-22)可以写为

$$b_p(\omega)=\int_{-\infty}^{+\infty}\mathrm{e}^{-\mathrm{i}\omega t_1}b(t_1)\mathrm{d}t_1\times\int_{-\infty}^{+\infty}H(t_1-\varepsilon-t_2)\mathrm{e}^{-\mathrm{i}\omega t_2}b(t_2)\mathrm{d}t_2\times\int_{-\infty}^{+\infty}H(t_3-\varepsilon-t_2)\mathrm{e}^{-\mathrm{i}\omega t_3}b(t_3)\mathrm{d}t_3 \qquad(3.2\text{-}23)$$

交换积分次序可得

$$b_p(\omega)=\int_{-\infty}^{+\infty}\mathrm{e}^{\mathrm{i}\omega t_2}b(t_2)\mathrm{d}t_2\int_{-\infty}^{+\infty}\int_{-\infty}^{+\infty}b(t_1)\times H(t_1-\varepsilon-t_2)H(t_3-\varepsilon-t_2)\times b(t_3)\mathrm{e}^{-\mathrm{i}\omega(t_3+t_1)}\mathrm{d}t_3\mathrm{d}t_1 \qquad(3.2\text{-}24)$$

$$b_p(\omega)=\int_{-\infty}^{+\infty}\mathrm{e}^{\mathrm{i}\omega t_2}b(t_2)\mathrm{d}t_2\times\int_{t_2+\varepsilon}^{+\infty}\mathrm{e}^{-\mathrm{i}\omega t_1}b(t_1)\mathrm{d}t_1\times\int_{t_2+\varepsilon}^{+\infty}\mathrm{e}^{-\mathrm{i}\omega t_3}b(t_3)\mathrm{d}t_3 \qquad(3.2\text{-}25)$$

式中，$H(t)=\begin{cases}1,t\geq 0\\0,t<0\end{cases}$是阶跃函数。

对频率域预测结果做反傅里叶变换，可得到时间域的一维层间多次波预测结果：

$$b_p(t)=\int_{-\infty}^{+\infty}\mathrm{e}^{\mathrm{i}\omega t}b_p(\omega)\mathrm{d}\omega \qquad(3.2\text{-}26)$$

对比式(3.2-22)与式(3.2-25)可知，对层间多次波预测公式简化之前，对$b(t_3)$的积分与t_1、t_2均有关；简化之后，对$b(t_3)$的积分仅与t_2有关。因此，简化公式可以有效降低层间多次波预测的计算复杂度。同样地，通过引入阶跃函数可以推导出如下的叠前层间多次波预测公式：

$$b_p(x_s,x_g,\omega)=\int_{-\infty}^{+\infty}\mathrm{d}x_{s1}\int_{-\infty}^{+\infty}\mathrm{d}x_{g1}\int_{-\infty}^{+\infty}b(x_{s1},x_{g1},t_2)\mathrm{e}^{\mathrm{i}\omega t_2}\mathrm{d}t_2\times\int_{t_{m2}}^{+\infty}b(x_s,x_{g1},t_1)\mathrm{e}^{-\mathrm{i}\omega t_1}\mathrm{d}t_1\int_{t_{m1}}^{+\infty}b(x_{s1},x_g,t_3)\mathrm{e}^{-\mathrm{i}\omega t_3}\mathrm{d}t_3$$

$$(3.2\text{-}27)$$

式中，$b_p(x_s,x_g,\omega)$为频率域的层间多次波预测结果；$b(x_s,x_g,t)$为时间域的叠前道集；t_{m1}、t_{m2}为时间积分区间的下限；x_s、x_g分别为预测层间多次波的炮点位置和检波点位置；x_{s1}、x_{g1}分别为积分炮点位置和检波点位置。

3.2.2 井控高分辨率处理技术

严格来说，地震记录的分辨率既包括纵向分辨率也包括横向分辨率，但我们常说的提高分辨率的技术多指提高地震记录纵向分辨率，横向分辨率的提升多依赖于高密度采集和炮偏移处理技术。本小节所述的提高分辨率处理技术均指提高地震记录纵向分辨率的处理技术。

1. 井控地震资料处理的方法理论

1) 井控处理概述

广义上讲，井资料不仅包括垂直地震剖面（vertical seismic profile，VSP）、井间等地震资料，还包括声波时差、密度等测井资料，以及与目的层相关的小层（单砂体或单砂层）录井资料等。在实际的处理工作中，很多方面都可以用到 VSP 资料。比如，可以标定地面地震资料，从 VSP 中提取相关的处理参数，在井资料和地面地震记录之间建立联系等。非零偏 VSP 在处理成像特殊构造的岩体和其他特殊的井周边问题时，具有比较好的处理效果。

在油气藏勘探开发的过程中，井资料和地震资料所提供信息的差别主要在于资料的范围、精度和尺度方面。另外，井资料也是地震资料处理过程中的重要参考信息，所以需要在二者之间建立联系。利用 VSP 资料就可以达到联系井资料和地面地震资料的目的，且 VSP 资料的精度要比地面地震资料的更高，同时其范围又比井资料的范围更大，可以确保对井旁储层的准确描述和预测。

对比常规的地面地震记录，VSP 记录的有效波信号只受到了一次地表低速层的影响，因此分辨率更高。除此之外，和常规地震记录不同，VSP 记录是在井中接收信号，其位置更容易被定位且接近目标地层。由于检波器被放置在井中，更易于获得地层的响应且不易被干扰，因此得到的资料具有更丰富的波场信息和更高的信噪比。VSP 资料有利于更好地分析速度和地震属性，同时在叠前深度偏移中也有较好的应用效果。另外，VSP 可以对相同探测范围内的常规地震资料进行弥补或者校正。由于在处理 VSP 记录的过程中不易受到人为因素的影响，较好地保护了地震波场的真实情况，从而可以准确地反映地下构造。

井控地震资料处理这种方法可以在处理工作的过程中，对已有的 VSP 资料和井资料等进行合理利用。通过对这些资料的充分利用，可以准确定量地获得一些地震处理步骤中所需要的参数，增加处理后地震剖面的可信度，为接下来的解释工作奠定坚实的基础。

下面给出一个基于井控的串联式地震资料高分辨处理流程，井控地震资料处理的流程如图 3.2-1 所示。

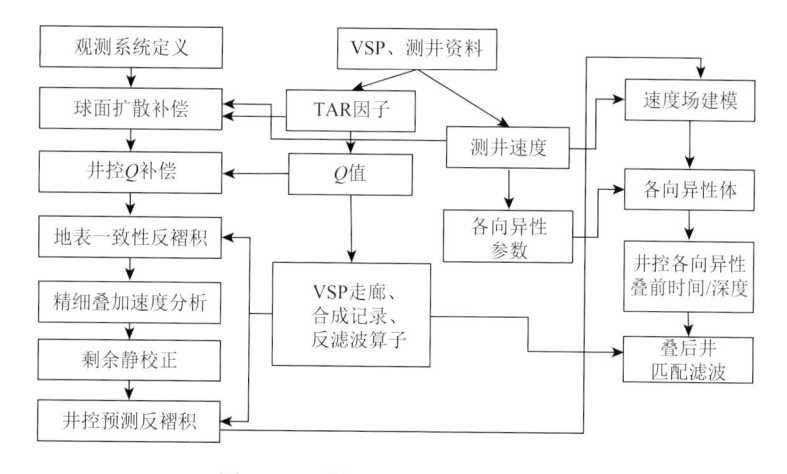

图 3.2-1 井控地震资料处理流程图

TAR：真振幅恢复，ture amplitude recovery

2) 井控高分辨率处理概述

井控高分辨处理技术的核心是利用各种井资料提供的丰富先验信息，在常规处理技术的基础上，以井资料作为约束条件指导地面地震资料的反褶积处理，提高地震资料的分辨率与保真度。

根据井资料在地震处理中约束方式的不同，井控高分辨技术主要可分为以下三大类（徐春梅等，2019）。

第一类是参数约束，通过井资料求取较为准确的处理参数，比如球面扩散因子、品质因子 Q、反褶积参数等，以这些参数约束地面地震数据的能量补偿、Q 值补偿以及提高分辨率处理。在高分辨处理中，多用于求取预测步长、井校因子等。

第二类是算子约束，利用井数据中相对丰富的波形、相位信息提取可靠的零相位化算子、反褶积算子等，提高地震剖面质量。在高分辨处理中，多用于求取相位差的模、子波算子和反射系数序列。

第三类是模型约束，将井资料作为先验条件应用于建模阶段，对井附近的地质模型起到标定、补充、约束的作用，改善层析速度建模、全波形反演、偏移成像等技术的应用效果。在高分辨处理中，基于广义回归神经网络振幅谱修饰的提高分辨率方法应用较多，该方法将井资料作为先验信息，得到合成地震记录振幅谱，然后利用神经网络进行振幅谱的有效估计和扩展，提高地震剖面主频并拓宽频带，有效避免了纯地震数据驱动导致的盲目性问题，提高了地震剖面的分辨率。

2. 常规的井控高分辨率处理技术

1) 井控预测反褶积技术

预测反褶积是高分辨处理中的一个重要方法，在提高分辨率和压制多次波方面效果明显，但常规预测反褶积一般是直接基于地震记录实现的，在预测步长和算子等关键参数的设计上往往缺乏评判依据和质控标准。因此，可以通过引入井控的概念对预测反褶积进行约束，从而实现高质量的反褶积处理（史燕红，2020）。

假设地震记录为 $x(t)$，通过地震记录和 VSP 下行波记录互相关求解出互相关函数 $r_{xv}(\tau)$，并将其从时间节点 m 处分为两部分：$[r_{xv}(0)-r_{xv}(m)]$ 和 $[r_{xv}(m)-r_{xv}(m+a)]$。再假设预测滤波因子为 $c(t)$，将其代入互相关函数 $r_{xv}(\tau)$，得到：

$$\begin{pmatrix} r_{xv}(0) & r_{xv}(1) & \cdots & r_{xv}(m) \\ r_{xv}(1) & r_{xv}(0) & \cdots & r_{xv}(m-1) \\ \vdots & \vdots & & \vdots \\ r_{xv}(m) & r_{xv}(m-1) & \cdots & r_{xv}(0) \end{pmatrix} \begin{pmatrix} c(0) \\ c(1) \\ \vdots \\ c(m) \end{pmatrix} = \begin{pmatrix} r_{xv}(a) \\ r_{xv}(a+1) \\ \vdots \\ r_{xv}(a+m) \end{pmatrix} \quad (3.2\text{-}28)$$

通过求解式（3.2-28）所示的矩阵方程，可得到最佳预测滤波因子 $c(t)$。利用 $c(t)$ 与地震记录进行预测滤波，即可得到地震记录在未来 $t+a$ 时刻的预测值：

$$\hat{x}(t+a) = \sum_{l=0}^{m} c(l)x(t-l) \quad (3.2\text{-}29)$$

而多次波干扰是在一次反射之后时间 Δt 开始出现的一系列振幅逐渐衰减的干扰，那么在预测滤波中，选择预测步长 $a = \Delta t$ 时，在一次反射 Δt 时间之后出现的就只是多次波干扰了。

因此，可以利用包括一次反射和多次波干扰的地震记录 t 时刻以前及 t 时刻的信息预测出 $t+\Delta t$ 地震记录的值，其预测出来的结果就是多次波干扰，也就是预测误差。

然后，将 $t+a$ 时刻的实际值 $x(t+a)$ 与预测值 $\hat{x}(t+a)$ 相减，得到消除了多次波等干扰的地震记录，从而实现资料的反褶积处理：

$$S(t+a) = x(t+a) - \hat{x}(t+a) \tag{3.2-30}$$

井控预测反褶积程序实现过程中应注意以下两个主要参数的选择。

(1) 预测步长 a。由于预测反褶积可将地震子波压缩成一个 $a-1$ 的短脉冲，理论上讲，a 越接近于 1，地震子波被压缩得就越接近于一个尖脉冲，反褶积输出信号的分辨率就越高。当预测步长 $a=1$ 时，预测反褶积可以将地震子波压缩为一个尖脉冲。但实际地震资料处理中并不是 a 越接近于 1，反褶积效果越好。

井控预测反褶积中可以将 VSP 走廊作为判别依据，通过计算反褶积后的地震记录与 VSP 走廊的互相关函数，以函数的极值作为迭代阈值，来更新预测步长。

(2) 预测滤波算子长度。预测滤波算子长度不宜太短，因为太短会影响预测滤波的效果。理论上讲，滤波算子长度越长，预测滤波的精度越高。但是增加滤波算子长度，会增加计算量，消耗很多运算时间。而且滤波算子达到一定长度时，滤波的效果就趋于稳定，不会有太大的改进。因此，没有必要将滤波算子长度设置得太长，可通过多次迭代来选择滤波算子的最佳长度。

2) VSP 谱约束的地表一致性反褶积技术

井控反褶积的另一种方法是，根据地震资料和 VSP 资料的频带确定有效信号的频带范围，设计谱约束算子，使地表一致性反褶积仅在一定频带内进行，从而实现 VSP 谱约束的地表一致性反褶积。这种反褶积方法在有限提高分辨率的同时保持了较高的信噪比。

通过井控确定有效信号优势频带的方法如下。

(1) 统计地震数据的信号谱、噪声谱的分布特征，确定工区内地震数据的有效信号频带范围。

(2) 统计工区内井数据(主要为 VSP 数据)的信号谱、噪声谱的分布特征，确定井数据有效信号的频带范围。

(3) 根据地震数据和井数据有效信号的频带范围，综合确定出该区有效信号的最宽频谱 $C(f)$，避免采用单一地震数据确定有效信号频带范围不准的问题。

确定地震记录的优势频带后就可对地震记录进行分频处理，分频进行地表一致性反褶积的原理是信号纯度谱不受反褶积处理的影响。

假设地震记录 $x(t)$ 由信号 $s(t)$ 和噪声 $n(t)$ 组成，即

$$x(t) = s(t) + n(t) \tag{3.2-31}$$

在频率域，式(3.2-31)变为

$$X(f) = S(f) + N(f) \tag{3.2-32}$$

地震信号的纯度定义为

$$P = \frac{\int s^2(t)\mathrm{d}t}{\int s^2(t)\mathrm{d}t + \int n^2(t)\mathrm{d}t} = \frac{\int S^2(f)\mathrm{d}f}{\int S^2(f)\mathrm{d}f + \int N^2(f)\mathrm{d}f} = \frac{1}{1+\dfrac{1}{R}} \tag{3.2-33}$$

式中，R 是信噪比，R 被定义为

$$R = \frac{\int s^2(t)\mathrm{d}t}{\int n^2(t)\mathrm{d}t} = \frac{\int S^2(f)\mathrm{d}f}{\int N^2(f)\mathrm{d}f} \tag{3.2-34}$$

因此，信号纯度谱 $p(f)$ 为每个频率的信号纯度，即

$$p(f) = \frac{S^2(f)}{S^2(f) + N^2(f)} \tag{3.2-35}$$

为方便表述，信号纯度谱定义为

$$p(f) = \frac{|S(f)|}{|S(f)| + |N(f)|} = \frac{1}{1+\dfrac{1}{r(f)}} \tag{3.2-36}$$

式中，$r(f)$ 定义为信噪比谱。反褶积后的地震记录在频率域表达为

$$Y(f) = X(f)H(f) \tag{3.2-37}$$

式中，$H(f)$ 是反褶积算子，反褶积后的信号纯度谱为

$$p_Y(f) = \frac{|H(f)||S(f)|}{|H(f)|\big[|S(f)| + |N(f)|\big]} = \frac{1}{1+\dfrac{1}{r(f)}} = p(f) \tag{3.2-38}$$

式(3.2-38)表明，反褶积不会改变地震记录的信号纯度谱，因此可以在反褶积前对地震记录进行谱约束。谱约束的方法是将地震记录与谱约束算子相褶积，使全频带的地震记录只含有期望频带。

谱约束算子的求解方法是，已知脉冲子波 $\delta(t)$ 和期望输出 $c(t)$，设计一个滤波器函数 $a(t)$，则

$$c(t) = \delta(t) * a(t) \tag{3.2-39}$$

设 $C(f)$ 是反褶积后期望输出的地震记录 $c(t)$ 的频谱，设计一个滤波器函数 $b(t)$，对 $c(t)$ 进行脉冲反褶积，使得

$$\delta(t) = c(t) * b(t) \tag{3.2-40}$$

期望输出为尖脉冲，此时脉冲反褶积算子 $b(t)$ 即为谱约束算子。在实际资料中还需对谱约束算子进行选择优化，对此可以采用井控谱约束反褶积的思路，依据井控地震资料处理流程和质控方法，对谱约束算子进行测试与选择，将不同谱约束的反褶积结果与VSP走廊叠加数据进行匹配，以定量确定最优谱约束算子，提高纵向分辨率。

地震记录经谱约束算子滤波后，就可对其做地表一致性反褶积处理。地表一致性反褶积的原理是在地表一致性假设上，利用"地表一致性谱分解"方法，将地震道分解为震源、接收器、炮检距和地震脉冲响应的褶积，最后对分解后的地震道进行反滤波以恢复地层脉冲响应。地表一致性反褶积的数学模型已在3.1节中进行了详细的说明，故这里不做赘述，此处值得注意的是如何将VSP谱约束方法引入地表一致性反褶积中。

VSP谱约束的地表一致性反褶积处理实际资料的主要步骤如下。

(1) 根据目的区有效信号的频谱 $C(f)$，设计可能的优势频带的期望输出 $C_1(f)$，$C_2(f),\cdots,C_n(f)$，按式(3.2-40)求取其相应的谱约束算子 $b_1(t), b_2(t), \cdots, b_n(t)$，对地震记录进行谱约束滤波。

(2) 对上述谱约束滤波后的地震记录进行地表一致性反褶积，此时预测步长为采样间隔，这样可使优势频带范围内的振幅减小，而在优势频带之外振幅保持不变或增大。

(3) 进行叠前时间偏移，利用井旁道的叠加数据和井数据(如 VSP 数据)进行井控匹配互相关分析的质量评价，获得最优的谱约束算子和优势频带的期望输出。

3.2.3 高精度成像处理技术

复杂岩性体边界(砂体边界及尖灭点)和断裂系统精细成像是准噶尔盆地岩性勘探的重点，本节简要阐述高精度成像处理方面的两项关键技术的方法原理。

1. 基于吸收衰减补偿的成像处理技术

地下介质的黏滞性造成地震波的振幅衰减和相位畸变，尤其对于强吸收的地质环境，高频能量损失严重，会使地震记录频带变窄，分辨率降低。对这类数据进行偏移时，地质体内部和下方的构造不能很好地成像，这造成了深层识别和解释的困难，也影响了准确预测储层的能力。因此，为了提高偏移成像分辨率，需要补偿这类衰减效应(吴娟，2016)。

1) 介质的吸收衰减参数

地震勘探中用来表示地层吸收性质的参数有品质因子 Q、对数衰减量 δ、吸收系数 α 和衰减因子 β 等。

(1) 品质因子 Q。

品质因子 Q 是描述介质的地震波衰减的一个重要物理参量。它是岩石对弹性波吸收特征的一种表达方式，是储能与耗散能的比率，描述了介质非完全弹性特征。一般来说，介质的 Q 值与介质的结构特征有关，在数值上常常被定义为：当波传播一个波长为 λ 的距离后，Q 值等于原来储存的能量 E 与消耗能量 ΔE 之比的 2π 倍，即

$$Q = 2\pi \frac{E}{\Delta E} \qquad (3.2\text{-}41)$$

式中，E 为介质质点处于最大应力、应变状态下的弹性能；ΔE 为谐波激励条件下，介质质点振动一周期后损耗的能量。

(2) 对数衰减量 δ。

当地震波在地下传播一个波长距离(即一个周期 T)时，其振幅与初始振幅比值的自然对数，称为对数衰减量：

$$\delta = \ln \frac{A_1}{A_2} \qquad (3.2\text{-}42)$$

式中，A_1、A_2 为地震波相邻两个波峰的振幅值。

$$\frac{\Delta E}{E} = \frac{A_1^2 - A_2^2}{A_1^2} = 1 - \left[\frac{A_2}{A_1}\right]^2 = 1 - \mathrm{e}^{2\delta} \approx 1 - (1 - 2\delta) = 2\delta \qquad (3.2\text{-}43)$$

因此，δ 与 Q 之间的关系如式(3.2-44)，它们都表示地震波振动一周的吸收衰减情况：

$$Q^{-1} = \frac{1}{2\pi}\frac{\Delta E}{E} = \frac{\delta}{\pi} \tag{3.2-44}$$

(3) 吸收系数 α。

地震波振幅 A 沿传播距离的衰减，通常用吸收系数来表示。平面波在均匀吸收介质中传播的振幅方程：

$$A(r,t) = A_0 e^{-\alpha r}\omega(t) \tag{3.2-45}$$

式中，A_0 为地震波初始振幅值；r 为地震波传播距离；α 为地震波振幅 A 沿传播距离的吸收系数；$\omega(t)$ 为地震波的波动函数。地震波在吸收介质中的传播，振幅值随传播距离的增大而呈指数减小。如果是球面波，考虑球面扩散作用，则可在 A_0 的前面乘上 $1/r$。

吸收系数 α 计算的是单位长度距离地震波的吸收衰减。如果地震波传播距离以波长计算，则与 δ 等价，两者存在以下关系：

$$\alpha = \frac{\delta}{\lambda} = \frac{\delta}{Tv} = \frac{\delta}{v}f \tag{3.2-46}$$

式中，λ 为地震波波长；v 为地震波传播速度；f 为振动频率。

(4) 衰减因子 β。

衰减因子是用来表示地震波振幅随波的旅行时衰减的参数，如下式：

$$A(r,t) = A_0 e^{-\beta t} \tag{3.2-47}$$

式中，t 为波的旅行时。平面波每走一个波长的振幅衰减分贝数，即

$$\beta = 20\lg\left(\frac{A_1}{A_2}\right) \tag{3.2-48}$$

式中，A_1、A_2 是相邻两个波峰的振幅值，dB。

$$\beta = 8.686\delta = 27.29Q^{-1} \tag{3.2-49}$$

式中，β、δ、Q 三个参数都表示地震波每传播一个波长距离(一个周期)的能量衰减。由 $\delta = \ln\frac{A_1}{A_2} = \alpha\lambda = \beta T$ 可知，对数衰减量 δ 是无量纲参数。

实验证明，地震频带范围内，吸收系数 α 与地震波频率 f 成正比：

$$\alpha = \frac{\delta}{v}f \tag{3.2-50}$$

式中，比例系数 δ/v 为常数。若忽略频散现象，则吸收系数 α、对数衰减量 δ 都是与频率无关的常数，只反映地层介质的吸收性质。

品质因子 Q、吸收系数 α、对数衰减量 δ、衰减因子 β 之间的关系为

$$\beta = 20\lg\left(\frac{A_1}{A_2}\right) = 20\lg(e^{\delta}) = 20\lg(e^{\alpha\lambda}) = 20\left[\frac{\ln e^{\alpha\lambda}}{\ln 10}\right] = 8.686\alpha\lambda \tag{3.2-51}$$

$$\frac{1}{Q} = \frac{\delta}{\pi} = \frac{\alpha\lambda}{\pi} = \frac{\beta}{8.686\pi} = \frac{\beta}{27.29} \tag{3.2-52}$$

上述四个地层吸收参数中，最常用的是品质因子 Q。

2) 基于吸收衰减补偿的波动方程偏移

常规基尔霍夫积分法叠前时间偏移仅考虑了波场走时和球面扩散效应，忽略了实际介质的薄互层和黏滞性特征。基于波动方程架构，推导出黏滞声学介质条件下的波场延拓公式，实现振幅补偿和频散校正，采用频率域积分法完成叠前时间偏移。相比常规叠前时间偏移，黏滞声学介质吸收补偿叠前时间偏移的计算量大，除了输入速度场外，还需输入等效 Q 值场。

下面从 Q 偏移成像技术涉及的六项核心点进行详细分析。

(1) 黏滞声学介质的波场频散关系。

在地震波有效频带(8～100Hz)内，可假设地层品质因子 Q 与频率无关或随频率缓慢变化，以简化对黏滞性介质中地震波场传播过程的描述。在黏滞声学介质中，随频率变化的地震波的实速度 $v(\omega)$ 与地层品质因子 Q 的关系可表示为

$$v(\omega) = v(\omega_c)\left(1 + \frac{1}{\pi Q}\ln\frac{\omega}{\omega_c}\right) \tag{3.2-53}$$

式中，ω_c 为地震高截频率；$v(\omega_c)$ 为频率 ω_c 对应的速度。当频率 ω 趋向于 ω_c 时，地震波速度趋近于常数。在实际地震数据中无法确定 ω_c 和 $v(\omega_c)$，而地震波主频对应的速度可由速度分析得到，因此用主频 ω_0 代替高截频 ω_c，并用 v_0 表示对应于主频 ω_0 的速度，则可化简为

$$v(\omega) = \frac{v_0\left(1 + \frac{1}{\pi Q}\ln\frac{\omega}{\omega_c}\right)}{1 + \frac{1}{\pi Q}\ln\frac{\omega_0}{\omega_c}} \approx \frac{v_0}{1 - \frac{1}{\pi Q}\ln\frac{\omega}{\omega_0}} \tag{3.2-54}$$

在黏滞性介质中波数不再是实数，要以复数形式表达。引入复速度，并结合式(3.2-54)，用 v 代替 v_0，得到：

$$\frac{1}{C(\omega)} = \frac{1}{v(\omega)}\left(1 - \frac{1}{2Q}\right) = \frac{1}{v}\left(1 - \frac{j}{2Q}\right)\left(1 - \frac{1}{\pi Q}\ln\frac{\omega}{\omega_0}\right) \tag{3.2-55}$$

式中，$C(\omega)$ 是复速度；j 是虚数单位。

由式(3.2-55)可得到非均匀黏滞性介质中波场延拓时的频散关系为

$$K_z = \sqrt{\left[\frac{\omega}{C(\omega)}\right]^2 - \left(K_x^2 + K_y^2\right)} = \sqrt{\left(1 - \frac{j}{2Q}\right)^2\left(\frac{\omega}{v}\right)^2\left(1 - \frac{1}{\pi Q}\ln\frac{\omega}{\omega_0}\right)^2 - \left(K_x^2 + K_y^2\right)} \tag{3.2-56}$$

式中，K_z 是垂直波数；K_x、K_y 分别是沿 x 和 y 方向的水平波数。式(3.2-56)可进一步简化为

$$K_z \approx \frac{\omega}{v}\sqrt{1 - \frac{2}{\pi Q}\ln\frac{\omega}{\omega_0} - \left(\frac{v}{\omega}\right)^2\left(K_x^2 + K_y^2\right) - \frac{j}{Q}} \tag{3.2-57}$$

由式(3.2-57)可见，在黏滞声学介质中，垂向波数除了与地震速度有关外，还与数据的频率及地层品质因子有关，常用的时间域积分法不能求解，只有在频率域才可求解。

(2) 黏滞声学介质波场延拓。

在频率-波数域，利用式(3.2-57)给定的频散关系，黏滞声学介质中检波点波场的深度延拓可表示为

$$\overline{P}(K_x, K_y, \omega, z_0 + \Delta Z) = \overline{P}(K_x, K_y, \omega, z_0) \times \exp\left[j\frac{\omega}{v}\Delta Z\sqrt{1 - \frac{2}{\pi Q}\ln\frac{\omega}{\omega_0} - \left(\frac{v}{\omega}\right)^2\left(K_x^2 + K_y^2\right) - \frac{j}{Q}}\right]$$

(3.2-58)

式中，$\overline{P}(K_x, K_y, \omega, z_0)$ 和 $\overline{P}(K_x, K_y, \omega, z_0 + \Delta z)$ 分别表示深度 z_0 和 $z_0 + \Delta z$ 对应波场的傅里叶变换。

将地下介质分为纵向若干个小层，给定各小层的地震速度 v_i，便可将式(3.2-58)的深度延拓转换到时间域：

$$\overline{P}\left(K_x, K_y, \omega, T = \sum_{i=1}^{n}\Delta T\right) = \overline{P}(K_x, K_y, \omega, 0)$$

$$\times \exp\left[j\omega\sum_{i=1}^{n}\Delta T_i \times \sqrt{1 - \frac{2}{\pi Q_i}\ln\left(\frac{\omega}{\omega_0}\right) - \left(\frac{v_i}{\omega}\right)^2\left(K_x^2 + K_y^2\right) - \frac{j}{Q_i}}\right]$$

(3.2-59)

式中，$\Delta T_i = \Delta z_i / v_i$ 是各小层的单程走时；n 是深度延拓的小层数；T 是当前深度对应的单程垂向走时。

引入等效 Q 值（Q_e）以及常规叠前时间偏移所用的均方根速度 v_{rms}：

$$\begin{cases} v_{rms} = \sqrt{\dfrac{1}{T}\sum_{i=1}^{n}v_i^2\Delta T_i} \\ \dfrac{1}{Q_e} = \dfrac{1}{T}\sum_{i=1}^{n}\dfrac{\Delta T_i}{Q_i} \end{cases}$$

(3.2-60)

用复数开平方近似，式(3.2-59)右端指数项中的相移量可由泰勒展开近似为

$$\sum_{i=1}^{n}\Delta T_i\sqrt{1 - \frac{2}{\pi Q}\ln\frac{\omega}{\omega_0} - \left(\frac{v_i}{\omega}\right)^2\left(K_x^2 + K_y^2\right) - \frac{j}{Q_i}}$$

$$\approx T\sqrt{1 - \frac{2}{\pi Q_e}\ln\frac{\omega}{\omega_0} - \left(\frac{v_{rms}}{\omega}\right)^2\left(K_x^2 + K_y^2\right)} - j\frac{T}{2Q_e}\left[1 - \frac{2}{\pi Q_e}\ln\frac{\omega}{\omega_0} - \left(\frac{v_{rms}}{\omega}\right)^2\left(K_x^2 + K_y^2\right)\right]^{-\frac{1}{2}}$$

(3.2-61)

将式(3.2-61)代入式(3.2-59)，便得到 T 时刻的地震波场，且该波场由 T 时刻对应的 v_{rms} 和 Q_e 唯一确定。

(3) 基于稳相原理的波场求解。

将用 v_{rms} 和 Q_e 表示的方程[式(3.2-59)]进行傅里叶反变换，得到空间-频率域表示的地震波场：

$$P(x, y, \omega, T) = \frac{\omega^2}{4\pi}\iint F(\omega)$$

$$\times \exp\left\{j\omega\left[T\sqrt{1 - \frac{2}{\pi Q_e}\ln\frac{\omega}{\omega_0} - v_{rms}^2\left(P_x^2 + P_y^2\right)} + P_x(x - x_g) + P_x(y - y_g)\right]\right\}$$

$$\times \exp\left[\frac{\omega T}{2Q_e}\sqrt{1 - \frac{2}{\pi Q_e}\ln\frac{\omega}{\omega_0} - v_{rms}^2\left(P_x^2 + P_y^2\right)}\right]dP_xdP_y$$

(3.2-62)

式中，$P_x = \dfrac{K_x}{\omega}$ 和 $P_y = \dfrac{K_y}{\omega}$ 是与频率无关的射线参数；$F(\omega)$ 是地面记录波场的傅里叶变换；x_g、y_g 表示接收点的 x、y 坐标。

对于 $Q_e \gg 1$，式(3.2-62)表示一个振荡积分，等式右端第一个指数项的时移量随频率缓慢变化，可用稳相法求解。稳相点原理认为，式(3.2-62)积分的主要贡献来自稳相点 $\left(P_x^0, P_y^0\right)$，其积分的相位是稳定的，求得渐近解为

$$P(x, y, \omega, T) = F(\omega) \frac{\omega}{2\pi} \exp\left(-j\frac{\pi}{2}\right) \times \left|\psi\left(P_x^0, P_y^0\right)\right|^{-\frac{1}{2}} \exp\left[j\omega\varphi\left(P_x^0 + P_y^0\right)\right]$$
$$\times \exp\left\{\frac{\omega T}{2Q_e}\left(1 - \frac{2}{\pi Q_e}\ln\frac{\omega}{\omega_0} - v_{\text{rms}}^2\left[\left(P_x^0\right)^2 + \left(P_y^0\right)^2\right]\right)^{-\frac{1}{2}}\right\} \tag{3.2-63}$$

其中，相位是

$$\varphi\left(P_x, P_y\right) = T\sqrt{1 - \frac{2}{\pi Q_e}\ln\frac{\omega}{\omega_0} - v_{\text{rms}}^2\left[P_x^2 + P_y^2\right]} + P_x(x - x_g) + P_y(y - y_g) \tag{3.2-64}$$

而稳相点 $\left(P_x^0, P_y^0\right)$ 由下式确定：

$$\begin{cases} \dfrac{\partial\varphi\left(P_x, P_y\right)}{\partial P_x} = 0 \\ \dfrac{\partial\varphi\left(P_x, P_y\right)}{\partial P_y} = 0 \end{cases} \tag{3.2-65}$$

将式(3.2-64)代入式(3.2-65)，可解得

$$\begin{cases} P_x = \dfrac{x - x_g}{v_{\text{rms}}}\sqrt{\dfrac{1 - \dfrac{2}{\pi Q_e}\ln\dfrac{\omega}{\omega_0}}{(x - x_g)^2 + (y - y_g)^2 + (Tv_{\text{rms}})^2}} \\ P_y = \dfrac{y - y_g}{v_{\text{rms}}}\sqrt{\dfrac{1 - \dfrac{2}{\pi Q_e}\ln\dfrac{\omega}{\omega_0}}{(x - x_g)^2 + (y - y_g)^2 + (Tv_{\text{rms}})^2}} \end{cases} \tag{3.2-66}$$

进而由式(3.2-66)求得

$$\varphi\left(P_x, P_y\right) = T\sqrt{1 - \frac{2}{\pi Q_e}\ln\frac{\omega}{\omega_0} - v_{\text{rms}}^2\left(P_x^2 + P_y^2\right)} + P_x(x - x_g) + P_y(y - y_g)$$
$$= T\sqrt{1 + \frac{(x - x_g)^2 + (y - y_g)^2}{Tv_{\text{rms}}}}\sqrt{1 - \frac{2}{\pi Q_e}\ln\frac{\omega}{\omega_0}} \approx \tau_g\left(1 - \frac{1}{\pi Q_e}\ln\frac{\omega}{\omega_0}\right) \tag{3.2-67}$$

$$\left(P_x^0\right)^2 + \left(P_y^0\right)^2 = \frac{\left[(x - x_g)^2 + (y - y_g)^2\right]\left(1 - \dfrac{1}{\pi Q_e}\ln\dfrac{\omega}{\omega_0}\right)}{v_{\text{rms}}^2\left[(x - x_g)^2 + (y - y_g)^2 + (Tv_{\text{rms}})^2\right]} \tag{3.2-68}$$

$$\left|\varphi\left(P_x^0,P_y^0\right)\right|^{-\frac{1}{2}}=\left[\frac{\partial^2\varphi}{\partial P_x^0}\frac{\partial^2\varphi}{\partial P_y^0}-\left(\frac{\partial^2\varphi}{\partial P_x\partial P_y}\right)^2\right]^{-\frac{1}{2}}\Bigg|_{P_x=P_x^0,P_y=P_y^0}=\frac{T}{\tau_g^2 v_{\mathrm{rms}}}\sqrt{1-\frac{2}{\pi Q_e}\ln\frac{\omega}{\omega_0}}$$

$$\approx\frac{T}{\tau_g^2 v_{\mathrm{rms}}}\left[1-\frac{1}{\pi Q_e}\ln\frac{\omega}{\omega_0}\right]\approx\frac{T}{\tau_g^2 v_{\mathrm{rms}}}$$

(3.2-69)

将式(3.2-67)~式(3.2-69)代入式(3.2-62)，并作化简，得出检波点到成像点的反向延拓波场为

$$P_g(x,y,\omega,T)=F(\omega)\frac{\omega}{2\pi}\exp\left(-\mathrm{j}\frac{\pi}{2}\right)\frac{T}{\tau_g^2 v_{\mathrm{rms}}^2}\times\exp\left[\mathrm{j}\omega\tau_g\left(1-\frac{1}{\pi Q_e}\ln\frac{\omega}{\omega_0}\right)\right]\times\exp\left(\frac{\omega\tau_g}{2Q_e}\right)$$

(3.2-70)

式中，τ_g 是地震波在弹性介质中从接收点到成像点的上行波波场走时。

以上述同样方式可推导出炮点到成像点的波场延拓表达式：

$$P_s(x,y,\omega,T)=S(\omega)\frac{\omega}{2\pi}\exp\left(\mathrm{j}\frac{\pi}{2}\right)\frac{T}{\tau_s^2 v_{\mathrm{rms}}^2}\times\exp\left[-\mathrm{j}\omega\tau_g\left(1-\frac{1}{\pi Q_e}\ln\frac{\omega}{\omega_0}\right)\right]\times\exp\left(\frac{\omega\tau_s}{2Q_e}\right)$$

(3.2-71)

式中，$S(\omega)$ 是炮点震源信号的傅里叶变换；τ_s 是地震波在弹性介质中从激发点到成像点的下行波波场走时。

(4) 反褶积成像条件。

由于现实中无法获得准确的震源信号，在地震数据处理中采用反褶积压缩地震子波，或采用地表一致性反褶积消除地震道之间的子波差异。反褶积后地震数据的子波是一致的，由此可忽略震源子波的影响，即忽略式(3.2-71)右端前三项。应用反褶积成像条件，由式(3.2-70)和式(3.2-71)得出单道地震数据的成像结果(即脉冲响应)为

$$I(x,y,T)=\left(\frac{\tau_s}{\tau_g}\right)^2\int F(\omega)\frac{\omega}{2\pi}\exp\left(-\mathrm{j}\frac{\pi}{2}\right)\times\exp\left[\mathrm{j}\omega(\tau_s+\tau_g)\left(1-\frac{1}{\pi Q_e}\ln\frac{\omega}{\omega_0}\right)\right]$$
$$\times\exp\left[\frac{\omega(\tau_s+\tau_g)}{2Q_e}\right]\mathrm{d}\omega$$

(3.2-72)

将所有地震道的成像结果按炮检距大小进行叠加就可得到叠前时间偏移道集。

式(3.2-72)右端第一项是成像权系数，用以消除地震波的球面扩散效应。积分符号内的前三项表示对输入地震道的时间微分。积分符号内第二个指数项表示对输入地震道的频散校正(其时延量与子波的频率 ω 及地层的 Q_e 值有关)，使不同频率成分的相位趋于地震主频的相位，从而提高地震分辨率。积分符号内第三个指数项表示对输入地震道的振幅补偿，其补偿量与子波的频率 ω 及地层的 Q_e 值有关，频率越高 Q_e 值越小，补偿幅度越大，改变不同频率成分的振幅关系，可提高地震高频成分的能量。

(5) 稳定性处理。

稳定性是各类补偿幅值衰减方法的关键。当 $\tau_s+\tau_g$ 较大或 Q_e 很小时,式(3.2-72)的第三个指数项将趋于无穷大,因此,反 Q 滤波一直难以得到很好的应用。直到提出增益控制方法,才使得反 Q 滤波得到广泛应用。本书采用补偿因子光滑性阈值控制来保持成像方法的计算稳定性。光滑性阈值控制使得补偿因子的数值不超过给定的阈值,但其数值变化是光滑的。定义一个新函数 $\phi(\eta)=\mathrm{e}^{\eta}$ 取代式(3.2-72)的第三个指数项,且 $\eta=\dfrac{\omega}{2Q_e}(\tau_s+\tau_g)$,给定阈值 G,并令

$$\begin{cases}\phi(\eta)=\mathrm{e}^{\eta}, & \eta\leqslant\ln G\\ \phi(\eta)=G\left[1-\ln G-25(\ln G)^2\right]+G(1+5\ln G)\eta-25\eta^2, & \ln G<\eta\leqslant\ln G+0.2\\ \phi(\eta)=1.1G, & \eta>\ln G+0.2\end{cases}$$

(3.2-73)

为了提高计算效率,避免对这一函数的重复计算,采用查表方法实现光滑性阈值控制。在补偿偏移之前预先计算一组 $\phi(\eta)$ 值保存在一维表中,按照成像点的 η 值到表中拾取对应数值。一维表的间隔为 $\dfrac{\Delta\omega\Delta\tau}{2Q_e}$,$Q_e$ 的间隔为 50。实际成像时在固定间隔的一维表中拾取相邻两点的值,插值得出 η 对应的数值。

(6) 高频折叠效应处理。

在频率域实施黏滞性介质叠前时间偏移算法时存在频率窗口两端折返效应的影响,需对频率窗口的两端添加衰减带,使其平滑过渡到零。在常规偏移成像算法中,通过对叠前地震资料做频率域衰减,减小折返效应的影响。但在补偿黏滞性衰减的成像算法中,随时间深度的增加,高频成分得到更大补偿,频率窗口高频端处原来接近于零的值将远大于零,产生高频噪声。对此可以采用随补偿因子大小而改变衰减带宽度的方法,以保证高频端平滑过渡到零。对叠前地震资料中超出有效高频的部分引入较宽的衰减带,计算式如下:

$$F_0(i\Delta\omega)=F(i\Delta\omega)\exp\left[0.06(m_c-i)^2\right]\quad(i=m_c+1,m_c+15) \tag{3.2-74}$$

式中,$F_0(i\Delta\omega)$、$F(i\Delta\omega)$ 分别为衰减后和衰减前的频谱;$\Delta\omega$ 为频率采用间隔;$m_c=\mathrm{int}(\omega_c/\Delta\omega)$ 为高频样点数。由式(3.2-74)可见,最大衰减带宽度为 15 个频率样点。在成像过程的频率域累加计算中,根据补偿因子的相对大小确定高频端衰减带的宽度,即衰减带所含点数为

$$l=\mathrm{int}\left(\sqrt{\dfrac{1}{0.06}\ln\dfrac{\phi(m_c\Delta\eta)}{\phi(m_0\Delta\eta)}+25}\right) \tag{3.2-75}$$

式中,$m_0=\mathrm{int}(\omega_0/\Delta\omega)$ 为地震主频对应的频率样点数。式(3.2-75)表明最小的衰减带宽度为 5 个点,衰减带的作用仅是保证幅值平滑过渡到零,对处于衰减带中的频率成分,补偿因子将不随频率增加而增加。最终的成像结果是两部分的叠加,一是不在衰减带中的频率成分,二是处于衰减带中的频率成分,即

$$I(x, y, T) = \left(\frac{\tau_s}{\tau_g}\right)^2 \exp\left(-\mathrm{j}\frac{\pi}{2}\right)$$

$$\times \sum_{i=m_1}^{m_2} R\left\{F(i\Delta\omega) \times (i\Delta\omega)\phi(i\Delta\eta)\exp\left[\mathrm{j}(i\Delta\omega)(\tau_s + \tau_g) \times \left(1 - \frac{1}{\pi Q_e}\ln\frac{i\Delta\omega}{\omega_0}\right)\right]\right\}$$

$$+ \left(\frac{\tau_s}{\tau_g}\right)^2 \exp\left(-\mathrm{j}\frac{\pi}{2}\right)\phi(m_2\Delta\eta)\sum_{i=m_1}^{m_2} R\left\{F(i\Delta\omega) \times (i\Delta\omega)\exp\left[\begin{array}{l}\mathrm{j}(i\Delta\omega)(\tau_s + \tau_g) \\ \times\left(1 - \dfrac{1}{\pi Q_e}\ln\dfrac{i\Delta\omega}{\omega_0}\right)\end{array}\right]\right\}$$

(3.2-76)

式中，R 表示复函数的实部。黏滞性介质叠前时间偏移的目标是使地震成像剖面的浅、中、深层频带范围趋于一致，从而提高中、深层的地震分辨率，但在实际地震资料处理中更多的是接近而非完全一致。为此，将有效频带设置为时变(浅、中、深三个区域)、空变(平面上不同区域)的参数项。变频带成像条件使得成像结果在保持信噪比的基础上尽可能地提高分辨率，而且还可提高计算效率。

3) 基于吸收衰减补偿的高斯束逆时偏移

基于波动方程偏移的衰减补偿能对复杂构造进行更准确的成像，但计算效率较低。高斯束偏移是近年来发展的一种优秀的偏移算法，不仅具有接近于波动方程偏移方法的成像精度，而且保留了基尔霍夫积分偏移方法高效、灵活的优点，能够有效地解决多值走时问题。

在高斯束方法中，地震波场由一系列高斯束的叠加表示。对于点源、线源以及曲面震源产生高频地震波场的高斯束表示方法，前人已经进行了详细的讨论，此处仅简要分析格林函数以及平面波的高斯束积分。

高斯束方法的核心是格林函数的合成，然后由格林函数得到地震波场，描述地震波的传播过程。在高斯束偏移方法中，二维格林函数 $G_{2\mathrm{D}}(\boldsymbol{x}, \boldsymbol{x}_0, \omega)$ 是通过一系列由源点出射的具有不同出射角的高斯束叠加积分表示的，如图 3.2-2 所示。

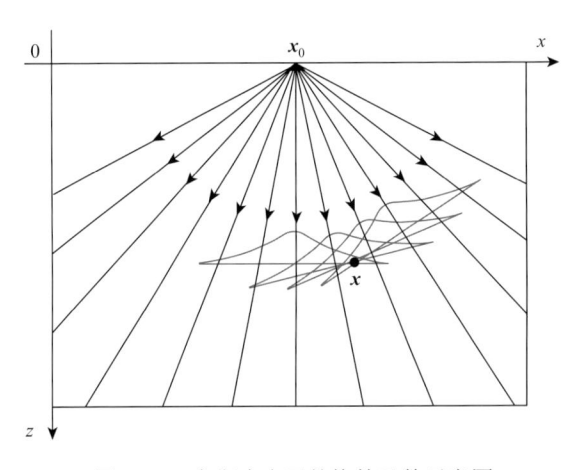

图 3.2-2 高斯束表示的格林函数示意图

从源点 $\boldsymbol{x}_0 = (x_0, 0)$ 处以不同的角度出射中心射线束,每条中心束附近波场值用高斯束方法求取,地下介质中 $\boldsymbol{x} = (x, z)$ 点的波场值由与其邻近的多条高斯束叠加而得,则高斯束表示的格林函数公式为

$$G_{2D}(\boldsymbol{x}, \boldsymbol{x}_0, \omega) = \frac{i}{2\pi} \int u_{GB}(\boldsymbol{x}, \boldsymbol{x}_0, \boldsymbol{p}, \omega) \frac{dp_x}{p_z} \tag{3.2-77}$$

式中,$\boldsymbol{p} = (p_x, p_z)$ 为高斯束中心射线的参数矢量,p_x 和 p_z 分别表示射线参数的水平分量和垂直分量;$\boldsymbol{x}_0$ 和 $\boldsymbol{x}$ 分别为源点和地下介质中计算点的位置;$u_{GB}(\boldsymbol{x}, \boldsymbol{x}_0, \boldsymbol{p}, \omega)$ 为高斯束方法求取的波场位移。其中:

$$u_{GB}(\boldsymbol{x}, \boldsymbol{x}_0, \boldsymbol{p}, \omega) = A\exp(i\omega T) \tag{3.2-78}$$

对于式(3.2-78),A、T 分别表示高斯束的复值振幅和旅行时,且有

$$A = \sqrt{\frac{V(s)q(s_0)}{V(s_0)q(s)}} \tag{3.2-79}$$

$$T = \tau(s) + \frac{n^2}{2}\frac{p(s)}{q(s)} \tag{3.2-80}$$

式中,s 是射线路径;s_0 是射线追踪的起点;$V(s)$ 是沿射线的速度;$\tau(s)$ 是沿着射线的旅行时;$p(s)$ 和 $q(s)$ 是动力学射线追踪方程组的复值解,它们决定了高斯束的能量分布;n 表示沿射线法线方向的距离。

高斯束构建的格林函数由多条中心射线附近有限区域的局部波场叠加得到,利用不同的波束叠加可以解决多值走时问题。求解动力学射线追踪方程组过程中采用 Hill(1990)给定的初始值,可以保证高斯束是正则的,因而由高斯束所表示的格林函数也是处处正则的,避免了复杂构造下的焦散问题。

在不同时刻波前面相互平行的波称为平面波,如图 3.2-3 所示,它具有常数振幅和固定的传播方向。

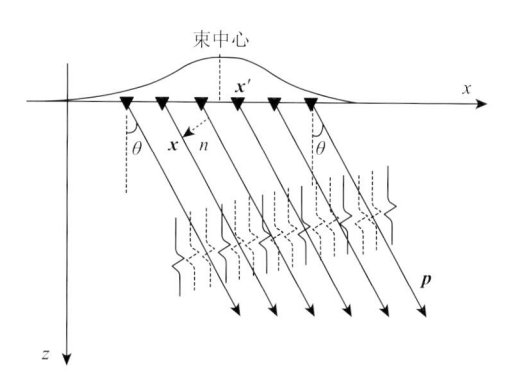

图 3.2-3 高斯束表示的平面波示意图

高斯束方法中,平面波由初始方向相同但初始位置不同的高斯束叠加合成,如下式:

$$P_{2D}(\boldsymbol{x}, \boldsymbol{p}, \omega) = \Phi \int d\boldsymbol{x}' u_{GB}(\boldsymbol{x}, \boldsymbol{x}', \boldsymbol{p}, \omega)\exp(i\omega \boldsymbol{p} \cdot \boldsymbol{x}') \tag{3.2-81}$$

式中,$\boldsymbol{p} = \left(\dfrac{\sin\theta}{V}, \dfrac{\cos\theta}{V}\right)$ 为射线参数矢量,它是高斯束中心射线的初始方向,也代表平面

波的传播方向。利用最速下降法求取式(3.2-81)的高频渐近解,并将其与式(3.2-82)解析的平面波表达式进行对比,便可以求得初始振幅系数表达式(3.2-83):

$$P_{2D}(\boldsymbol{x}, \boldsymbol{p}, \omega) = \exp(\mathrm{i}\omega \boldsymbol{p} \cdot \boldsymbol{x}) \tag{3.2-82}$$

$$\Phi = \cos\theta \sqrt{\frac{\omega}{2\pi\omega_r \omega_0^2}} \tag{3.2-83}$$

同样也可以得到三维平面波的高斯束积分式:

$$P_{3D}(\boldsymbol{x}, \boldsymbol{p}, \omega) = \frac{\omega \cos\beta}{2\pi\omega_r \omega_0^2} \mathrm{d}x' \mathrm{d}y' U_{GB}(\boldsymbol{x}, \boldsymbol{x}', \boldsymbol{p}, \omega) \exp(\mathrm{i}\omega \boldsymbol{p} \cdot \boldsymbol{x}') \tag{3.2-84}$$

(1)高斯束叠后偏移:在三维标量各向同性介质中,假设 $\boldsymbol{x}_s = (x_s, y_s)$ 为震源,$\boldsymbol{x}_r = (x_r, y_r)$ 为接收点,则由瑞利(Rayleigh)Ⅱ积分公式可以得到地下 x 处反向延拓的地震波场:

$$u(\boldsymbol{x}, \boldsymbol{x}_s, \omega) = -\frac{1}{2\pi} \mathrm{d}x_r \mathrm{d}y_r \frac{\partial G^*(\boldsymbol{x}, \boldsymbol{x}_r, \omega)}{\partial z_r} u(\boldsymbol{x}_r, \boldsymbol{x}_s, \omega) \tag{3.2-85}$$

式中,$\frac{\partial G^*(\boldsymbol{x}, \boldsymbol{x}_r, \omega)}{\partial z_r} \approx -\mathrm{i}\omega p_{rz} G^*(\boldsymbol{x}, \boldsymbol{x}_r, \omega)$。在三维标量介质中,$\boldsymbol{x}_r$ 点到 $\boldsymbol{x}$ 点的三维格林函数 $G(\boldsymbol{x}, \boldsymbol{x}_r, \omega)$ 可以用高斯束 $U_{GB}(\boldsymbol{x}, \boldsymbol{x}_r, \boldsymbol{p}, \omega)$ 的叠加积分来表示:

$$G(\boldsymbol{x}, \boldsymbol{x}_r, \omega) = \frac{\mathrm{i}\omega}{2\pi} \iint \frac{\mathrm{d}p_x \mathrm{d}p_y}{p_z} U_{GB}(\boldsymbol{x}, \boldsymbol{x}_r, \boldsymbol{p}, \omega) \tag{3.2-86}$$

Hill(1990,2001)引入了一个相位校正因子,用 $\boldsymbol{x}$ 点附近 $\boldsymbol{L} = (L_x, L_y, 0)$ 处(束中心位置)出射高斯束 $U_{GB}(\boldsymbol{x}, \boldsymbol{x}_r, \boldsymbol{p}, \omega)$ 的叠加积分来近似表示格林函数:

$$G(\boldsymbol{x}, \boldsymbol{x}_r, \omega) \approx \frac{\mathrm{i}\omega}{2\pi} \iint \frac{\mathrm{d}p_{rx} \mathrm{d}p_{ry}}{p_{rz}} U_{GB}(\boldsymbol{x}, \boldsymbol{L}, \boldsymbol{p}_r, \omega) \exp[-\mathrm{i}\omega \boldsymbol{p}_r \cdot (\boldsymbol{x}_r - \boldsymbol{L})] \tag{3.2-87}$$

Hill 所提出的高斯束偏移方法的关键即为式(3.2-87)。根据上式,要想有效地减少计算量,对高斯束的计算以及后面的波场延拓成像只需要在比接收点 $\boldsymbol{x}_r$ 更为稀疏的束中心 $\boldsymbol{L}$ 处进行。

当 $\boldsymbol{x}_r$ 距离 $\boldsymbol{L}$ 较远时,式(3.2-87)会存在一定的误差。在地表观测排列中加入一系列重叠的高斯窗(图 3.2-3)就可以减小误差,高斯窗的中心就是束中心的位置。高斯函数具有如下性质:

$$\frac{\sqrt{3}}{4\pi} \left|\frac{\omega}{\omega_0}\right| \left(\frac{\Delta L}{\omega_0}\right)^2 \sum_L \exp\left[-\left|\frac{\omega}{\omega_r}\right| \frac{|\boldsymbol{x}_r - \boldsymbol{L}|^2}{2\omega_0^2}\right] \approx 1 \tag{3.2-88}$$

式中,ΔL 为束中心间隔。此时,通过若干个束中心出射的高斯束可求得格林函数 $G(\boldsymbol{x}, \boldsymbol{x}_r, \omega)$,且当 $\boldsymbol{x}_r$ 距离 $\boldsymbol{L}$ 较远时高斯窗函数的衰减性质可以有效降低上述误差。

若将式(3.2-87)和式(3.2-88)代入式(3.2-85),可以得到基于高斯束的波场反向延拓公式:

$$u(\boldsymbol{x}, \boldsymbol{x}_s, \omega) \approx -\frac{\sqrt{3}}{4\pi} \left(\frac{\omega_r \Delta L}{\omega_0}\right)^2 \sum_L \iint \mathrm{d}p_{rx} \mathrm{d}p_{ry} U_{GB}^*(\boldsymbol{x}, \boldsymbol{L}, \boldsymbol{p}_r, \omega) D_s(\boldsymbol{L}, \boldsymbol{p}_r, \omega) \tag{3.2-89}$$

式中,$D_s(\boldsymbol{L}, \boldsymbol{p}_r, \omega)$ 为地震记录的加窗局部倾斜叠加:

$$D_s(\boldsymbol{L}, \boldsymbol{p}_r, \omega) = \frac{1}{4\pi^2} \left|\frac{\omega}{\omega_r}\right|^3 \iint \mathrm{d}x_r \mathrm{d}y_r u(x_r, x_s, \omega) \exp\left[\mathrm{i}\omega \boldsymbol{p}_r \cdot (\boldsymbol{x}_r - \boldsymbol{L}) - \left|\frac{\omega}{\omega_r}\right| \frac{|\boldsymbol{x}_r - \boldsymbol{L}|^2}{2\omega_0^2}\right] \tag{3.2-90}$$

叠后偏移通常采用爆炸反射界面成像条件，由此可以得到最终的叠后偏移公式为

$$I_{\text{post}}(x) = \int d\omega u(x, x_s, \omega)$$
$$= -\frac{\sqrt{3}}{4\pi} \left(\frac{\omega_r \Delta L}{\omega_0}\right)^2 \int d\omega \sum_L \iint dp_{Lx} dp_{Ly} U_{GB}^*(x, L, p_L, \omega) D_s(L, p_L, \omega) \quad (3.2\text{-}91)$$

叠后高斯束偏移的实现过程可以大致分为三步：①选择束中心间隔，并根据所选择束中心间隔确定束中心的位置；②将每个束中心有效范围（高斯函数值大于其最大值的1%）内的地震记录按照式（3.2-90）进行倾斜叠加，也就是将其分解为不同方向的局部平面波；③依据平面波的初始方向在束中心处试射高斯束，然后根据高斯束的走时和振幅信息按照式（3.2-91）进行成像。

(2) 高斯束叠前偏移：炮域高斯束偏移的基本原理如图 3.2-4 所示，高斯束叠前偏移是由震源处的下行波场与束中心处的上行波场互相关得到。在震源和束中心处分别以不同的射线参数 p_s 和 p_{L_r} 出射高斯束进行波场计算。地震波场通过高斯束积分表示的格林函数来描述。

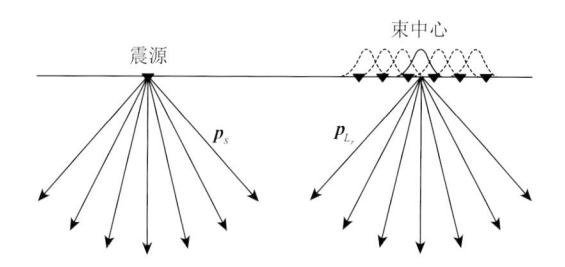

图 3.2-4 共炮集高斯束偏移原理图

叠前成像公式为

$$I_{\text{pre}}(x) = -\frac{1}{2\pi} \int d\omega \int dx_s \frac{\partial G^*(x, x_s, \omega)}{\partial z_s} \int dx_r \frac{\partial G^*(x, x_r, \omega)}{\partial z_r} u(x_r, x_s, \omega) \quad (3.2\text{-}92)$$

式中，$\frac{\partial G^*(x, x_r, \omega)}{\partial z_r} \approx -\mathrm{i}\omega p_{rz} G^*(x, x_r, \omega)$；$u(x_r, x_s, \omega)$ 为记录波场；$I_{\text{pre}}(x)$ 为最终的叠前成像值。

结合式（3.2-88）和式（3.2-92），确定一系列接收点束中心位置 L_r，

$$I_{\text{cs}}(x) = -\frac{\sqrt{3}}{8\pi^2} \left(\frac{\Delta L}{L_0}\right)^2 \int dx_s \sum_{L_r} \int d\omega \left|\frac{\omega}{\omega_r}\right| \int dx_r u(x_r, x_s, \omega)$$
$$\times \exp\left[-\left|\frac{\omega}{\omega_r}\right| \frac{|x_r - L|^2}{2L_0^2}\right] \frac{\partial G^*(x, x_s, \omega)}{\partial z_s} \frac{\partial G^*(x, x_r, \omega)}{\partial z_r} \quad (3.2\text{-}93)$$

将震源格林函数 $G(x, x_s, \omega)$ 利用式（3.2-77）表示，束中心位置 L_r 有效范围内的接收点格林函数 $G(x, x_r, \omega)$ 利用下式表示：

$$G(x, x_r, \omega) \approx \frac{\mathrm{i}}{2\pi} \int \frac{dp_{rx}}{p_{rz}} U_{GB}(x, L, p_r, \omega) \exp\{-\mathrm{i}\omega p_r \cdot (x_r - L)\} \quad (3.2\text{-}94)$$

可得

$$I_{cs}(x) = -\frac{\sqrt{3}}{32\pi^4}\left(\frac{\Delta L}{L_0}\right)^2 \int dx_s \sum_{L_r} \int d\omega \omega^4 \left|\frac{\omega}{\omega_r}\right| \int dx_r u(x_r, x_s, \omega)$$
$$\times \exp\left[-\left|\frac{\omega}{\omega_r}\right|\frac{|x_r - L|^2}{2L_0^2}\right] \int dp_{sx} U_{GB}^*(x, x_s, p_s, \omega) \int dp_{rx} U_{GB}^*(x, L_r, p_r, \omega) \exp\{i\omega p_r \cdot (x_r - L_r)\}$$

(3.2-95)

上式可进一步简化为

$$I_{cs}(x) = -\frac{\sqrt{3}}{8\pi^2}\left(\frac{\omega_r \Delta L}{L_0}\right)^2 \int dx_s \sum_{L_r} \int d\omega \omega^2 \int dp_{sx} \int dp_{rx} \times U_{GB}^*(x, x_s, p_s, \omega)$$
$$\times U_{GB}^*(x, L_r, p_r, \omega) D_s(L_r, p_r, \omega)$$

(3.2-96)

式(3.2-96)即为共炮点道集高斯束偏移公式，其中 $D_s(L_r, p_r, \omega)$ 为地震记录的加窗局部倾斜叠加：

$$D_s(L, p_r, \omega) = \frac{1}{4\pi^2}\left|\frac{\omega}{\omega_r}\right|^3 \int dx_r u(x_r, x_s, \omega) \exp\left[i\omega p_r \cdot (x_r - L) - \frac{1}{2}\left|\frac{\omega}{\omega_r}\right|\frac{|x_r - L|^2}{L_0^2}\right] \quad (3.2-97)$$

式中，L_0 为参考频率 ω_r 处的初始束宽；$u(x_r, x_s, \omega)$ 为记录波场。

衰减介质共炮集高斯束叠前偏移方法原理如图 3.2-5 所示。图 3.2-5(a)中，由于品质因子 Q 的存在，波从震源到反射点，再到检波点，沿整个传播路径的累积衰减量为 $\exp(-\alpha L_U - \alpha L_D)$，其中 α 是衰减系数，L_U 和 L_D 分别为上行波和下行波的传播距离，则衰减后的检波点波场为：$\hat{R}(x,t) = R(x,t)\exp(-\alpha L_U)\exp(-\alpha L_D)$。

为了实现对检波点波场的完全补偿，检波点的校正量应该为 $\exp(\alpha L_U)\exp(\alpha L_D)$。然而在互相关成像中，传播距离为 L_U（检波点到反射点）的检波点补偿算子为 $\exp(\alpha L_U)$，补偿后的检波点波场为 $R^C(x,t) = \hat{R}(x,t)\exp(\alpha L_U)$。因此，还需要同时补偿下行（震源）波场，沿着射线路径、传播距离为 L_D（震源到反射点）的震源补偿算子为 $\exp(\alpha L_U)$，补偿后的震源波场为 $S^C(x,t) = S(x,t)\exp(\alpha L_D)$，如图 3.2-5(b)所示。这样补偿后的互相关成像剖面才能达到与参考偏移剖面相当的效果。

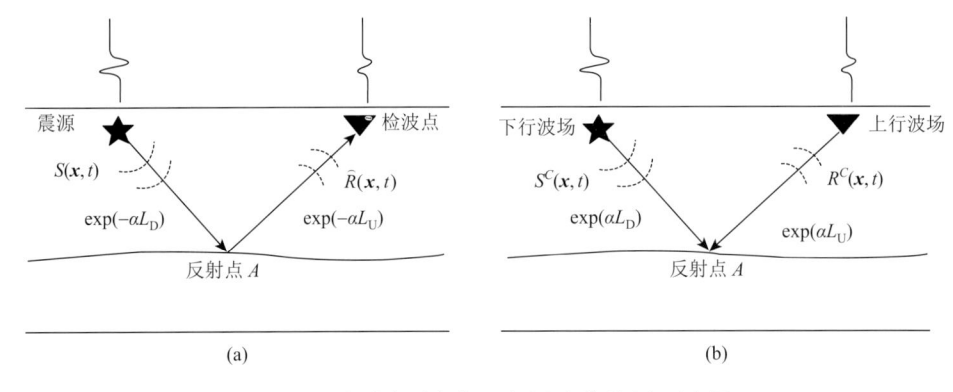

图 3.2-5 衰减介质中的正演(a)和偏移(b)示意图

波在黏声波介质中传播可认为是复速度的波在声波介质中传播，复速度的实部是声波介质中的速度V_0，品质因子Q代表衰减。如果$1/Q \ll 1$，则复速度就为

$$V(\boldsymbol{x}) = V_0(\boldsymbol{x})\left[1 + \frac{1}{2}\mathrm{i}Q^{-1}(\boldsymbol{x}) + \frac{1}{\pi}Q^{-1}(\boldsymbol{x})\ln(\omega/\omega_0)\right] \quad (3.2\text{-}98)$$

其中，Q不依赖于频率，速度的虚部引起沿射线路径的指数衰减，速度的实部包含频散项，确保波动方程解的因果性；ω_0为参考频率。当$1/Q \ll 1$时，对于一阶项，射线路径保持不变。因此，衰减只通过复值并且依赖于频率的旅行时影响波形，复值旅行时可表示为

$$T_c(\boldsymbol{x},\omega) = T(\boldsymbol{x}) - \frac{\mathrm{i}}{2}T^*(\boldsymbol{x}) - \frac{1}{\pi}T^*(\boldsymbol{x})\ln(\omega/\omega_0) \quad (3.2\text{-}99)$$

式中，$T(\boldsymbol{x})$为声波介质V_0中的旅行时；$T^*(\boldsymbol{x}) = \int_{\mathrm{ray}} \frac{1}{QV}\mathrm{d}s = \int_{\mathrm{ray}} \frac{1}{\omega}\mathrm{d}s$，ray 表示沿射线积分。吸收系数$\alpha$与品质因子$Q$有关系：$Q = \frac{\omega}{2\alpha V}$。

用式(3.2-99)的$T_c(\boldsymbol{x})$替换式(3.2-78)中的T，$T^*(\boldsymbol{x})$有关的项反号，再将得到的格林函数代入叠前偏移公式，即可得到衰减介质中的高斯束偏移公式。

(3) 声波高斯束逆时偏移方法原理：Popov 等(2010)提出了高斯束逆时偏移的计算方法，并给出了详细的思路和推导过程。这里，笔者只讨论关键步骤。考虑标量声波方程，波场$U(\boldsymbol{x},t)$满足：

$$\Delta U - \frac{1}{V^2(\boldsymbol{x})\partial t^2} = 0 \quad (3.2\text{-}100)$$

式中，$\boldsymbol{x} = (x,y,z)$；Δ为拉普拉斯算子；$V(\boldsymbol{x})$为波传播速度。

利用基尔霍夫积分，得到地下成像区域内某一点$\boldsymbol{x}_0$的格林函数$G(\boldsymbol{x},t;\boldsymbol{x}_0,t_0)$：

$$LG(\boldsymbol{x},t;\boldsymbol{x}_0,t_0) = \delta(t-t_0)\delta(\boldsymbol{x}-\boldsymbol{x}_0); G|t<t_0 \equiv 0 \quad (3.2\text{-}101)$$

式中，t_0是瞬时时刻，满足$0 \leqslant t_0 \leqslant T$。则地下一点$\boldsymbol{x}_0$的反向延拓波场$U(\boldsymbol{x}_0,t_0)$可以表示为

$$U(\boldsymbol{x}_0,t_0) = \int_{t_0}^{T}\mathrm{d}t\iint_{\partial\Omega}\mathrm{d}S_x\left[G(\boldsymbol{x},t;\boldsymbol{x}_0,t_0)\frac{\partial}{\partial n_x}U^{(0)}(\boldsymbol{x},t) - U^{(0)}(\boldsymbol{x},t)\frac{\partial}{\partial n_x}G(\boldsymbol{x},t;\boldsymbol{x}_0,t_0)\right] \quad (3.2\text{-}102)$$

式中，$\partial\Omega$为闭合空间Ω的边界；$U^{(0)}(\boldsymbol{x},t)$为地震记录；$\partial/\partial n_x$为沿$\Omega$外法线方向的导数，如图 3.2-6 所示。

此外，假设地球的水平面为边界$\partial\Omega$的一部分，则$\partial\Omega$的两侧对波场的贡献可以忽略。基尔霍夫方程中的格林函数由高斯束渐进形式$G_{GB}(\boldsymbol{x},t;\boldsymbol{x}_0,t_0)$代替，其满足基尔霍夫近似中地震边界条件$G|_{z=0} = 0$。则偏移域内一点$\boldsymbol{x}_0$的反向延拓波场为

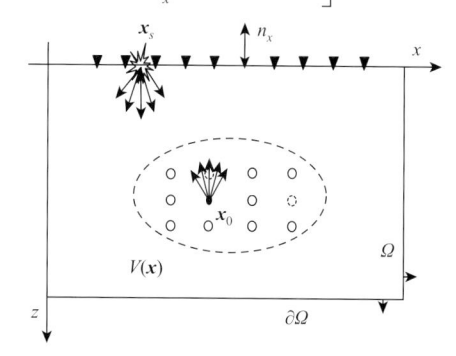

图 3.2-6　偏移域Ω的参数化示意图

$$U(\pmb{x}_0, t_0) = -2\int_{t_0}^{T} dt \iint_{Z=0} dxdy U^{(0)}(\pmb{x}, t) \frac{\partial}{\partial z} G_{GB}(\pmb{x}, t; \pmb{x}_0, t_0) \quad (3.2\text{-}103)$$

由地面点源 $\pmb{x}_s$ 产生的正向延拓波场 $U^{(D)}(\pmb{x}, t; \pmb{x}_s)$ 满足以下方程：

$$LU^{(D)}(\pmb{x}, t, \pmb{x}_s) = f(t)\delta(\pmb{x} - \pmb{x}_s); U^{(D)}|_{t<t_0} \equiv 0 \quad (3.2\text{-}104)$$

式中，$f(t)$ 是初始波 [震源子波 $f(t)|_{t<0} = 0$]。

同样，利用高斯束计算正向延拓波场：

$$U^{(D)}(\pmb{x}, t; \pmb{x}_s) = \frac{1}{\pi} \text{Re} \int_0^\infty d\omega e^{-i\omega t} f_F(\omega) G_{GB}(\pmb{x}, \pmb{x}_s; \omega) \quad (3.2\text{-}105)$$

式中，$f_F(\omega)$ 为初始子波的傅里叶变换；$G_{GB}(\pmb{x}, \pmb{x}_s; \omega)$ 为高斯束的格林函数渐进式。

高斯束逆时偏移中最关键的环节是构建基于高斯束的格林函数渐进式。格林函数如图 3.2-2 所示。

对于正向延拓波场，格林函数 $G_{GB}(\pmb{x}, \pmb{x}_s; \omega)$ 为

$$G_{GB}(\pmb{x}, \pmb{x}_s, \omega) = \frac{i}{\omega} \int u_{GB}(\pmb{x}, \pmb{x}_s, \pmb{p}, \omega) \frac{dp_x}{p_z} \quad (3.2\text{-}106)$$

式中，$u_{GB}(\pmb{x}, \pmb{x}_s, \pmb{p}, \omega)$ 为高斯束方法求取的波场位移：

$$u_{GB}(\pmb{x}, \pmb{x}_s, \pmb{p}, \omega) = A_{\pmb{x}_s} \exp(i\omega T_{\pmb{x}_s}) \quad (3.2\text{-}107)$$

而 p_x 和 p_z 分别表示射线参数的水平分量和垂直分量；ω 为频率；A 为振幅；T 是复值旅行时。

反向延拓波场的格林函数为

$$G_{GB}(\pmb{x}, t; \pmb{x}_0, t_0) = \frac{1}{\pi} \text{Re} \int_0^\infty d\omega e^{-i\omega(t-t_0)} G_{GB}(\pmb{x}, \pmb{x}_0; \omega) \quad (3.2\text{-}108)$$

其中，

$$G_{GB}(\pmb{x}, \pmb{x}_0; \omega) = \frac{i}{2\pi} \int u_{GB}(\pmb{x}, \pmb{x}_0, \pmb{p}, \omega) \frac{dp_x}{p_z} \quad (3.2\text{-}109)$$

式中，$\pmb{x}_0$ 和 $\pmb{x}$ 分别为偏移域内任一点和地下介质中计算点的位置，波场位移：

$$u_{GB}(\pmb{x}, \pmb{x}_0, p, \omega) = A_{\pmb{x}_0} \exp(i\omega T_{\pmb{x}_0}) \quad (3.2\text{-}110)$$

所以，对成像区域内一点 $\pmb{x}_0$，其正向和反向延拓波场的总旅行时为

$$\overline{T} = T_{\pmb{x}_s} + T_{\pmb{x}_0} \quad (3.2\text{-}111)$$

式(3.2-107)和式(3.2-110)中，高斯束的复值振幅 A 和复值旅行时 T 分别由式(3.2-79)和式(3.2-80)给出。

经过计算正向延拓波场和反向延拓波场之间的相干性，可得到最终的成像结果。成像条件通过下述互相关函数来表示：

$$W(\pmb{x}_0, \pmb{x}_s) = \int dt_0 U^{(D)}(\pmb{x}_0, t_0; \pmb{x}_s) U(\pmb{x}_0, t_0) \quad (3.2\text{-}112)$$

如果点 $\pmb{x}_0$ 在反射层上，由于 $U^{(D)}(\pmb{x}_0, t_0; \pmb{x}_s)$ 和 $U(\pmb{x}_0, t_0)$ 有相同的相位，$W(\pmb{x}_0, \pmb{x}_s)$ 具有极大值，反射层的位置亦由互相关 $W(\pmb{x}_0, \pmb{x}_s)$ 成像之后叠加确定。其中，$U(\pmb{x}_0, t_0)$ 和 $U^{(D)}(\pmb{x}_0, t_0; \pmb{x}_s)$ 的表达式见方程(3.2-103)和方程(3.2-105)。

(4) 衰减介质共炮集高斯束逆时偏移方法原理：为了讨论衰减介质共炮集高斯束逆时

偏移，首先讨论高斯束在衰减介质中的传播，并分析传播精度，然后给出补偿方法。

波在黏声波介质中传播可认为是复速度的波在声波介质中传播，复速度的实部是声波介质中的速度 V_0，品质因子 Q 代表衰减。如果 $1/Q \ll 1$，则复速度就为

$$V(\boldsymbol{x},\omega) = V_0(\boldsymbol{x})\left[1 + \frac{1}{2}\mathrm{i}Q^{-1}(\boldsymbol{x}) + \frac{1}{\pi}Q^{-1}(\boldsymbol{x})\ln(\omega/\omega_0)\right] \quad (3.2\text{-}113)$$

当 $1/Q \ll 1$ 时，对于一阶项，射线路径保持不变。因此，衰减只是通过依赖于频率的复值旅行时影响波形，复值旅行时可表示为

$$T_c(\boldsymbol{x},\omega) = T(\boldsymbol{x}) - \frac{\mathrm{i}}{2}T^*(\boldsymbol{x}) - \frac{1}{\pi}T^*(\boldsymbol{x})\ln(\omega/\omega_0) \quad (3.2\text{-}114)$$

式中，$T(\boldsymbol{x})$ 是声波介质 V_0 中的旅行时；$T^*(\boldsymbol{x})$ 是与 Q 有关的旅行时，

$$T^*(\boldsymbol{x}) = \int_{\mathrm{ray}} \frac{1}{Q(\boldsymbol{x})}\mathrm{d}\tau = \int_{\mathrm{ray}} \frac{2\alpha}{\omega}\mathrm{d}s \quad (3.2\text{-}115)$$

式中，$\mathrm{d}\tau$ 是沿射线路径的时间步长，用式(3.2-114)的 $T_c(\boldsymbol{x},\omega)$ 替换式(3.2-111)中的 $\overline{T}$（包括 T_{x_s}、T_{x_0}），再分别将替换后的表达式代入格林函数的表达式(3.2-106)和式(3.2-109)，即可得到衰减介质中高斯束表示的地震波场。

高斯束是波动方程沿中心射线的高频近似解，解的过程包括运动学射线追踪(计算射线路径和旅行时)和动力学射线追踪(计算中心射线周围的能量值)。对于一个光滑的二维速度模型和 Q 模型，运动学射线追踪公式为

$$\begin{cases} \dfrac{\mathrm{d}x}{\mathrm{d}\tau} = V^2(x,z)p_x(s) \\ \dfrac{\mathrm{d}z}{\mathrm{d}\tau} = V^2(x,z)p_z(s) \\ \dfrac{\mathrm{d}p_x(s)}{\mathrm{d}\tau} = -\dfrac{1}{V(x,z)}\dfrac{\partial V(x,z)}{\partial x} \\ \dfrac{\mathrm{d}p_z(s)}{\mathrm{d}\tau} = -\dfrac{1}{V(x,z)}\dfrac{\partial V(x,z)}{\partial z} \\ T^*(x,z) = \displaystyle\int_{\mathrm{ray}} \dfrac{1}{Q(x,z)}\mathrm{d}\tau \end{cases} \quad (3.2\text{-}116)$$

其初始条件为 $x(0)=x_0$，$z(0)=z_0$，$p_x(0)=\dfrac{\sin\theta}{V(x_0,z_0)}$，$p_z(0)=\dfrac{\cos\theta}{V(x_0,z_0)}$，$\theta$ 是初始入射角；s 和 τ 分别表示沿射线的路径和走时。由上式可知，求解 τ 的方程组即可确定整个射线路径，只需要增加很小的计算量即可得到 T^*，通过 T^* 可以求出方程(3.2-114)中的复值旅行时。动力学射线追踪可以表示为

$$\begin{cases} \dfrac{\partial q(s)}{\mathrm{d}\tau} = V^2(x,z)p(s) \\ \dfrac{\partial p(s)}{\mathrm{d}\tau} = -\dfrac{\boldsymbol{M}(s)}{V(s)}q(s) \end{cases} \quad (3.2\text{-}117)$$

式中，$\boldsymbol{M}(s)$ 是关于速度场二阶导数的一个 2×2 矩阵：

$$M(s) = p_x^2 \frac{\partial^2 V}{\partial^2 z} - 2p_x p_z \frac{\partial^2 V}{\partial x \partial z} + p_z^2 \frac{\partial^2 V}{\partial x^2} \qquad (3.2\text{-}118)$$

而 $p(s)$ 和 $q(s)$ 是复值动力学参数，它们决定了高斯束的波前曲率和束宽。

Q 补偿的高斯束逆时偏移包括以下几个步骤。

①输入地震记录，光滑的速度模型和 Q 模型。

②对地下成像区域内一点 x_0，从 x_0 点向地面发射射线，利用式(3.2-116)和式(3.2-117)做运动学射线追踪和动力学射线追踪，得到整个路径上的射线参数。

③利用 T^* [式(3.2-115)]修正复值旅行时 T_c [式(3.2-114)]，与 T^* 有关的项反号，得到一条高斯束[公式(3.2-110)]，进而求得格林函数[式(3.2-108)]，利用公式(3.2-103)计算 x_0 点的反向延拓波场。

④由震源 x_s 向下发射射线，射线追踪过程同步骤②，利用 T^* 校正复值旅行时 T_c，此过程中，只计算对 x_0 点有贡献的高斯束，然后计算格林函数，得到 x_0 点的正向延拓波场[式(3.2-105)]。

⑤利用互相关成像条件[式(3.2-112)]计算正向延拓波场和反向延拓波场互相关，得到 x_0 点的像。

⑥对地下成像区域中的每一个点，重复步骤②～步骤⑤，得到一炮的偏移结果。计算完所有炮集，可以得到最终的偏移剖面。

2. OVT 域处理技术

近年来，在宽方位地震采集技术推广应用的同时，对应的宽方位地震数据处理技术也得到了较快的发展。在诸多处理技术中，基于炮检距向量片(offset vector tile，OVT)的地震处理技术是宽方位地震数据处理的核心技术。

1) OVT 域的定义和提取方法

OVT 域处理技术是一种新颖的叠前数据的编排方式，基于 OVT 数据域处理可有效改善宽方位数据处理效果，且 OVT 域偏移结果含有丰富的方位各向异性信息，是宽方位三维地震数据的有效处理技术(印兴耀等，2018)。

OVT 域处理技术在处理宽方位共反射点道集时，首先从正交观测系统中抽出十字排列，即把属于同一炮线和接收线的地震道集抽出来，因此，十字排列的个数与炮线和接收线交点的数目是相同的，每个十字排列都有相应的纵横测线号，且对应于特定的地理位置。然后，将十字排列道集中按炮线距和接收线距等距离划分成小矩形，每个矩形就是一个 OVT，也就是十字排列一个数据子集，相对于十字排列道集，OVT 具有较小的限定的偏移距和方位角范围。每个 OVT 均由炮线有限范围的炮点和沿接收线有限范围的检波点组成，可以近似认为每个 OVT 具有大致相同的炮检距和方位角，如图 3.2-7 所示。最后，按照 OVT 在十字排列中的位置确定坐标，在十字排列中构建坐标系，以接收线和炮线交点为坐标原点 O，接收线为 X 轴，炮线为 Y 轴，OVT 在坐标系中的投影位置即是它的坐标，如图 3.2-8 所示，OVT 坐标为[4, 2]。

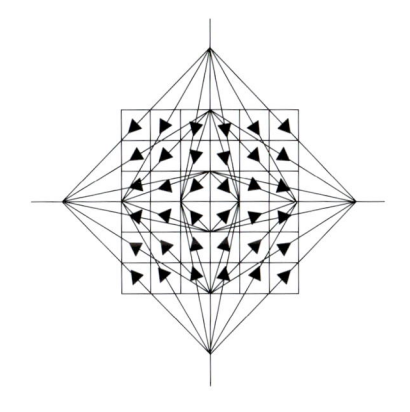

图 3.2-7　OVT 片集划分示意图 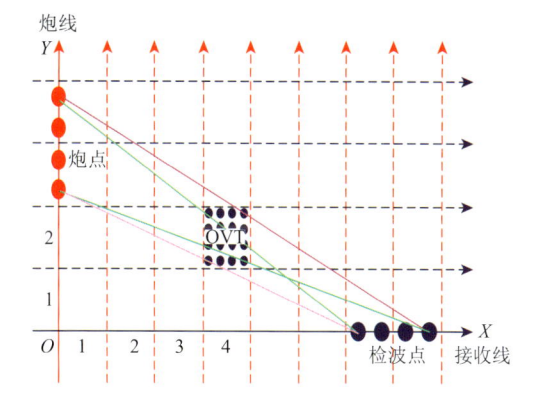　　　　图 3.2-8　正交观测系统中的 OVT 分片方法示意图

此外,OVT 到坐标原点的距离为它的近似偏移距,面元中心和坐标原点的连线与 Y 轴的夹角为方位角。将全工区十字排列按照上述方法处理后,提取相同坐标的 OVT 按照相应的 inline 线号和 crossline 线号排列,合并组成 OVT 道集(图 3.2-9、图 3.2-10),即组成一个覆盖整个工区的具有大致相同炮检距和方位角的单次覆盖数据体。该数据体同时包含炮检距和方位角信息,为高品质的"五维"(即空间三维坐标＋炮检距＋方位角)数据。地震数据被分选到 OVT 域形成 OVT 道集后,会生成许多新的属性特征,可以充分利用这些特征进行噪声压制、振幅均衡、数据规则化等处理,从而改善 OVT 道集品质,提高偏移效果,偏移结果保存了方位角和炮检距信息,可用于方位角分析。

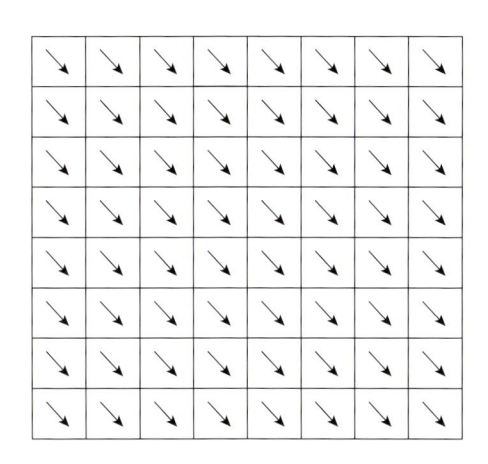

图 3.2-9　OVT 道集平面显示图 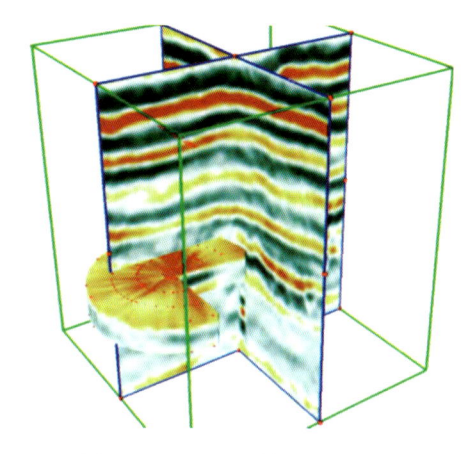　　　　图 3.2-10　OVT 道集柱状显示图

相对于常规叠前地震道集,OVT 道集具有以下优点:①OVT 道集兼具炮检距和方位角两类信息;②在一个 OVT 道集中,各地震道的炮检距和方位角大致相同;③无论是在近炮检距、中炮检距还是远炮检距范围,OVT 道集的能量一致性均较好。

2) OVT 域的去噪处理

一般来说,在将地震记录抽到 OVT 域形成 OVT 道集之前,大部分的相干噪声和野值已得到较充分压制,地震记录中剩余的主要是随机噪声。随机噪声的来源多种多样,叠加可以部分抑制地震数据中的随机噪声，但叠加后所剩余的随机噪声会严重降低最终地震数据的解释精度，所以对其进行压制是必须的。而在低信噪比的 OVT 域资料中，对随机噪声进行压制需要运用更有效的去除随机噪声手段。

另外，地震记录转到 OVT 域后，相邻道与道之间可能存在振幅上的差异，在其他域没有表现出来的各种噪声可能会较容易识别。同时，OVT 道集相对于传统的共炮检距域，其采样点、检波点和炮点分布更加均匀，克服了因一个面元内重复道过多或空道过多导致去噪效果不佳的缺陷，而且因 OVT 道集内方位信息较为单一，也可避免传统共炮检距域内因方位各向异性而被误视为噪声的有效信号在去噪滤波时被削弱的缺陷。

因此，在获取 OVT 道集后，还可在 OVT 域对异常振幅、随机噪声等进行进一步衰减，以进一步提高地震资料的信噪比。

在 OVT 域，噪声一般具有以下特点。

(1) 由于 OVT 道集是延展至全工区的单次覆盖数据集，其有效信号与噪声的差异小，尤其是深层的弱信号与噪声的差异更小。

(2) 由于高频随机噪声传递到深层的过程中衰减为低频随机噪声，与深部的低频有效信号叠加在一起，因此弱反射同相轴的连续性差。

(3) 由于有效信号在深层的能量弱，尤其是低频信号湮没在噪声中，在叠加剖面上很难分辨。

OVT 域数据也具有自己独特的优势，首先 OVT 道集属于叠前信号，且在能量一致性和数据分布方面比其他叠前数据域更加均匀，这使得不需要太过复杂的规则化处理就可得到一个分布均匀、可信度高且覆盖全区的三维数据体；其次，OVT 域内各 OVT 道集都可视为全区的单次覆盖数据，在一定角度上可以将其看作一个三维数据体的叠后数据。OVT 域数据既具有叠前特性，也具有叠后特性，因此在一般地震资料处理过程中的去噪手段和方法经过重构后都可运用于 OVT 域，使得 OVT 域去噪手段显得非常丰富（段文胜等，2016）。

事实上在去噪时，通常不直接在物理空间域 (x-t) 进行去噪处理，而是先将原始数据做某种变换，使数据表现在新的域内，再对其在变换域内的系数做阈值处理，最后做反变换以达到去噪的目的。

3) OVT 域振幅处理

在抽成 OVT 道集，进行 OVT 域处理之前，地震记录一般在其他域内已经进行了球面扩散补偿、地表一致性振幅补偿、吸收衰减补偿等振幅处理，由于传播时间以及地表、地下条件不一致引起的能量和振幅的差异已得到一定校正，但这种校正并不完全。同时，地震记录在各域内进行的插值和规则化处理也可能导致地震记录与相邻地震道的振幅能量存在一定的差异，而这种能量差异对后续的叠前时间偏移处理是不利的。因此，一般还会在 OVT 域对数据进行空间相对振幅校正，即剩余振幅补偿。如前文所述，OVT 道集作为一个高品质的"五维"数据体，在单个 OVT 道集中的各个 OVT 都具有相同的炮检距和方位角，同时其也可视为单次覆盖全区的数据体，因此 OVT 道集中无论是在近炮检距、中炮检距还是远炮检距范围，OVT 道集的能量一致性均较好。

综上所述，OVT 域在振幅处理阶段较其他域更为方便和准确，其处理原理一般是用统计的方法计算振幅补偿因子，再将该因子与地震数据相乘，从而使各区域的能量振幅达到平衡。例如，在 GeoEast 软件中就有较好的 OVT 域剩余振幅补偿模块，可以出色地完成振幅处理。

3.3 准噶尔盆地岩性勘探处理技术的评价优化

近年来，准噶尔盆地适用于岩性勘探的三维地震资料处理技术取得了重大的突破，本节首先概要地分析准噶尔盆地三维地震处理技术，从近年来准噶尔盆地油气勘探的阶段任务和勘探目标分析入手，对近年来和当下面临的勘探挑战和岩性勘探的三维地震资料处理的难点进行阐述与分析；然后，从常规岩性勘探的三维地震资料处理流程分析入手，提出了适用于准噶尔盆地的岩性勘探的三维地震资料处理流程，并进一步细化了针对特殊处理难点的具有准噶尔盆地岩性勘探特色的特殊处理流程；最后，对准噶尔盆地岩性勘探过程中形成的四大专项特殊处理技术及其应用效果进行了详细论述。

3.3.1 准噶尔盆地三维地震处理技术概述

1. 准噶尔盆地三维地震资料处理的难点分析

准噶尔盆地油气勘探主要集中在盆地内的七大领域：①玛湖凹陷二叠系及多层系勘探，以凹陷内扇三角洲砂砾岩勘探为主；②吉木萨尔地区的致密页岩油精细勘探；③南缘山前带下组合复杂构造勘探；④阜康凹陷环带二叠系风险勘探及石炭系内幕的火山岩油气藏勘探；⑤沙湾凹陷二叠系及多层系勘探；⑥环盆 1 井西凹陷环带侏罗系和二叠系勘探；⑦东道海子北凹陷环带规模高效勘探。具体如图 3.3-1 所示。

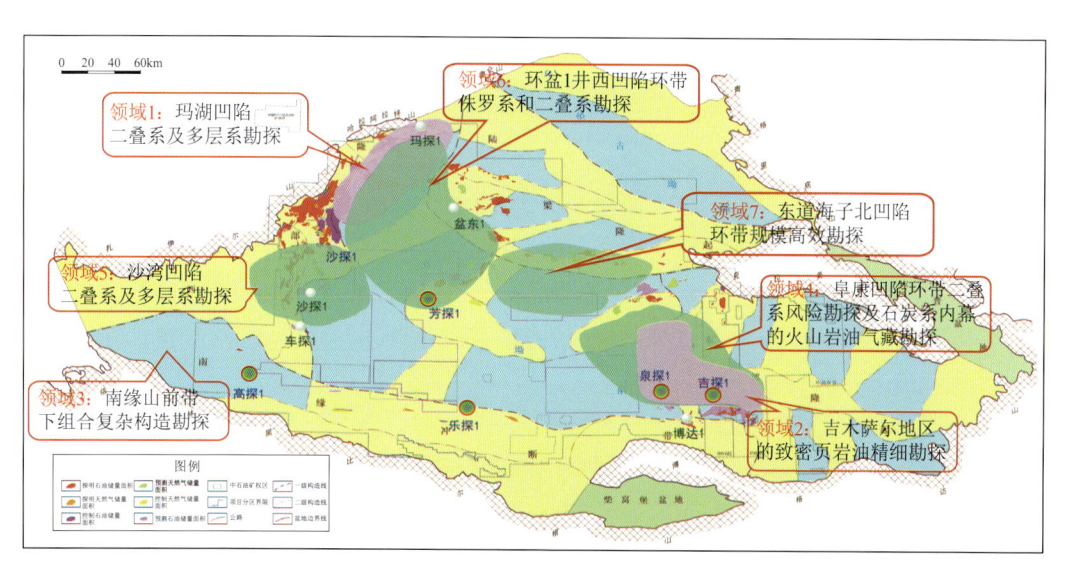

图 3.3-1　准噶尔盆地油气勘探领域分布图

近年来，随着勘探程度的加深，准噶尔盆地油气勘探进入下组合富烃凹陷勘探的新阶段，给准噶尔盆地的三维地震处理技术带来了新的挑战。首先，准噶尔盆地深层的三维地震资料（前期采集）的品质普遍较差，制约了盆地深化再认识；其次，工区地震地质条件具有地表和地下双复杂的特征，而且勘探目标位置深、圈闭隐蔽、地震响应特征非典型，加大了勘探目标的精细刻画难度；最后，准噶尔盆地七大勘探领域的工区面积大，地震资料维度丰富，如何有效地挖掘高密度、宽方位的海量叠前数据中的有用信息仍然存在问题。

将上述挑战细化到七大勘探领域，从岩性勘探的角度，总结得到准噶尔盆地三维地震资料处理的五大技术难点。

(1) 搭建盆地格架、实现深层精准成像，主要难点在于不同区块间地震资料的子波和频率及振幅差异大、盆内地层统一困难、源灶分布不清。

(2) 砂体目标精准识别，主要难点在于砂砾岩储层厚度薄且非均质性强、砂砾岩相带多期叠置导致其识别困难、目的层内地层接触关系不清。

(3) 二叠系页岩油甜点准确评价，主要难点在于单油层厚度小且变化快、对薄层和微构造识别能力要求高、工程甜点刻画困难。

(4) 石炭系火山机构准确刻画，主要难点在于石炭系地震资料的信噪比低导致成像难、刻画难、储层识别和预测难。

(5) 南缘山前带地表和地下双复杂构造的精准落实，主要难点在于低速层砾岩结构复杂、中深层高速扇体发育且分布复杂、近地表结构及速度建模难。

针对上述难点，中石油新疆油田分公司进行了多轮次的三维地震资料处理技术攻关与研究，形成了一套适用于准噶尔盆地岩性勘探的三维地震资料处理技术流程，并提出了多项特殊处理技术。

2. 准噶尔盆地岩性勘探的三维地震资料处理技术流程

为了充分地分析适用于准噶尔盆地岩性勘探的三维地震资料处理技术流程，本节将先概述适用于岩性勘探的常规的三维地震资料的处理流程，再重点分析中石油新疆油田分公司提出的适用于准噶尔盆地岩性勘探的三维地震资料处理技术流程。

1) 常规的岩性勘探的三维地震资料处理流程

基于岩性地层油气藏的区带、圈闭与成藏等地质理论，岩性地震勘探（岩性勘探）的主要对象是"四类盆地（陆相断陷、拗陷、前陆盆地和海相克拉通盆地）和三种储集体［砂砾岩储集体、碳酸盐岩储集体以及特殊岩性（岩浆岩与变质岩）储集体］"，由于它们在地震记录上具有不同的地震响应特征，因此，针对不同类型的岩性地层油气藏区带或储集体，往往采用不同的针对性地震处理技术。

下面以碎屑岩岩性地层油气藏勘探为例，概述岩性勘探的三维地震资料处理流程。

碎屑岩油气藏的储集体以砾岩、河道型砂体为主，既具有大规模成片圈闭，也具有单砂体圈闭。对于该类岩性油气藏，处理阶段的处理目标和难点在于：①薄层识别，处理难点在于地震资料的高分辨处理与保真保幅处理；②层内断裂系统刻画，处理难点在于断裂系统的各向异性处理；③砂体边界和尖灭点位置刻画，处理难点在于高精度成像

第 3 章 地震资料处理关键技术及评价优化

处理。针对上述难点,目前常规的适用于碎屑岩岩性勘探的三维地震资料处理技术流程如图 3.3-2 所示,该技术流程的主要步骤有以下六点。

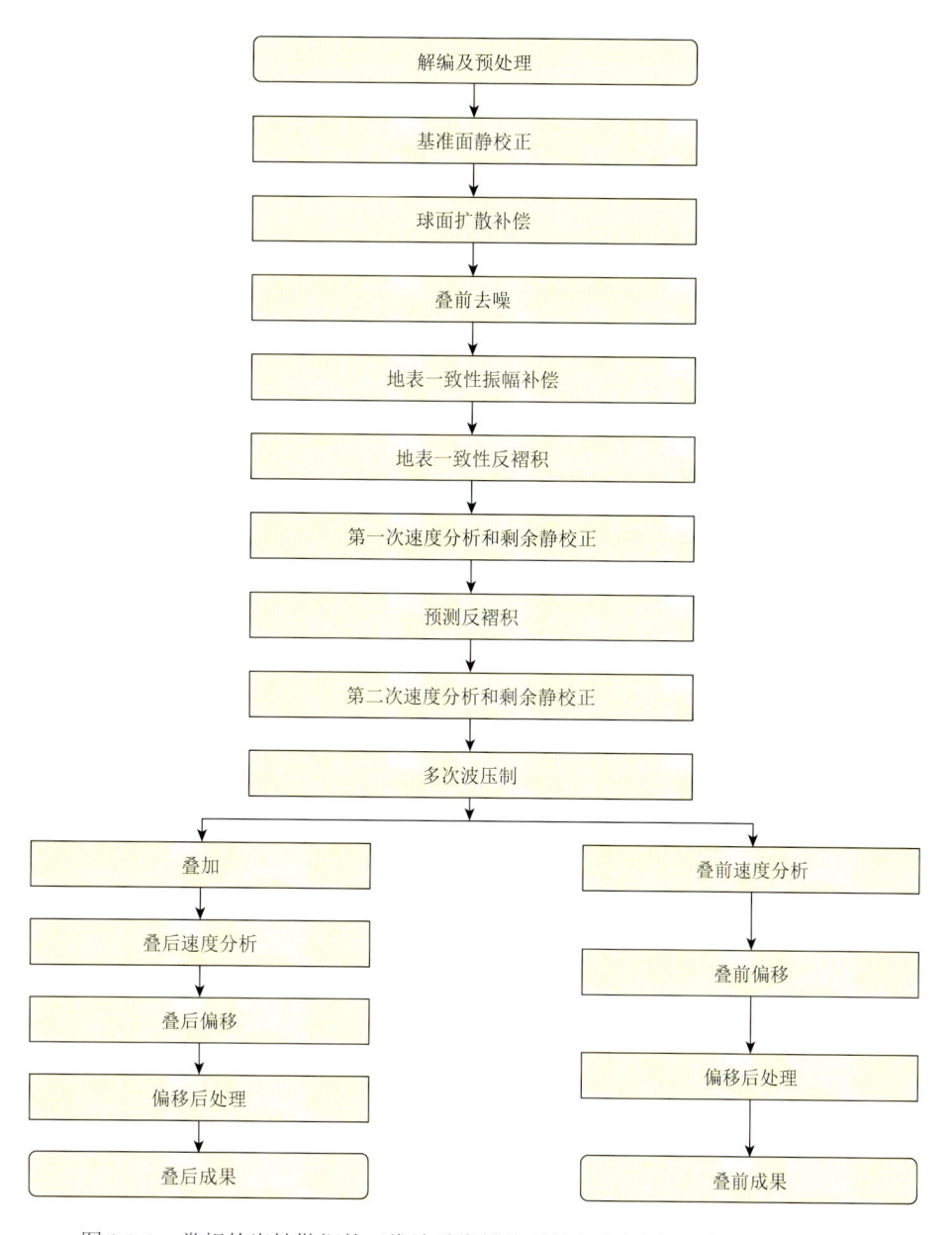

图 3.3-2 常规的岩性勘探的三维地震资料处理技术流程图(以碎屑岩勘探为例)

(1) 振幅均衡处理:结合工区地震地质条件特点,完成基准面静校正和球面扩散补偿,去除低速层影响,令炮检关系处于相对水平面,使资料深浅、远近的能量相对均衡。

(2) 去噪处理(突出保真性):根据地震资料中噪声的类型和特点,设计叠前去噪流程和优选去噪方法,使各类型噪声被针对性地去除,并在去噪过程中使用残差法、六分法等方法进行信噪对比，确保去噪过程的保真度。

(3)振幅补偿处理(突出保幅性)：进行地表一致性处理(包括地表一致性振幅补偿和地表一致性反褶积)，消除因地表条件复杂、激发条件和接收条件的差异等因素引起的炮道间的能量差异、地震子波频率谱和相位谱的差异，使处理后的资料在能量和子波上具有良好的地表一致性，达到改善资料成像效果和提高分辨率的目的。

(4)静校正处理(克服复杂地表影响)：进行速度分析和剩余静校正，在地表条件复杂的地区往往需要反复多次进行速度分析和剩余静校正，以达到理想效果。

(5)高分辨率处理(突出保真性)：对资料进行预测反褶积和多次波压制，预测反褶积可以在一致性处理的基础上进一步压缩地震子波，同时对多次波具有一定压制作用，达到提高主频、拓宽频带、提高信噪比的目的。

(6)成像处理(突出成像精度)：根据处理需要分别进行叠前偏移和叠后偏移，并根据偏移效果进行一定的去噪、反褶积处理，从而得到符合处理要求的叠前成果和叠后成果。

2)准噶尔盆地岩性勘探的三维地震资料处理流程

(1)适用于准噶尔盆地岩性勘探的三维地震资料处理流程(通用)。

准噶尔盆地岩性勘探主要聚焦于盆内凹陷、盆内山前带的砂砾岩勘探、火山岩勘探以及致密油气的勘探，因此，近年来中石油新疆油田分公司在砂砾岩、火山岩和致密页岩勘探的三维地震资料处理领域取得了一系列技术创新和突破，并结合准噶尔盆地地震地质特征提出了一套适合准噶尔盆地岩性勘探的三维地震资料处理流程和一系列针对特殊处理目标的特殊处理技术流程和多项特色处理技术。

图3.3-3是适用于准噶尔盆地岩性地震勘探的三维地震资料处理流程，该处理流程囊括了准噶尔盆地岩性勘探中共有的处理目标与处理技术，适用于准噶尔盆地内各大凹陷、各类储集体，具有通用性。图3.3-3所示的处理流程重点针对近地表结构复杂、面波发育、地表一致性差、层间多次波发育、薄层识别、断裂刻画等准噶尔盆地处理难点，可分为7个处理模块：静校正、保真去噪、振幅补偿、串联反褶积、多次波压制、OVT域处理与多方法偏移成像。各模块分别对应不同的处理目标，同时模块间互有穿插，组合形成了适用于准噶尔盆地岩性地震勘探的三维地震资料处理流程。

(2)针对准噶尔盆地处理难点的三维地震资料处理流程(特殊)。

由于准噶尔盆地包含七大勘探领域，具有多个三维地震勘探工区及多样化的区域处理难点，因此，在图3.3-3所示的通用的三维地震资料处理技术流程的基础上，中石油新疆油田分公司研发了多项针对准噶尔盆地处理难点的三维地震资料特殊处理流程，如近地表复杂结构建模的处理流程、高精度静校正处理流程等，实现了处理方案和处理技术在盆地内普遍适用性和特殊针对性的兼顾。

下面简要介绍六项针对准噶尔盆地处理难点的三维地震资料特殊处理流程。

①近地表复杂结构建模的处理流程。准噶尔盆地的多个工区都具有复杂的地表条件，特别是准噶尔盆地南缘地区，采用常规的浅层速度建模或近地表结构调查技术等都不能满足处理要求。近年来，中石油新疆油田分公司从复杂地表结构速度建模和复杂地表结构各向异性调查两方面入手，探索出了一套适用于准噶尔盆地(以南缘地区最为典型)的

第 3 章　地震资料处理关键技术及评价优化

近地表复杂结构建模的处理流程。

图 3.3-4 是针对准噶尔盆地复杂地表条件，提出的逐级约束近地表建模的处理流程。该流程将地表分为极浅层和近地表两部分，对前者采用德洛奈（Delaunay）三角剖分，利用小折射资料和微测井资料进行高精度建模；对后者分别利用近偏移距和中远偏移距的初至信息反演建模；最后将两者融合、统一，得到复杂地表结构的速度模型。

图 3.3-5 是针对准噶尔盆地复杂地表结构调查，提出的复杂地表结构各向异性调查与建模的处理流程。该流程针对浅层砾岩层，分为低速砾岩和高速砾岩两部分，前者通过对同偏移距、不同方位的初至进行椭圆拟合，实现对低速砾岩的各向异性调查；后者利用不同方位的初至对高速砾岩所在层的折射速度进行分析，实现对高速砾岩的各向异性调查；最后结合两者的调查结果，计算层析反演的表层模型的各向异性参数，实现整个地表的各向异性调查。

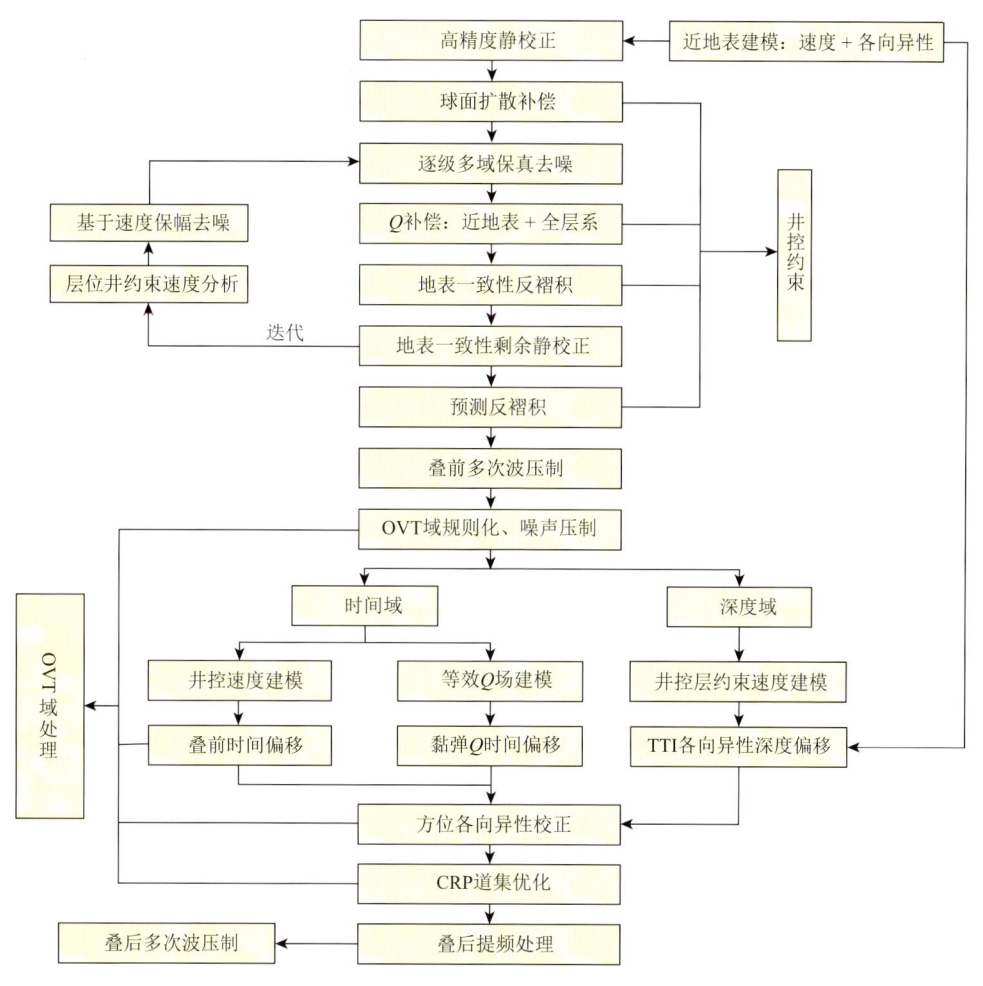

图 3.3-3　准噶尔盆地岩性地震勘探的三维地震资料处理流程图

TTI：倾斜横向各向同性，tilted transversely isotropic

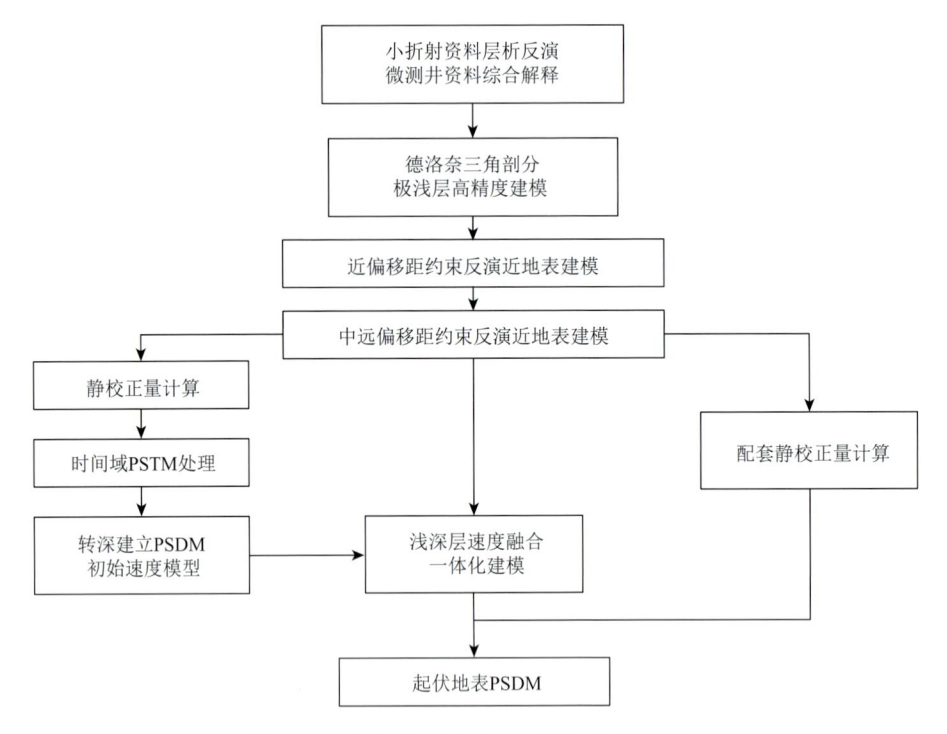

图 3.3-4　逐级约束近地表建模的处理流程图

PSDM：叠前深度偏移，prestack depth migration

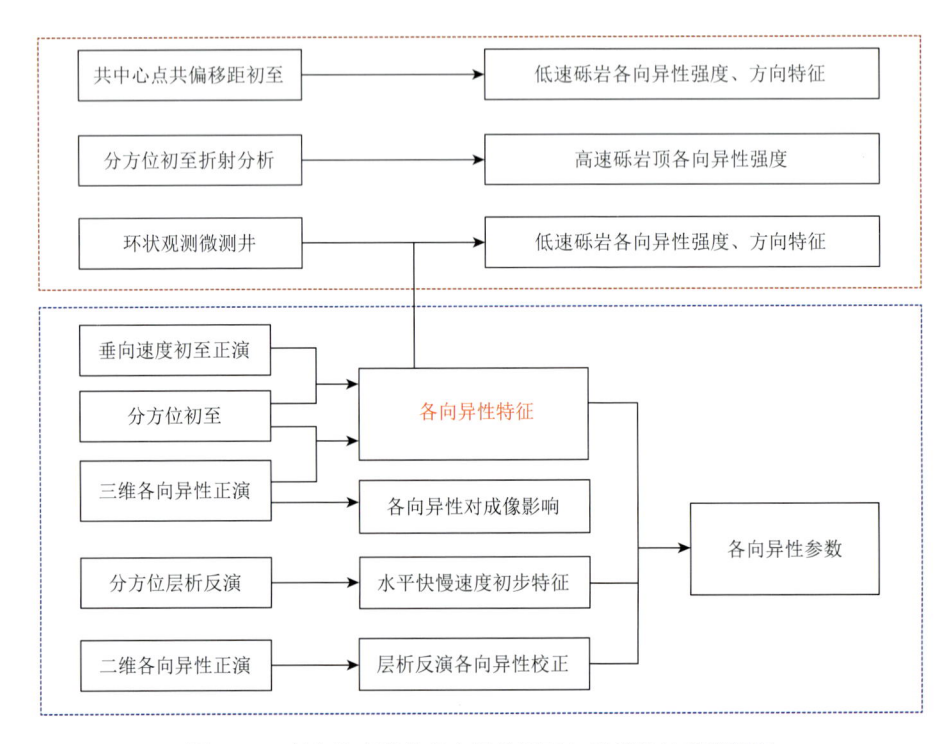

图 3.3-5　复杂地表结构各向异性调查与建模的处理流程图

②高精度静校正处理流程。准噶尔盆地地表类型多样、浅层结构复杂，且部分地区还具有地表地下双复杂的特征，加深了静校正处理的难度。从提高静校正处理的精度入手，中石油新疆油田分公司提出了一套基于多信息约束、多方法优选的高精度静校正处理流程。

图 3.3-6 是准噶尔盆地高精度静校正处理流程。该流程的核心在于通过多信息的约束，尽可能地确保处理过程的可靠性，并通过多方法的对比寻优，尽可能地选取处理效果最佳的处理技术，从而有效地提高静校正处理的精度。

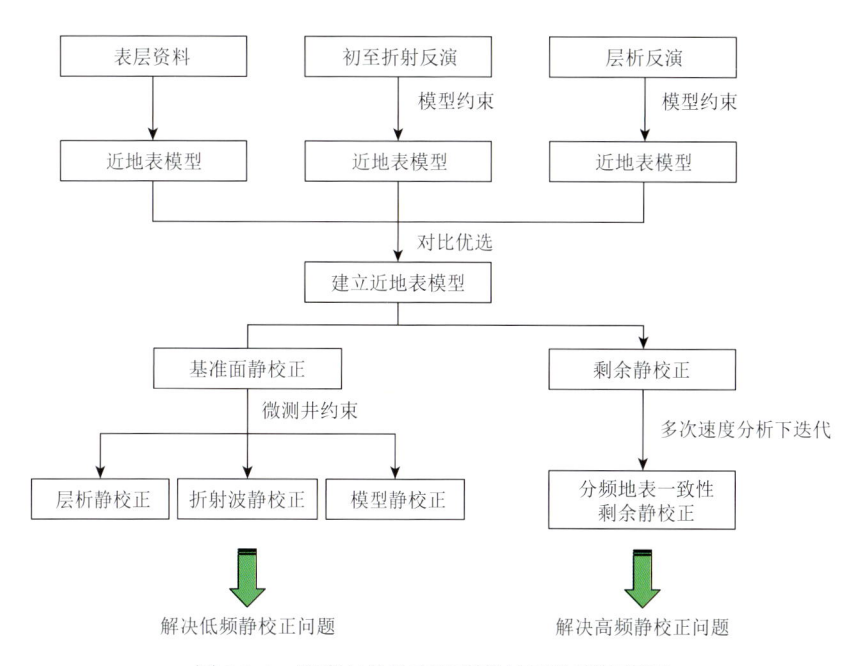

图 3.3-6　准噶尔盆地高精度静校正处理流程图

③逐级多域高保真去噪的处理流程。准噶尔盆地前期采集的三维地震资料在深层具有低信噪比的特征，有效地进行高保真去噪处理是准噶尔盆地三维地震资料处理的重点。近年来，中石油新疆油田分公司提出了一套适用于准噶尔盆地的逐级多域高保真去噪处理流程(图 3.3-7)。该流程采用分区、分域、分频逐级压制噪声，并利用静校正、振幅补偿进行迭代去噪处理，能高保真地实现叠前去噪。

④高精度多次波压制处理流程。准噶尔盆地属于煤系地层，盆内多套地层发育有煤层，导致准噶尔盆地多个凹陷的地震资料中具有较严重的层间多次波干扰，常规的多次波压制方案和方法并不能很好地解决准噶尔盆地的多次波问题。因此，多次波压制处理一直是准噶尔盆地地震资料处理的重点和难点问题。

中石油新疆油田分公司经过长时间的探索与实验，提出了一套高精度的叠前-叠后联合压制多次波的处理流程(图 3.3-8)。该流程在高精度 Radon 变换压制全程多次波基础上，根据正反演方法充分调查层间多次波形成机理，再通过精细速度分析和不同多次波压制技术迭代处理，逐步压制层间多次波。

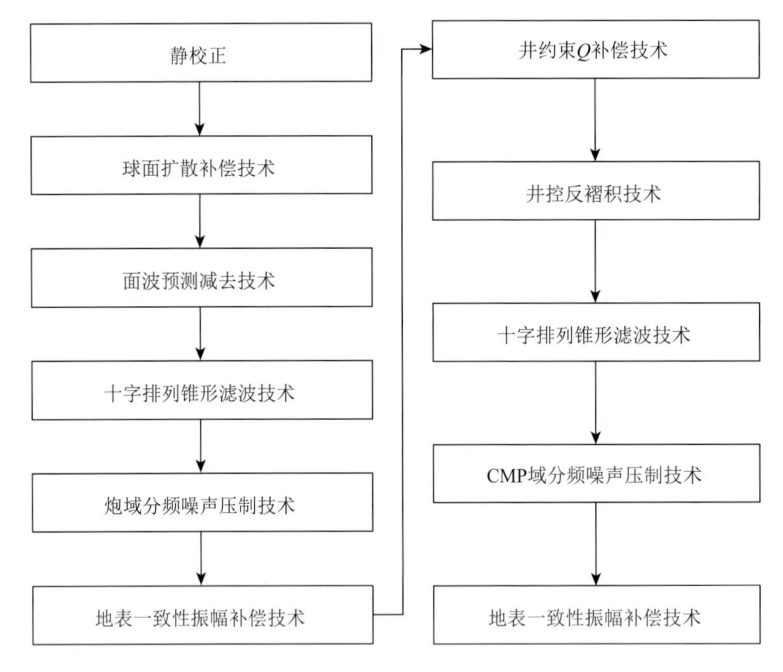

图 3.3-7　逐级多域高保真去噪处理流程图

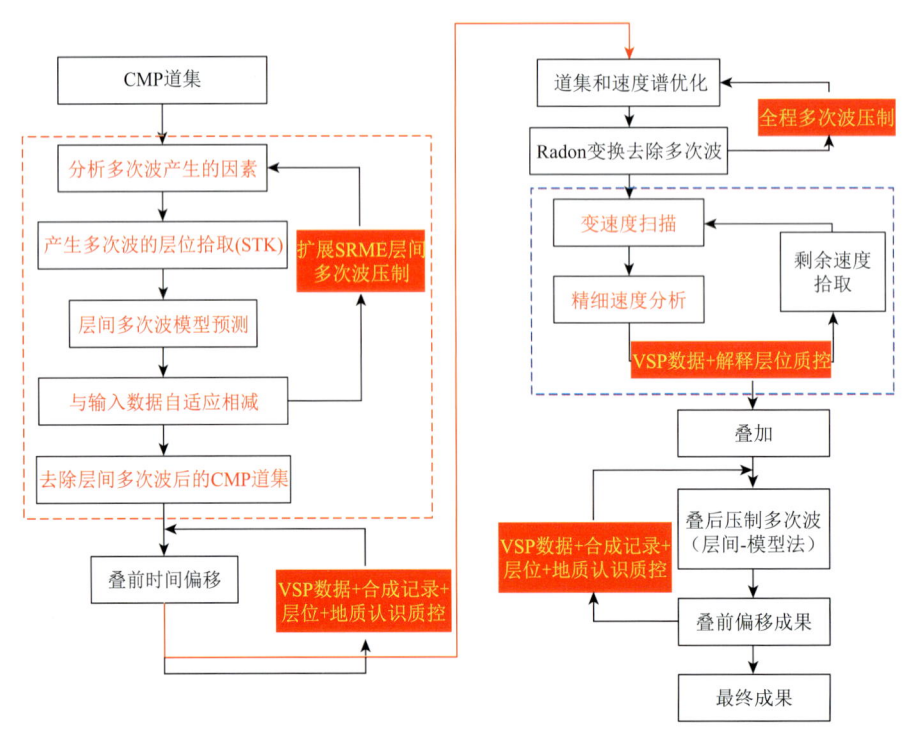

图 3.3-8　叠前-叠后联合压制多次波的处理流程图

⑤叠前-叠后串联高分辨率处理流程。为了有效地识别准噶尔盆地的薄层，三维地震资料的高分辨率处理一直是处理环节的重点。近年来，中石油新疆油田分公司针砂砾岩

勘探提出了一套叠前-叠后串联高分辨处理流程(图3.3-9)。该流程对叠前道集数据采用地表一致性反褶积与深层 Q 补偿相结合进行高分辨率处理；对叠后地震数据在OVT域处理基础上应用经验模态分解高分辨处理、零相位反褶积与蓝色滤波组合技术进一步拓宽频带，从而有效地提高地震资料的主频。

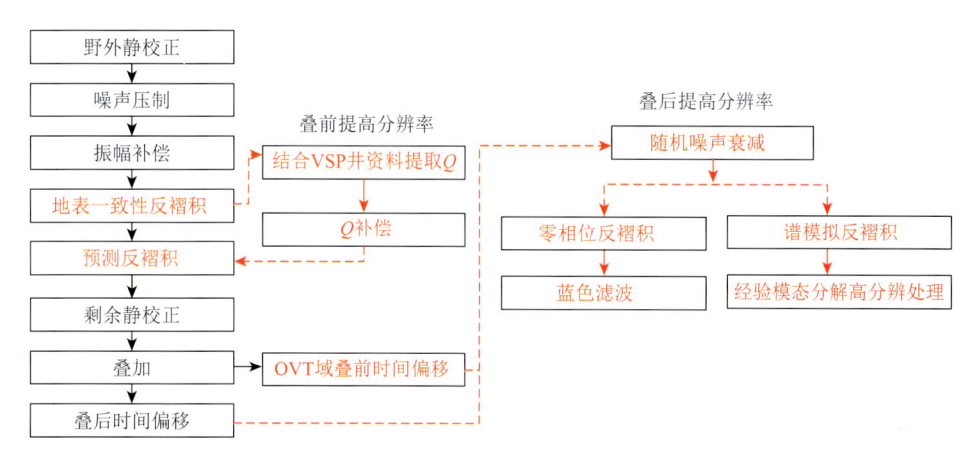

图3.3-9　叠前-叠后串联高分辨处理流程图

⑥OVT域特殊处理技术流程。近年来，随着准噶尔盆地地震采集进入"两宽一高"阶段，地震资料的多维信息挖掘与利用成为了地震资料处理领域的热点。中石油新疆油田分公司在常规的OVT域偏移处理技术的基础上，研发了一系列OVT域配套处理技术，包含OVT域规则化处理、OVT域去噪、OVT域各向异性速度分析、OVT域偏移、方位各向异性校正、CRP道集优化等技术，形成了一套OVT域地震资料特殊处理流程，如图3.3-10所示。通过该套流程，在三维地震资料的处理中充分利用了"两宽一高"资料的方位优势，在资料的噪声压制、偏移成像、薄层识别、断裂系统刻画等方面取得了较好的效果。

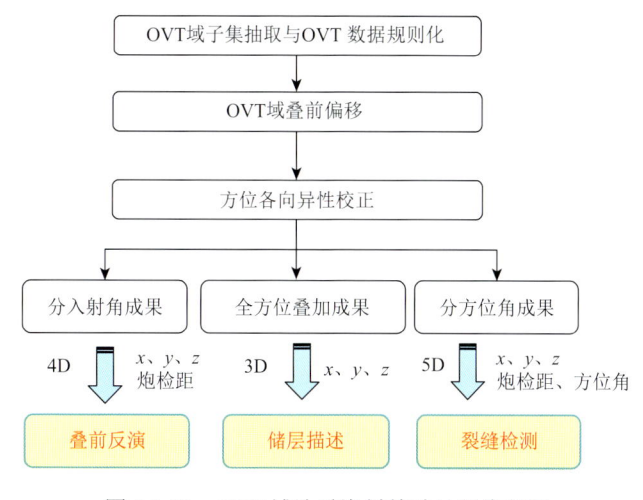

图3.3-10　OVT域地震资料特殊处理流程图

3. 与三维地震资料处理流程相关的处理技术

前面重点介绍了准噶尔盆地岩性勘探的三维地震资料处理流程，其中涉及多项具体的三维地震资料处理方法或技术，可以将其概括为五类。

(1) 高精度静校正技术：常规静校正技术（高程静校正技术、层析静校正技术等）、多信息约束层析静校正技术等。

(2) 保真保幅处理技术：逐级多域保真保幅去噪技术、保真振幅补偿技术、低频保护和恢复补偿技术等。

(3) 薄层精细成像技术：近地表吸收衰减补偿技术、叠前叠后串联高分辨技术、黏弹 Q 时间偏移技术、层源双控高精度多次波压制技术等。

(4) 断裂精细刻画技术：OVT 域偏移配套技术、OVT 域多属性融合处理技术、井控层约束速度建模技术、TTI 各向异性参数建模技术等。

(5) 其他特殊技术：混源信号空间一致性处理技术等。

3.3.2 准噶尔盆地岩性勘探的特殊处理技术

准噶尔盆地岩性勘探成效以玛湖凹陷、阜康凹陷、南缘山前带等区域的河道砂体、扇体砾岩和火山岩的岩性地层油气藏最为卓著，其共有的勘探难点在于地表结构复杂、储集体厚度薄且变化快、相带多期叠置、层内接触关系刻画困难、断裂系统发育等。

本节将结合应用实例详细介绍针对上述岩性勘探中的难点，近年来研发的四类特殊处理技术：高精度静校正技术、保真保幅处理技术、薄砂体精细成像处理技术和断裂精细刻画技术。

1. 准噶尔盆地高精度静校正技术

准噶尔盆地各大凹陷内地表类型多样、风化情况差异大、情况复杂，盐碱地、戈壁、沙漠、滩涂地、砾石区、农田、河流均有分布，往往一个工区内分布三类及以上的地表类型。准噶尔盆地的这种复杂地表结构广泛存在于各大凹陷内，对于沙漠、戈壁地表的地震处理，直接挑战是静校正难度巨大。经过长时间的探索，针对沙漠戈壁区的准噶尔盆地岩性勘探现已形成了以层析反演建模为代表的多信息约束高精度静校正技术。

层析反演的基本原理在 3.1 节中已有阐述，准噶尔盆地岩性勘探深入开展了表层逐级约束层析反演方法研究，建立了逐级约束近地表建模工作流程。在这一套工作流程中，充分利用（深）微测井、初至波、折射波等信息建立初始地表低速层模型，通过层析反演的方式，迭代得到更接近真实速度的表层速度模型，从而得到更高精度的静校正量。实践证明，层析反演的多信息约束高精度静校正技术在表层模型的建模精度上远高于常规初至层析反演法，同时基于此模型实施的静校正也表现出较好的效果。

图 3.3-11 展示了对于阜康地区同一剖面采用高程静校正和层析静校正的效果对比，图 3.3-11(a) 为高程静校正处理结果，图 3.3-11(b) 为层析静校正处理结果。通过两图的对比不难发现，多信息约束高精度静校正技术通过层析反演的方法合理构建近地表模型，

最大限度地解决了沙漠戈壁区的静校正问题，常规静校正技术无法解决的低速层纵横向变化得到克服，相较于高程静校正处理结果，其同相轴连续性明显得到改善。图 3.3-12 展示了多信息约束高精度静校正技术应用前后差异对比剖面，从剖面结果来看，此技术对静校正问题处理效果更好，新近处理结果明显优于过往处理结果，消除了一部分因静校正问题导致的同相轴错动和虚假断裂。

(a) 高程静校正处理结果

(b) 层析静校正处理结果

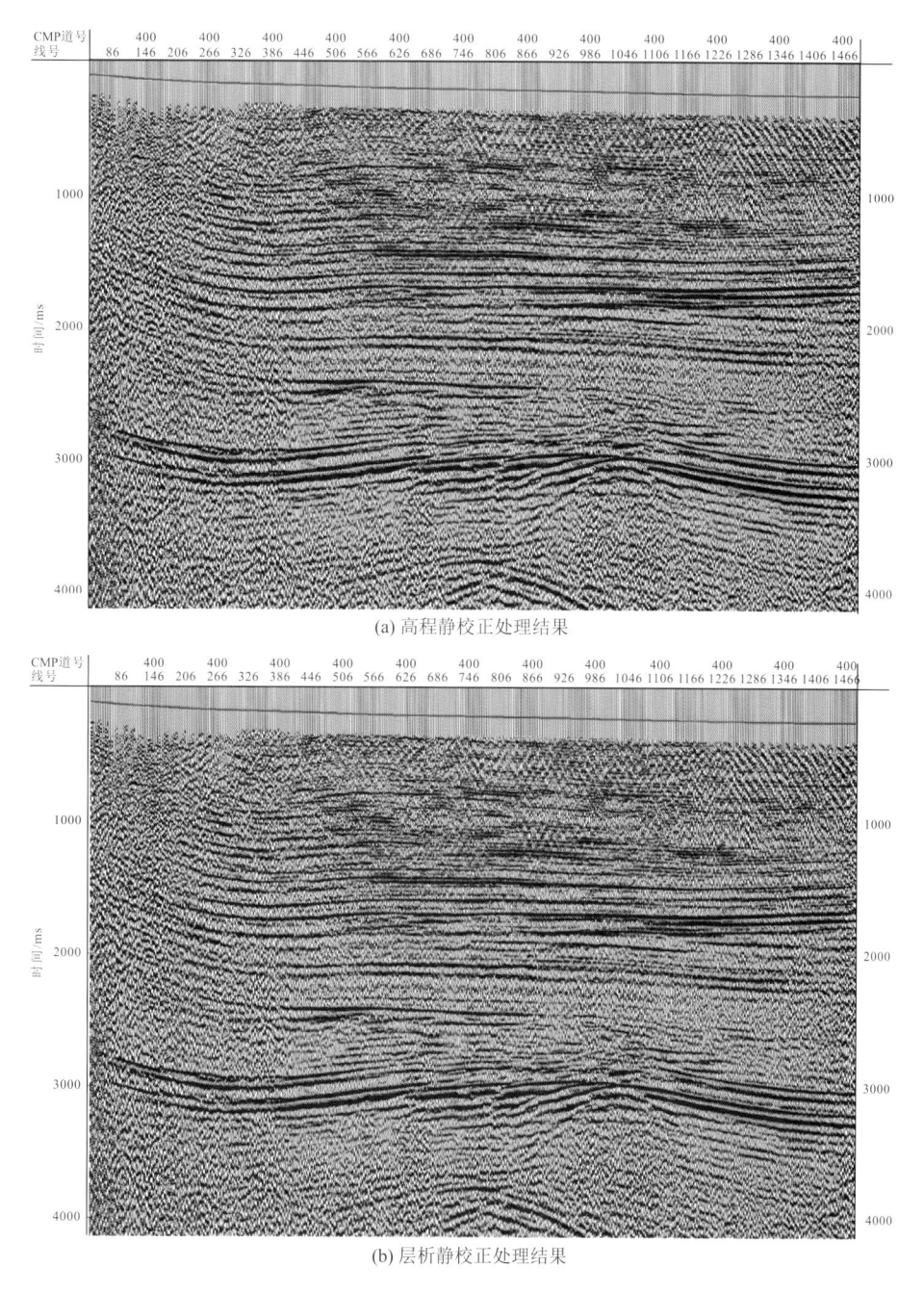

图 3.3-11　准噶尔盆地阜康地区高程静校正与层析静校正应用差异对比剖面图

(a) 过往处理结果剖面

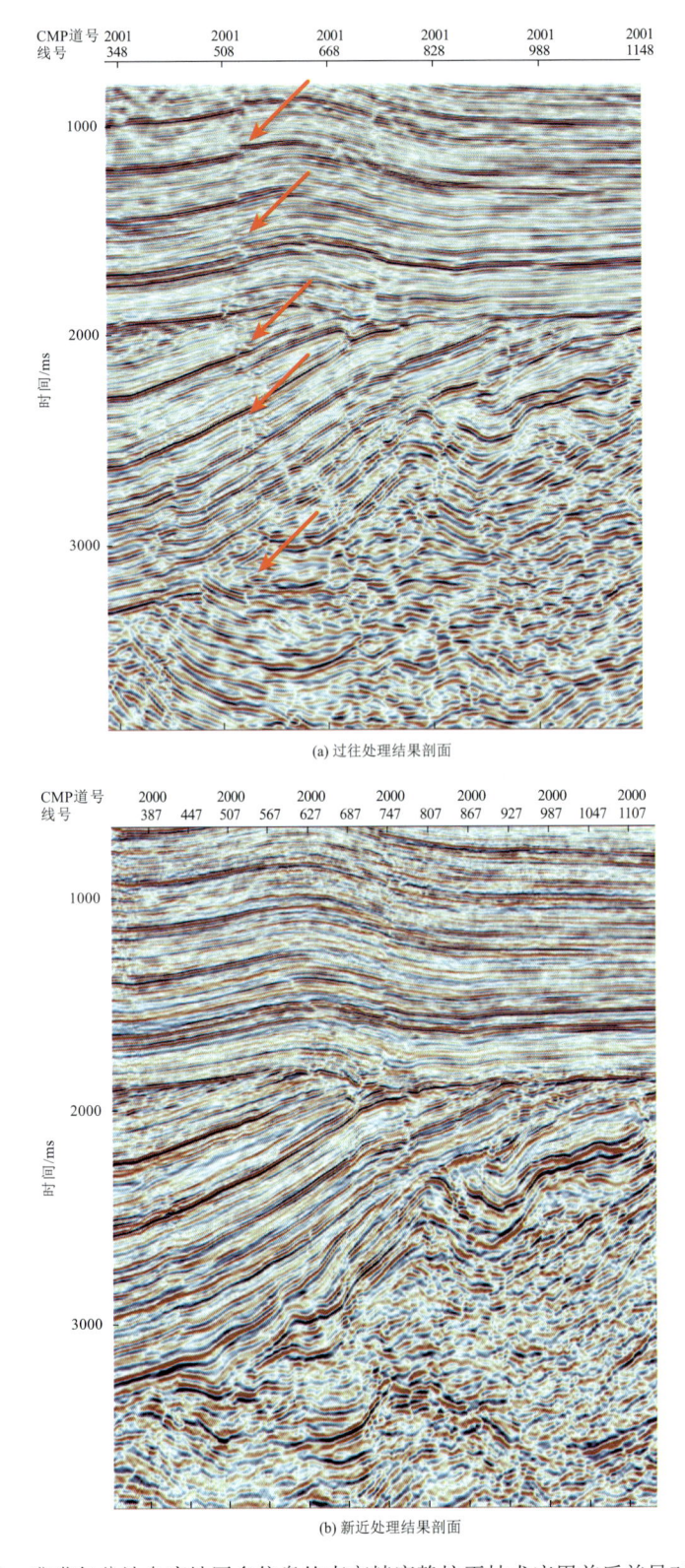

(b) 新近处理结果剖面

图 3.3-12 准噶尔盆地阜康地区多信息约束高精度静校正技术应用前后差异对比剖面图

2. 准噶尔盆地保真保幅处理技术

准噶尔盆地的噪声类型以面波、异常振幅和多次波这三类噪声为主，噪声特点各有不同。一般来说，面波和异常振幅表现为强能量，尤其是面波，在噪声区域有效信号往往被强噪声所湮没，导致了压制噪声和保留有效信号的双重困难。图 3.3-13 展示了一个准噶尔盆地阜康地区的原始资料典型单炮道集，道集中资料信噪比低，噪声以面波和异常振幅干扰为主，浅层还发育有明显的线性干扰，三者的能量都较强，使得有效波湮没于噪声背景中；同时在纵横方向上，振幅能量的一致性较差，出现能量局部差异明显的情况。

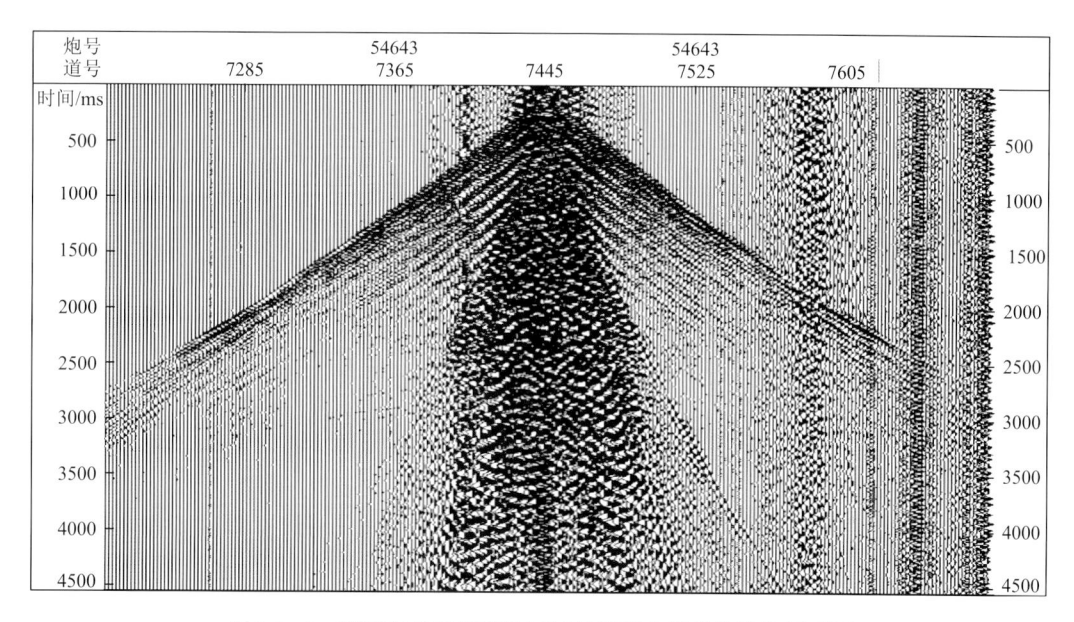

图 3.3-13 准噶尔盆地阜康地区原始资料典型单炮道集剖面图

此外，在振幅差异上，准噶尔盆地工区的二叠系、三叠系作为岩性勘探的主要层系，具有内幕储层非均质性强、岩性特征发育的特点，同时盆地内沙漠戈壁区复杂的地表激发、接收条件导致了严重的地表一致性问题，因此对地震资料的振幅保真度要求较高。

基于上述地震资料的品质分析，准噶尔盆地保真保幅处理技术主要涉及四项特殊技术。

1) 逐级多域保真保幅去噪技术

逐级多域保真保幅去噪技术是指在面对具体工区的叠前去噪问题时，针对不同噪声特点，分区、分频、分时、分域、分阶段地对噪声进行分析和压制方法的优化，对噪声进行精细压制。同时，在去噪的过程中逐步地使用残差法、信噪二次分离法等质控方法加强监控，注重低频及高频信息的保护，在保真保幅的基础上提升信噪比。

准噶尔盆地岩性勘探围绕该技术形成的两个主要成果如下。

(1)形成了一套针对盆地内噪声的逐级多域分析方法,分别在 CSP(common shot point,共炮点)域、CMP 域或十字排列域,针对不同噪声的时空特点,在频率域或时域分频、分时地进行噪声分析和去噪处理,实现了对盆地内各工区噪声问题的精细分析和方法优选。成果主要体现在针对准噶尔盆地内工区复杂地震地质条件,尤其是沙漠戈壁区,建立起了一套针对性的叠前去噪流程(在前文中已有阐述)、多次信噪分离手段以及保真质控方法。

(2)针对盆地内多发的面波、异常振幅、多次波这三类主要噪声问题,形成了与之对应的专项技术,在逐级多域保真保幅去噪技术中对三类噪声进行精细的迭代去噪。其中,在面波问题上,采用 K-L 变换或自适应预测的技术进行压制,并在十字排列域进行多次迭代的锥形滤波。在异常振幅干扰上,采用分频异常振幅衰减技术:在频率域统计各频率成分的能量,并与相邻频窗进行对比,当某一频率能量明显异常时,对其进行压制,从而达到压制异常能量又不破坏有效信号能量的目的。针对多次波问题,在一般地区主要采用高精度 Radon 变换,在层间多次波干扰严重的地区采用层源双控高精度多次波压制技术(将在后文阐述)。

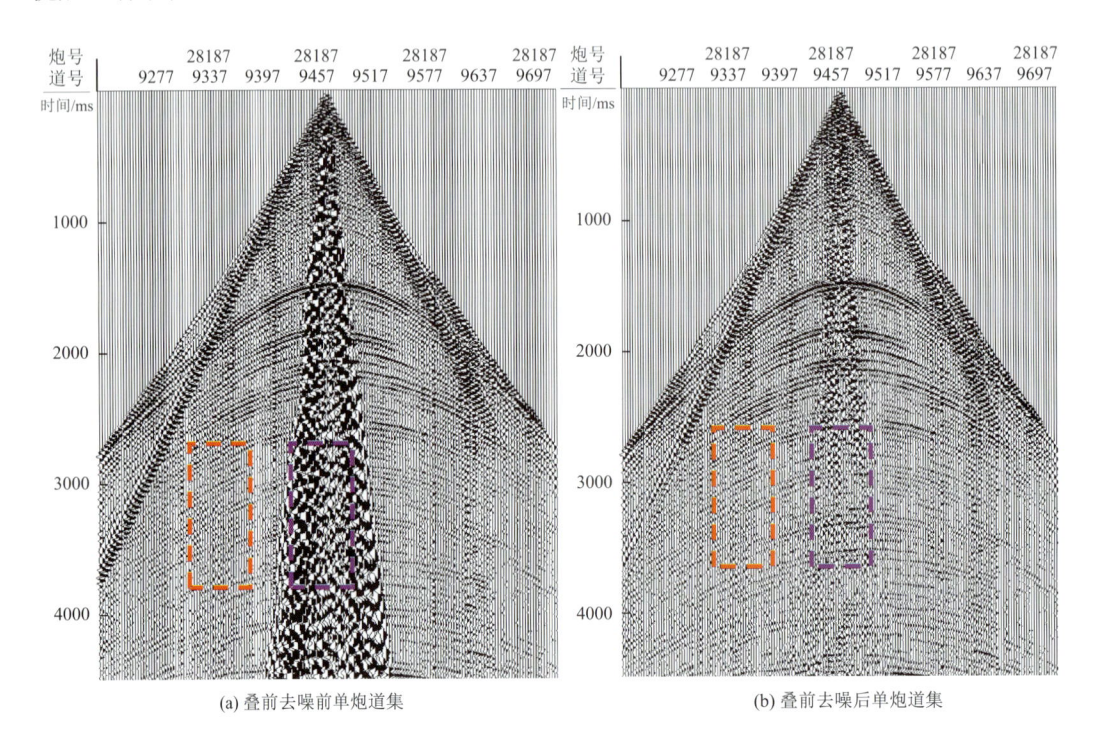

图 3.3-14 展示了使用叠前逐级多域保真保幅去噪技术前后的单炮记录对比和炮集内不同区域去噪前后的频谱叠合图。从去噪效果来看,对比图 3.3-14(a)和(b)可知,叠前去噪较好地完成了对面波和异常振幅干扰的压制,噪声能量得到明显衰减;从保真保幅来看,对比图 3.3-14(c)和(d)可知,在非噪声区域频谱基本重合,说明去噪技术只针对噪声区域进行了压制,非噪声区域做到了保真保幅的效果。在噪声区域,去噪后的频谱低频端能量明显减弱,高频端能量有所抬升,从去噪后单炮道集可见,去除噪声区域低频干扰后,有效信号凸显出来。

(a) 叠前去噪前单炮道集　　　　　　　　(b) 叠前去噪后单炮道集

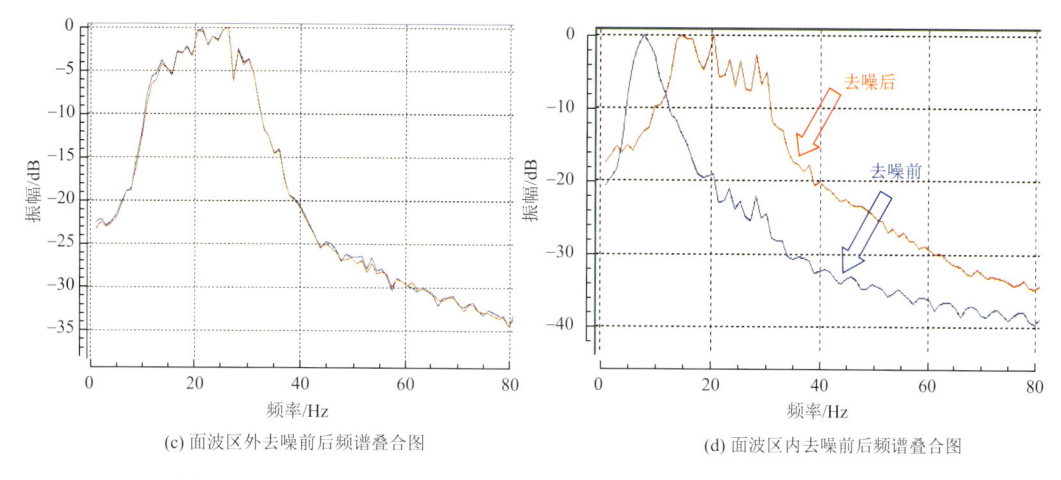

(c) 面波区外去噪前后频谱叠合图　　　　　(d) 面波区内去噪前后频谱叠合图

图 3.3-14　准噶尔盆地阜康地区叠前逐级多域保真保幅去噪前后对比图

2) 层源双控高精度多次波压制技术

准噶尔盆地各大凹陷在侏罗系地层多发育有一套到多套呈高速、高波阻抗、高反射系数特征的煤层，使得地震波在煤层间震荡，产生严重的多次波干扰。在部分地区，受多次波影响，二叠系、三叠系地层内幕成像效果显示同相轴"虚"、"胖"和交错现象严重，成像质量较差，对二叠系、三叠系的砂砾岩岩性识别造成严重干扰。通过对准噶尔盆地岩性勘探技术进行攻关，形成了层控约束井震结合的层源双控多次波压制技术(技术流程在前文已有表述)，该技术是在常规多次波压制技术前增加层间多次波预测和压制技术，从而实现对准噶尔盆地多次波问题的精细处理。该技术中常规多次波压制技术主要依托于高精度 Radon 变换实现，具体原理已在 3.2 节中详细阐述，本节主要对增设的层间多次波预测和压制技术作分析说明。

层间多次波预测和压制技术是在叠前时间偏移前，保留原始炮点、检波点信息的数据上进行的，该技术基于多次波的形成机理和来源分析，建立多次波预测模型，再采用自适应衰减的方法去除多次波，主要步骤如下。

(1) 层间多次波源头分析：对地震资料进行层系分析，寻找层间多次波产生原因和产生位置并拾取产生层间多次波层位，如图 3.3-15 所示，然后开展正演模拟对其进行验证。

(2) 叠前数据层位匹配：根据叠后分析和层位拾取结果，开展叠前数据分析匹配，使层位结果与叠前数据相互匹配，建立多次波源界面层状模型。

(3) 多次波模型预测：在多次波源界面初始模型的基础上，结合 VSP 资料，正演多次波模型，得到多次波预测结果。

(4) 自适应相减：将含多次波数据与多次波预测结果自适应相减得到压制结果。

(5) 迭代优化：以合成记录、VSP 资料作为约束条件，对多次波压制结果进行评价，进一步改进多次波预测模型，迭代优化出最佳结果。

图 3.3-16 是准噶尔盆地玛湖地区应用层源双控高精度多次波压制技术前后的地震剖面对比。从图中不难看出，经过层源双控高精度多次波压制技术的应用，侏罗系的高阻

抗煤层影响被消除。在该技术应用前[图 3.3-16(a)]，地震资料在二叠系目的层段同相轴"虚""胖"明显，同相轴错乱问题严重，地层内幕成像效果差，纵横向分辨率低，限制了进一步的解释工作。

在应用该技术后[图 3.3-16(b)]，高阻抗煤层产生的层间多次波得到压制，极大地提升了地震资料的成像品质，同相轴"虚""胖"现象和错乱问题得到克服，成像精度明显提高，地震反射层次感明显增强，同相轴横向分布稳定，内幕地层反射界面清晰，层内接触关系、断裂系统、砂体边界刻画较好。

此外，层控约束、井震结合的处理思路使得井震一致性保持良好，处理结果保真保幅，可信度高。

3) 保真地表一致性振幅补偿技术

针对准噶尔盆地的各类振幅能量问题，准噶尔盆地岩性勘探发展创新出多种保真振幅补偿技术，其中保真地表一致性振幅补偿技术是解决振幅一致性差异的主要技术和手段。应用保真地表一致性振幅补偿技术的主要目的是消除由于表层结构的变化带来的振幅在空间方向上的不一致性，核心步骤包括三个部分：振幅拾取、地表一致性振幅分解和振幅补偿。

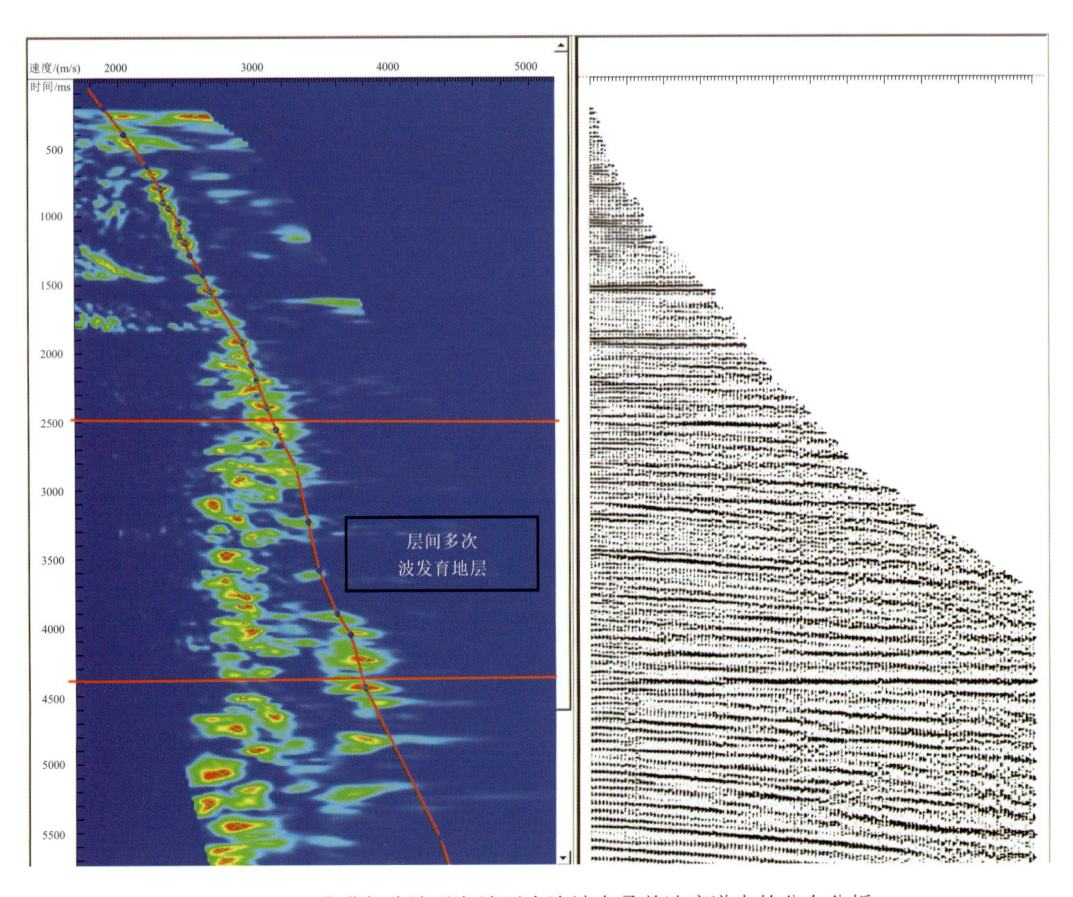

图 3.3-15　准噶尔盆地玛湖地区多次波在叠前速度谱中的分布分析

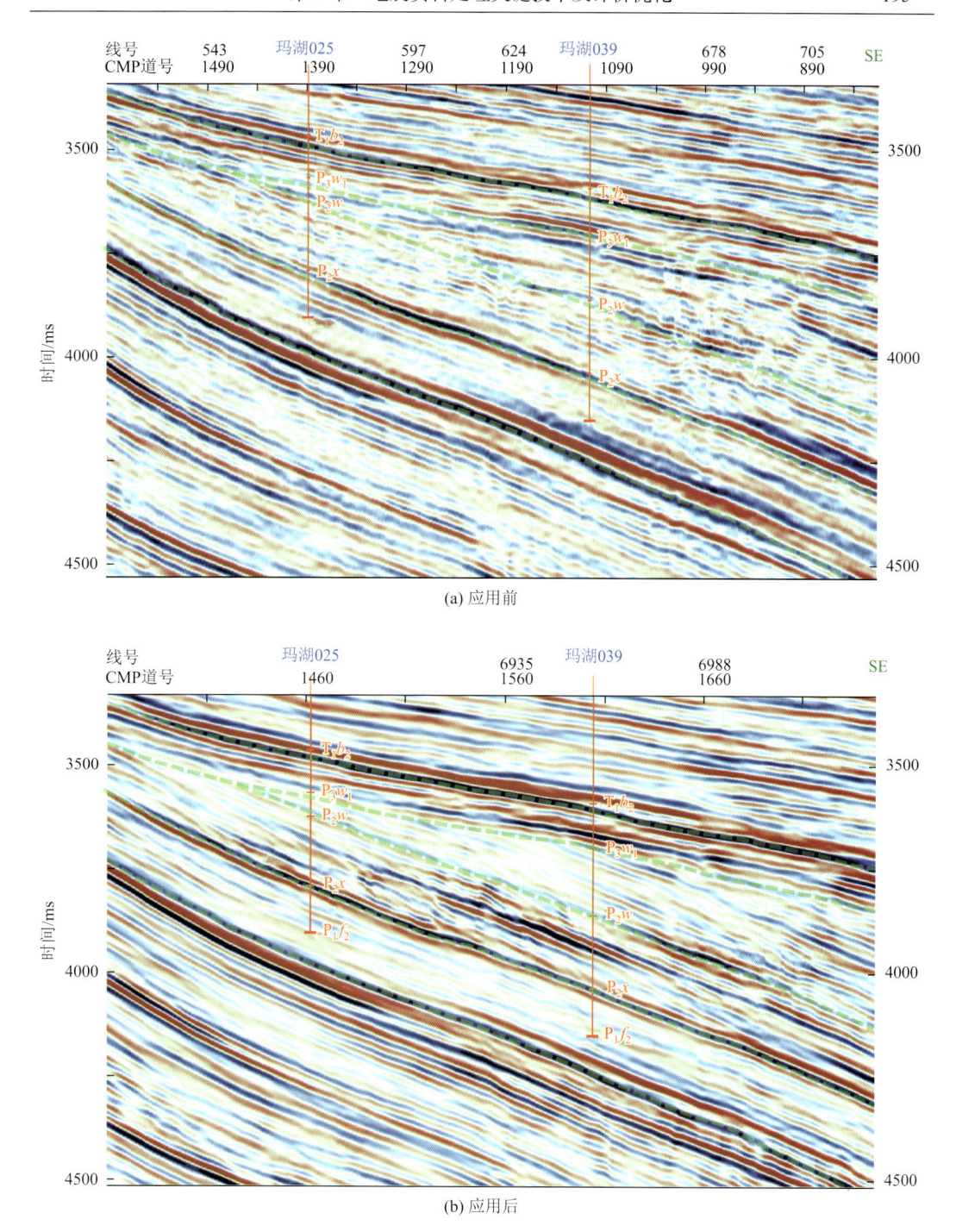

第 3 章 地震资料处理关键技术及评价优化

(a) 应用前

(b) 应用后

图 3.3-16 准噶尔盆地玛湖地区应用层源双控高精度多次波压制技术前后地震剖面对比图

(1) 振幅拾取：采用均方根振幅或绝对值平均振幅判别准则，对某一时窗内的振幅进行统计平均，以作为该时窗内的拾取振幅。

(2) 地表一致性振幅分解：使用高斯-赛德尔算法对计算的振幅值 P 进行分解，分别求取振幅的炮点分量、检波点分量、CMP 分量及炮检距分量。设第 j 个炮点，第 i 个检波点的地震道在所给定的时窗内，其振幅值 P_{ij} 等于 i 炮点振幅分量 S_i、检波点振幅分量 R_j、CMP 分量 G_m 及炮检距振幅分量 M_n 褶积：

$$P_{ij}(t) = S_i(t) * R_j(t) * G_m(t) * M_n(t) \tag{3.3-1}$$

将式(3.3-1)变换到频率域，则有

$$P_{ij}(f) = S_i(f) \cdot R_j(f) \cdot G_m(f) \cdot M_n(f) \tag{3.3-2}$$

将式(3.3-2)两边取对数可得到：

$$\lg P_{ij}(f) = \lg S_i(f) + \lg R_j(f) + \lg G_m(f) + \lg M_n(f) \tag{3.3-3}$$

$$E = \sum_{ij}\sum_{h}\left[\lg P_{ij}(f) - \left(\lg S_i(f) + \lg R_j(f) + \lg G_m(f) + \lg M_n(f)\right)\right]^2 \tag{3.3-4}$$

依据最小方差判别准则，使输入的振幅值 P_{ij} 与求取的振幅值 P_{ij} 有最小的方差。

(3)振幅补偿：求得式(3.3-4)中的四个振幅分量 S_i、R_j、G_m、M_n，将分量有选择性地应用于数据中，即可完成对炮点域、检波点域、CMP 域及炮检距域的振幅均衡，从而补偿因地表条件不一致所造成的能量差异。

图 3.3-17 为振幅补偿前后的剖面效果图，由图可见通过地表一致性振幅补偿后剖面[图 3.3-17(b)]的纵横向能量得到了有效的补偿和恢复，在空间上能量基本均衡，在时间上能量一致性更好，使得叠加成像明显改善，有效信号成像凸显出来，为偏移处理打下了坚实的基础。

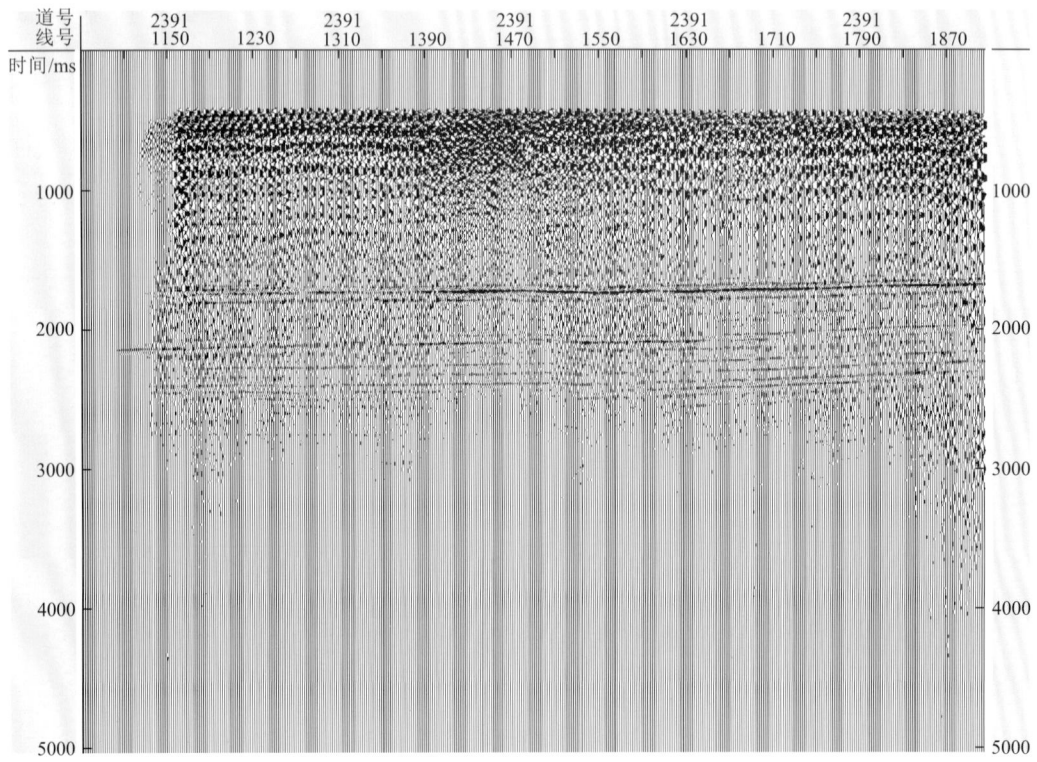

(a)振幅补偿前叠加剖面图

(b) 球面扩散补偿及保真地表一致性振幅补偿后叠加剖面图

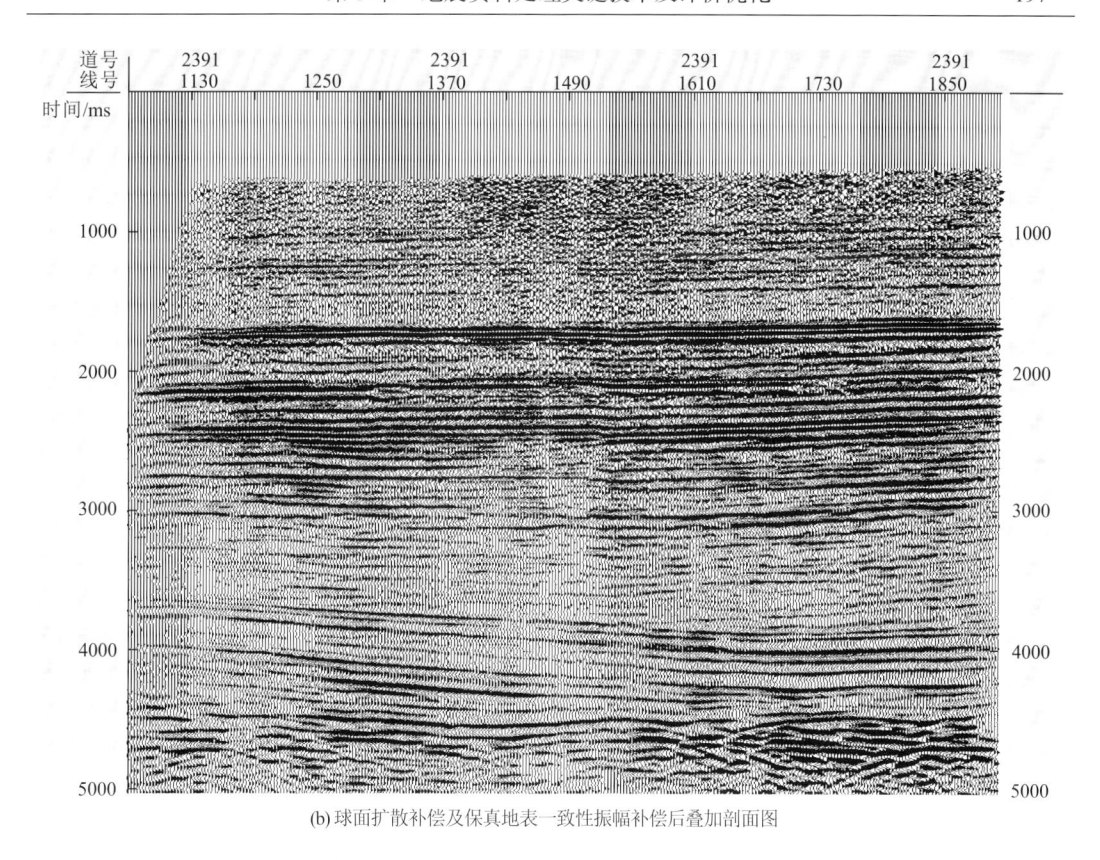

图 3.3-17 准噶尔盆地玛湖地区保真地表一致性振幅补偿处理前后对比

4) 低频保护和恢复补偿技术

随着准噶尔盆地勘探深度转向中深层，对于中深层窄频带、低主频的地震资料的成像一直面临很大问题。对此，准噶尔盆地岩性勘探提出了低频保护和恢复补偿的保真振幅处理技术。

低频保护和恢复补偿技术的原理是，首先通过快速傅里叶变换将地震数据从时间域变换到频率域，并设计一个频率域低频增强因子，将其与频率域地震数据相乘，再通过快速傅里叶反变换到时间域，得到低频增强后的期望输出；同时，以检波器的自然频率作为约束条件，从地震资料初至中截取实际的地震信号，零相位化后作为输入信号；然后将两者做最小二乘法匹配处理求得整形算子，最后将算子应用到原始数据上得到频宽补偿之后的数据，如图 3.3-18 所示。

关于频率域的低频增强因子的设计，常规采用的是指数函数式，如下式：

$$A(f) = A_0 (f)^{\frac{1}{M}} \tag{3.3-5}$$

通过式(3.3-5)对地震数据的振幅谱进行指数展宽，达到补偿指定频率振幅的目的。但该方法只能调整其补偿的宽度，为了更好地提高方法的适应性，对式(3.3-5)进行修改，将振幅谱进行归一化处理后，采用带修正项的指数展宽补偿方法进行低频补偿：

$$A(f) = A_0(f)^{\left[\frac{1}{M}+\left(1-\frac{1}{M}\right)(1-A_0(f))^N\right]} \quad (3.3\text{-}6)$$

式中，$A_0(f)$ 为输入子波振幅谱；$A(f)$ 为输出子波振幅谱；f 为子波频率；M 和 N 为补偿系数，M 决定了补偿的宽度，N 决定了补偿的幅度。

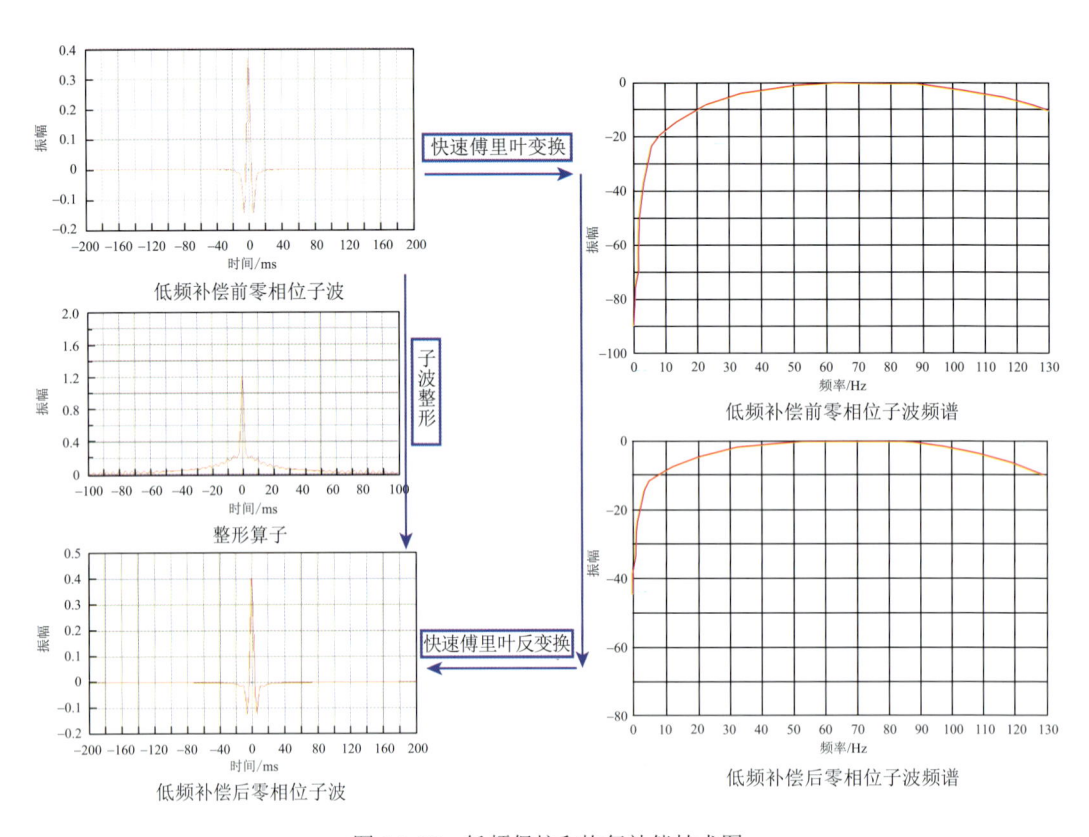

图 3.3-18　低频保护和恢复补偿技术图

保真保幅处理主要体现在补偿系数 M 和 N 的选取上，准噶尔盆地岩性勘探采取的方法是加强井控管理，进行多组参数的拟合和筛选，以实现高保真低频恢复补偿（公亭等，2016）。

该方法既能补偿仪器的低频响应，也能拓展因地层的吸收而产生衰减的高频能量，补偿后得到的剖面在高频端和低频端都得到了拓宽，且对信噪比没有降低。图 3.3-19 为采用以此方法处理前后的地震资料剖面对比，在低频处理下将低频端信号拓宽至 2Hz，同相轴连续性好，成像效果明显改善，目的层顶界面成像清晰，更有利于后续对岩相的刻画。同时，低频处理下的频带与原始资料接近，成像结果可靠。

3. 准噶尔盆地薄砂体精细成像处理技术

准噶尔盆地砂砾岩圈闭的分布以二叠系、三叠系地层为主，同时在侏罗系等地层中也有发育，在沉积相带上以冲积扇三角洲和辫状河三角洲为主，具有较好的储集能力。准噶尔盆地砂砾岩储层虽然在盆地各大凹陷均有发育，在纵向上，砂岩组厚度基本在 40m

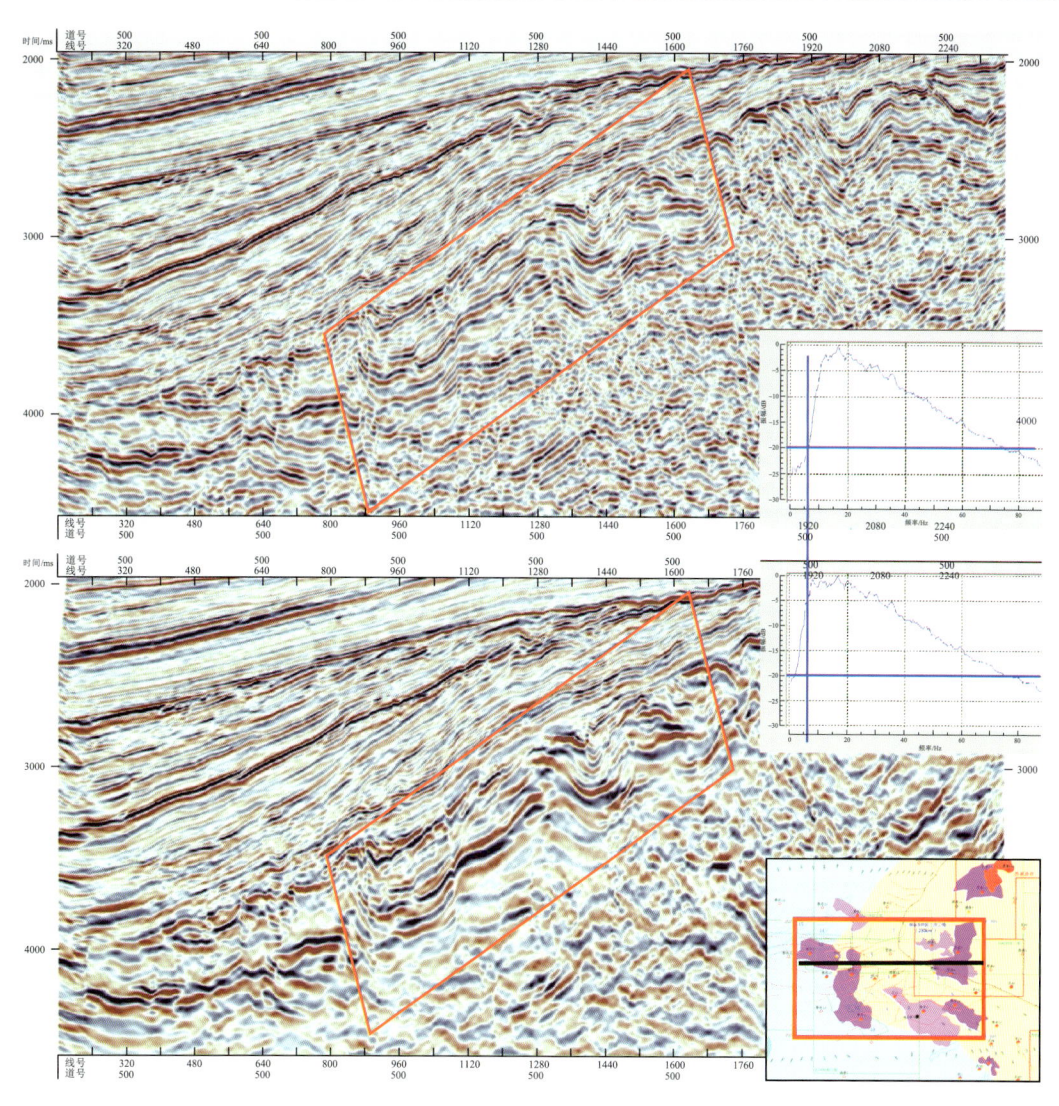

图 3.3-19　准噶尔盆地阜康地区低频补偿前后剖面及其频谱对比图

以上，但砂岩组内往往发育泥岩层，并与砂砾岩互层，这使得准噶尔盆地的成藏单砂体在纵向上厚度较薄，具有明显的薄层、薄互层特征。

图 3.3-20 是准噶尔盆地玛湖地区玛湖 2 井百口泉组的测井解释成果图，井中砂岩组厚度虽然在 40m 以上，但在一个砂岩组内发育多套泥岩层，使得单砂体厚度都较薄，最薄含油气砂体仅 3.5m。

此外，砂砾岩储层在横向上因非均质性强，其岩性圈闭多为"一砂一藏"的模式，但事实是准噶尔盆地内各大凹陷的砂砾岩储层岩性横向变化快，砂体连续性一般，同时还伴有多期砂体叠置的问题。因此，在横向上砂砾岩圈闭的识别最重要的是砂体边界和尖灭点的准确刻画。

基于对准噶尔盆地砂砾岩储层的特征分析，准噶尔盆地薄砂体精细成像处理技术主要针对薄层的高分辨率处理和砂体边界及边界点的偏移成像，涉及两项特殊技术。

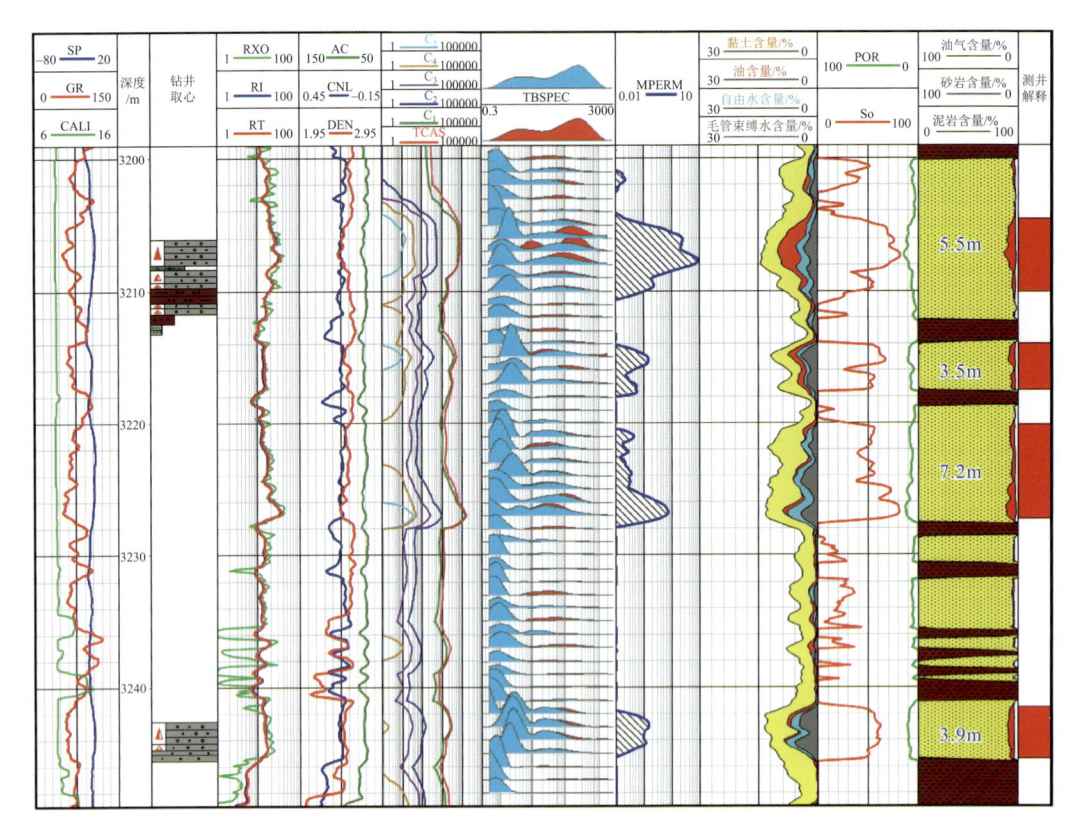

图 3.3-20　准噶尔盆地玛湖地区玛湖 2 井百口泉组测井解释成果图

SP：自然电位，mV；GR：自然伽马，API；CALI：井径，cm；RXO：冲洗带电阻率，Ω·m；RI：中感应电阻率，Ω·m；RT：地层真电阻率，Ω·m；AC：声波时差，μs/ft；CNL：中子密度，%；DEN：密度，g/cm³；$C_1 \sim C_5$：各烃类含量，量纲一；TCAS：总烃类含量，量纲一；TBSPEC：能谱曲线，核磁共振横向弛豫时间为 0.3～3000ms；MPERM：核磁共振渗透率，μm²；POR：孔隙度，%；So：含油饱和度，%

1) Q 补偿与井控串联反褶积技术

准噶尔盆地的地震波吸收衰减主要包括两类：①复杂近地表对地震波严重的吸收衰减作用；②目的层内幕因强非均质性而产生的吸收衰减作用。常规 Q 补偿技术最主要的缺点在于难以建立精确 Q 场，因此准噶尔盆地岩性勘探所采取的方法对常规 Q 补偿方法进行改进，提出井控分步时变 Q 吸收补偿技术，将 Q 补偿根据建模阶段分为两个部分。

(1) 近地表 Q 补偿，计算流程示意图如图 3.3-21 所示，包含六个步骤：①利用层析反演方法建立近地表模型，在模型的基础上得到精准的表层旅行时差；②抽取振幅补偿前的单炮记录，综合时差关系，计算出近地表的相对振幅系数；③利用谱比法对得到的相对振幅系数进行计算，建立表层相对 Q 场；④充分利用微测井资料，同样采用谱比法计算出井点的绝对 Q 值；⑤以绝对 Q 值作为约束，对表层相对 Q 场重新进行拟合，得到高精度的空变表层 Q 场；⑥将近地表 Q 场应用于 Q 补偿中，完成近地表 Q 补偿。

(2) 中深层 Q 补偿，包含四个计算步骤：①拾取工区 VSP 资料中的下行初至波波场，并建立中深层时差关系；②根据下行初至波波场振幅，求取不同深度点的振幅谱，并利用谱比法求得不同深度点的绝对 Q 值；③根据地层层位建立层状模型，并依据绝对 Q 值对其作差值，建立初始全区时空变 Q 体；④设置合适的 Q 增量，得到不同 Q 补偿结果，再将其与井资料进行匹配分析，从而获得最终的精确中深层 Q 场和值补偿结果。

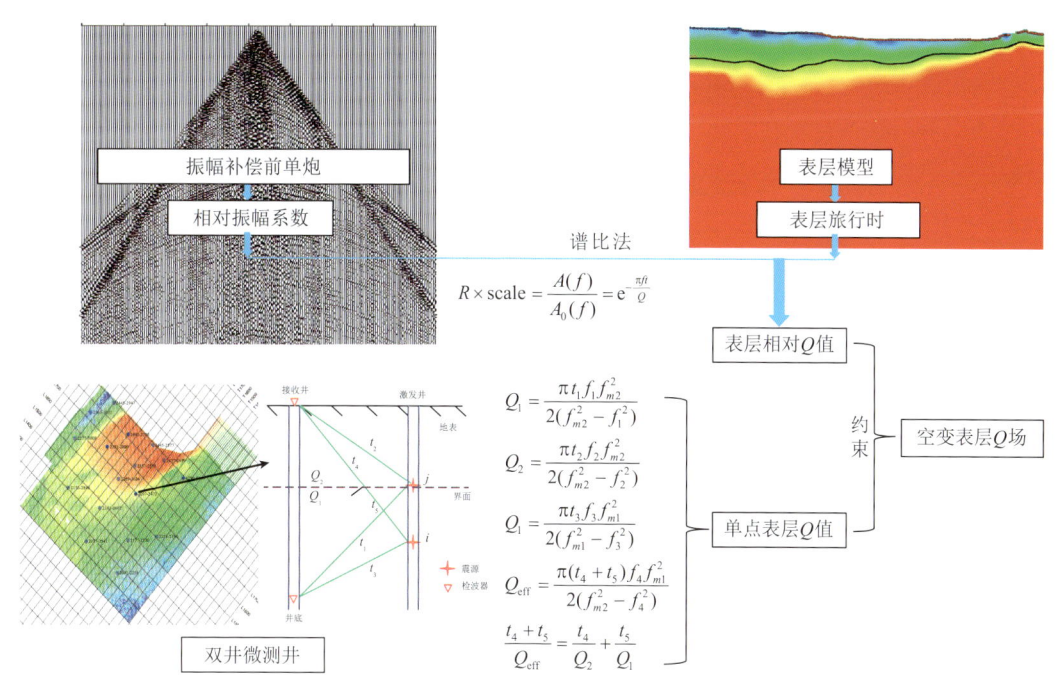

图 3.3-21　近地表 Q 场建模计算流程示意图

图 3.3-22 是准噶尔盆地阜康凹陷的地震剖面在 Q 补偿前后的对比，可以发现经过高精度 Q 补偿，资料频带拓宽，主频提升，剖面上空间一致性得到改善。此外，在时间切片上，井控串联反褶积技术显著改善了地震资料的分辨能力，同相轴清晰、连续性好，在厚度刻画和延续方向上的追索能力都得到加强，对于层内的相带识别打下了基础（图 3.3-23）。

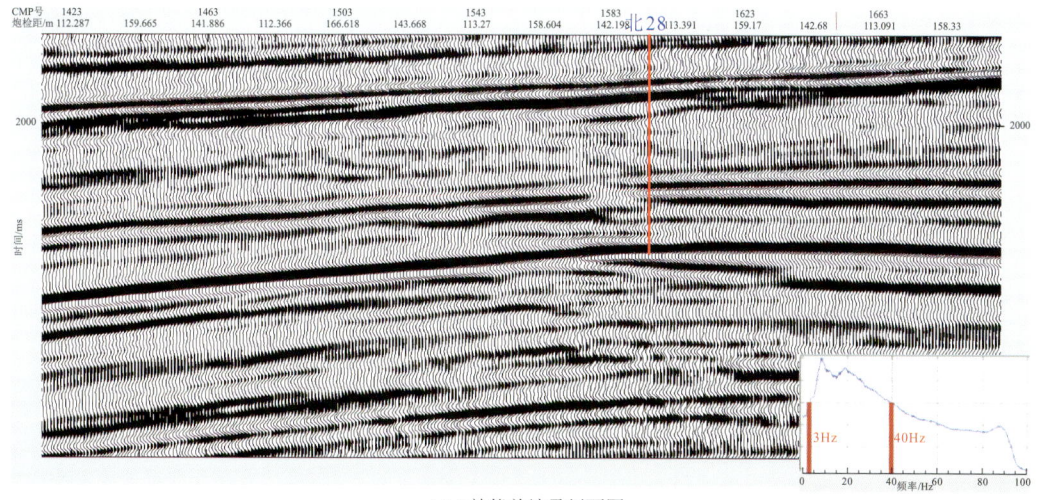

(a) Q 补偿前地震剖面图

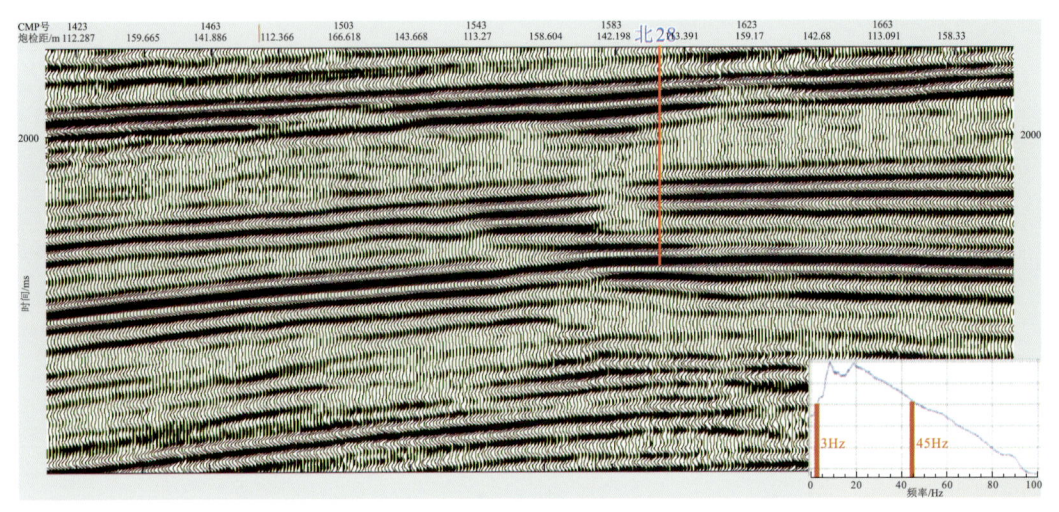

(b) Q 补偿后地震剖面图

图 3.3-22　准噶尔盆地阜康凹陷 Q 补偿前后地震剖面对比图

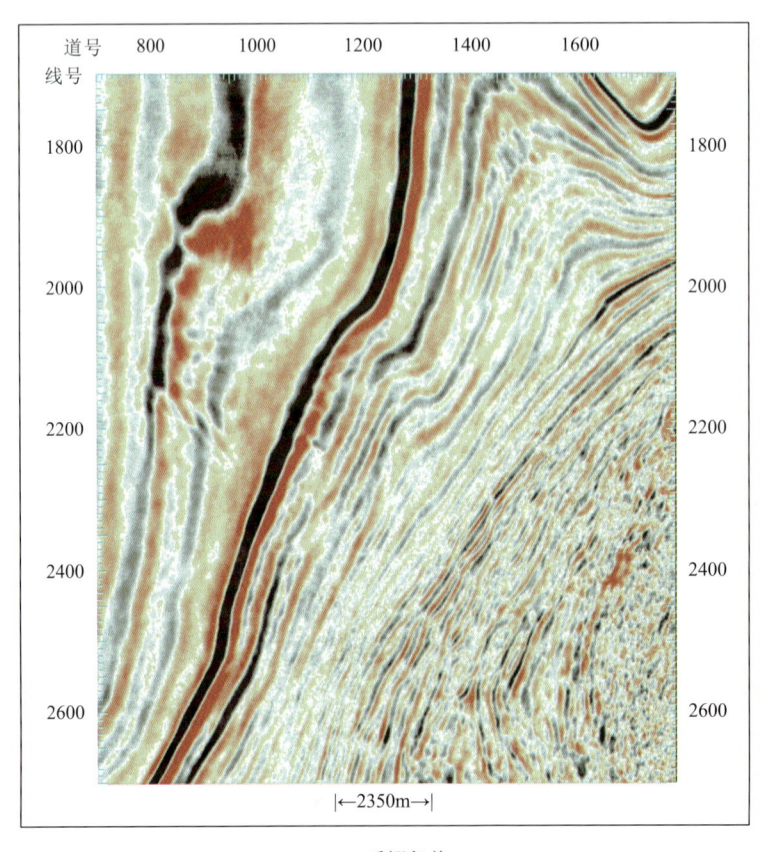

(a) 反褶积前

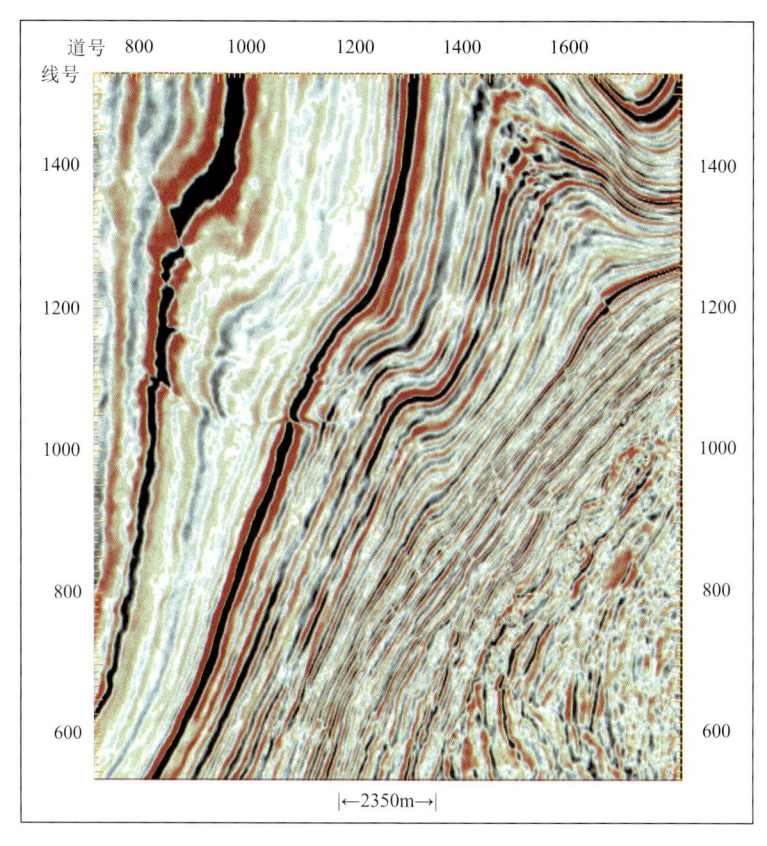

(b) Q 补偿+反褶积后

图 3.3-23　准噶尔盆地阜康凹陷井控串联反褶积技术应用前后时间切片(3000ms)对比图

2) 黏弹介质的 Q 偏移技术

在准噶尔盆地中深层岩性勘探中，为了有效提高资料分辨率，精细砂体刻画，引入并发展了 Q 偏移技术，形成了稳定的黏弹介质 Q 偏移技术。黏弹介质 Q 偏移技术基于单程波动方程理论对频散和吸收给予补偿，相较于其他地震波衰减补偿方法，其优势在于充分考虑了地震波传播所经过的实际路径的影响。Q 偏移方法在保证有足够精确的传播算子情况下，可以对地下介质进行高效补偿。

在方法原理上主要分为等效 Q 建模和 Q 偏移两部分。

(1) 等效 Q 建模。等效 Q 建模与前文中深层 Q 补偿的联系在于，在初始模型的建立上可以考虑沿用中深层 Q 补偿的层状 Q 场模型，然后估算有效 Q 场 Q_{eff}：

$$Q_{\text{eff}} = \frac{\pi t f_p f_{p_0}^2}{2\left(f_{p_0}^2 - f_p^2\right)} \tag{3.3-7}$$

式中，t 为信号走时；f_p 为 t 时刻的信号峰值频率；f_{p_0} 为未经吸收的信号峰值频率。

有效 Q 场 Q_{eff} 是有效波全路径传播过程中 Q 效应的累积测量，对初始模型进行层析反演，利用式(3.3-8)计算初始 Q 场的更新量 $\delta_{Q_{ijk}}^{-1}$，并迭代得到 Q 场(图 3.3-23)：

$$\frac{t}{Q_{\text{eff}}^{\text{obs}}(t)} - \frac{t}{Q_{\text{eff}}^{\text{mod}}(t)} = \sum_{i,j,k}^{\text{Ray}} \left(t_{ijk} \cdot \delta_{Q_{ijk}}^{-1} \right) \quad (3.3\text{-}8)$$

式中，$Q_{\text{eff}}^{\text{obs}}(t)$ 为 t 时刻有效 Q 场的观测值；$Q_{\text{eff}}^{\text{mod}}(t)$ 为 t 时刻有效 Q 场的模拟值；ijk 为反演网格的序号；t_{ijk} 为当前反演网格内的走时；$\delta_{Q_{ijk}}^{-1}$ 是 ijk 网格的 Q 值修正量（图 3.3-24）。

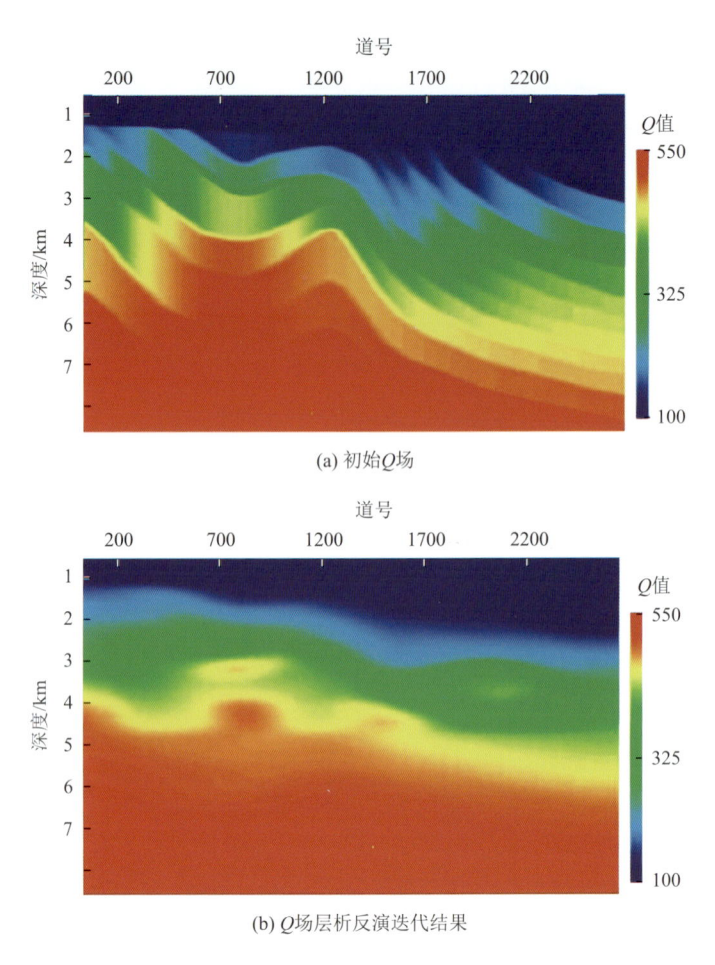

(a) 初始 Q 场

(b) Q 场层析反演迭代结果

图 3.3-24　Q 场层析反演结果

(2) Q 偏移成像。在地下介质中的地震波频散和衰减与频率相关，因此需要在频率域进行补偿。由于单程波偏移是在频率域实现的，可以针对不同频率成分进行有效补偿，是众多偏移成像算法中最为方便且精确实现 Q 偏移的算法。

图 3.3-25 是准噶尔盆地阜康地区应用黏弹介质 Q 偏移技术前后的地震剖面对比。从图中不难看出，经过 Q 偏移处理[图 3.3-25(b)]，有效补偿了地震资料高频端能量，提高了资料的分辨率，且分辨率高于常规时间偏移，改善了成像的品质，对侏罗系地层内幕的断裂与弱层成像明显改善，砂体的边界、厚度和尖灭位置成像清晰，层内相带的叠置关系刻画效果好。

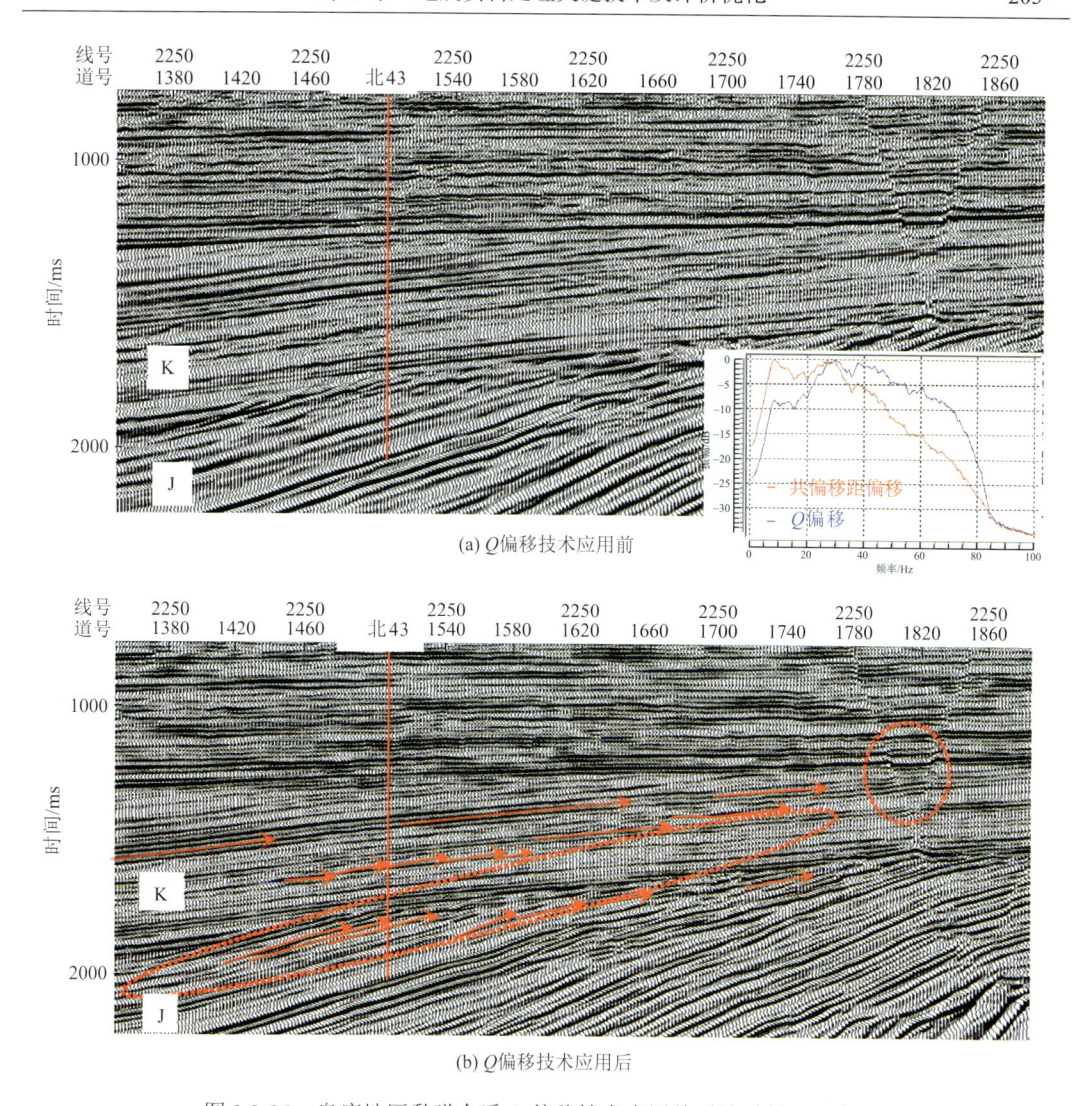

第3章 地震资料处理关键技术及评价优化

(a) Q 偏移技术应用前

(b) Q 偏移技术应用后

图 3.3-25　阜康地区黏弹介质 Q 偏移技术应用前后地震剖面对比图

(3) 薄砂体精细成像处理技术。准噶尔盆地岩性勘探在薄砂体精细成像上, 以稳健相的 Q 补偿、Q 偏移为重点, 加以可靠的反褶积技术, 尽可能拓宽频带, 使倍频程达到 5 个以上, 实现了对薄砂体在纵横向上的精细刻画。以下对应用薄砂体精细成像处理技术后的处理结果资料在薄砂体纵、横向上的刻画效果进行了展示和分析。

图 3.3-26 展示了处理结果资料在纵向上的改善效果, 图 3.3-26(a) 为地震资料处理成果剖面, 图 3.3-26(b) 为地震资料解释成果剖面。从图中不难发现, 通过薄砂体精细成像技术的处理, 基本实现了对井上两组砂体的刻画, 砂体和同相轴对应关系良好。进一步地在解释上, 依托处理成果, 实现了砂体的精准刻画。如图 3.3-27 所示, 通过新旧资料对比, 展示了处理结果资料在横向上的改善效果。过井剖面中, 阜东 5 井在侏罗系目的层中发育有高产油气层, 阜东 051 井在侏罗系目的层中却发育为水层, 说明两井的砂体发育情况应该存在差异, 而在过往成果中对此差异表现不明显, 剖面显示两井差异储层

发育在同一套砂体中，这与认识不符。通过薄砂体精细成像处理技术，在新近处理结果剖面中清晰刻画了差异储层分别发育在不同砂体中，而砂体在横向上的分布范围、尖灭位置也得到清晰刻画。

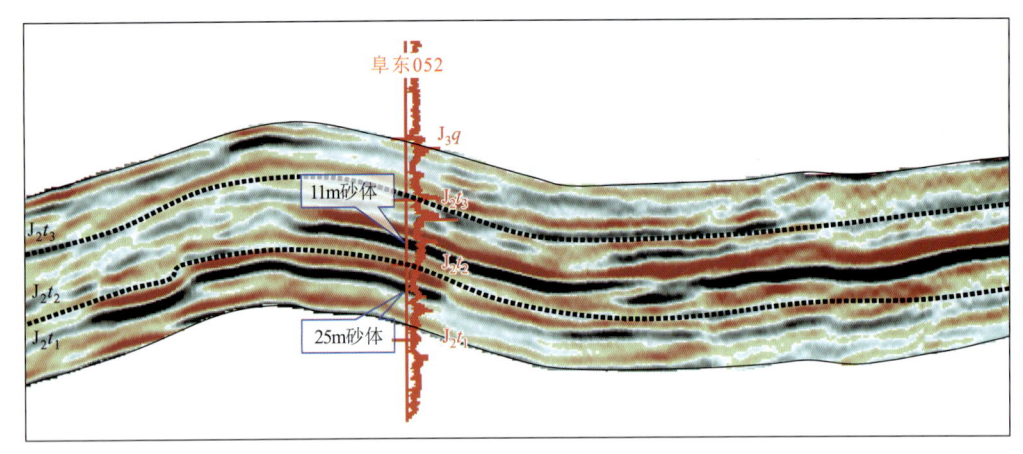

(a) 地震资料处理成果剖面

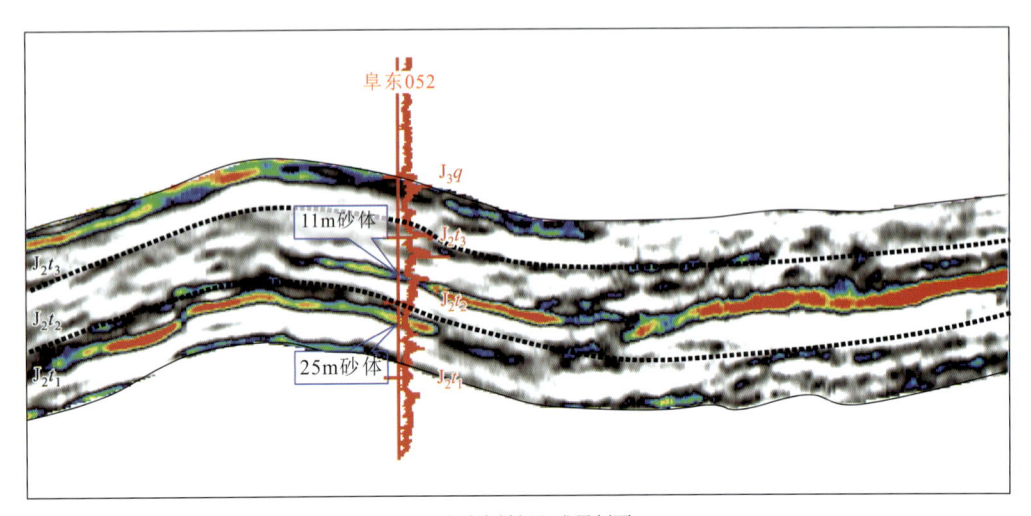

(b) 地震资料解释成果剖面

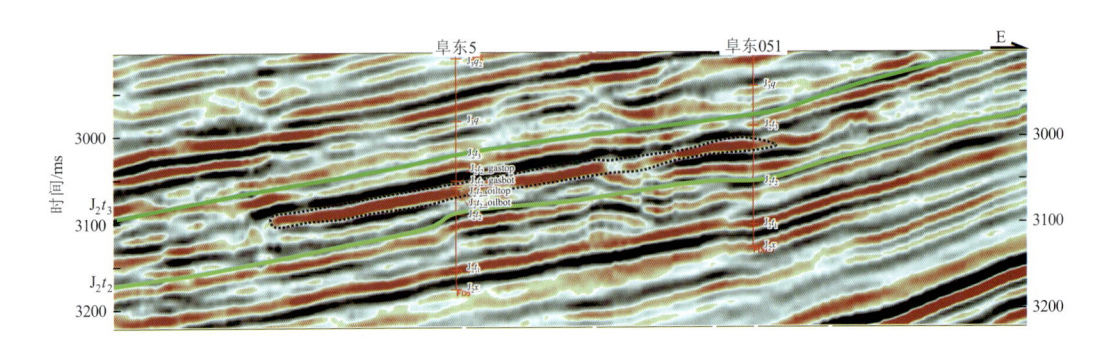

图 3.3-26　准噶尔盆地阜康地区薄砂体精细成像处理技术在纵向上的应用效果

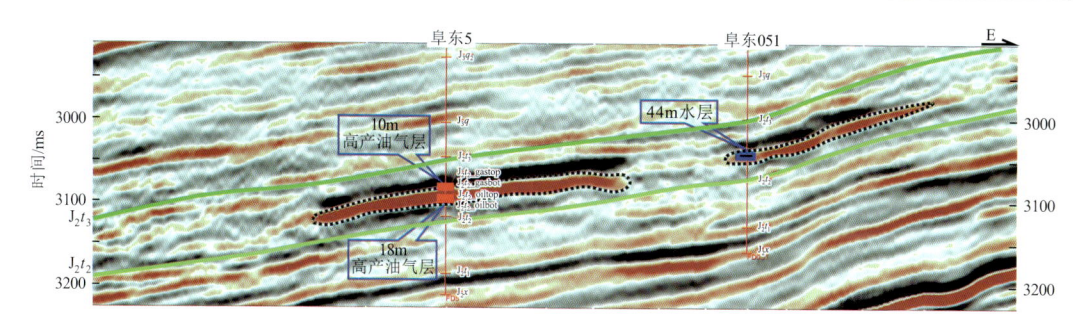

图 3.3-27 准噶尔盆地阜康地区薄砂体精细成像处理技术在横向上的应用效果

4. 准噶尔盆地断裂精细刻画技术

准噶尔盆地的砂砾岩圈闭与富烃岩之间一般通过大断裂整体运移、以小断裂具体联通的形式构成油气运移网络，大多形成了"断裂通源、岩性控藏、一砂一藏"成藏模式，即断裂是准噶尔盆地砂砾岩圈闭的一大主控因素。

此外，准噶尔盆地砂砾岩圈闭具有较强的非均质性，在纵横向上物性变化快、规律性低，这种情况下断裂是油气预测的一个重要依据。同时，对火山岩圈闭来说，有利相带的分布在纵向上呈现出"多期叠置、侧向遮挡"的特征，与烃源层之间依靠断裂沟通，因此断裂同样是岩性圈闭的一大主控因素。

准噶尔盆地断裂期次多、延伸短、断距小，精细识别及平面组合识别困难，如图3.3-28所示。此外，以砂砾岩储层为主的地层断裂系统发育，油气纵向跨层运聚，走滑断裂和微小断裂多发，断裂具有断裂角度大、断距小的特点，难以精细刻画；以火山岩为主的地层，位置深、资料信噪比低，成像难度大，内幕构造的刻画同样难度巨大。

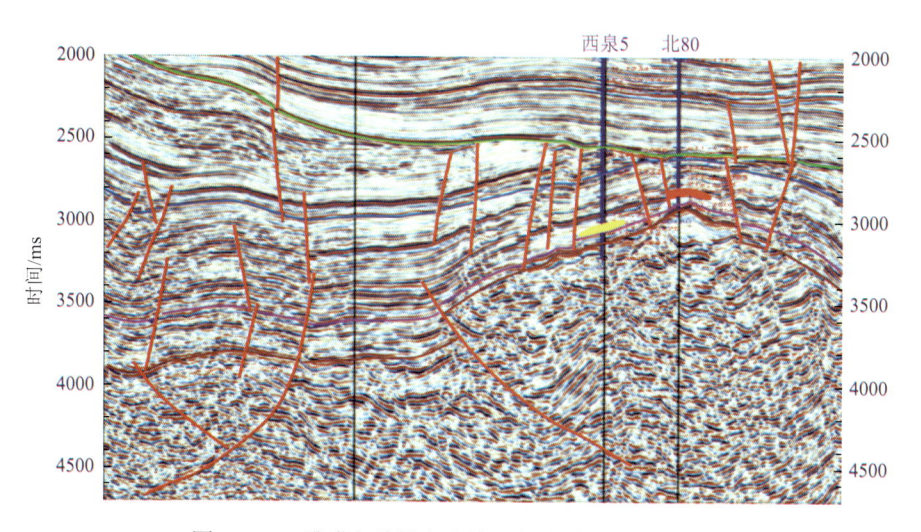

图 3.3-28 准噶尔盆地阜康地区断裂系统特征剖面图

准噶尔盆地岩性勘探三维地震处理针对断裂精细刻画这一重点和难点，进行了诸多的探索和尝试，形成了一套针对准噶尔盆地特点的地震处理技术，能够对20m左右的断裂进行精细识别和刻画，主要涉及 OVT 域偏移配套处理技术。

OVT 域偏移配套处理技术是准噶尔盆地岩性勘探进入"两宽一高"阶段，作为配套技术引入来解决地震处理中充分挖掘资料宽方位优势的专项技术，在断裂精细识别上应用效果明显，共包含三项专项技术。

1）五维数据规则化处理技术

常规的 CMP 域、炮域数据抽取到 OVT 域内，其保留了炮检距信息和方位信息，但由于受观测系统的限制和不同域数据表现方式的不同，往往需要对资料进行插值或者规则化处理。

准噶尔盆地在规则化处理方面主要运用非均匀傅里叶重构技术，其原理是：假定输入的地震数据用 $f(x_j)(j=0,\cdots,N_x-1)$ 表示，其中 N_x 是总地震道数，x_j 是第 j 道数据的空间坐标 $(0 \leqslant x_j \leqslant x_{\max})$，则输入数据 $f(x_j)$ 的傅里叶展开式表示为

$$f(x_j) \approx \sum_l f(k_l) \exp\left(\frac{\mathrm{i}2\pi l x_j}{x_{\max}}\right) \tag{3.3-9}$$

$$k_l = \frac{2\pi l}{x_{\max}}\left(l = -\frac{N_k}{2},\cdots,\frac{N_k}{2}\right) \tag{3.3-10}$$

式中，k_l 为空间波数，与频率索引 l 有关；N_k 为频率的总数。增大 $x_{\max}$ 即增加参与计算的道数，有利于波数域的采样，提高插值精度。

在频率-波数域每次增加一个频率分量后，通过公式(3.3-9)进行计算，经过 m 步后，剩余量可表示为

$$R^m(x_j) = f(x_j) - \sum_{l=0}^{m-1} f(p_l)\exp\left(\frac{\mathrm{i}2\pi p_l x_j}{x_{\max}}\right) \tag{3.3-11}$$

$$R^m(l) = \sum_{j=0}^{N_x-1} R^m(x_j)\exp\left(\frac{\mathrm{i}2\pi l x_j}{x_{\max}}\right) \tag{3.3-12}$$

式中，p_l 是在第 l 步选取的系数对应的索引。设 $m=0$，$R^0(x_j)=f(x_j)$，采用公式(3.3-12)进行迭代计算找到最大系数的索引 p_m。

基于计算公式(3.3-12)构建最小二乘函数公式(3.3-13)，计算剩余值 $\phi(m+1)$，当其足够小的时候，停止迭代。

$$\phi(m+1) = \sum_j \left[f(x_j) - \sum_{l=0}^{m-1} f(p_l)\exp\left(\frac{\mathrm{i}2\pi p_l x_j}{x_{\max}}\right) \right]^2 \tag{3.3-13}$$

图 3.3-29 和图 3.3-30 展示了采用该技术对玛湖凹陷进行规则化处理的效果。图中的三维数据区域由两个工区的三维采集数据组合形成，由于两个工区采集网格不一致，统一网格后部分面元有空道现象[图 3.3-29(a)]。由剖面结果可见数据规则化技术处理后，浅层地震道缺失现象消除[图 3.3-29(b)]，浅层信噪比明显有所提高。

图 3.3-30 为玛湖凹陷数据规则化前后的频率属性平面对比图（$T=3000\mathrm{ms}$），由图可见数据规则化处理后工区东北部缺道现象消除，补齐空道后地震属性平面上趋于一致，平面规律性更强，边界异常现象减少。

(a) 数据规则化前　　　　　　　　　　　(b) 数据规则化后

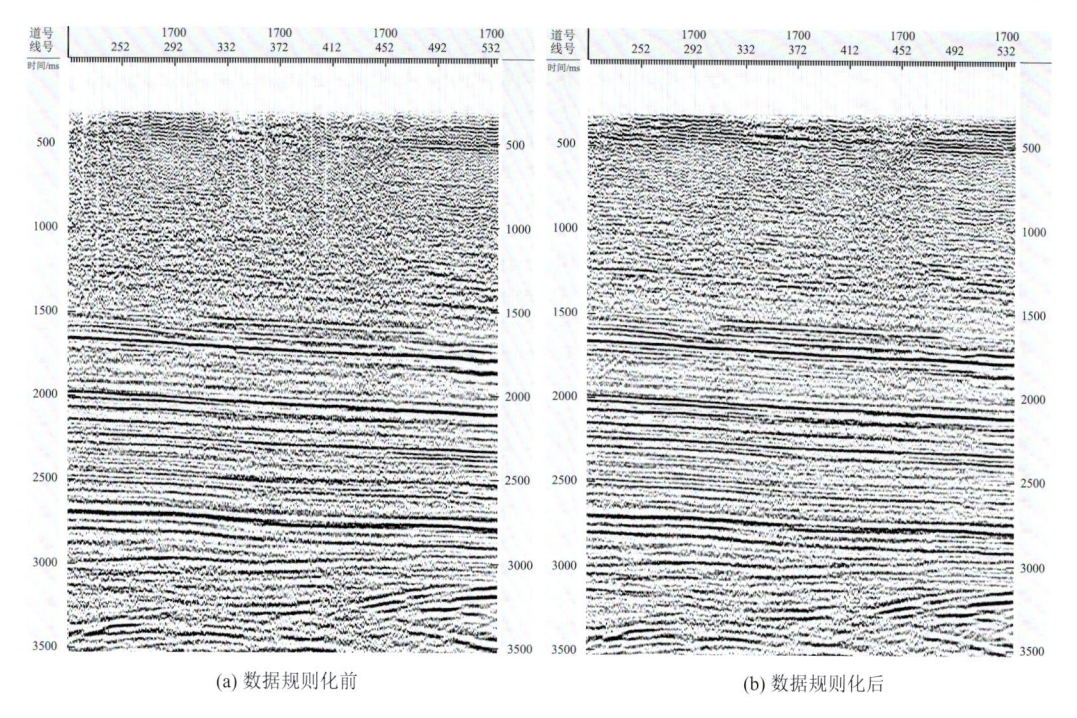

图 3.3-29　准噶尔盆地玛湖地区数据规则化前后地震剖面对比图

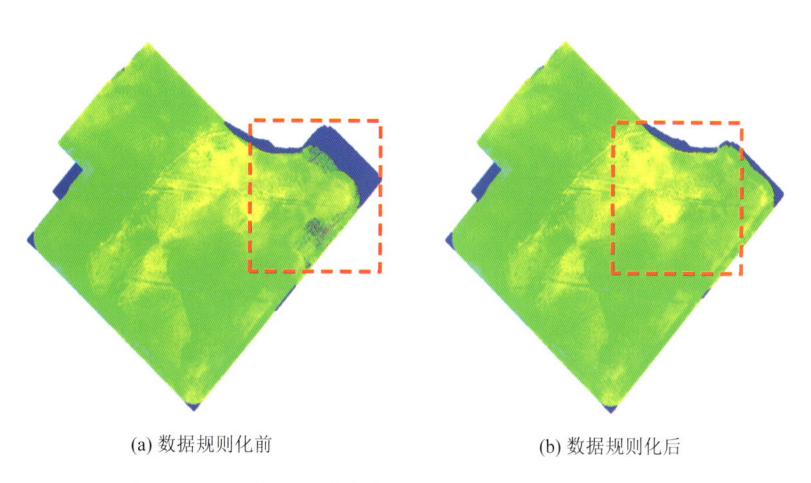

(a) 数据规则化前　　　　　　　　　　　(b) 数据规则化后

图 3.3-30　玛湖凹陷数据规则化前后频率属性平面对比图

2) 方位各向异性校正技术

地震波在方位各向异性介质中传播时，不同方位的传播速度不一致，从而导致螺旋道集[炮检距矢量道集(offset vector gathers，OVG)]上同相轴类正弦曲线式波动，因此在利用 OVT 域偏移成果之前有必要进行方位各向异性校正工作。

地震波速度可以表示为随方位变化的椭圆，速度场由三个参数定义：快速速度场 V_{fast}、慢速速度场 V_{slow} 以及 V_{slow} 与 inline 方向的夹角 β。其中，β 也称为方位角。这样，某一炮检方向 ϕ 的速度可以表示为

$$\frac{1}{V_\phi^2} = \frac{\cos^2(\alpha)}{V_{\text{slow}}^2} + \frac{\sin^2(\alpha)}{V_{\text{fast}}^2} \tag{3.3-14}$$

式中，α 为地震数据某一炮检方向与慢速速度方向的夹角，$\alpha = \phi - \beta$；V_{fast} 与 V_{slow} 可以通过螺旋道集与模型道的时变互相关时差反演得出，然后按照加入了方位速度项的旅行时计算公式(3.3-15)，完成对螺旋道集的方位时差校正。

$$T_x^2 = T_0^2 + \left[\frac{\cos^2(\alpha)}{V_{\text{slow}}^2} + \frac{\sin^2(\alpha)}{V_{\text{fast}}^2} - \frac{1}{V_{\text{ref}}^2}\right]X^2 \tag{3.3-15}$$

式中，T_x 是炮检距为 x 时的反射波旅行时；T_0 为炮检中心点处反射波的自激自收时间；V_{ref} 为输入数据的成像参考速度；X 为炮检距。

图 3.3-31 是玛湖凹陷方位各向异性校正前后的 OVT 螺旋道集成像对比图，从图中可以看到在校正前道集中同相轴具有明显的波浪现象，不利于叠加等处理。

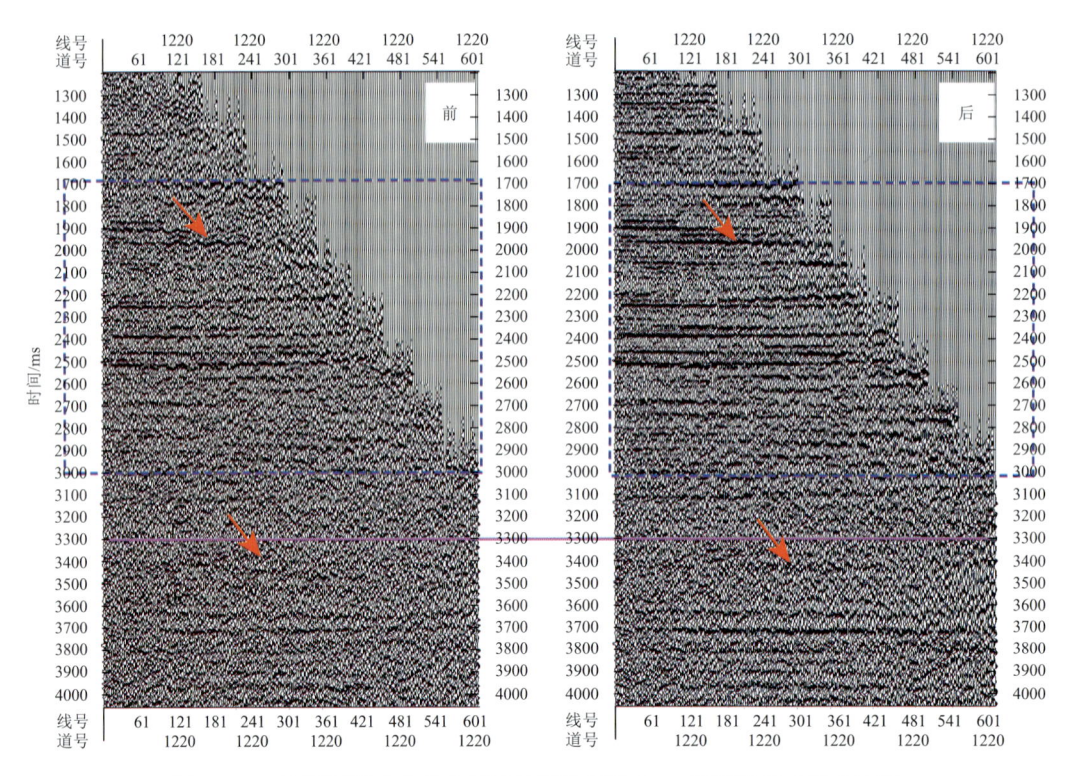

图 3.3-31 玛湖凹陷方位各向异性校正前后的 OVT 螺旋道集成像对比图

图 3.3-32 是玛湖凹陷方位向异性校正前正后的相干切片($T = 3000\text{ms}$)对比图，从图中不难发现，方位各向异性校正后断裂特征更清楚，对于细节的刻画更加清晰、准确。

此外需要指出的是，在准噶尔盆地岩性勘探对于 OVT 域处理的技术中，方位各向异性校正处理只是从偏移成像角度提出的处理要求而非必须。实际上，由于 OVT 域数据的五维特性，校正前后的地震资料应各有用途，校正前可用于叠前裂缝预测等方面，校正后可用于改善叠加成像效果及 AVO 叠前反演等方面。

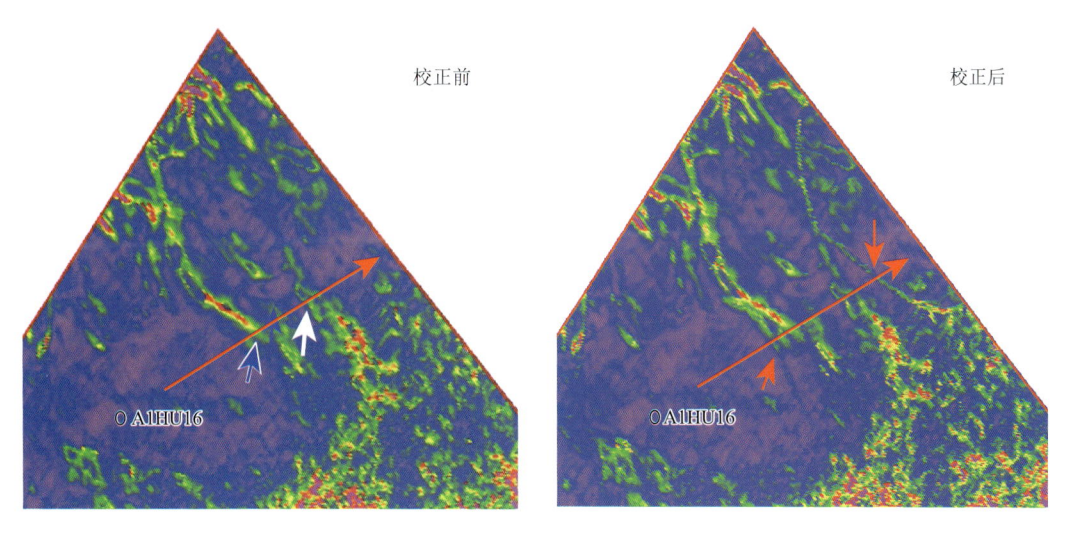

图 3.3-32　玛湖凹陷方位各向异性校正前后的相干切片（$T=3000\text{ms}$）对比图

3) OVT 域偏移叠加技术

"两宽一高"地震数据体是包含时空关系、方位角、偏移距信息的五维数据体，只通过常规的叠加偏移并不能反映五维数据体的优势所在。因此，"两宽一高"地震数据体在 OVT 域内的叠加处理也具有其特殊性。

作为 OVT 域的配套处理技术，OVT 域偏移叠加技术共得到了三类 OVT 域的偏移叠加成果。

(1) 分入射角成果。将不同十字排列中相同入射角的 OVT 片抽成道集可以获得一个具有相近的入射角且单次覆盖全区的 OVT 道集，对其进行偏移叠加可以得到分入射角成果。这样的成果数据体属于四维数据体，包含时空关系和入射角信息，常用于叠前反演。

(2) 分方位角成果。在 OVT 域内做分方位处理，将 OVT 道集分为不同的方位片。对一个方位角扇形片做偏移处理后就可以得到分方位角成果，这样的成果数据体属于五维数据体，包含时空关系偏移距和方位角信息，常用于裂缝检测。

(3) 全方位叠加成果。全方位叠加成果是将 OVT 域的所有数据一起进行偏移叠加，消除数据体中的偏移距和方位角信息，所以此方法的处理结果与常规偏移叠加结果一致，是全区的三维数据体，只保留了时空关系，常用于储层描述。此外，虽然此方法得到的结果与常规处理一致，但经 OVT 域处理后，其成像精度往往高于常规成像结果，尤其是在各向异性的校平上。

图 3.3-33 是玛湖地区分方位叠加和全方位叠加的成果剖面对比图，其中图 3.3-33(a) 为东西方向方位角叠加成果，图 3.3-33(b) 为全方位角叠加成果，图 3.3-33(c) 为南北方向方位角叠加成果。图 3.3-34 展示了这三种叠加方法的相干切片，从图中不难发现，断裂具有各向异性，在不同方位角上具有不同的响应特征，以该图中的断裂论，南北方向上对于断裂的刻画能力明显强于其他方位，利用南北方向的偏移叠加成果更有利于断裂的精细刻画。

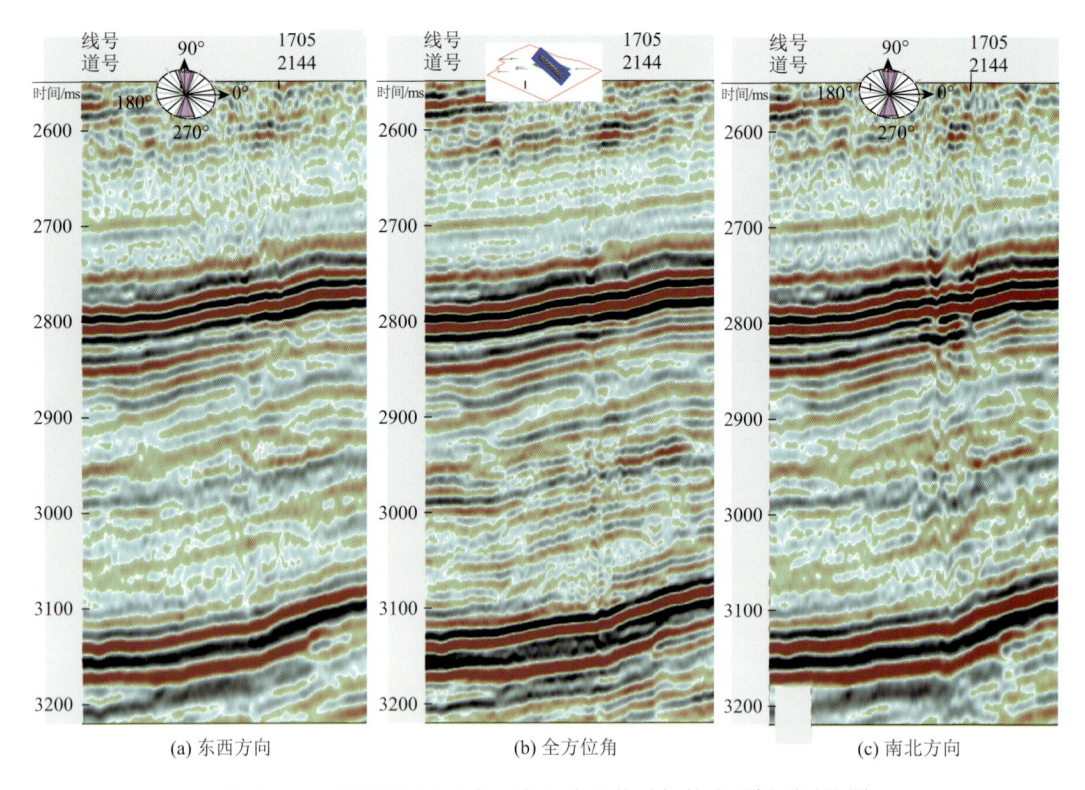

(a) 东西方向　　　　　　(b) 全方位角　　　　　　(c) 南北方向

图 3.3-33　玛湖地区分方位叠加和全方位叠加的成果剖面对比图

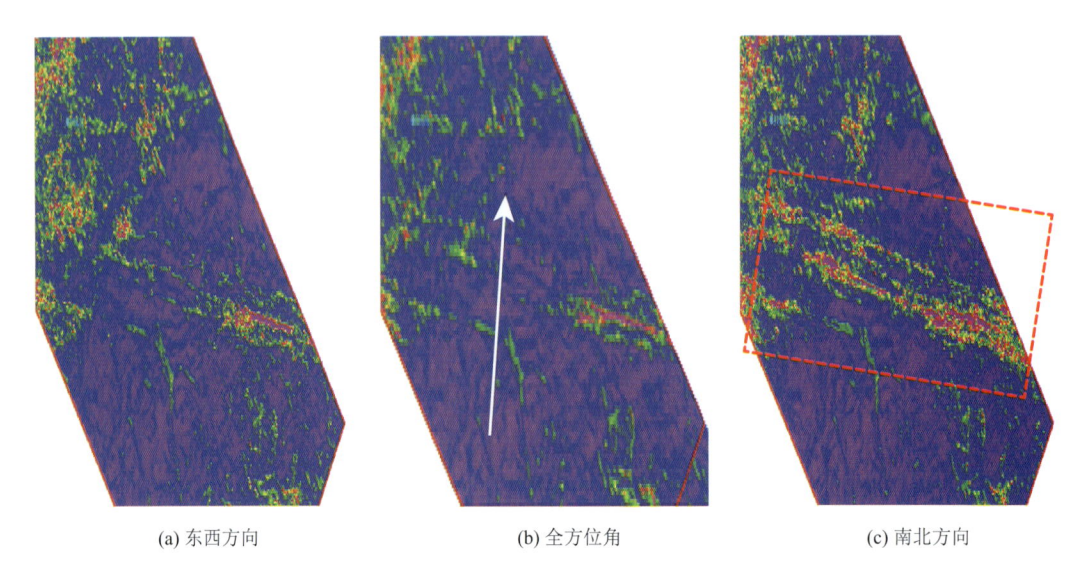

(a) 东西方向　　　　　　(b) 全方位角　　　　　　(c) 南北方向

图 3.3-34　玛湖地区不同叠加方法等时相干切片（$T=2800$ms）对比图

4）断裂精细刻画技术处理效果

准噶尔盆地岩性勘探在断裂精细刻画上，以 OVT 域处理技术为核心，以尽可能提高地震资料的品质为优先目的，综合其他多项精细刻画技术提高了断裂识别能力。以下对断裂精细刻画技术应用前后，过往处理结果和新近处理结果资料品质和断裂刻画两方面进行对比。

图 3.3-35 展示了过往处理结果和新近处理结果在剖面上的对比，从图中不难发现，新近处理结果剖面对于断裂的形态、延伸的刻画都明显优于过往成果，断裂在同相轴上的错动位置和错动距离都得到清晰刻画，同时对微小断裂的分辨能力也得到明显提升。图 3.3-36 分别展示了新旧成果资料在 J_1b 地层相干属性上的对比。对比基于过往处理结果得到的相干属性，新近处理结果资料对于断点刻画更干脆、平面断裂展布更聚焦。

(a) 过往处理结果剖面

(b) 新近处理结果剖面

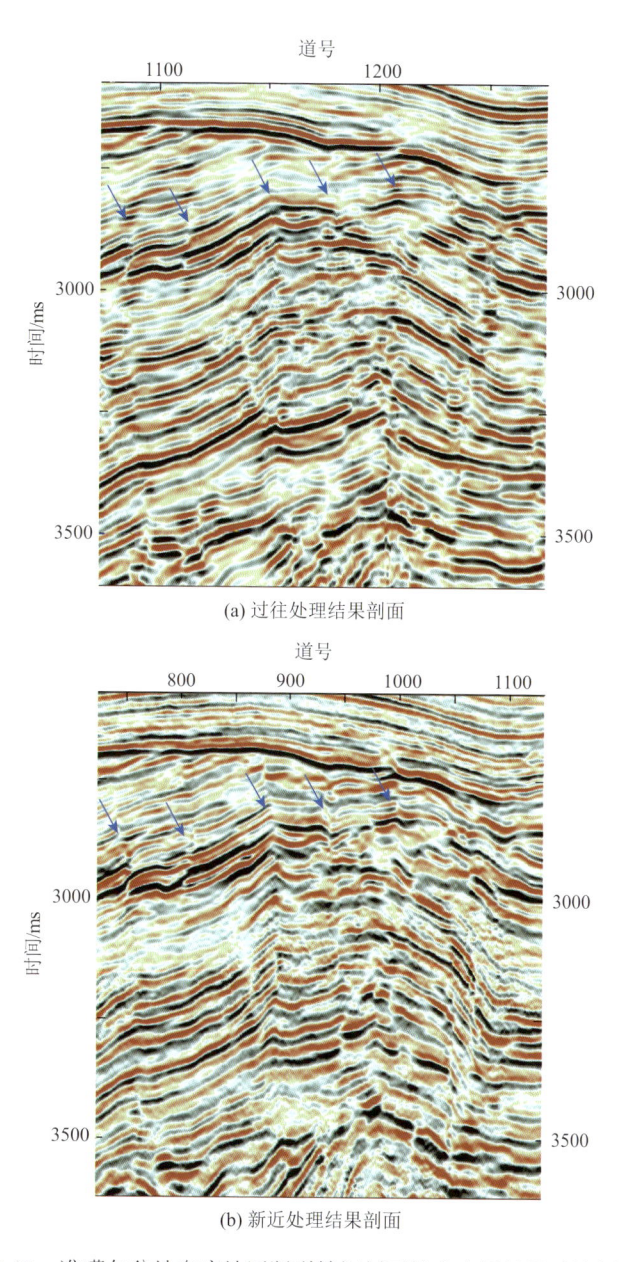

图 3.3-35　准噶尔盆地阜康地区断裂精细刻画技术应用差异对比剖面图

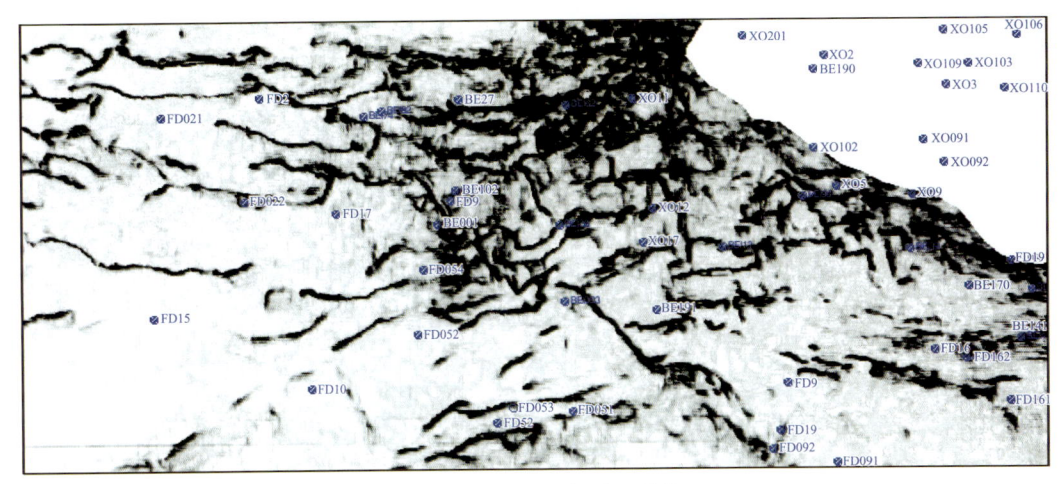

(a) 过往处理结果J_1b地层相干属性

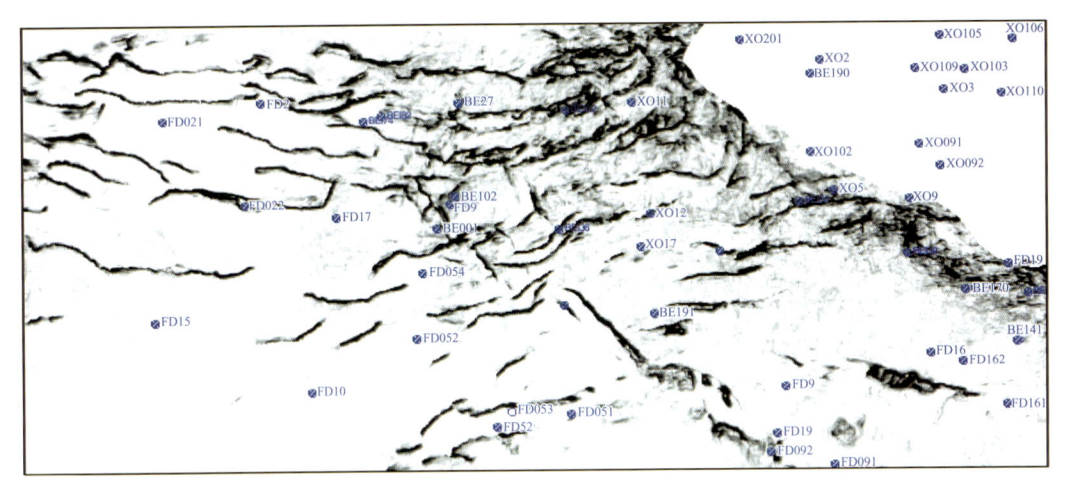

(b) 新近处理结果J_1b地层相干属性

图3.3-36 准噶尔盆地阜康地区新旧成果资料J_1b地层相干属性对比

第4章 地震勘探全过程的评价优化

地震勘探全过程主要包括地震采集、处理、解释三个地震勘探工作的基本环节。地震勘探全过程的评价优化是指按一体化的研究思路，对地震采集、处理、解释各环节所使用的方法技术及应用效果进行评价，并在此基础上，提出各环节进一步优化的方向。

在第2章和第3章分别介绍了地震采集和处理环节的关键技术和评价优化。本章将结合准噶尔盆地岩性地震勘探中已经全面实施并取得显著效果的面向目标的解释处理一体化工作流程，介绍近年来研究提出的集地震采集、处理、解释三位一体的方法技术及应用效果的评价优化思路和方法，从而推动建立地震勘探全过程的评价优化体系，为地震勘探工作真正迈向"提质增效，效益勘探"的目标奠定基础。

4.1 地震勘探一体化研究思路及对策

地震勘探一体化是指针对同一地质目标，采集、处理、解释三个环节协同工作，共同提出各环节应解决的主要问题和拟采用的方法技术，最后形成各环节有机结合的三位一体的技术对策的一种工作模式和综合研究思路。

为应对地震勘探所面临的越来越复杂的地表和地下地震地质条件及复杂地质目标的挑战，国内外的许多地震勘探工作者都提出应采用"一体化"的思路来解决相关问题（陈兴盛等，2005；赵贤正等，2008；Munoz et al.，2008）。当时的一体化工作主要集中在地震勘探的地震处理和解释环节，并取得了一些显著成果（Feng et al.，2004；常锁亮和王启旺，2011；Roende et al.，2013；梁卫等，2015）。近年来，人们开始思考怎样将地震勘探的采集环节也纳入一体化研究中，进行优化的采集方案设计，从而在面向更加复杂的勘探目标中，取得更显著的效果（王学军等，2015；Mateeva et al.，2020；Tsingas，et al. 2020；曲寿利，2021）。正如曲寿利（2021）总结的一样，地震数据处理和解释一体化研究近年来受到重视，但实际应用中真正将地震数据采集、处理、解释有机地统一起来，并非易事。

在准噶尔盆地的岩性地震勘探中，特别是实施"两宽一高"地震采集以来，为进一步发挥"两宽一高"地震勘探技术的优势，在地震处理和解释工作中提出和实施了面向目标的一体化研究工作模式和项目管理模式。这种一体化研究工作模式对勘探认识的不断深入、勘探成果的不断提高起到了重要作用，如玛湖凹陷10亿吨级砾岩油气藏的勘探和开发，就是采用"两宽一高"地震采集技术，应用处理和解释一体化研究方法所取得的一个显著成果，为准噶尔盆地的岩性勘探提供了方法技术的支撑（唐勇等，2019）。

实际工作中所实施的"面向目标的处理和解释一体化研究思路及工作模式"的一个典型标志是，对所有的岩性地震勘探项目的处理和解释工作广泛采用了以地质目标为前提、以勘探问题为导向、以处理和解释的针对性技术为手段的一体化研究和决策方法，简称"三单一策"。具体地说，就是对每一个地震勘探项目的处理和解释工作都需要提出地质勘探目标清单、拟解决的地质问题清单、拟采用的处理和解释技术清单，以及达到一定技术目标的处理和解释一体化技术对策。图 4.1-1 给出了一个以玛湖地区三维地震资料处理和解释一体化项目为例的"三单一策"。在地震资料的处理和解释项目研究过程中，首先制定出"三单一策"，并按所制定的"三单一策"进行技术选择、质量控制、成果评价和项目实施。在处理和解释的各阶段都按照"三单一策"进行技术及质量的把控，将"三单一策"的完成程度以及与地质目标的达成度，作为整个项目是否完成的评价标准。

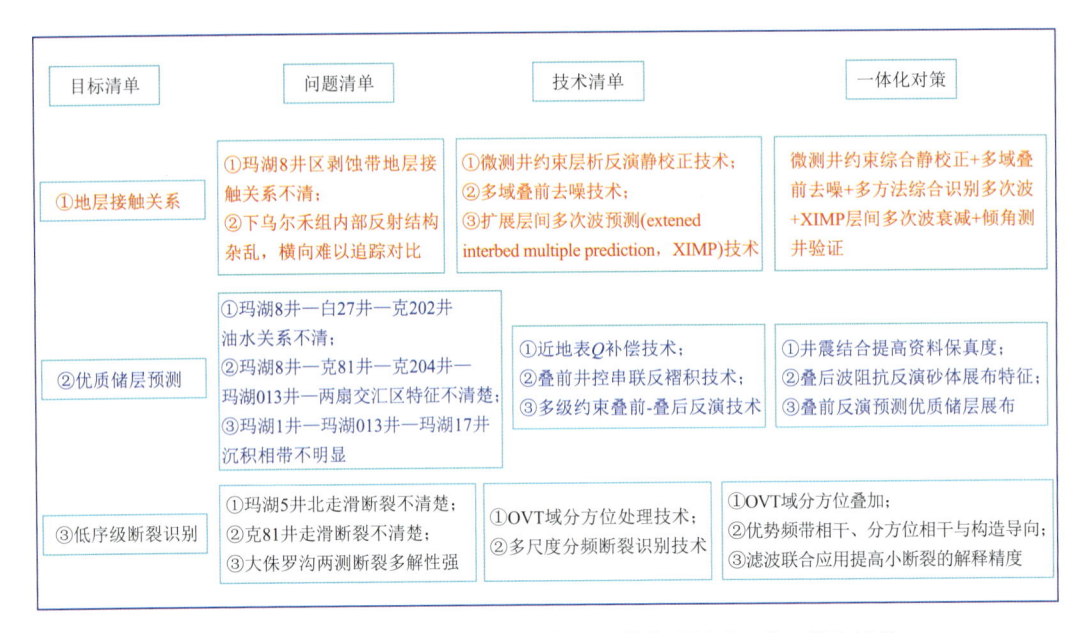

目标清单	问题清单	技术清单	一体化对策
①地层接触关系	①玛湖8井区剥蚀带地层接触关系不清； ②下乌尔禾组内部反射结构杂乱，横向难以追踪对比	①微测井约束层析反演静校正技术； ②多域叠前去噪技术； ③扩展层间多次波预测(extened interbed multiple prediction，XIMP)技术	微测井约束综合静校正+多域叠前去噪+多方法综合识别多次波+XIMP层间多次波衰减+倾角测井验证
②优质储层预测	①玛湖8井—白27井—克202井油水关系不清； ②玛湖8井—克81井—克204井—玛013井—两扇交汇区特征不清楚； ③玛湖1井—玛013井—玛湖17井沉积相带不明显	①近地表Q补偿技术； ②叠前串控串联反褶积技术； ③多级约束叠前-叠后反演技术	①井震结合提高资料保真度； ②叠后波阻抗反演砂体展布特征； ③叠前反演预测优质储层展布
③低序级断裂识别	①玛湖5井北走滑断裂不清楚； ②克81井走滑断裂不清楚； ③大侏罗沟两测断裂多解性强	①OVT域分方位处理技术； ②多尺度分频断裂识别技术	①OVT域分方位叠加； ②优势频带相干、分方位相干与构造导向； ③滤波联合应用提高小断裂的解释精度

图 4.1-1 玛湖地区三维地震处理和解释一体化项目"三单一策"清单

随着"三单一策"的建立和实施，一大批勘探成果不断涌现，证明了这种一体化研究方法的科学性和适用性。图 4.1-2～图 4.1-4 给出了一个准噶尔盆地前哨 1 井区地震勘探处理和解释一体化研究的例子。图 4.1-2 为项目研究制定的"三单一策"；图 4.1-3 为研究区范围内新老地震资料处理效果对比图。从图中可以看到 2016 年新采集的地震资料按"三单一策"所制定的技术方法和对策进行资料处理后，资料频带有了明显拓宽；地震资料分辨率有了明显提高。图 4.1-4 为新老地震资料砂体解释结果对比图。从图中也可以看到实施一体化研究后，在新地震资料上目的层砂体叠置样式、地质体边界更加清楚，形成了新的地质认识。

第 4 章 地震勘探全过程的评价优化

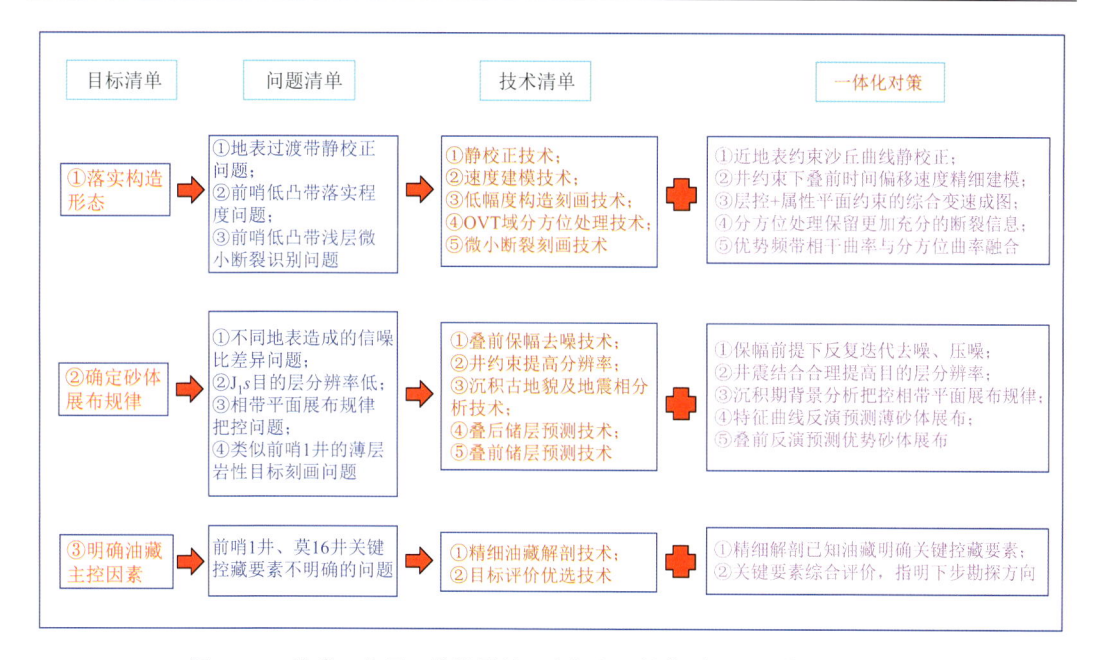

目标清单	问题清单	技术清单	一体化对策
①落实构造形态	①地表过渡带静校正问题；②前哨低凸带落实程度问题；③前哨低凸带浅层微小断裂识别问题	①静校正技术；②速度建模技术；③低幅度构造刻画技术；④OVT域分方位处理技术；⑤微小断裂刻画技术	①近地表约束沙丘曲线静校正；②井约束下叠前时间偏移速度精细建模；③层控+属性平面约束的综合变速成图；④分方位处理保留更加充分的断裂信息；⑤优势频带相干曲率与分方位曲率融合
②确定砂体展布规律	①不同地表造成的信噪比差异问题；②J₁s目的层分辨率低；③相带平面展布规律把控问题；④类似前哨1井的薄层岩性目标刻画问题	①叠前保幅去噪技术；②井约束提高分辨率；③沉积古地貌及地震相分析技术；④叠后储层预测技术；⑤叠前储层预测技术	①保幅前提下反复迭代去噪、压噪；②井震结合合理提高目的层分辨率；③沉积期背景分析把控相带平面展布规律；④特征曲线反演预测薄砂体展布；⑤叠前反演预测优势砂体展布
③明确油藏主控因素	前哨1井、莫16井关键控藏要素不明确的问题	①精细油藏解剖技术；②目标评价优选技术	①精细解剖已知油藏明确关键控藏要素；②关键要素综合评价，指明下步勘探方向

图 4.1-2　前哨 1 井区三维地震处理和解释一体化项目"三单一策"清单

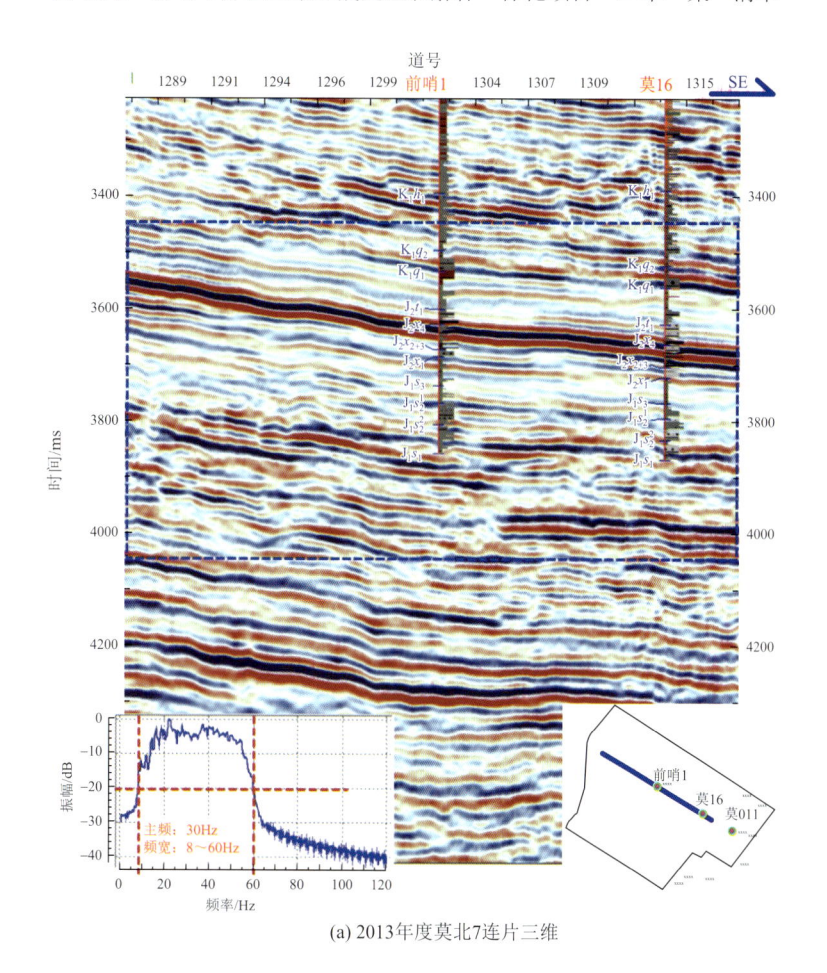

(a) 2013年度莫北7连片三维

(b) 2016年度前哨1井区三维

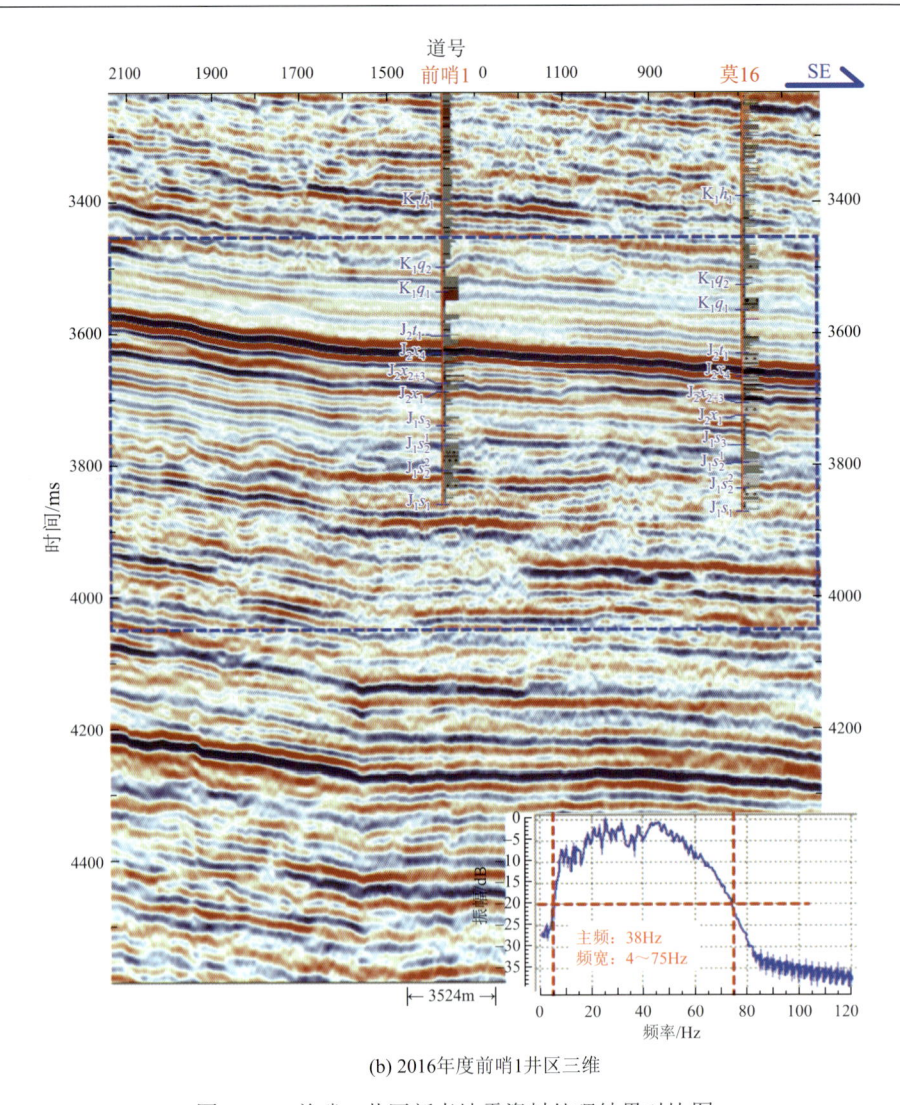

图 4.1-3　前哨 1 井区新老地震资料处理结果对比图

从上述例子可以看到，通过"三单一策"的实施，处理和解释效果得到了明显提高，但就整个地震勘探过程来说，缺少对地震勘探的源头——地震资料采集的约束，因此这种一体化的研究思路和工作模式是有缺陷的，需要将地震采集工作也纳入一体化研究及评价优化的工作模式和管理体系中。

因此，近几年来，结合准噶尔盆地岩性地震勘探技术的应用效果及进一步的需求，对准噶尔盆地的主要岩性勘探目标以及地表地震地质条件等进行详细的梳理和研究，一方面进一步确认了现在实施的面向目标的"三单一策"地震处理和解释一体化研究方法的正确性；另一方面提出了将这些岩性目标勘探中所采用的"两宽一高"地震采集技术也纳入一体化研究和评价优化中。以解释约束处理，处理约束采集的研究思路，通过采用和建立一些定性定量评价优化方法和指标，形成包含地震采集、处理、解释各环节的新"三单一策"，简称"三单一策 2.0"，逐渐建立起了一种较为完善的地震勘探全过程的评价优化方法。该方法应用到地震勘探的实际工作中，大大促进了地震资料品质的提高和采集、处理、解释三位一体工作方法的真正实现，为地震勘探工作满足整个油气勘探实现"提质增效，效益勘探"的目标奠定了基础。

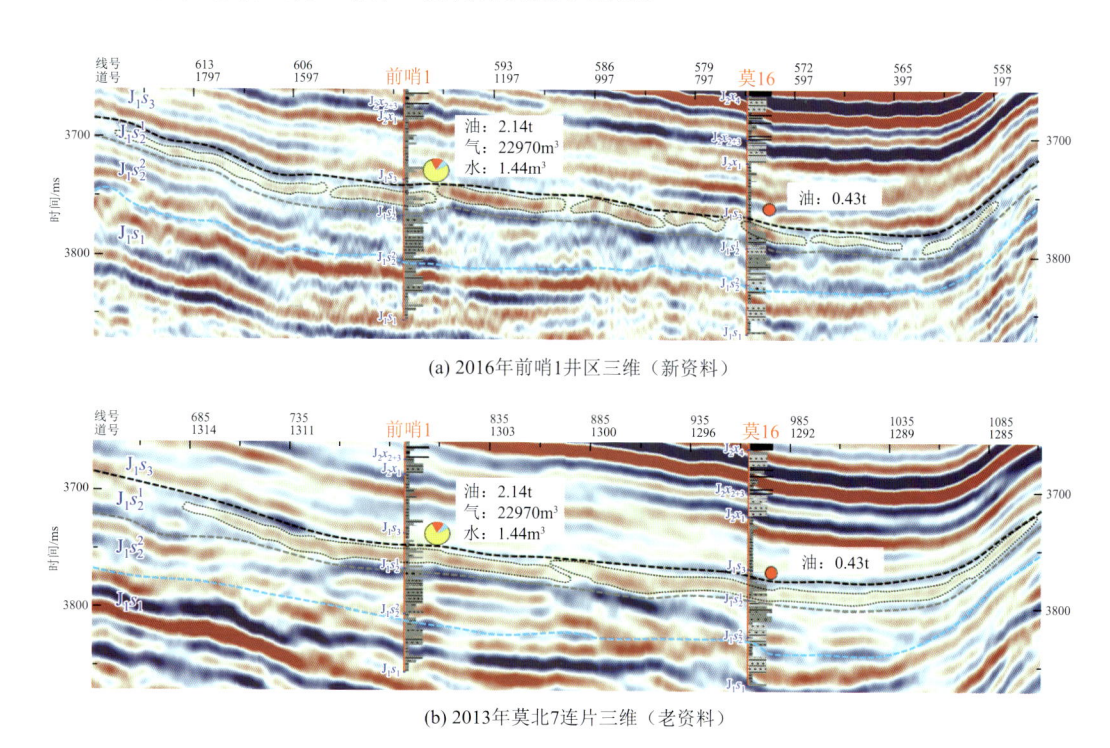

(a) 2016年前哨1井区三维（新资料）

(b) 2013年莫北7连片三维（老资料）

图 4.1-4　前哨 1 井区新老地震资料砂体解释结果对比图

4.2　地震勘探全过程评价优化的内涵和指标体系

综上所述可知，要实现地震勘探全过程的评价优化即要实现：①基于一体化的研究思路，开展地震采集、处理、解释各环节所使用的方法技术及应用效果的评价，并在此基础上，提出各环节进一步优化的方向；②在现有处理和解释工作中已经实施的"三单一策"基础上，增加同一地质目标下约束地震采集工作的相关技术对策，从而实现一种采集、处理、解释三位一体的研究思路和工作模式。另外，在分析已有的基于"三单一策"的一体化研究思路和工作方式时发现，现有的"三单一策"主要是一些定性的描述性内容，体现出的是一种工作理念、工作模式，更偏重于体现一体化思想的项目管理方法。因此，在本次研究建立地震勘探全过程的评价优化方法时，笔者提出尽可能地选择构建一些定量化指标作为约束地震采集、处理、解释各环节的量化指标，并以此量化指标作为衡量各环节地震资料品质以及与地质目标达成度的标准，从而建立一种以量化指标为表征的，以解释约束处理、处理约束采集的地震数据采集、处理、解释有机结合的一体化工作模式和评价优化方法。

1. 地震勘探全过程评价优化的内涵

在总结现有的以"三单一策"为表征的地震处理和解释一体化研究方法和成果的基础上，提出建立体现采集、处理、解释三位一体工作思路的岩性地震勘探技术评价优化方法。研究认为，地震勘探全过程评价体优化的内涵主要应包括：①针对各种岩性勘探目标及地表和地下条件，从采集、处理和解释一体化角度凝练现有成果，找出待解决的相关问题；②提出一些地震采集、处理及解释各环节应达到的关键指标，包括定性和定量两个方面；③建立一种评价方法和工作流程，并指出可以进一步优化的方向和具体的方法步骤。

这种评价优化方法的主要内容和工作流程应该包括地震采集、处理、解释各环节有针对性的具体技术措施及对策的研究和构建，并通过一些定性描述和定量指标使得从资料的采集设计、采集施工、资料处理、构造解释、储层预测的每个阶段都有可把控的标准，从而真正体现出采集、处理、解释一体化融合的研究思路和工作模式。

按照以上地震勘探全过程评价优化的内涵和主要内容，研究提出针对同一地质目标，在已有"三单一策"基础上增加地震采集的技术对策，通过构建一些定性描述和定量指标，并以此为衡量标准，实现解释约束处理、处理约束采集的一体化思路，建立"三单一策2.0"，以此表征地震勘探全过程的一体化研究思路和评价优化方法。

2. 地震勘探评价优化定量指标的构建

在"三单一策2.0"的研究和制定中，特别考虑了是否能够提出和确定一些定量化指标作为评价优化地震采集、处理和解释各环节工作的核心指标和依据。

通过大量的调研及对现有方法、勘探成果及评价标准的对比筛选后，提出以资料信噪比为切入点，统筹地震数据质量保证的各个环节；以保证地震分辨率作为完成地质目标的核心依据，从解释需求反推处理和采集应达到的地震频带指标。

利用这一思路，结合现有勘探成果及地震资料品质情况，以达到勘探目标为出发点，按照解释阶段的地质目标特征，即地质资料解释需要完成的具体地质任务指标，提出了以有效频宽作为约束地震处理质量，以覆盖密度作为约束地震采集方案的两个定量化核心指标。

选择有效频宽作为约束资料处理后地震资料品质的指标是一种常用的手段，一般可以根据解释阶段所要求的地质目标特征，通过正演模拟研究等方法确定一个频段范围。实际工作中，在确定地震有效频宽指标时，应深入分析现有的勘探成果和地震资料品质，并进行基于实际资料的地震属性建模的地震正演研究（邓儒炳等，2021），以更好地确定定量化指标。图4.2-1为地震正演进行有效频宽试验的例子，用于说明频宽选择依据。其中，图4.2-1(a)为正演模型图，图4.2-1(b)为正演剖面图，图4.2-1(c)和(d)为正演结果的地震频带分析结果。

地震资料的有效频宽指标相对容易确定，但将其与地震采集参数联系起来，按照解释约束处理、处理约束采集的思路确定地震采集应达到的定量化指标比较困难。下面着重阐述本次研究中，选用覆盖密度作为约束地震采集方案定量化指标的一些依据。

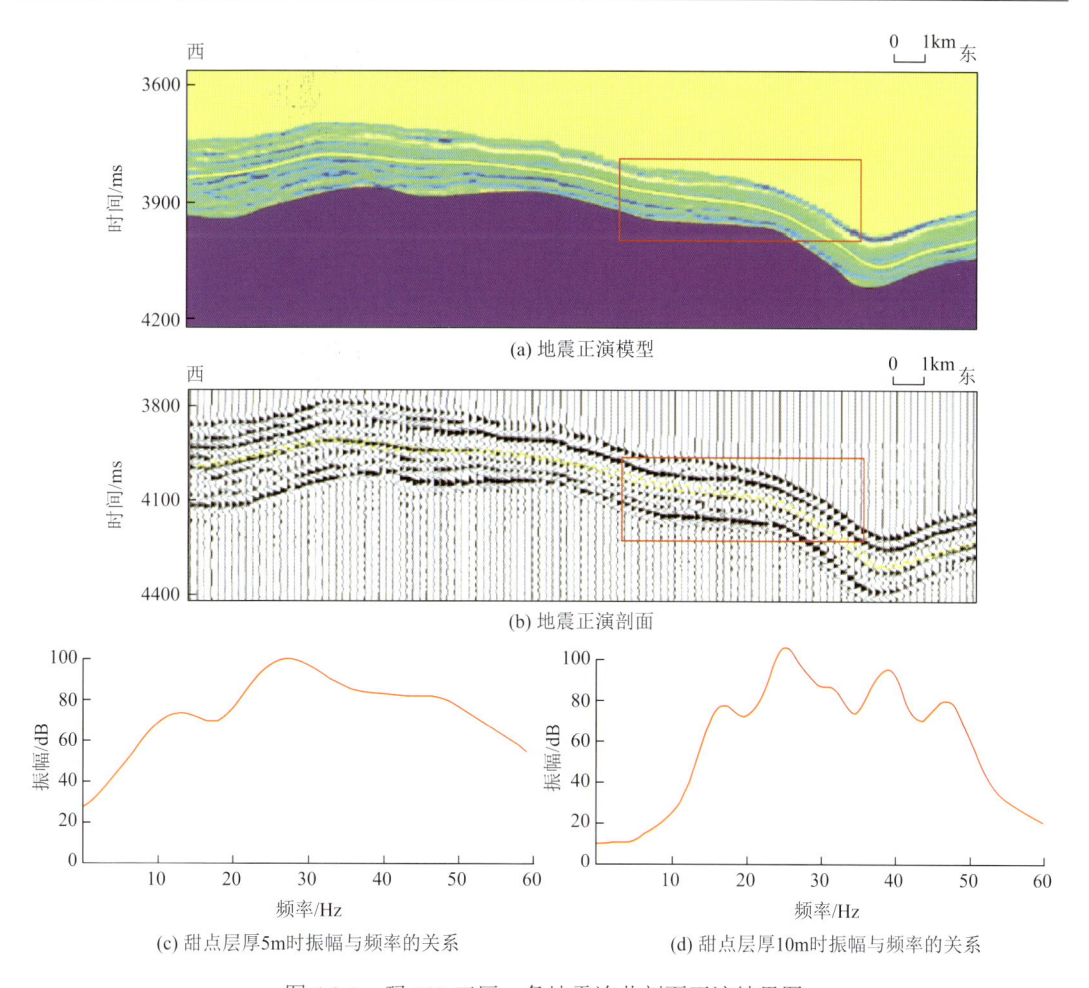

图 4.2-1 玛 131 工区一条地震连井剖面正演结果图

1) 高密度空间采样是"两宽一高"地震采集的核心指标

空间采样密度是三维地震采集观测的基本属性,是影响地震采集作业成本和资料处理偏移成像效果的重要因素。任何一个观测系统参数发生变化都可能会引起空间采样密度发生变化。观测系统参数一般分为独立参数和关联参数。在实际的采集观测系统设计中,一般情况下可以根据地质目标要求,从炮密度、道密度和覆盖密度来衡量空间采样密度。炮密度也叫激发密度,是单位面积内激发的炮点数,用每平方千米的激发点数表示。道密度也叫接收密度,是单位面积内的接收道数,用每平方千米的接收点数表示。覆盖密度也叫炮道密度,是单位面积的覆盖次数,或单位面积的激发炮数和接收道数,用每平方千米的记录道数表示,其计算公式如下:

$$D_\text{T} = \frac{S_\text{S}}{4 \times S_\text{LI} \times R_\text{LI} \times (S_\text{I}/2) \times (R_\text{I}/2)} \tag{4.2-1}$$

式中,D_T 为覆盖密度;S_S 为排列片的有效面积;S_LI 为炮线距;S_I 为炮点距;R_LI 为接收线距,R_I 为接收道间距。

在衡量空间采样密度的三个参数中，炮密度和道密度都是独立参数，而覆盖密度是关联参数，炮密度和道密度变化必然会引起覆盖密度的变化。因此，覆盖密度是把炮密度、道密度、面元尺寸和覆盖次数等多种观测系统属性指标综合在一起的一个密度指标，是最能综合体现高密度地震观测系统特征的核心参数。因此，在某个具体地震采集项目的观测系统设计中，在一些参数如面元尺寸、横纵比等观测系统独立参数确定后，需要重点考虑和提出完成地质任务所需要的覆盖密度指标，并在这一指标下，按照野外作业经济可行性的实际情况，选择如何优化炮密度或道密度。若激发代价高于接收代价，可考虑"道多炮少"，即强化道密度、优化炮密度；若接收代价高于激发代价，可考虑"炮多道少"，即强化炮密度、优化道密度。无论强化炮密度还是道密度，都是提高完成地质任务所需要的覆盖密度，只有这样才能提高地震勘探的分辨率、信噪比和保真性，才能提高地震勘探的油气勘探能力。

2) 优化覆盖密度对于压制噪声和保证地震资料分辨率具有重要意义

由于"两宽一高"地震采集能够较好地体现"规则采样、均匀采样、充分采样"的理念，因此相比于常规地震采集技术，它所获得的地震资料的信噪比及经过处理后的资料分辨率及偏移成像精度等都有明显的提高。大量的地震勘探实践表明(赵邦六等，2021a；曲寿利，2021)，实施高覆盖密度的地震采集是提高复杂地表及地下地震地质条件下地震资料品质的有效手段。但实际工作中，覆盖密度指标也不是越高越好，一味追求参数的极限会大幅度增加采集成本，因此应该根据勘探目标要求、成本效益及野外试验综合确定。

准噶尔盆地的岩性勘探区域受所处地表条件的影响，大多属于沙漠戈壁的"低信噪比"地区，浅表层的吸收衰减及各种干扰严重影响了地震资料的信噪比及分辨率，采用高覆盖密度(即高炮道密度)的"两宽一高"地震采集成为提高地震资料品质及完成地质任务的必然选择，因此也成为评价地震资料采集质量以及保证地震资料处理后地震资料分辨率的基本指标。

根据相关理论研究，由于吸收衰减和噪声干扰，造成地震采集期望得到的信号频带越来越窄，不希望得到的噪声越来越多，期望提高分辨率的高频信息湮没在各种噪声中无法有效恢复。虽然理论上地震采集接收的低频窄带子波通过吸收衰减补偿(提频处理)后完全能够恢复出衰减的高频信息，但是噪声的存在使得提高高频信号能量的同时也提高了噪声的能量，造成吸收衰减补偿(提频处理)后的资料信噪比大幅降低。

吸收衰减补偿后的地震资料信噪比降低程度与补偿截止频率呈反比关系，吸收衰减补偿截止频率越高，信噪比越低。图 4.2-2 是吸收衰减补偿截止频率与信噪比关系的模型分析，该模型采用一个楔形模型说明噪声对吸收衰减补偿的影响。图 4.2-2(a)和(b)是无随机噪声吸收衰减补偿前后的对比，图 4.2-2(c)是含有随机噪声的补偿前模型剖面，图 4.2-2(d)～(h)均为含随机噪声的不同补偿截止频率的吸收衰减补偿结果。楔形模型的信号模拟采用频率为3Hz-6Hz-84Hz-96Hz 的带通子波，吸收衰减模型低速层 Q 值为 20，双程旅行时为 0.1s，地下地层 Q 值为 200，反射界面双程旅行时为 3s，含噪声模型补偿前信噪比约为 10。从图 4.2-2 可以看出，当无噪声时补偿截止频率为 96Hz，分辨率能够恢复到原始带通子波的频宽，当含有噪声时，补偿前的模型特征是信噪比高但分辨率低，吸收衰减补偿后随着补偿截止频率提高，分辨率提高，但信噪比明显降低。对比各种截止频率的补偿结果可知，截止频率为60~70Hz的信噪比是可以接受的结果，补偿截止频率再高的信噪比明显降低，以至于在资料解释中无法使用，是不可以接受的高频补偿结果。从吸收衰减补偿截止频率与信噪比的关系可以看出，必须在分辨率和信噪比两者之间做出折中。权衡图4.2-2中的分辨率和信噪比，若选择补偿截止频率65Hz，则最终提频后的资料频宽是1.5~65Hz，相对于无噪声补偿结果的1.5~96Hz频宽，损失了近30Hz的高频信息。

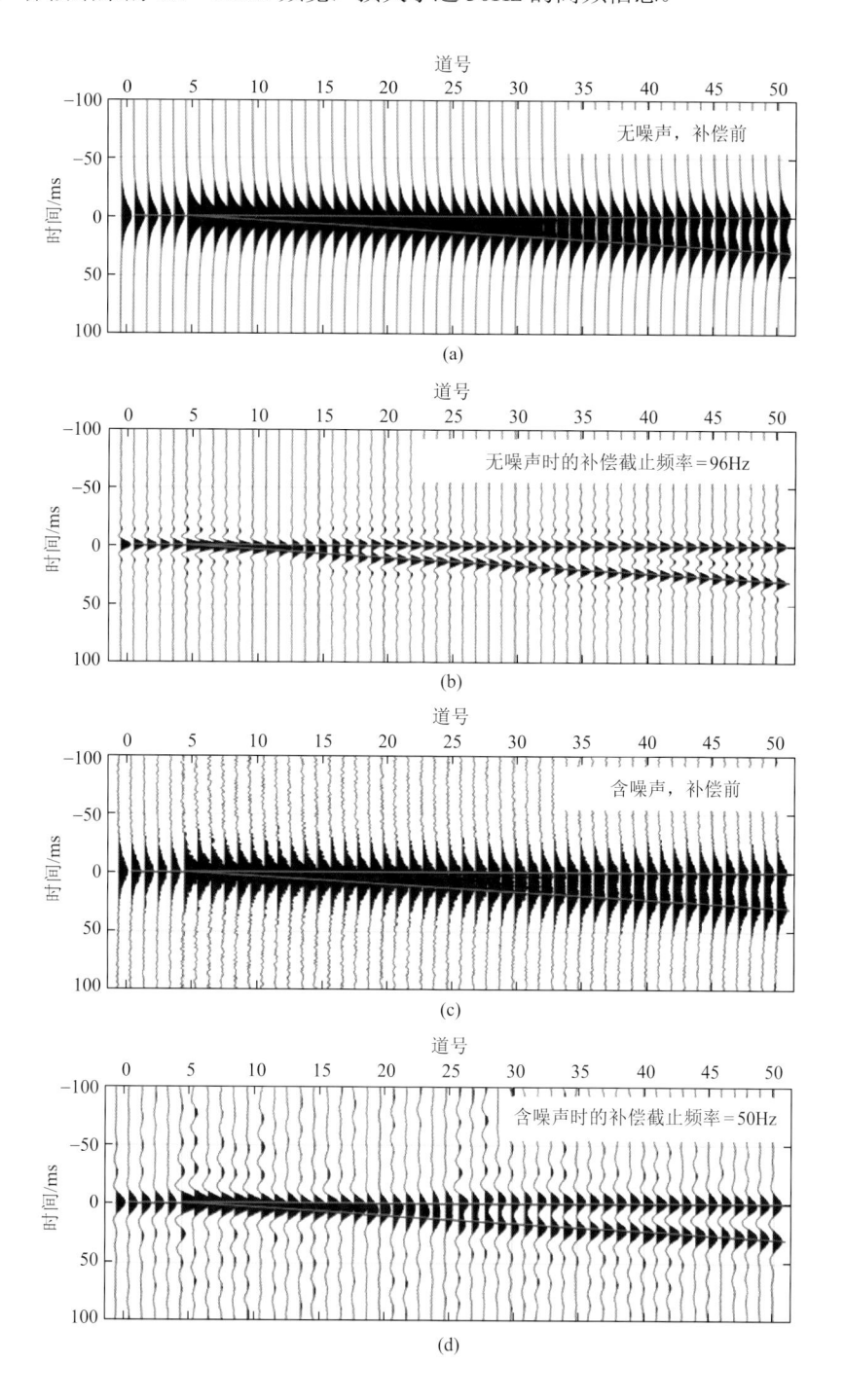

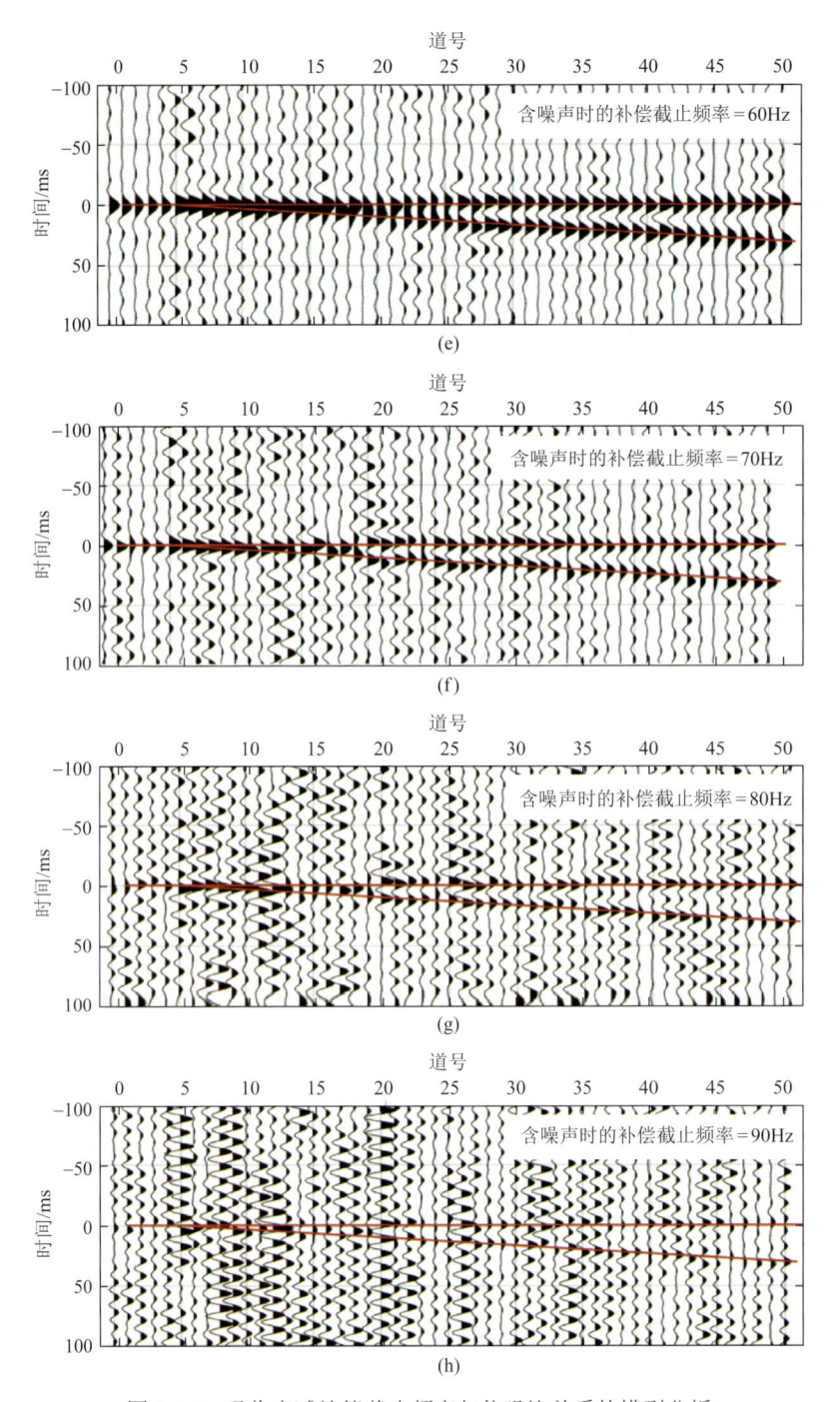

图 4.2-2 吸收衰减补偿截止频率与信噪比关系的模型分析

吸收衰减补偿后信噪比降低程度与补偿截止频率呈反比关系，保持补偿后信噪比不变，吸收衰减补偿前信噪比与补偿截止频率呈正比关系。图 4.2-3 是采用与图 4.2-2 的模型、子波和吸收衰减相同参数的不同信噪比的吸收衰减补偿前后效果对比。图 4.2-3(a)、(c)、(e)、(g)是补偿前模型剖面，从上到下信噪比由高到低；图 4.2-3(b)、(d)、(f)、(h)

是补偿后模型剖面，信噪比均为1。在保持补偿后信噪比一致的情况，信噪比为20的补偿截止频率达到73Hz，信噪比为10的补偿截止频率达到62Hz，信噪比为5的补偿截止频率只达到51Hz，信噪比为2的补偿截止频率只有35Hz。从补偿前信噪比与补偿后截止频率的关系可以看出，信噪比是提高补偿截止频率的核心，提高分辨率必须提高信噪比。

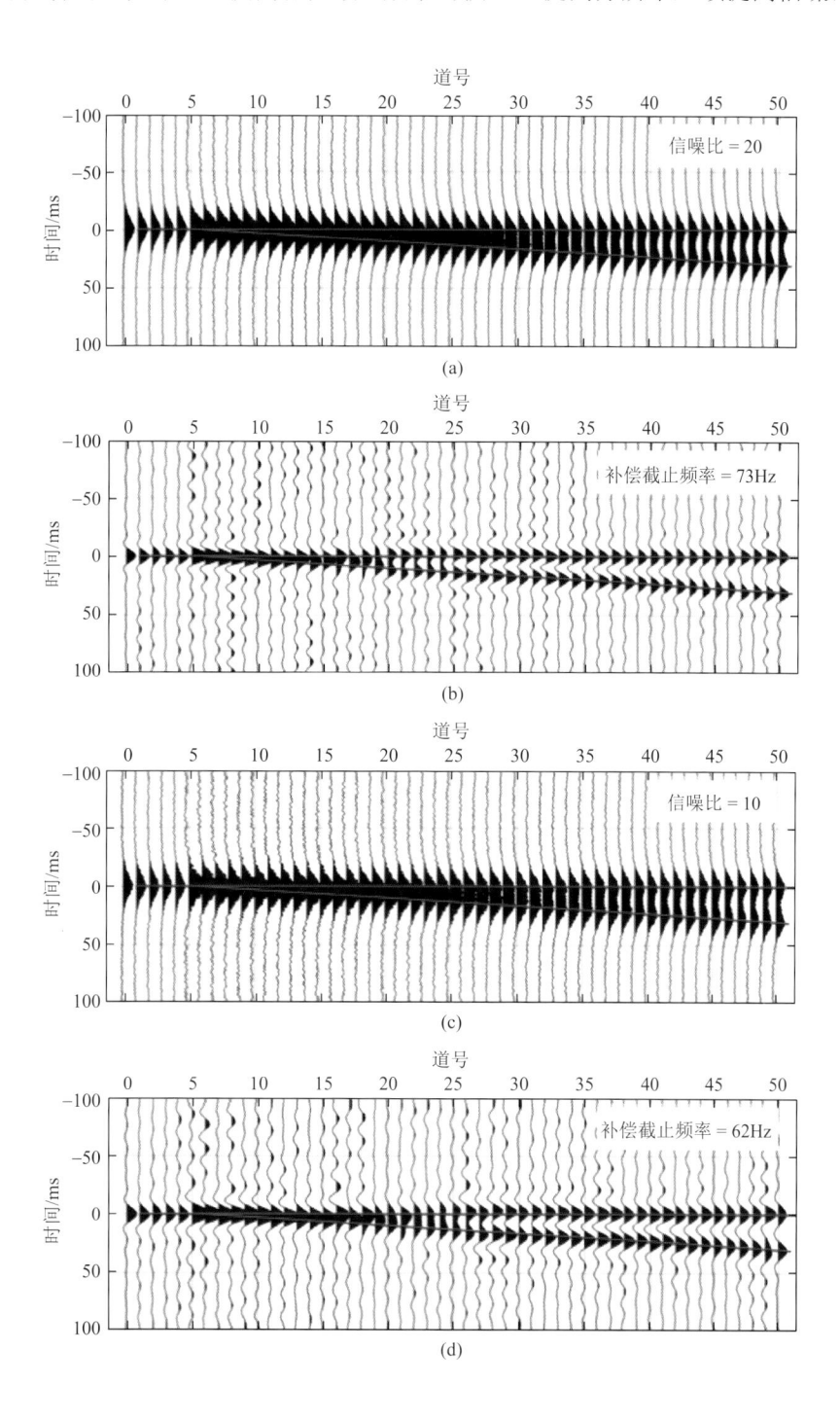

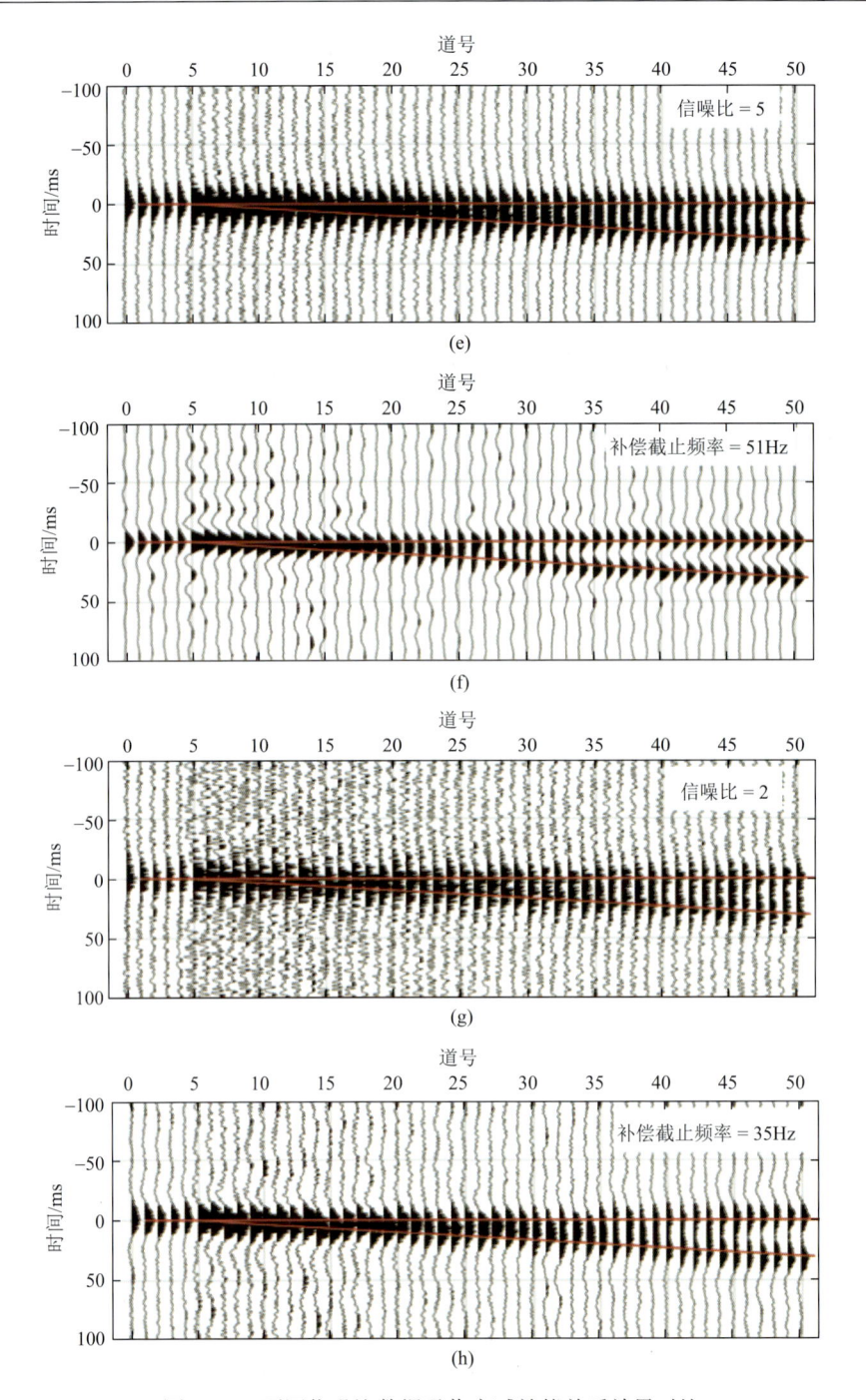

图 4.2-3　不同信噪比数据吸收衰减补偿前后效果对比

图 4.2-4 为准噶尔盆地某地一实际地震资料的对比结果，从图中也可以看到，高覆盖密度下的地震采集资料经同样的处理流程，其地震资料的品质明显提高。

综上所述，提高分辨率的本质是吸收衰减补偿，瓶颈是噪声压制。所以地震采集观测方案设计，目的是提高分辨率，但参数设计的出发点和重点应该是噪声压制。从资料处理效果来看，无论是信噪分离的噪声去除还是偏移叠加的噪声压制，增加空间采样密度及地震采集的覆盖密度具有明显提高信噪比的作用，因此也具有明显提高分辨率的作用。既然观测参数中的空间采样尺度是压制噪声的关键因素，而噪声又是影响分辨率的瓶颈因素，那么提高分辨率的原则就应该是根据噪声背景下叠前偏移成像信号的频宽确定期望资料信噪比，从而选取合理空间采样密度。

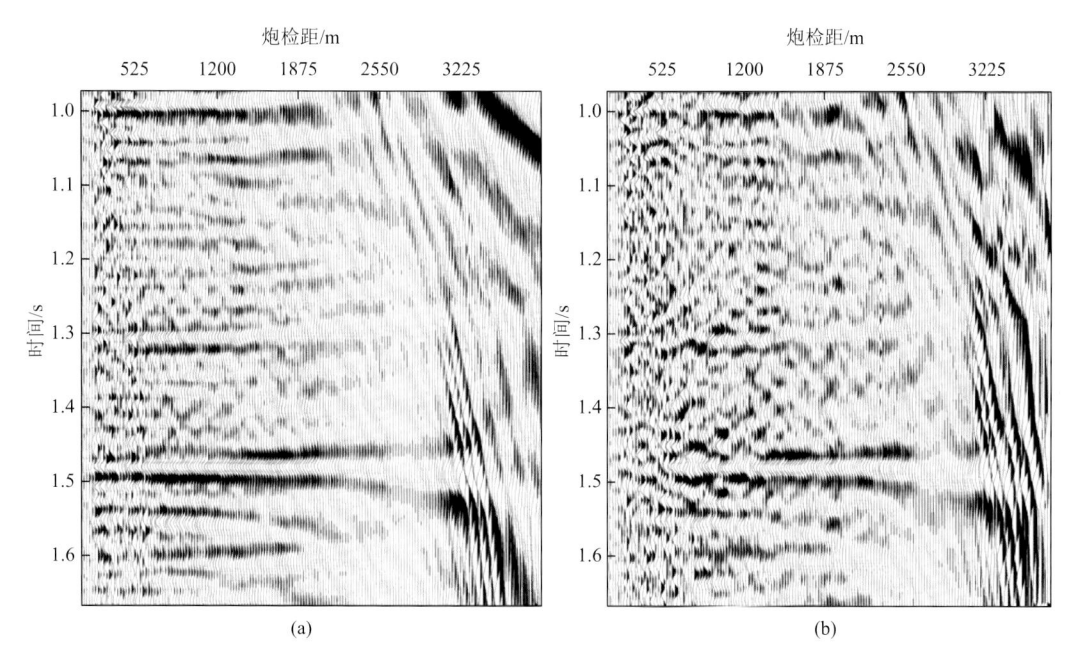

图 4.2-4 实际地震资料高覆盖密度(a)和低覆盖密度(b)的叠前偏移道集对比图

以上的分析研究可以作为构建地震勘探评价优化定量指标的重要依据。目前在准噶尔盆地实施"两宽一高"地震采集已成为共识和普遍采用的方法。根据相关研究及多年的实践经验，目前在准噶尔盆地的岩性目标地震勘探中，普遍采用了低频端可达 1.5Hz 的宽频可控震源激发，高灵敏度检波器的单点接收方式；面元尺寸也基本稳定在 12.5m×12.5m，在覆盖密度不变情况下，也可采用 12.5m×25m，以进一步提高信噪比和降低采集成本；采集横纵比普遍大于 0.5，而目的层的一般在 0.8 以上。实践表明，在激发采集参数以及观测系统的其他参数确定后，"两宽一高"地震采集工作中影响采集质量、采集成本和效率的核心因素是覆盖密度。利用覆盖密度这个参数可以较好地表征采集方案评价优化的内涵，可以作为评价优化采集方案的核心指标，因此本次研究中，在约束采集方案的定量化指标中只选取了覆盖密度一项，没有列出其他指标。但在应用该指标进行实际采集方案设计时，还应该考虑相关采集方案参数变化对覆盖密度的影响，从而计算得到覆盖密度指标下其他一些指标参数的值，如炮点距、面元尺寸、横纵比等。

表 4.2-1 展示了针对准噶尔盆地现阶段主要岩性勘探目标的定量化核心指标，可作为地震采集、处理和解释一体化评价优化方法的"三单一策 2.0"的定量指标体系。

表 4.2-1　岩性地震勘探评价核心定量指标体系

勘探目标类型	勘探目标特征	定量评价指标
河道砂体	埋深<3000m，厚度<10m	地震资料有效频宽为 5~75Hz；采集覆盖密度>300 万道/km²
冲积扇砂砾岩	埋深>3000m，厚度>10m	地震资料有效频宽为 10~65Hz；采集覆盖密度>200 万道/km²
断裂	断距为 10~20m	主要目的层平面宽方位采集横纵比>0.6；资料频宽及覆盖密度指标按目标埋深对应采用

4.3 "三单一策 2.0"及地震勘探全过程评价优化方法流程

1. 地震采集、处理和解释一体化的"三单一策 2.0"

在以上研究的基础上，提出了包含地震采集工作评价优化内容的地震勘探全过程评价优化的"三单一策 2.0"。图 4.3-1 以准噶尔盆地阜东 5 井区的三维地震勘探项目为例，给出了"三单一策 2.0"框架图。实际应用时，应以研究区地震地质条件为基础，从实际地质需求出发，制定勘探目标清单，拟解决的地质问题清单，拟采用的地震采集、处理、解释技术清单，以覆盖密度(炮道密度)作为定量评价指标，制定地震采集、处理、解释各环节的一体化技术对策。

目标清单	问题清单	技术清单	一体化对策
小断裂	侏罗系层间小断裂不清楚； 北80井区小断裂不清楚； 西泉5井区小断裂不清楚	提高分辨率处理技术； 微小断裂刻画技术	井震结合合理提高目的层分辨率； 多种解释手段综合刻画小断裂
河道砂体	阜东5井—阜东051井侏罗系油水关系不明确； 阜东16井—阜东161井侏罗系油水关系不明确	叠前保幅去噪技术； 井控提高分辨率处理技术； 叠前储层预测技术； 油气检测技术	井震结合提高资料保真度； 叠前叠后预测有利砂体； 油气检测预测砂体含油气性
火山岩	石炭系内幕结构不清晰； 西泉5井油水层火山岩特征不显著	叠前保幅去噪技术； 低频补偿处理技术； 火山岩相及岩体刻画技术	井震结合提高石炭系成像效果； 多种解释手段预测有利火山岩体

岩性地震勘探评价核心定量指标体系 → 利用炮道密度、面元尺寸、横纵比等核心参数模拟试验，进行观测系统优化论证；根据勘探目标及施工条件研究原始资料可能的信噪比影响因素及满足评价指标的可能性 ← 采集技术对策

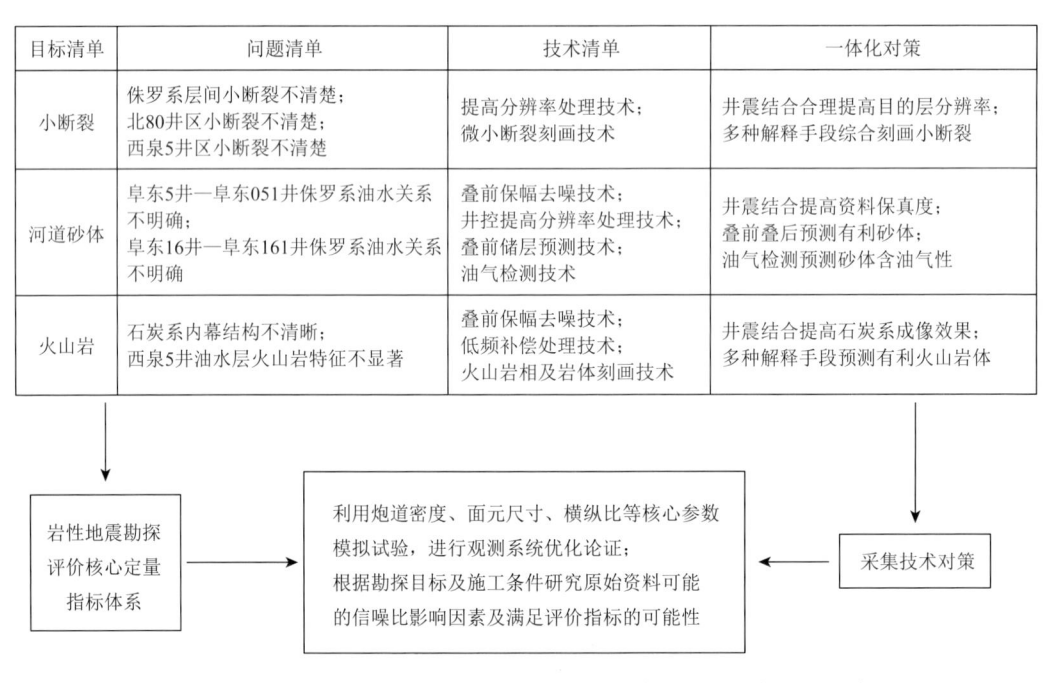

图 4.3-1　"三单一策 2.0"框架图(以阜东 5 井区的三维地震勘探项目为例)

从图 4.3-1 中可以看到：①"三单一策 2.0"增加了对采集方案的约束内容，形成了地震勘探全过程评价，其结构更加完整；②以定性描述作为评价内容，以定量化指标作为评价标准，使得评价方法在地震采集、处理和解释环节中形成有机联系，更具有实用

意义；③指出了针对不用岩性勘探目标及地下条件的具体技术对策及评价指标的适用范围，从而增强了"三单一策"的指导作用。

本书研究提出建立的以"三单一策 2.0"表征且包含地震采集内容的岩性地震勘探评价优化方法具有以下主要特点和作用。

(1)从定性到定量，给出了地震采集、处理、解释各个环节的核心内容和指标，可以作为类似工作的参考；增强了地震勘探工作全过程的一体化研究和实施的技术层次及可操作性，是"提质增效"的有力保障。

(2)此评价优化方法是基于多年来准噶尔盆地岩性地震勘探实践总结凝练得到，对过去存在的问题以及今后优化的方向有了进一步的认识和提升，为今后取得岩性地震勘探显著成果奠定了方法技术基础。

(3)通过新的评价优化方法的实施，将使得准噶尔盆地岩性勘探朝着"提质增效，高效勘探"的目标迈上一个新台阶。

2. 地震勘探全过程评价优化方法流程

根据"三单一策2.0"，提出准噶尔盆地岩性地震勘探工作评价优化应遵循的基本方法和步骤。

1)已有勘探成果的评价优化方法流程

(1)按低信噪比(沙漠、戈壁)和高信噪比(平原、农田)地区分类梳理现有勘探成果，按"三单一策2.0"的内容和指标检查地震采集、处理、解释的各个环节，评价是否符合相关要求，提出进一步优化的方向。

(2)通过评价优化，进一步修改和完善特定地区的相关评价优化内容和指标，作为最终勘探效果的评价依据。

2)新的勘探目标的评价优化方法流程

(1)在项目实施前，确定出相关的"三单一策 2.0"，并进行优化设计，通过必要的计算和对比，开展定量化指标完成的可行性论证。

(2)在项目实施中严格按"三单一策2.0"进行质量控制和评价。

(3)项目进行的每一环节要尽可能地与类似地区开展对比研究，以保证达到"评价优化，提质增效"的目的。

一般而言，评价优化的基本过程就是梳理对比分析，得出优化方案。就采集方案优化方面，具体方法步骤可包括：已有方案的梳理对比、覆盖密度退化试验和制定出优化采集方案。

梳理对比研究可采取：①类比法，类似地表、类似探区、类似方法的比较研究；②模型分析法，建立与实际工区相近的模型进行数值模拟，分析不同采集参数的勘探效果；③野外试验分析法，设计不同方案，分析试验效果，选择最优方案。

3. 玛湖1井区地震采集方案评价优化实例

玛湖地区的三叠系砂砾岩目标是通过实施"两宽一高"地震采集，使得地震数据质量得到明显提高，从而带来了巨大勘探成果的典范之一。围绕这一目标，开展了多个地震采集、处理、解释一体化研究项目。在地震采集方面，也试验了多种采集方法和采集参数，包括井炮、可控震源激发、组合接收、单点接收等各种试验，为完成地震勘探后评估，特别是地震采集方案的评价优化奠定了资料和方法基础。

表 4.3-1 给出了玛湖 1 井区三维地震采集试验方案参数。从表中可以看到，试验实施的高密度三维已经达到比较强化的采集方案，试验区满覆盖面积为 60km^2，覆盖密度（炮道密度）为 716.8 万道/km^2。

表 4.3-1　玛湖 1 井区三维地震采集试验方案参数表

指标	方案 1	方案 2	方案 3
道间距/m	25	50	100
炮点距/m	25	50	100
接收线距/m	125	125	125
炮线距/m	125	125	125
面元尺寸	12.5m×12.5m	25m×25m	50m×50m
覆盖次数	28（横）×40（纵）=1120	28（横）×40（纵）=1120	28（横）×40（纵）=1120
横纵比	0.7	0.7	0.7
覆盖密度/(万道/km^2)	716.8	179.2	44.8

以玛湖试验三维地震采集资料及采集方案为基础（表 4.3-1 中方案 1），以资料信噪比为核心参数，以覆盖密度作为评价优化地震采集方案的核心指标，开展了定性定量评价优化工作，以期得到玛湖及类似地区实施"两宽一高"地震采集时应该注意和考虑的主要问题和解决方案。

表 4.3-1 给出了不同地震采集方案的参数。图 4.3-2 和图 4.3-3 给出了可控震源资料覆盖密度与信噪比的关系的分析结果。

采用的分析方法为：固定横纵比和线距时覆盖密度与信噪比的关系；以面元 12.5m×12.5m、覆盖密度 716.8 万道/km^2 为基础，保持线距、横纵比不变，依次将炮点距、道间距由 25m 等间隔抽稀到 50m、100m，获得面元 25m×25m 和面元 50m×50m 两套对比采集方案（表 4.1-3 中的方案 2 和方案 3）。

图 4.3-2 展示了不同覆盖密度条件下主要目的层三叠系百口泉组（T_1b）底层的振幅切片对比。从图中可以看到，不同覆盖密度下，地震资料的品质不同。一般情况下，覆盖密度越高，地震资料信噪比也越高。从三种采集方案对比结果看，覆盖密度低于 100 万道/km^2 时，资料品质较低，但覆盖密度为 179.2 万道/km^2 的资料品质与覆盖密度为 716.8 万道/km^2 的资料品质差别不明显。

图 4.3-3 为百口泉组和乌尔禾组资料信噪比随覆盖密度的变化曲线。统计数据表明，覆盖密度相差 16 倍，信噪比仅相差 1.4 倍左右。

从以上各种结果图中可以看到，在保持横纵比和线距不变的情况下，资料信噪比随覆盖密度的变化不显著。分析认为，这主要是因为在保持横纵比和线距不变的情况下，虽然面元增大而覆盖密度有所降低，但观测系统均匀性增加，使得资料信噪比变化不明显。

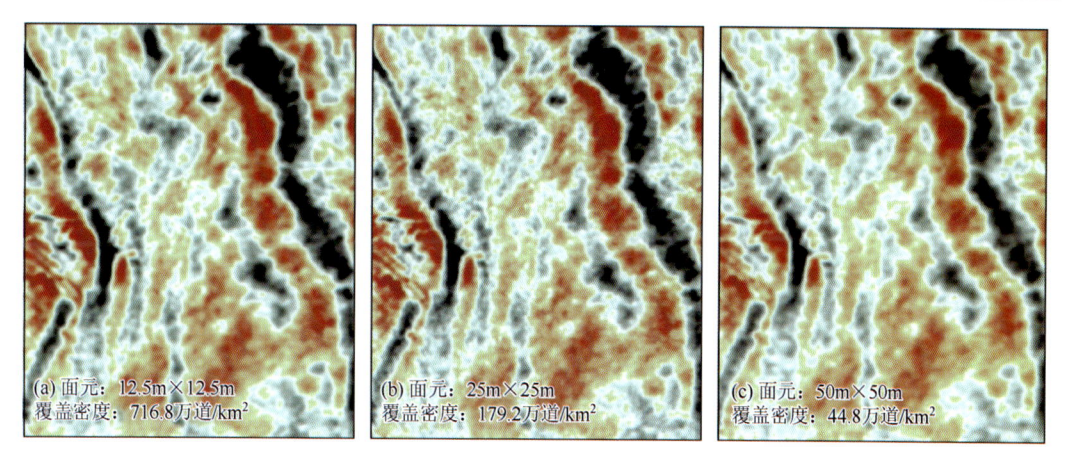

图 4.3-2　玛湖1井区不同覆盖密度下百口泉组底层振幅切片对比图

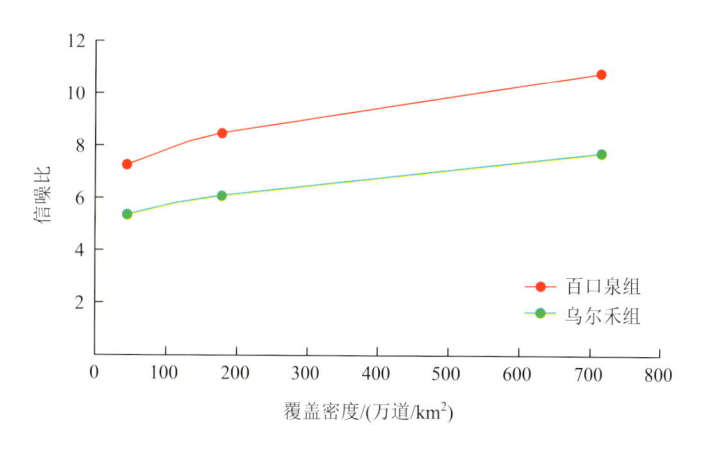

图 4.3-3　玛湖1井区地震资料信噪比随覆盖密度变化曲线

以上结果说明，在满足一定信噪比条件下，可以将原来的覆盖密度 700 万道/km² 左右，适当降低，如控制在 200 万~300 万道/km²，对资料信噪比影响不大，同时可以满足勘探目标的相关要求，而这种优化的采集方案将大大减少采集工作量和成本。

此外，本次研究还进行了固定面元和线距时覆盖密度与信噪比的关系等试验分析。各种试验的总体结论为：相同覆盖密度条件下，较大面元观测系统获得资料的成像信噪比优于小面元观测系统获得资料；通过减小线距增加覆盖密度可以明显提高信噪比，而通过增加横纵比、减小面元增加覆盖密度提高信噪比的作用较小。

综上所述及实例分析表明，采用采集、处理、解释三位一体的研究思路，在总结认识准噶尔盆地岩性地震勘探成果和问题的基础上，通过提出一些定量化指标并结合定性描述的地震采集、处理、解释各环节一体化技术措施和对策，建立地震勘探全过程的评价优化体系，对于准噶尔盆地主要岩性目标精细勘探具有很好的促进作用(雷德文等，2021)。

需要指出的是，目前提出的岩性地震勘探评价优化方法仅是对准噶尔盆地多年来实施的一体化研究和评价方法的一次提升和应用尝试，为全面实施地震勘探工作的提质增效以及实现油气藏高效勘探奠定了方法技术基础。在今后的勘探实践中，还需通过研究优化各种定性定量指标，不断完善改进评价优化方法和流程，使其适用性和操作性更强。比如，准噶尔盆地地域广阔，盆地东部、西部、腹部、西北缘、南缘等地区，其地表特征及地下构造特征都不一样，不同区域地震采集施工方法不尽相同，尤其是地震资料处理和解释，更具挑战性。所以在进行一体化评价优化中，应该更加全面细致地认识实际工区地震勘探各环节所面临的核心问题，在现有评价优化体系的基本框架和研究思路下，有针对性地开展研究区的评价优化工作，才能真正取得实效，从而达到地震勘探全过程评价优化的目的。

第 5 章 勘探实例分析

本章主要介绍地震采集和处理关键技术在准噶尔盆地玛湖和阜康两大富烃凹陷区岩性地层油气藏勘探中的应用实例。从采集、处理、解释一体化研究的角度，剖析地震勘探关键技术的应用方法、条件及取得的相关成果，应用前文所述的地震勘探技术评价优化方法及流程，对已开展的地震勘探工作进行评价，提出今后优化的方向，说明地震勘探技术进步所带来的巨大地质成果和社会经济效益。

5.1 玛湖凹陷地震勘探成效分析

玛湖凹陷位于准噶尔盆地西北部，是公认的富烃凹陷，面积近 5000km^2。根据现在的地质认识，玛湖凹陷发育扇三角洲沉积体系，砂砾岩储集体满凹分布(图 5.1-1)。主要勘探层系有三叠系百口泉组的砾岩、二叠系乌尔禾组砂砾岩及二叠系底部的风城组致密油目标等。截至 2020 年，砂砾岩目标已落实储量 10 亿吨级，致密油及页岩油目标整体展现出 20 亿吨级的规模勘探场面，整个玛湖凹陷是当前准噶尔盆地油气增储上产的主要领域。

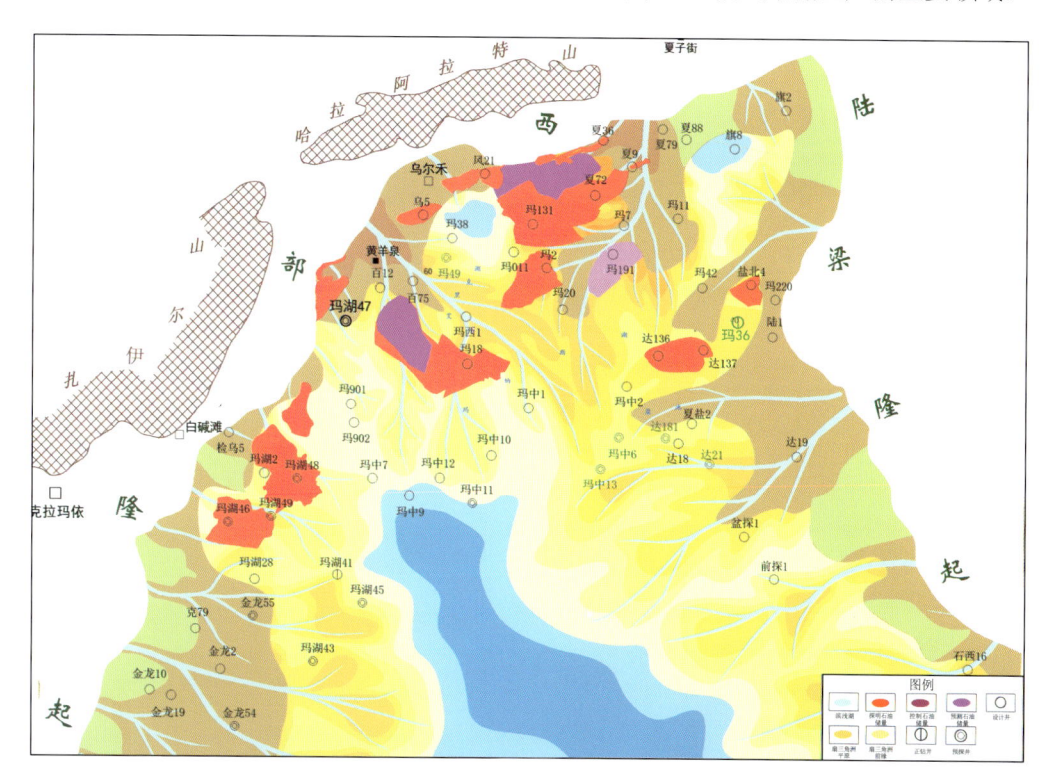

图 5.1-1 玛湖凹陷三叠系沉积模式及勘探成果示意图

随着勘探开发工作向凹陷下凹展开，面临着三个突出难题。

（1）勘探目标相带控储，需要更高精度的地震资料进行相带边界的准确刻画。

（2）油气纵向跨层运聚、走滑断裂控藏，但走滑断裂角度大、断距小，难以识别。

（3）砂体叠置连片分布，油气水关系复杂，地震资料分辨率低，优质储层预测难。

针对以上问题及地质需求，以提高地震资料品质为突破口，近10年持续不断地坚持实施"两宽一高"地震勘探技术，采用采集、处理、解释一体化的研究思路和研究模式，使得该地区的地震勘探工作有了质的飞跃，有力推动了玛湖10亿吨级砾岩油气藏的发现和开发。

下面根据前文所述的地震勘探评价优化方法和思路，就该地区的地震勘探部署、关键技术应用及所取得的成效进行阐述。

5.1.1 地震勘探部署概况

自2012起，玛湖凹陷已部署高密度三维15块，约4421km^2。这些新采集的三维地震资料基本属于"两宽一高"，因此资料品质较好，地震勘探取得了较好效果，为玛湖凹陷勘探发现奠定了良好的基础。图5.1-2、表5.1-1和表5.1-2给出了三维地震部署的基本信息。

针对存在的问题，地震采集采用目标驱动、问题导向的研究思路，制定"三单一策"（图4.1-1），以"三单一策"为指导，保证地震分辨率作为完成地质目标的核心依据，从解释处理需求反推采集应达到的采集指标。

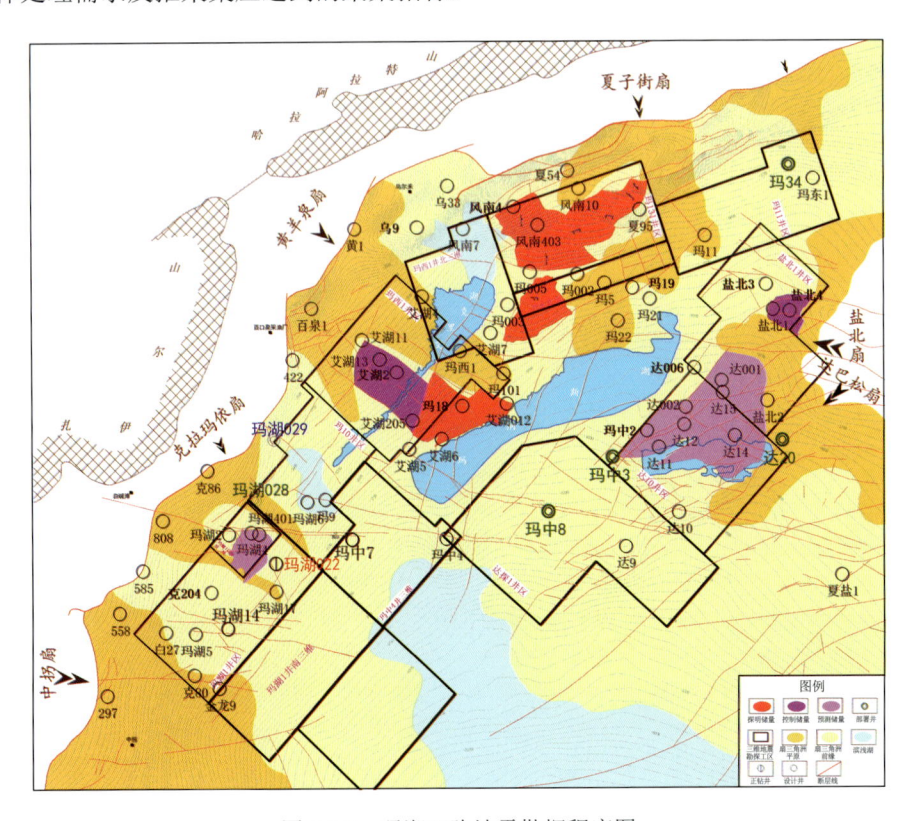

图 5.1-2　玛湖凹陷地震勘探程度图

表 5.1-1　玛湖凹陷三维地震部署及采集参数表（一）

采集年度	区块名称	地表类型	激发方式	覆盖密度(炮道密度)/(万道/km²)	设计/目的层横纵比	扫描频宽/Hz	目的层深度及层系
2012	玛西1井区	戈壁、油田、湖泊	震源滑动	160	0.64/0.9	3~90	2900~4900m；三叠系、二叠系
2013	玛湖1井区	戈壁、油田	井炮	133	0.64/0.75	井炮	3300~4300m；三叠系、二叠系
2013	玛湖1井高密度试验区	戈壁、油田、公益林	震源滑动	320	0.82/1	3~90	3323~4438m；三叠系、二叠系
2013	玛10井区	戈壁、油田、公益林、沼泽	震源滑动	160	0.64/0.91	3~90	2900~4900m；三叠系、二叠系
2013	盐北1井区	戈壁、盐碱地	井炮	67	0.64/1	井炮	3000~5590m；三叠系、二叠系、石炭系
2014	玛5井区	戈壁、油田、公益林、沼泽	震源滑动+同步	267	0.57/1	3~90	2800~3400m；三叠系、二叠系
2014	玛131井区	戈壁、油田、公益林、沼泽	震源滑动+同步	267	0.57/1	3~90	2600~3400m；三叠系百口泉组
2015	风南5井区	戈壁、农田、山地、水域、油区	井炮、震源	200	0.57/0.9	井炮	1200~5000m；二叠系、三叠系
2015	达10井区	戈壁、盐湖	井炮、震源	67	0.47/0.79	井炮	2100~6000m；侏罗系、三叠系、二叠系、石炭系顶
2016	玛11井区	农田、戈壁、油田	震源滑动	267	0.58/0.82	1.5~96	2100~4850m；侏罗系、三叠系、二叠系
2016	达探1井区	玛湖、盐碱地、公益林	震源滑动+井炮	67	0.48/0.76	1.5~96	3200~6800m；侏罗系、三叠系、二叠系、石炭系顶
2017	玛西1井北	戈壁、农田、风蚀残丘、沼泽、湖泊	震源滑动、井炮、气枪	200	0.53/0.79	1.5~96	1925~6150m；侏罗系、三叠系、二叠系、石炭系顶
2017	玛中4井区	戈壁、盐碱地	井炮	200	0.55/0.89	井炮	1500~4700m；白垩系底、三叠系
2018	玛湖1井南	沼泽、盐碱地、戈壁、沙漠、农田	井炮	200	0.55/0.89	井炮	1820~6240m；白垩系底、三叠系、二叠系
2021	玛湖45井区	沙漠、公益林、盐碱沼泽	动态滑动扫描	267	0.59/0.84	1.5~96	3600~6000m；侏罗系、三叠系、二叠系

表 5.1-2　玛湖凹陷三维地震部署及采集参数表（二）

施工年度	区块名称	激发方式	检波器组合方式	观测方案	满覆盖面积/km²	接收道间距/m	接收线距/m	炮点距/m	炮线距/m	面元尺寸
2012	玛西1井区	震源滑动	1串10个	14L(2×10)S440R 正交（双边放炮）	397	25	250	25	275	12.5m×12.5m
2013	玛湖1井区	井炮	2串20个	20L6S456R/正交	403	25	300	50	300	12.5m×12.5m
2013	玛湖1井高密度试验区	震源滑动	1串10个	28L(2×5)S400R 正交（双边放炮）	60	25	125	25	125	12.5m×12.5m

续表

施工年度	区块名称	激发方式	检波器组合方式	观测方案	满覆盖面积/km²	接收道间距/m	接收线距/m	炮点距/m	炮线距/m	面元尺寸
2013	玛10井区	震源滑动	1串10个	14L(2×10)S440R/正交（双边放炮）	250	25	250	25	275	12.5m×12.5m
2013	盐北1井区	井炮	1串10个	24L6S224R/正交	382	50	300	50	350	25m×25m
2014	玛5井区	震源滑动+同步	1串10个	36L(2×6)S420R/正交（双边放炮）	88	25	150	25	150	12.5m×12.5m
2014	玛131井区	震源滑动+同步	1串10个	36L(2×6)S420R/正交（双边放炮）	300	25	150	25	150	12.5m×12.5m
2015	风南5井区	井炮、震源	1串10个	16L(2×4)S448R/正交（双边放炮）	106	25	200	50	300	12.5m×25m
2015	达10井区	井炮、震源	1串10个	24L6S308R/正交	375	50	300	50	350	25m×25m
2016	玛11井区	震源滑动	1串10个	22L(2×3)S456R	298	25	150	50	150	25m×25m
2016	达探1井区	震源滑动+井炮	单只	24L6S300R	620	50	300	50	225	25m×25m
2017	玛西1井北	震源滑动、井炮、气枪	单只	16L(2×4)S480R	255	25	200	50	150	25m×25m
2017	玛中4井区	井炮	单只	36L4S512R	260	25	200	50	200	12.5m×25m
2018	玛湖1井南	井炮	单只	36L4S520R	330	25	200	50	275	12.5m×25m
2021	玛湖45井区	动态滑动扫描	单只	28L(2×3)S564R	301	25	150	50	150	12.5m×25m

结合相关图表可以得到：①针对不同的勘探目标，地震采集参数在不断优化；②宽方位地震采集技术，横纵比由 0.4 以下提升到 0.6 以上，丰富了各个方位的数据，提高了断裂刻画精度和地质体刻画能力；③采用宽频激发、宽频单只检波器无组合接收，提高原始资料保真度和分辨率，平均频带拓宽了 5Hz；④高密度地震采集技术，覆盖密度由 35 万道/km² 提升到 460 万道/km² 左右，极大提高了偏移成像信噪比和分辨率。

5.1.2 采集处理关键技术应用评价

为解决玛湖凹陷岩性目标勘探中的三个突出难题，满足地质需求，始终坚持"目标驱动、问题导向"指导思想，不断深化采集、处理、解释一体化攻关，形成了以高密度采集、高保真高分辨率处理、浅水扇三角洲相带刻画和砂砾岩储层预测四大配套技术系列，有效推动了玛湖地区持续不断的发现及产能建设，取得了巨大的经济效益及社会效益。

图 5.1-3 概述了玛湖凹陷岩性目标勘探地震采集和处理采用的关键技术。下面将针对采集处理所采用的一些具体技术进行评价，并提出下一步优化的建议。

第 5 章 勘探实例分析

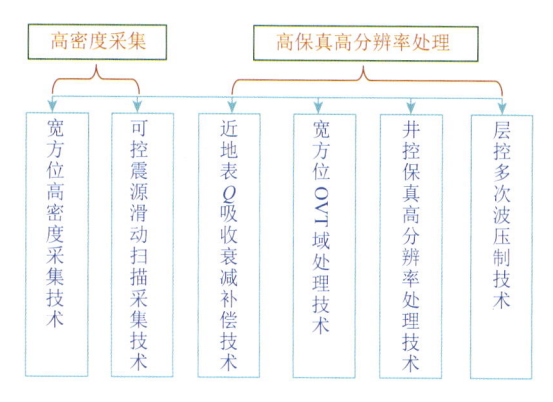

图 5.1-3 玛湖凹陷地震采集和处理关键技术总结

1. 采集关键技术评价

1) 宽频带采集参数评价

玛湖凹陷油气储层特点为砂体叠置连片分布、相带控储、纵向跨层运聚、走滑断裂控藏。走滑断裂角度大、断距小，地震资料需要满足对 10m 断距小断裂的识别，满足目标识别及储层预测的理想地震信号的频带至少为 5 个倍频程。炸药震源的效率和成本无法解决高密度炮点带来的高成本问题，高密度可控震源能达到或超过高密度井炮地震采集的效果(前文有所阐述)；常规可控震源的低频起始扫描频率通常为 5~6Hz，也不能满足低频需求，低频可控震源成为宽频激发的有效手段。2012~2014 年，玛湖地区可控震源激发扫描频率为 3~90Hz，倍频程为 4.5 个，扫描频率难以满足要求。2015 年之后，低频端拓展到 1.5Hz，基本达到要求；2016 年之后，创新优化宽频可控震源低频线性长斜坡设计方法(图 5.1-4)，实现 1.5Hz 稳定出力，高频拓展到 96Hz 以上，实现了 6 个倍频程激发，从以单串接收为主到以单只宽频检波器接收为主，进一步满足了频带要求(表 5.1-3)。

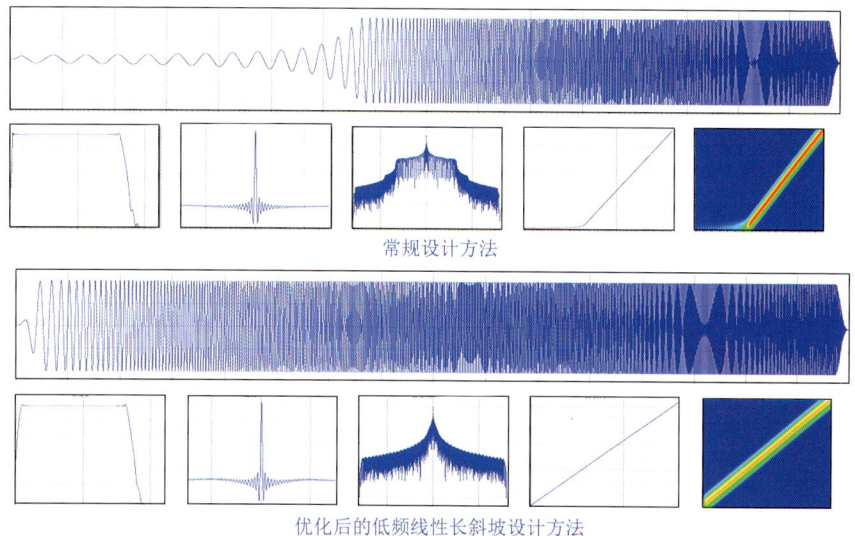

图 5.1-4 可控震源低频线性长斜坡设计方法示意图

表 5.1-3 玛湖地区可控震源扫描频率及接收方式统计表

施工年度	区块名称	扫描频率/Hz	倍频程/个	接收方式
2012	玛西 1 井区	3～90	4.5	1 串 10 个
2013	玛湖 1 井区	3～90	4.5	2 串 20 个
2013	玛 10 井区	3～90	4.5	1 串 10 个
2014	玛 5 井区	3～90	4.5	1 串 10 个
2014	玛 131 井区	3～90	4.5	1 串 10 个
2015	凤南 5 井区	1.5～90	5	1 串 10 个
2015	达 10 井区	1.5～90	5	1 串 10 个
2016	玛 11 井区	1.5～96	6	1 串 10 个
2016	达探 1 井区	1.5～96	6	单只
2017	玛西 1 井北	1.5～96	6	单只
2021	玛湖 45 井区	1.5～96	6	单只

新获取的"两宽一高"地震资料分辨率、保幅性以及小断裂的识别能力明显改善(图 5.1-5)。

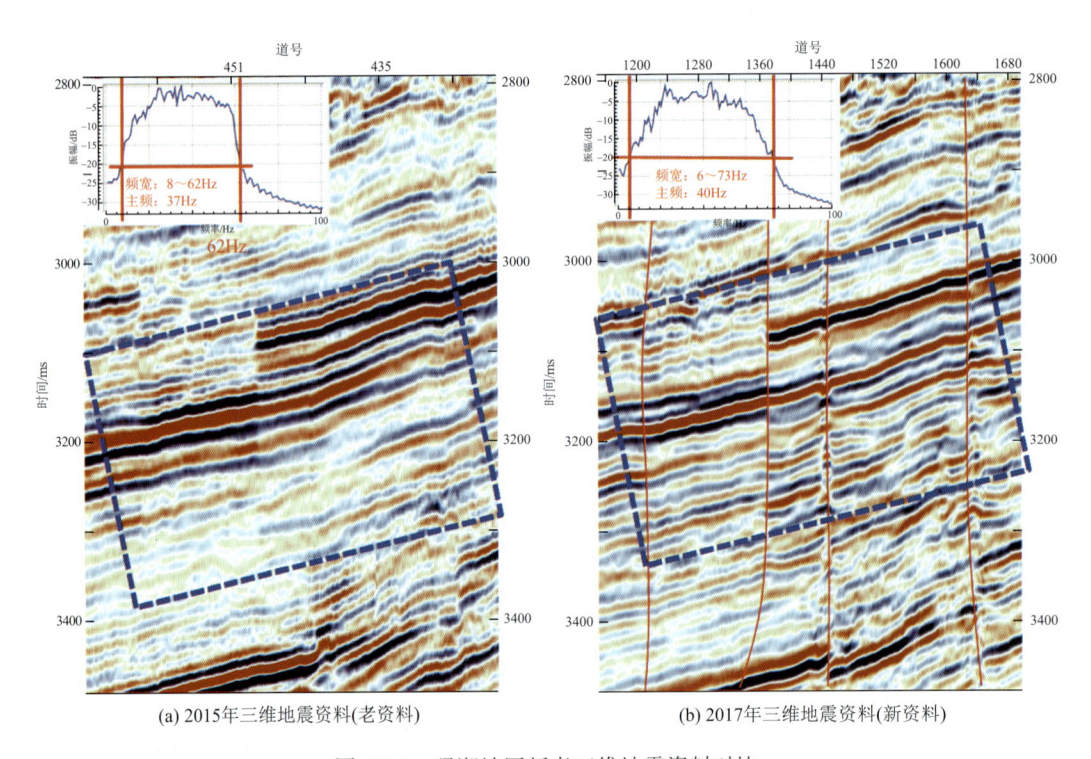

(a) 2015年三维地震资料(老资料)　　(b) 2017年三维地震资料(新资料)

图 5.1-5 玛湖地区新老三维地震资料对比

2) 宽方位观测参数评价

玛湖地区以往常规三维观测系统横纵比基本在 0.4 以下，方位较窄。通过正演分析和试验对比,针对玛湖凹陷深层地质目标,采用宽方位、超长排列广角观测技术,丰富了深层反射信息(图 5.1-6),有利于压制多次波和提高深层信噪比(图 5.1-7)。

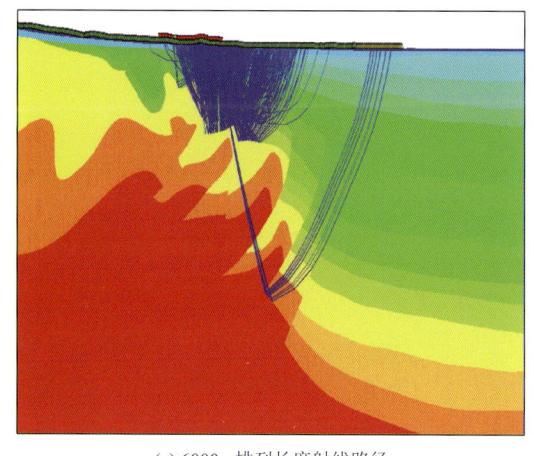

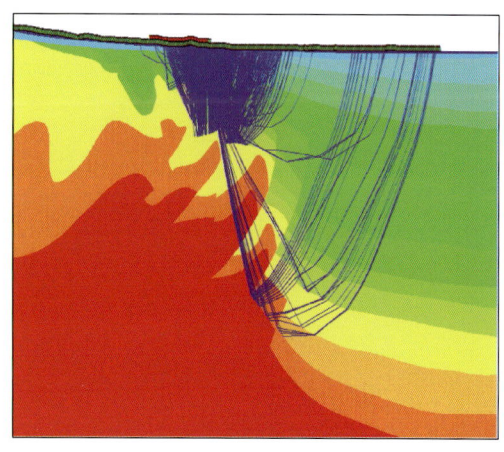

(a) 6000m排列长度射线路径　　　　　　(b) 8000m排列长度射线路径

图 5.1-6　玛湖地区不同排列长度深层接收信息射线追踪对比

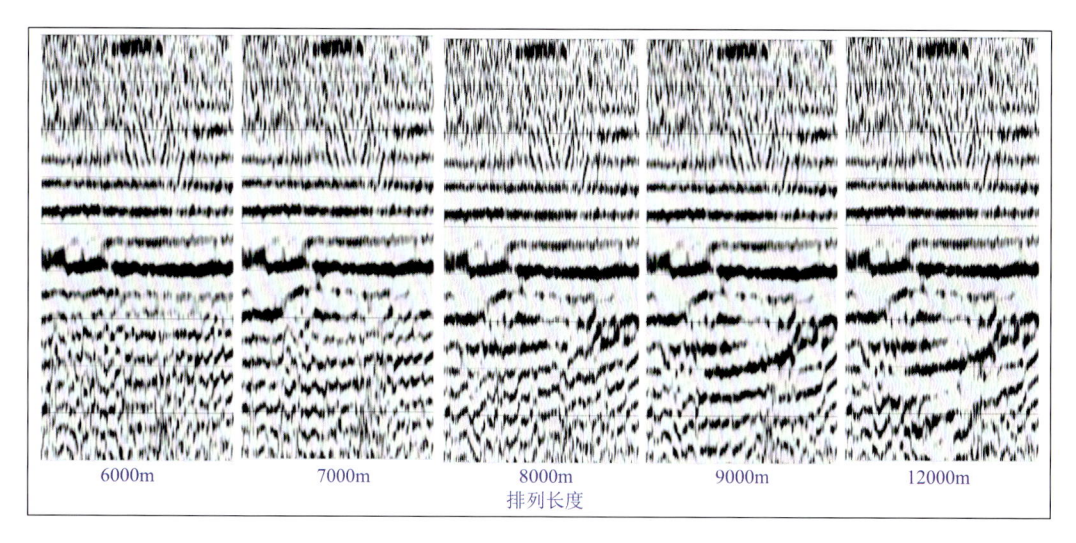

图 5.1-7　玛湖地区不同排列长度深层叠加对比

2012~2014 年实施的"两宽一高"地震采集技术,观测系统横纵比提升到 0.6 以上,接收线距以 250~300m 为主,接收线数 14~36 条,最大偏移距基本上在 6000m 左右,主要目的层为二叠系、三叠系,深度为 2600~5000m,目的层横纵比为 0.79~1,浅地层目标实现了全方位勘探。

从 2015 年开始,目的层主要以不同深度二叠系、三叠系、侏罗系、石炭系为主,深度为 2000~7500m。为深浅兼顾,接收线距缩小,以 150~200m 为主,接收线数增加至 28~36 条(图 5.1-8),最大偏移距提高到 10000m 左右,观测系统横纵比基本稳定在 0.47~0.59(平均为 0.54),主要目的层横纵比稳定在 0.76~0.9(平均为 0.84)(图 5.1-9)。

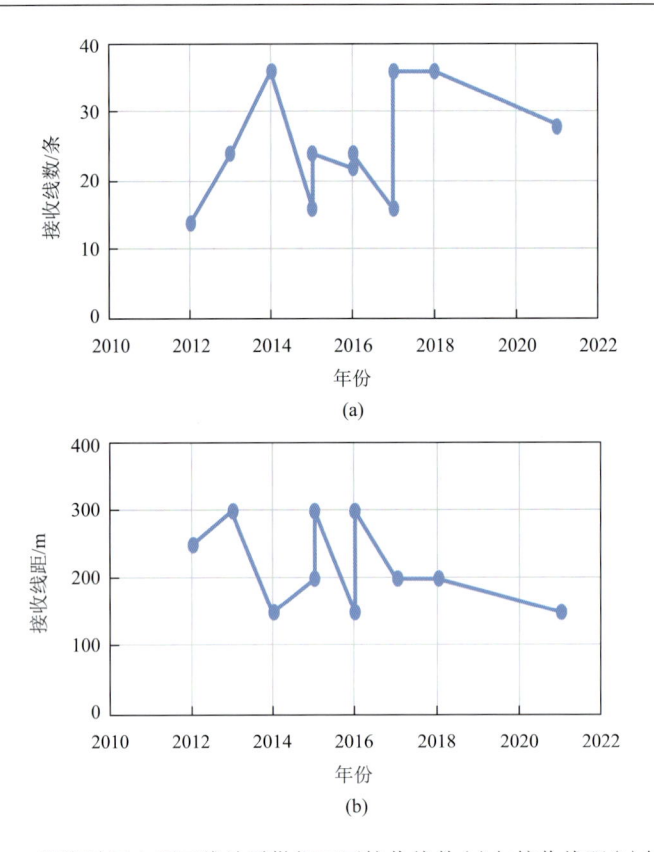

图 5.1-8 玛湖地区主要三维地震勘探工区接收线数(a)与接收线距(b)统计图

图 5.1-9 玛湖地区主要三维地震勘探工区横纵比统计图

宽方位观测丰富了各个方位的数据，方位各向异性校正后的道集同相性好(图5.1-10)，为叠前反演提供了高品质的数据，提高了不同角度断裂刻画精度和地质体的刻画能力，充分发挥了OVT偏移保留方位角信息的特点，使断裂成像更为清楚(图5.1-11)。

(a) 方位各向异性校正前　　　　　　　　(b) 方位各向异性校正后

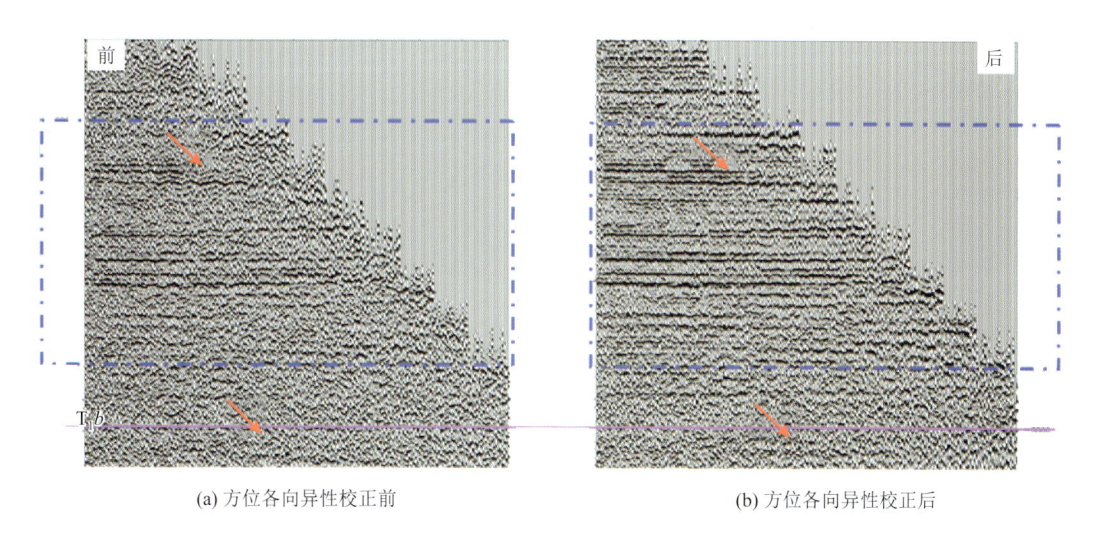

图5.1-10　玛中4井区方位各向异性校正前后的道集对比

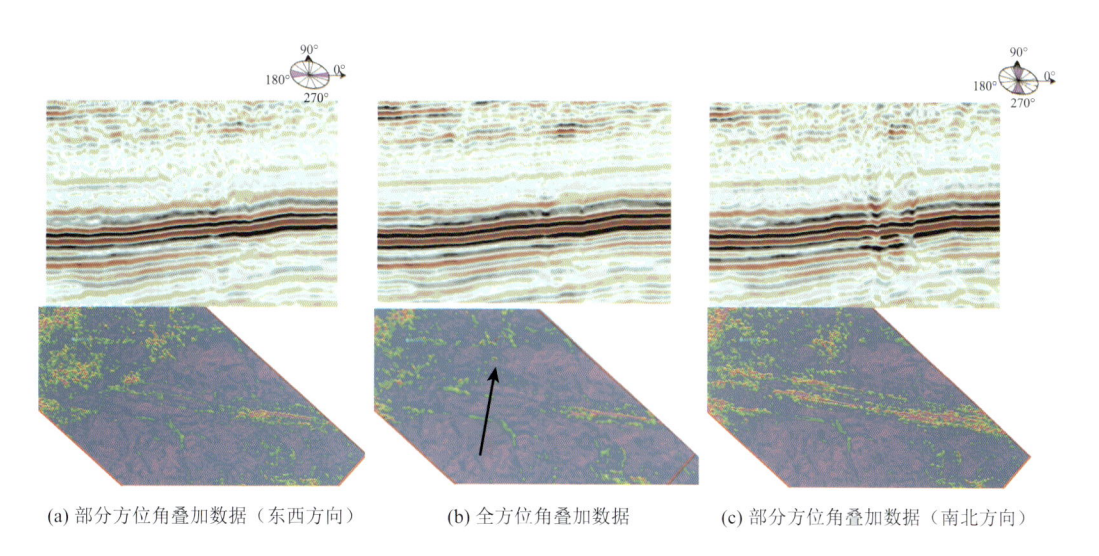

(a) 部分方位角叠加数据（东西方向）　　(b) 全方位角叠加数据　　(c) 部分方位角叠加数据（南北方向）

图5.1-11　玛中4井区不同方位叠加对比

3）高密度参数评价

2012年以前，玛湖地区以大面元三维地震勘探(50m×50m，50m×100m)及常规面元三维地震勘探(25m×50m)为主，多为1993~1996年采集，地震资料分辨率低、信噪比低，难以满足大面积岩性勘探的需求。随着玛湖地区勘探的深入，地质目标由浅层转向深层，再到深浅兼顾。2012年开始实施"两宽一高"三维地震勘探，针对复杂岩性目标，高密度地震采集技术应用逐步深化，覆盖密度由 35 万道/km² 提升到 421 万道/km²，而逐渐稳定在 400 万道/km² 左右（图 5.1-12），覆盖次数提升到 1316 次（图 5.1-13），且逐渐稳定在 1100 次左右；在高密度基础上，面元由 12.5m×12.5m 逐渐过渡到 12.5m×25m（图 5.1-14），在降本增效的基础上最大限度地满足玛湖地区持续勘探对地震资料的需求。

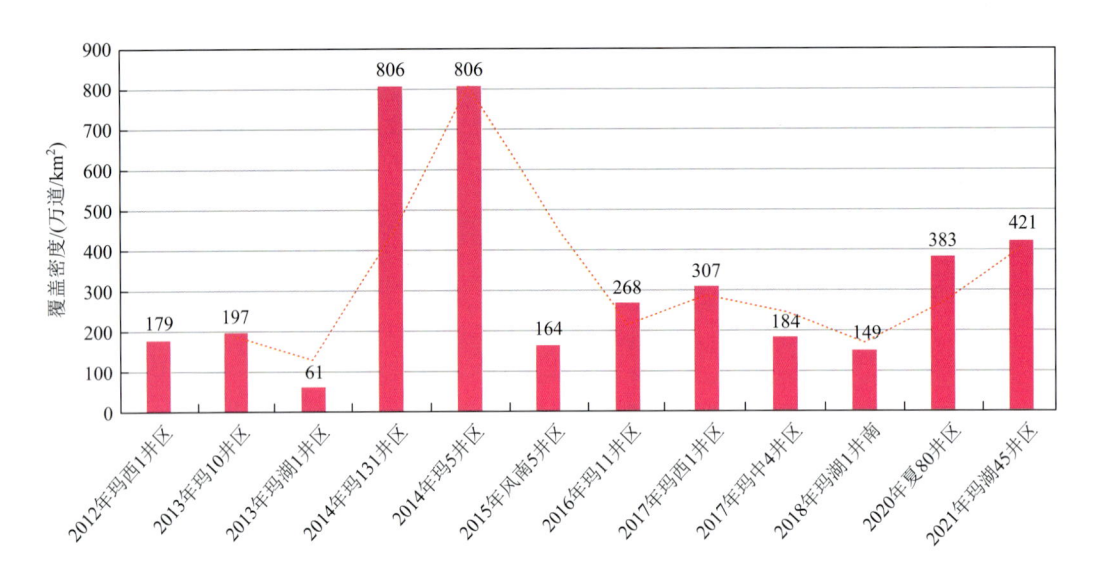

图 5.1-12　玛湖地区主要三维地震勘探工区覆盖密度统计

图 5.1-13　玛湖地区主要三维地震勘探工区覆盖次数统计

图 5.1-14　玛湖地区主要三维地震勘探工区面元统计

2. 处理关键技术评价

1）OVT 域系列处理技术

针对提高小断层及断缝系统识别精度的地质需求，在宽方位地震采集资料的支撑下，重点应用 OVT 域系列处理技术，主要包括数据规则化、噪声压制、方位各向异性校正、OVT 域偏移等技术，充分挖掘"两宽一高"地震采集资料的潜力，偏移后保留方位角信息，可以为资料解释提供更为丰富的处理成果。OVT 域的基本处理流程如图 5.1-15 所示。图 5.1-16 给出了 OVT 处理效果的对比分析实例，从图中可看出，经方位各向异性校正后资料在断缝系统精确识别方面可以起到重要的作用。

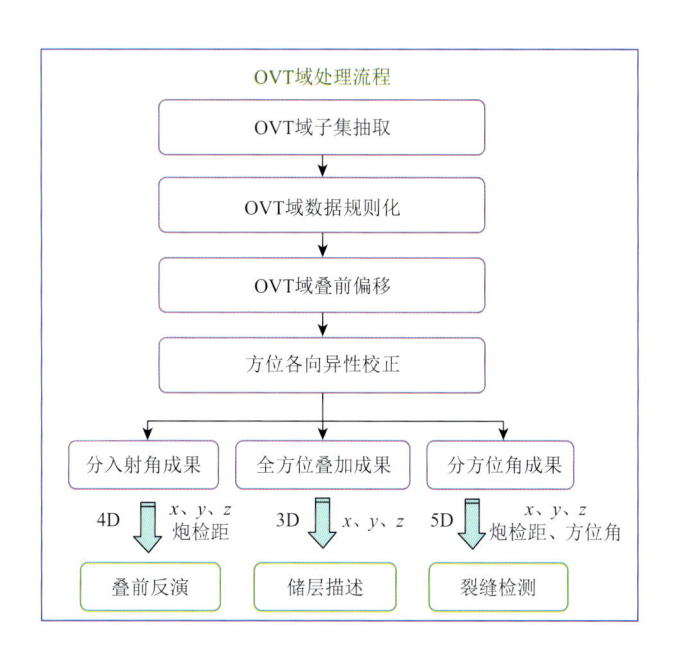

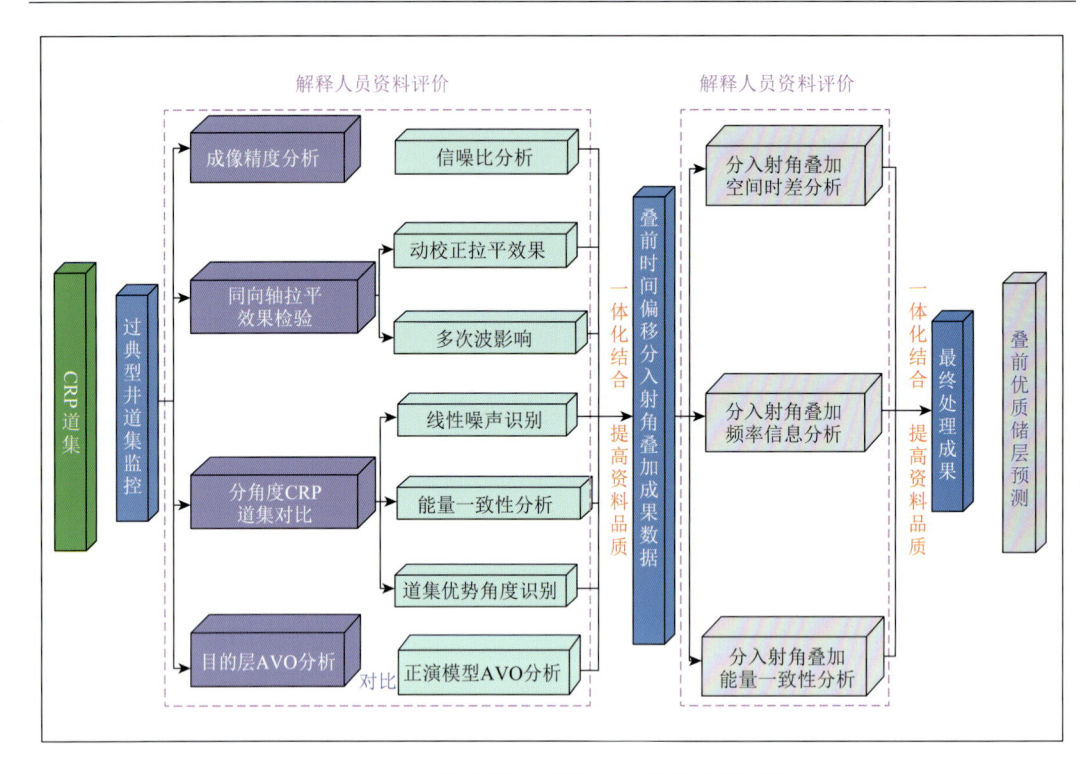

图 5.1-15　玛湖凹陷应用的 OVT 域处理流程图

(a) 方位各向异性校正前　　　　　　　　(b) 方位各向异性校正后

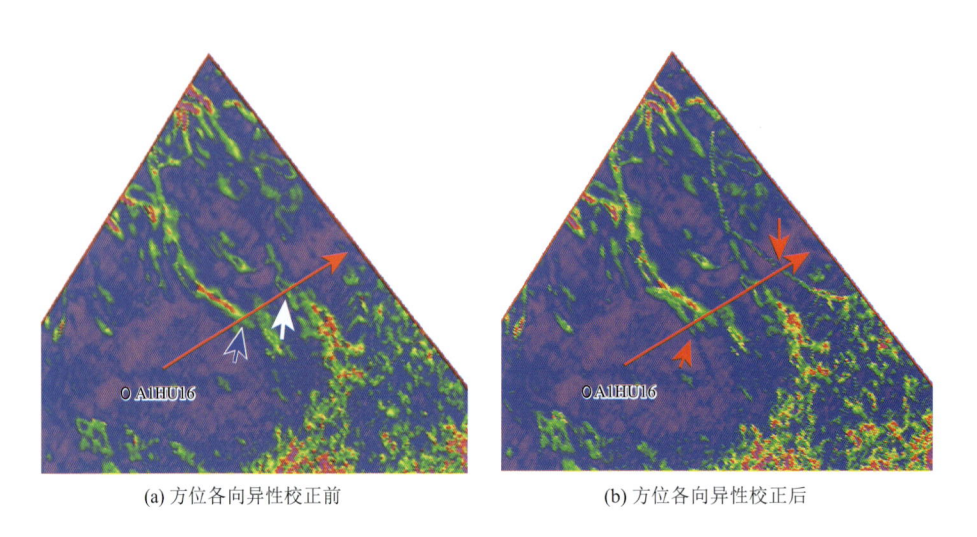

图 5.1-16　方位各向异性校正前后的相干切片（$T = 3000\text{ms}$）对比图

2) 层控多次波压制技术

综前所述，准噶尔盆地的侏罗系煤层是地震资料存在层间多次波干扰的主要原因，而且由于存在多套煤层以及煤系地层的连续性较好，与上覆和下伏地层波阻抗差异较大，从而影响了侏罗系煤层下方二叠系、三叠系和石炭系的地震资料分辨率和成像效果。长期以来，多次波去除是该地区地震资料处理的难点之一。近年来，随着高精度地震原始资料的获取，通过对多次波产生机理的深入分析，经过方法对比试验筛选，形成以扩展 SRME 为核心的层间多次波压制技术，并以测井标定等方式有效识别，多方法、多阶段联合压制多次波。多次波压制技术的处理流程及其处理效果如图 5.1-17 和图 5.1-18 所示。

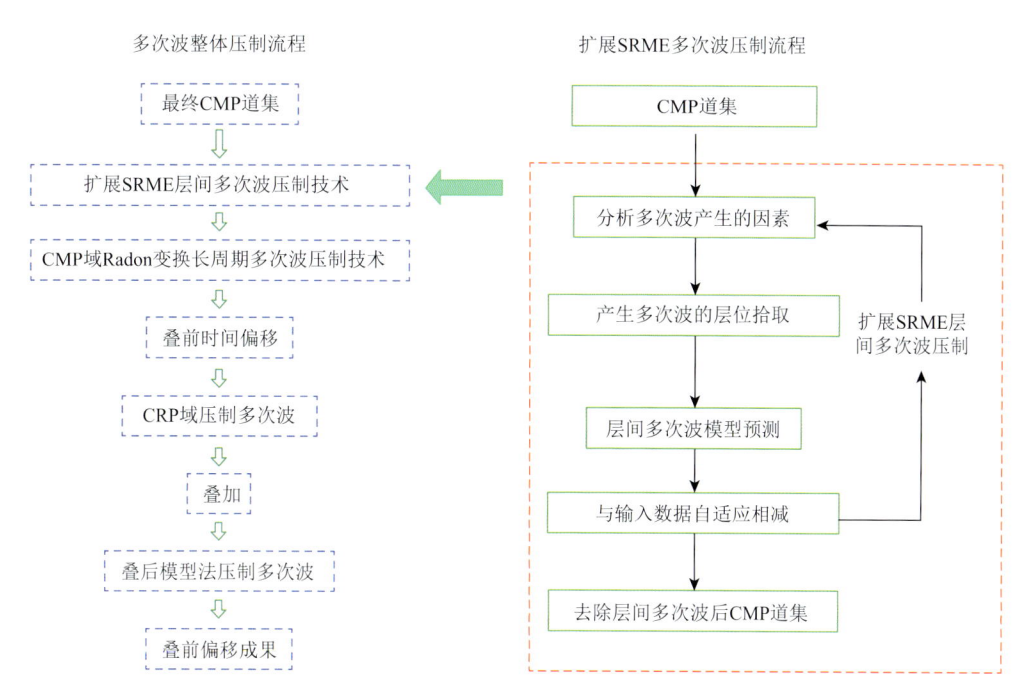

图 5.1-17 玛湖凹陷应用的多次波压制技术处理流程图

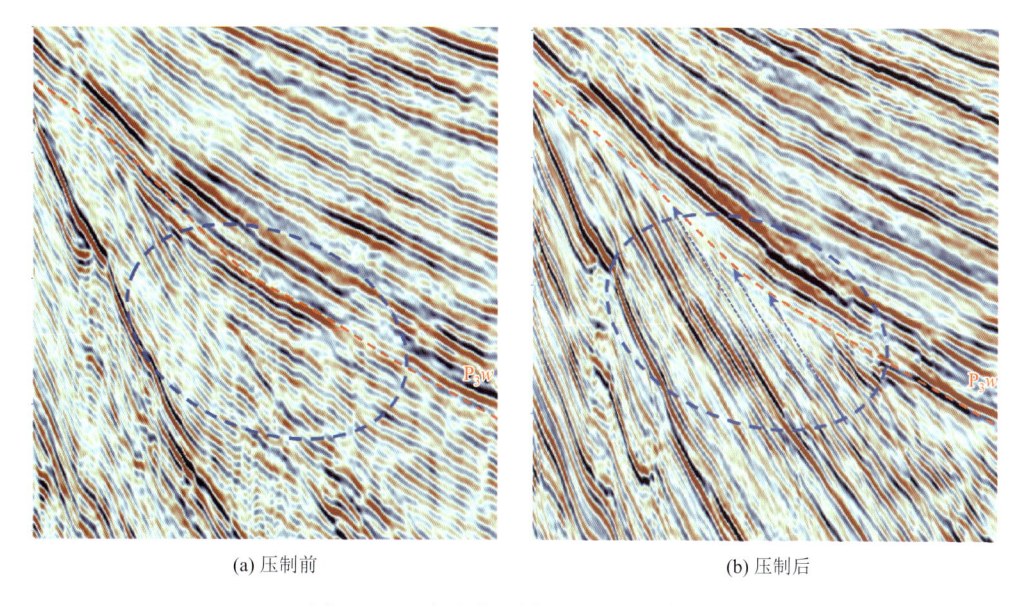

图 5.1-18 多次波压制前后处理效果对比
(a) 压制前　　(b) 压制后

3) 以 Q 补偿为核心的叠前叠后高分辨处理技术

叠前应用地表一致性反褶积与深层 Q 补偿相结合；叠后在 OVT 域处理基础上应用经验模态分解高分辨处理、零相位反褶积与蓝色滤波组合技术，进一步拓宽频带，提高主频。处理流程和处理效果对比如图 5.1-19 和图 5.1-20 所示。从图 5.1-20 可以看到，高精度三维地震资料相对于老三维资料，地震分辨率显著提高，砂体叠置关系清楚、边界更为可靠。

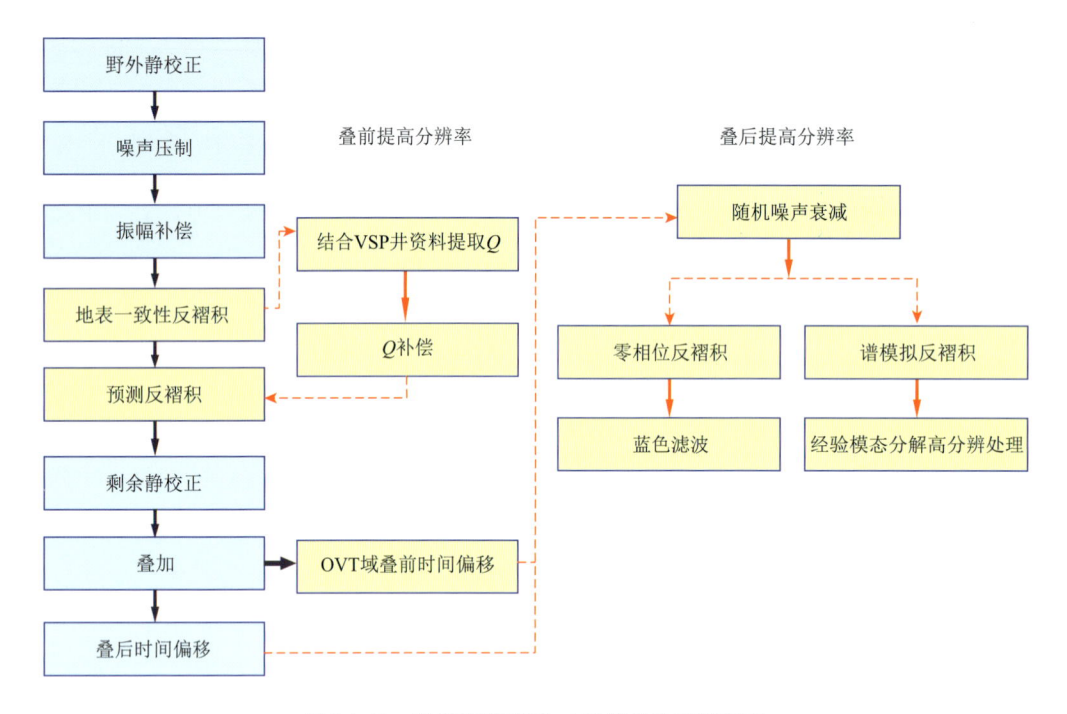

图 5.1-19　玛湖凹陷应用 Q 补偿的处理流程图

(a) 老(低密度)三维地震资料　　(b) 高密度三维地震资料

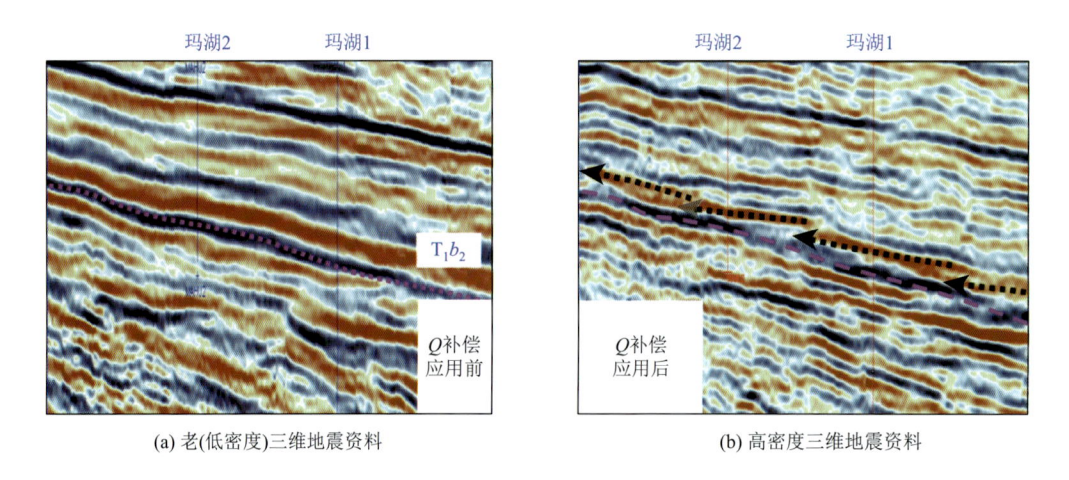

图 5.1-20　Q 补偿应用前后处理效果对比

3. 评价优化认识

综上所述,通过梳理玛湖凹陷多年来勘探目标需求以及地震勘探技术应用状况,特别是结合近年来"两宽一高"地震勘探技术的发展以及"提质增效"的目标要求,在对该地区已实施的地震勘探工作的评价基础上,取得了以下几点认识,可作为今后进一步优化的方向。

(1)满足玛湖凹陷岩性勘探,三维覆盖密度需要达到 200 万道/km² 以上;针对深层石炭系目标,覆盖密度需要达到 400 万道/km² 左右;面元 12.5m×25m,线距 150~200m 基本满足要求。

(2)可控震源扫描频率 1.5~96Hz 能够获得更大倍频程宽频激发信息,满足岩性目标高分辨率、高保真成像。

(3)三维观测系统横纵比为 0.6 左右,主要目的层横纵比达到 0.8 以上,有利于提升玛湖地区深层断裂刻画能力,分辨 10m 左右的小断距。

(4)目前采用以 OVT 域处理、多次波去除以及 Q 补偿偏移为核心技术的处理流程适合该地区的岩性勘探目标要求,对提高资料分辨率有巨大的推动作用。

(5)针对超深层小尺度目标的精准勘探,目前的覆盖密度仍然不够,在今后的勘探中,在立足更高分辨率需求(如小尺度地质体)时,"两宽一高"地震勘探技术的核心指标覆盖密度需要进一步提高,在采用高效采集技术等解决了高密度技术经济一体化存在的问题后,覆盖密度可以突破 1000 万道/km²。

5.1.3 勘探成效分析

近 5 年来,在"两宽一高"地震勘探技术的支撑下,地震资料品质得到大幅提高;通过开展物探技术攻关,针对玛湖凹陷三叠系百口泉组、二叠系乌尔禾组以及风城组页岩油等主要岩性勘探目标形成了采集、处理、解释一体化配套技术,使得勘探不断获得大突破,有力支撑了玛湖地区油气大发现。

下面,首先就一些采集与处理的关键技术所带来的成效进行举例说明,然后用所取得的油气勘探发现来说明地震勘探技术进步所带来的勘探成效。

1. "两宽一高"地震采集和处理技术较好地满足了地质任务的需求

(1)高精度地震区块的不断部署和新信息的日益丰富,使得地震资料精度大幅度提升,极大改善了玛湖凹陷各层系的地震资料成像品质。如图 5.1-21 所示,新获取的地震资料针对二叠系目标,能够准确反映地层接触关系,井震相关系数由原来的 0.55 提升到 0.85。

(2)高精度三维持续不断部署,关键技术的不断攻关与深化应用,玛湖凹陷砂砾岩扇体空间展布不断重新认识,新增前缘相带范围近 1500km²(图 5.1-22)。

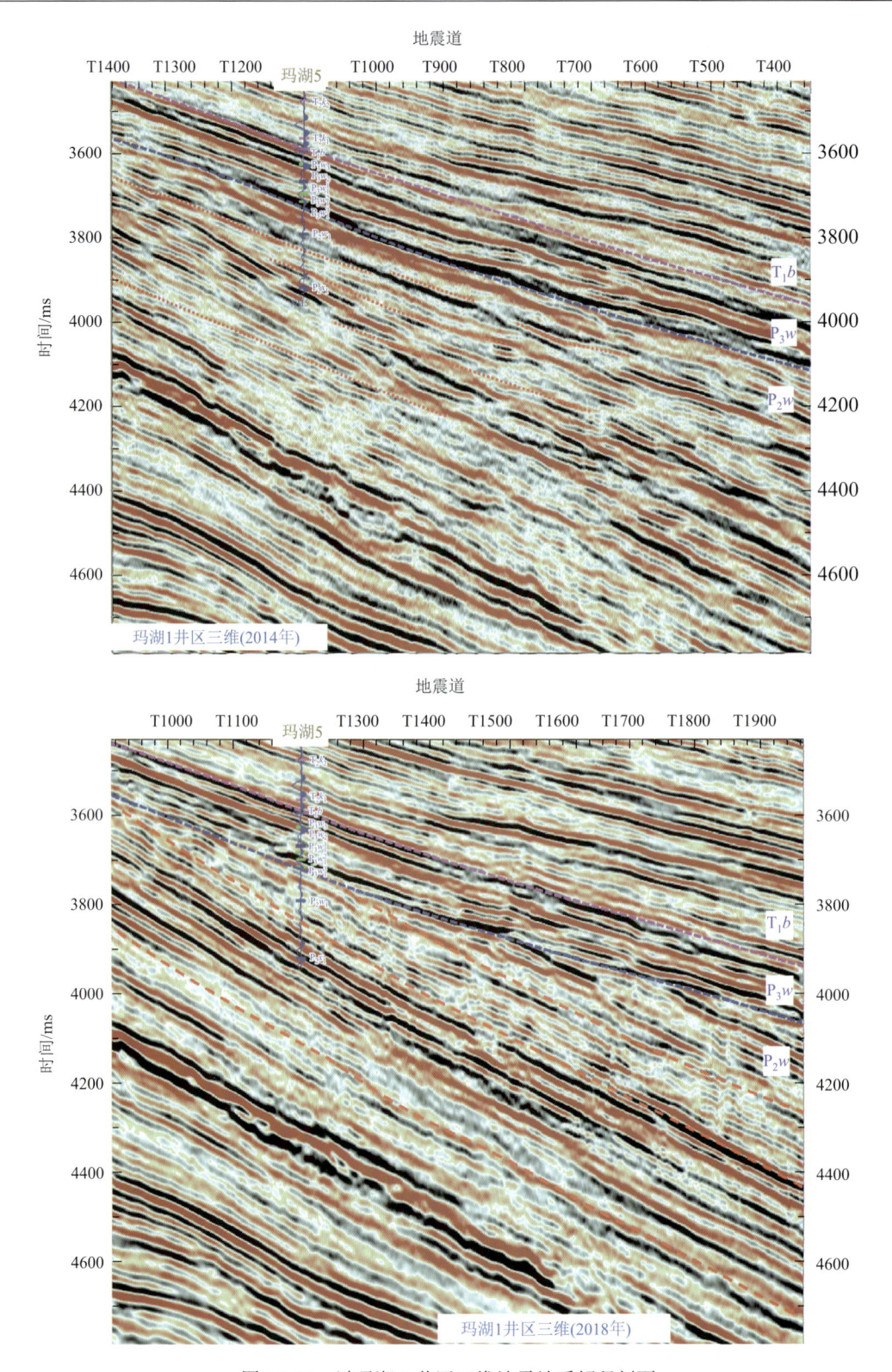

图 5.1-21　过玛湖 1 井区三维地震地质解释剖面

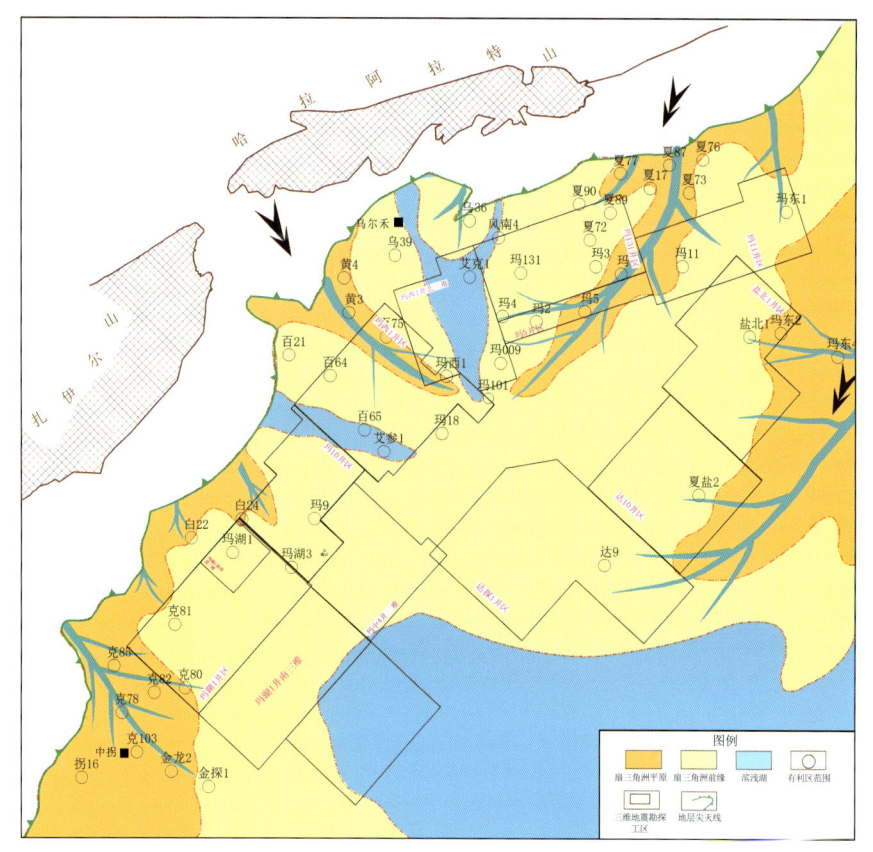

(a) 玛湖凹陷三叠系百口泉组沉积相(2013年)

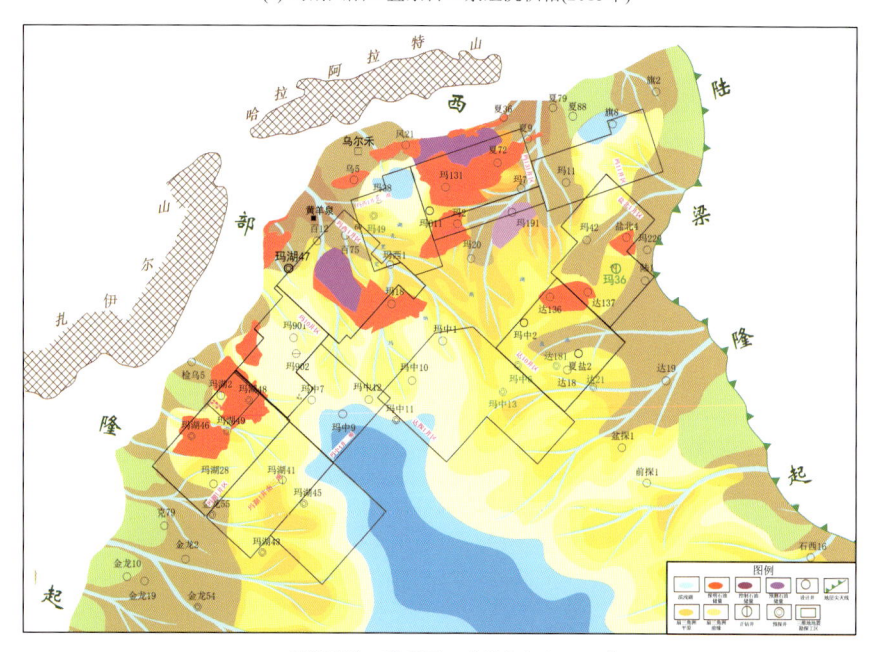

(b) 玛湖凹陷三叠系百口泉组沉积相(2020年)

图 5.1-22 不同年度玛湖凹陷三叠系百口泉组沉积相对比

2. 所取得的主要勘探成效

(1)三叠系百口泉组。玛湖地区三叠系百口泉组勘探连获新突破,近6年整体部署预探井94口,新增三级石油地质储量$5.29×10^8$t,东、西百里新油区基本形成(图5.1-23)。

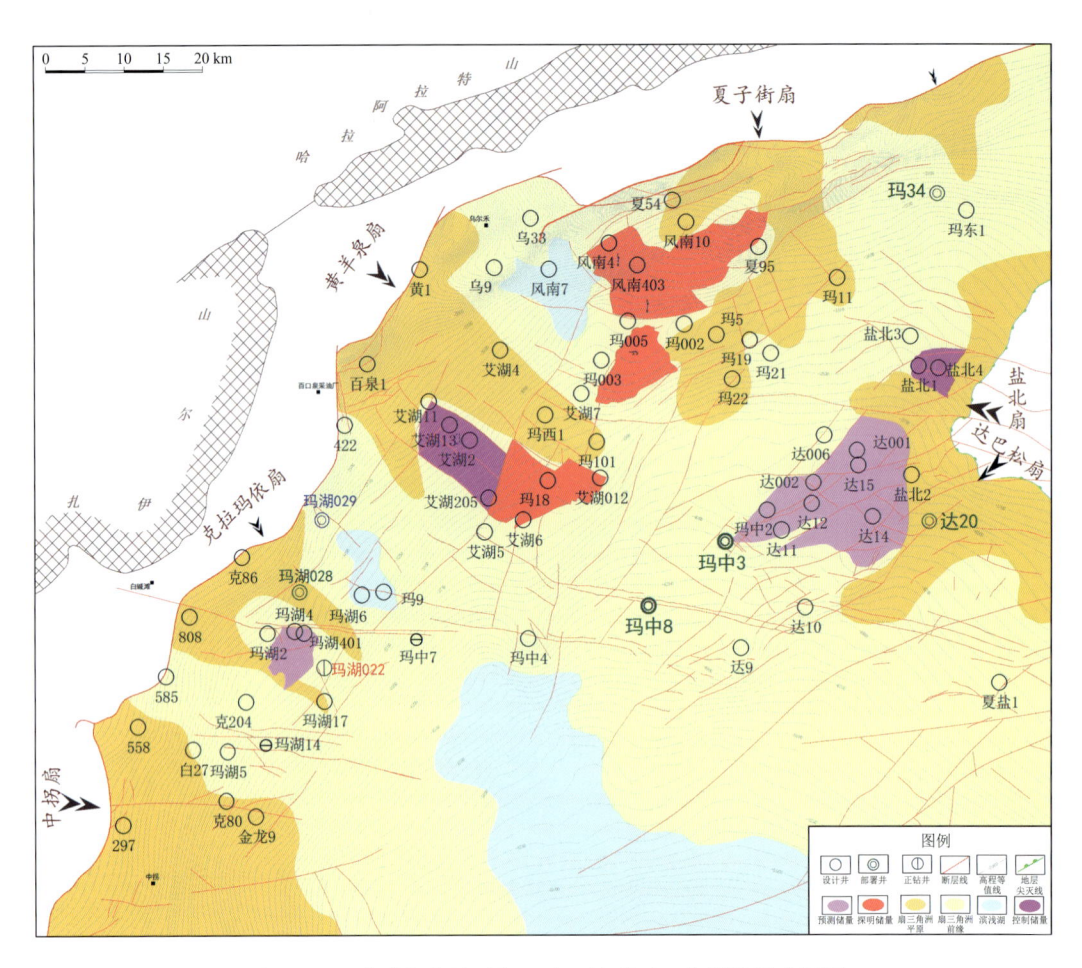

图5.1-23 准噶尔盆地玛湖凹陷三叠系百口泉组勘探成果图

(2)二叠系乌尔禾组。克拉玛依老油区东斜坡落实三级石油地质储量$6.1×10^8$t,已部署探井11口,具备再落实$5×10^8$t储量潜力,是继玛湖10亿吨级大油区之后的又一重大油气发现(图5.1-24)。

(3)二叠系风城组。玛湖凹陷南部已经提交控制储量$2.2×10^8$t,玛湖凹陷北部,玛页1井(风险井)获重大突破,新部署2口风险探井,并进行水平井提产试验(玛页1H井),5500m以浅页岩油领域有利勘探面积1400km^2,整体展现$20×10^8$t规模勘探场面(图5.1-25)。

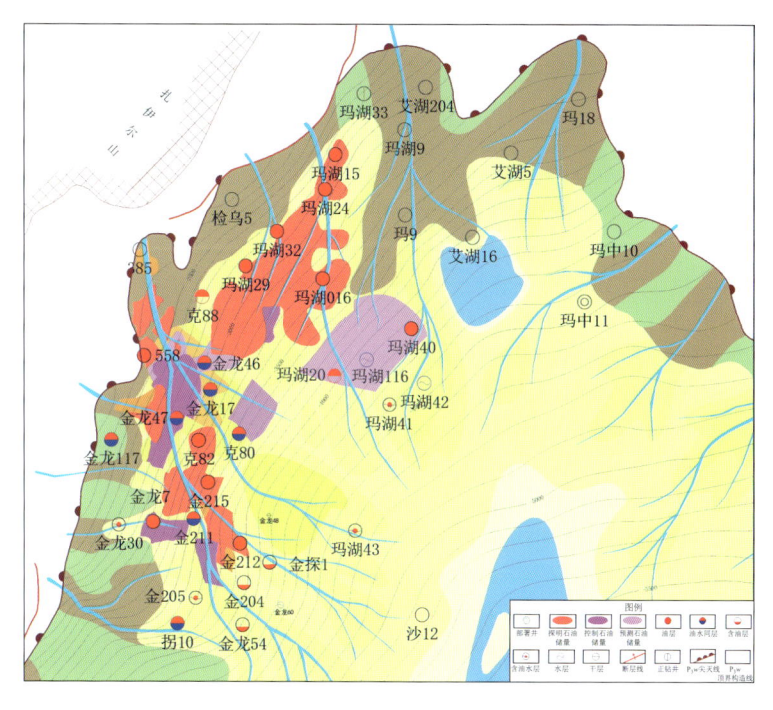

图 5.1-24 克拉玛依老油区东斜坡二叠系乌尔禾组勘探成果图

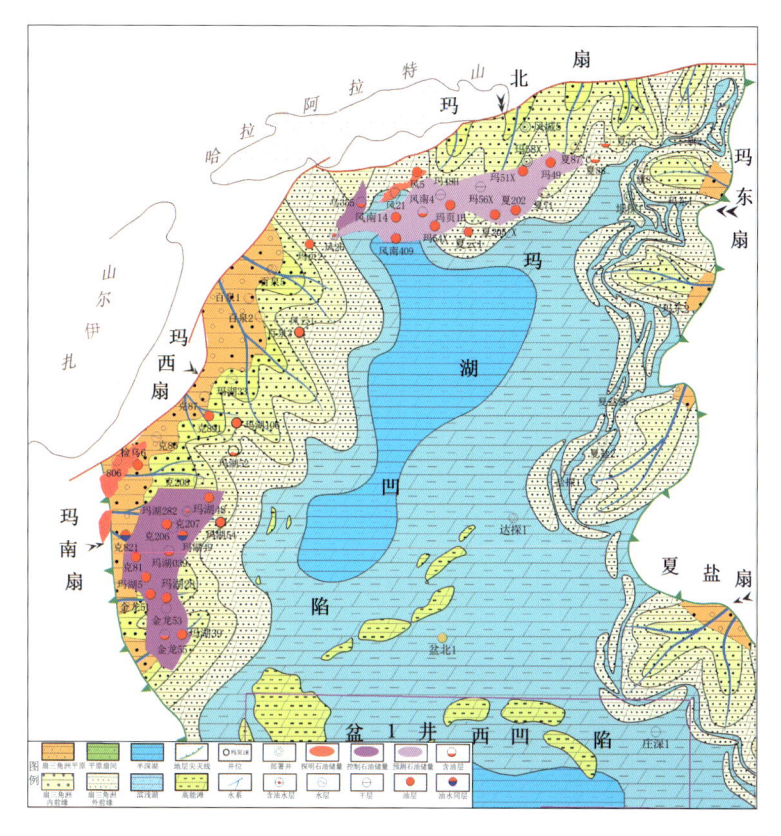

图 5.1-25 玛湖凹陷二叠系风城组勘探成果图

5.2 阜康凹陷地震勘探成效分析

阜康凹陷是准噶尔盆地另一重要的富烃凹陷，面积近万平方公里，三面环凸，周缘斜坡带成藏条件优越，发育石炭系松喀尔苏组和二叠系芦草沟组两套规模有效烃源岩，生油量达 960×10^8t，油气资源十分丰富，具备形成大油区的资源基础。据多年来的持续勘探开发，先后在凸起带发现 5 个油田，落实石油控制加探明储量 3.96×10^8t；斜坡带阜东 2 井、阜东 5 井、阜北 3 井侏罗系河道砂体及在凹槽内部署的康探 1 井、康探 2 井在二叠系砂砾岩和石炭系火山岩相继获得突破，展示出阜康凹陷是又一个寻找规模高效油气藏的重要接替领域，成为实现准噶尔盆地油气增储上产的主要领域之一。

但受前期地震资料品质制约，油气勘探"有点无面、油藏难以拓展"，地震勘探仍然面临许多挑战和需求，主要包括：①侏罗系河道砂体，如何进一步提高地震资料分辨率，满足含油气检测需求；②二叠系富砂区带，如何保证地震资料保幅保真，满足有利相带划分需求；③石炭系火山岩，如何满足有利岩相、火山岩体划分的需求。

近年来，通过全面实施"两宽一高"地震勘探技术，采用采集、处理、解释一体化的研究思路，从强化地震资料品质入手，不断优化地震采集参数和针对目标的特殊性处理方法和流程，为勘探部署奠定了良好的地震资料基础。2011 年以来，阜康凹陷东北环带已部署高密度三维地震勘探工区 11 块，约 2548km^2；新采集的三维资料，采用优化的地震采集参数及针对性的处理技术，资料品质有较大提升，支撑了井位部署 28 口，其中风险探井 5 口，从石炭系—侏罗系均获油气发现，展现出准东多层系立体勘探的巨大潜力。

下面以阜康凹陷近年来的地震勘探部署为例，围绕地震采集参数和针对性处理技术的优化和关键技术应用情况，对现有地震勘探工作进行评价，并据勘探成效提出下一步优化方向的建议。

5.2.1 地震勘探部署概况

自 2011 年开始实施"两宽一高"地震采集，截至 2021 年底，阜康凹陷东北环带已部署高密度三维地震勘探工区 11 块，其中 2015 年以后实施的三维地震部署基本采用低频可控震源、小面元、高密度采集，可视为高精度三维地震采集。图 5.2-1、表 5.2-1 和表 5.2-2 给出了相关地震部署情况及主要地震采集参数信息。

阜康凹陷的地震勘探除前述所面临的挑战和需求外，从以往地震资料看，主要还存在以下问题：①信噪比和分辨率较低，不能精细识别小断裂及其平面组合；②难以刻画侏罗系石树沟群河道有利砂体与二叠系、三叠系薄储层；③石炭系目标埋深横向变化大、反射能量弱，难以准确落实其构造形态及内幕断裂展布特征；④二叠系层间多次波较发育，精细准确解释地层层序误差较大。

第 5 章 勘探实例分析

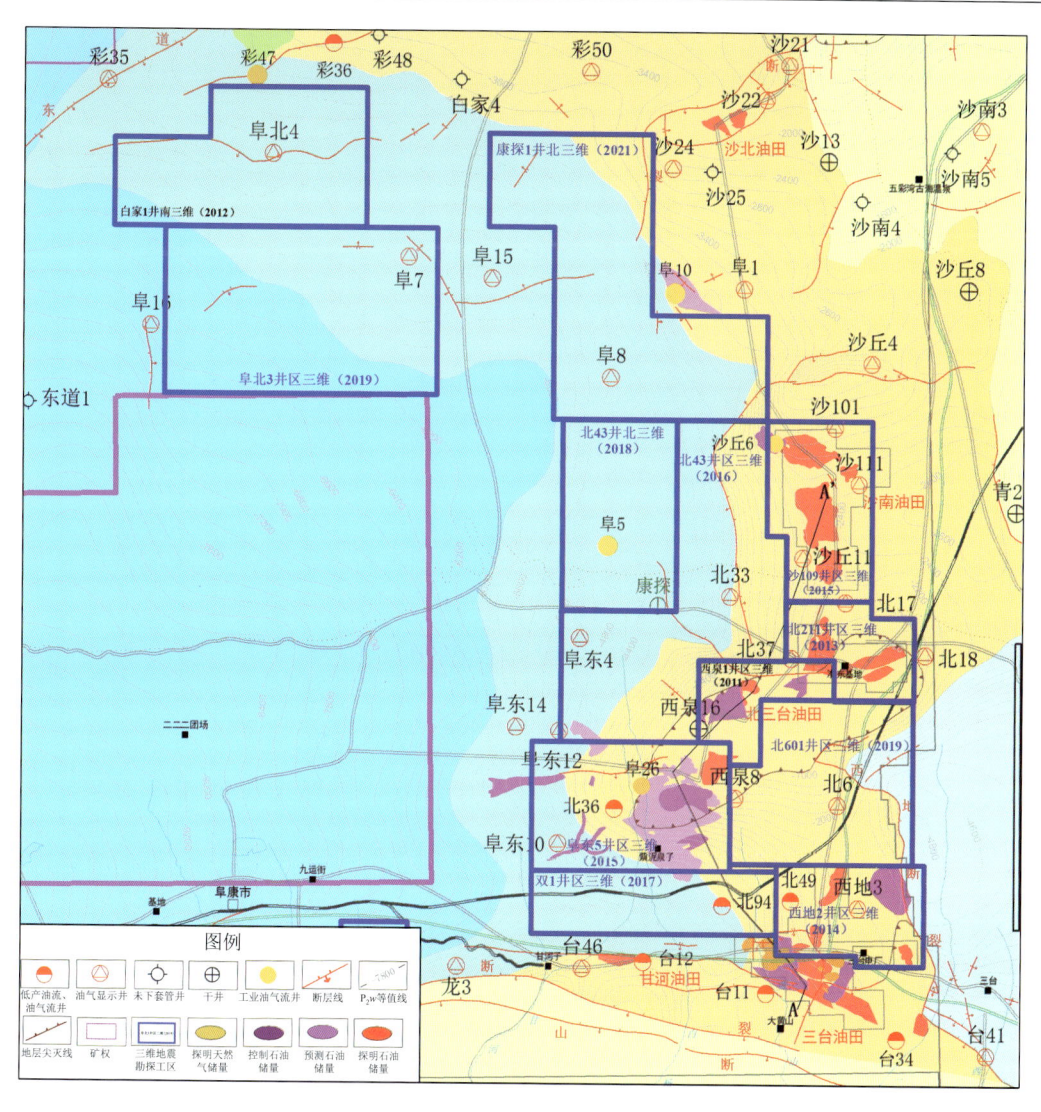

图 5.2-1 阜康凹陷东环带地震勘探程度图

表 5.2-1 阜康凹陷三维地震部署及采集参数表（一）

采集年度	区块名称	地表类型	激发方式	覆盖密度/(万道/km²)	设计/目的层横纵比	扫描频宽/Hz	目的层深度及层系
2011	西泉 1 井区（B）	农田、戈壁	震源	276	0.85/0.85	6～108	3800～5201m；二叠系、三叠系、石炭系
2013	西地 2 井区	农田、戈壁	震源交替	215	0.58/0.98	3～84	2300～4100m；三叠系、二叠系、石炭系
2013	北 211 井区	戈壁、沙漠	震源滑动	215	0.58/0.58	3～100	1500～3200m；二叠系、三叠系、白垩系、石炭系
2015	阜东 5 井区	农田、戈壁、砾石	震源滑动	307	0.53/0.80	1.5～96	1900～5800m；侏罗系、三叠系、石炭系顶
2015	沙 109 井区	沙漠	震源滑动	460	0.45/0.90	1.5～96	3000m；二叠系

续表

采集年度	区块名称	地表类型	激发方式	覆盖密度/(万道/km²)	设计/目的层横纵比	扫描频宽/Hz	目的层深度及层系
2016	北43井区	农田、沙漠、油田	震源滑动	563	0.45/1.00	1.5～96	1700～5600m；侏罗系、三叠系、石炭系顶
2017	双1井区	山前戈壁、油田	动态滑动扫描	537	0.48/0.75	1.5～96	2150～6400m；侏罗系、三叠系、石炭系
2018	北43井北	沙漠、农田	动态滑动扫描	614	0.42/0.93	1.5～96	2700～6500m；侏罗系、三叠系、二叠系、石炭系
2019	阜北3井区	沙漠	动态滑动扫描	563	0.55/1.00	1.5～96	2540～4769m；白垩系、侏罗系、石炭系
2019	北601井区	农田、戈壁	动态滑动扫描	409	0.61/0.87	1.5～96	1476～5600m；白垩系、石炭系
2021	康探1井北	沙漠	动态滑动扫描	421	0.59/0.84	1.5～96	3600～6000m；侏罗系、三叠系、二叠系

表 5.2-2　阜康凹陷三维地震部署及采集参数表（二）

施工年度	区块名称	激发方式	检波器组合方式	观测方案	满覆盖面积/km²	接收道间距/m	接收线距/m	炮点距/m	炮线距/m	面元尺寸
2011	西泉1井区(B)	震源	2串24个检波器组合	36L5S240R正交	83	25	125	25	125	12.5m×12.5m
2013	西地2井区	震源交替	1串10个	14L(2×7)S336R/正交(双边放炮)	131	25	175	25	175	12.5m×12.5m
2013	北211井区	震源滑动	1串12个	14L14S336R/正交(双边放炮)	94	25	175	25	175	12.5m×12.5m
2015	阜东5井区	震源滑动	1串10个	16L(8×2)S480R	234	25	200	25	200	12.5m×12.5m
2015	沙109井区	震源滑动	1串10个	18L(2×6)S480R/正交(双边放炮)	164	25	150	25	150	12.5m×12.5m
2016	北43井区	震源滑动	单只单分量检波器	20L(6×2)S528R	380	25	150	25	150	12.5m×12.5m
2017	双1井区	震源滑动扫描	1串10个	20L(6×2)S504R	189	25	150	25	150	12.5m×12.5m
2018	北43井北	震源滑动扫描	1串10个	20L(6×2)S576R	201	25	150	25	150	12.5m×12.5m
2019	阜北3井区	震源滑动扫描	单分量检波器1串6个	22L(2×8)S640R	420	25	200	25	200	12.5m×12.5m
2019	北601井区	震源滑动扫描	单只单分量检波器	20L(7×2)S448R	262	25	175	25	175	12.5m×12.5m
2021	康探1井北	震源滑动扫描	单分量检波器1串6个	28L(3×2)S564R	425	25	150	50	175	12.5m×12.5m

针对存在的问题，制定了"三单一策"，表 5.2-3 展示了主要针对地震采集方案的"三单一策"。按解释约束处理，处理约束采集的一体化研究思路，评价优化"两宽一高"地震采集方法能否满足落实侏罗系砂体边界、落实二叠系地层位置与有利砂体、落实石炭系构造特征，多层系地质目标勘探的需求。

从相关图表中可以看到：①阜康凹陷东环带地震部署已基本连片，为岩性地层目标的勘探部署奠定了基础；②地震采集方式全面实施"两宽一高"，特别是覆盖密度(炮道密度)逐年提高，2015~2021 年都在 300 万道/km^2 以上，面元参数基本稳定在 12.5m×12.5m 的小面元；③大多数三维地震部署采用了扫描频率为 1.5~96Hz 的可控震源激发、单点接收的高精度采集方式；④采集方位(观测系统横纵比)基本在 0.6 左右，目的层采集方位多数可达 1 左右。因此可以认为，近年来在阜康凹陷地震勘探中，均采用了目前研发的各种先进技术以及较为强化的采集参数，包括观测系统、激发和接收参数等，为取得高质量的地震资料奠定了良好的基础。

需要指出的是，由于目前部署的阜康凹陷地震勘探工区(图 5.2-2)，北部地表主要为条带状、蜂窝状沙漠；中部地表主要为戈壁、农田；南部主要为东天山河流冲积扇。南部农田、戈壁区低速层厚度较薄，为 4~15m；北侧沙漠区低速层较厚，为 15~90m。因此，针对实际地表条件采取了一些有针对性的技术措施，如特殊地区的组合激发/接收、超深微测井、近地表速度及 Q 场双调查、高效采集技术等，为高质量的地震资料获取及成本控制提供了有力保障。

表 5.2-3 阜康凹陷地震采集方案"三单一策"清单

目标清单	问题清单	技术清单	对策
中深层构造形态准确落实	①冲沟、砾石、农田等表层介质变化区静校正难；②南部西域组表层砾岩厚薄不均，现有微测井无法揭示其结构与速度变化规律	①常规微测井调查速度低于1800m/s 的介质变化特征；②深微测井调查低速砾岩的变化特征，落实静校正剥离界面与处理的标志层	①以往微测井资料重新精细解释；②控制点稀疏、戈壁和农田等表层介质变化，以及重点构造区进行加密部署；③根据砾岩分布特征，在变化带布设一定量的深微测井，控制西域组砾岩的顶界，提供静校正剥离与成像处理的标志层
	①中浅层高速砾岩发育，时间域、深度域构造形态准确落实难；②中深层塑性膏岩体对目的层能量、信噪比、构造形态影响较大，深度速度模型建立难；③多期构造运动叠合(燕山期+喜马拉雅期)，控藏小断裂识别及组合困难；④埋深大(6000m)、储层薄、可用井少，优质储层预测难	①小线距、高密度采集，改善高速砾岩的成像品质，提高对断裂、储层等的空间刻画能力；②长排列采集，满足中深层塑性膏岩体以及八道湾组下伏地层的勘探需要；③宽方位采集，提高小断裂的成像精度与识别能力，有利于储层的识别与预测	①利用覆盖次数与信噪比关系曲线研究指导覆盖次数参数的合理选择；②线距与成本的综合考量，决定相对合理的参数；③最大炮检距的论证，选择符合目的层勘探的排列长度；④非纵距论证以及观测系统属性分析，选择合理的宽方位采集参数；⑤采集方案与成本的综合考量，推荐较为合理、经济可行的采集方案

序号	三维区块	地表类型
1	阜东5井区三维	农田、戈壁
2	北43井区三维	农田、戈壁、沙漠
3	北43井北三维	农田、沙漠
4	双1井区三维	农田、戈壁、冲积扇
5	阜北3井区三维	沙漠

(a) 准东地区地震勘探工区与地表卫星图片

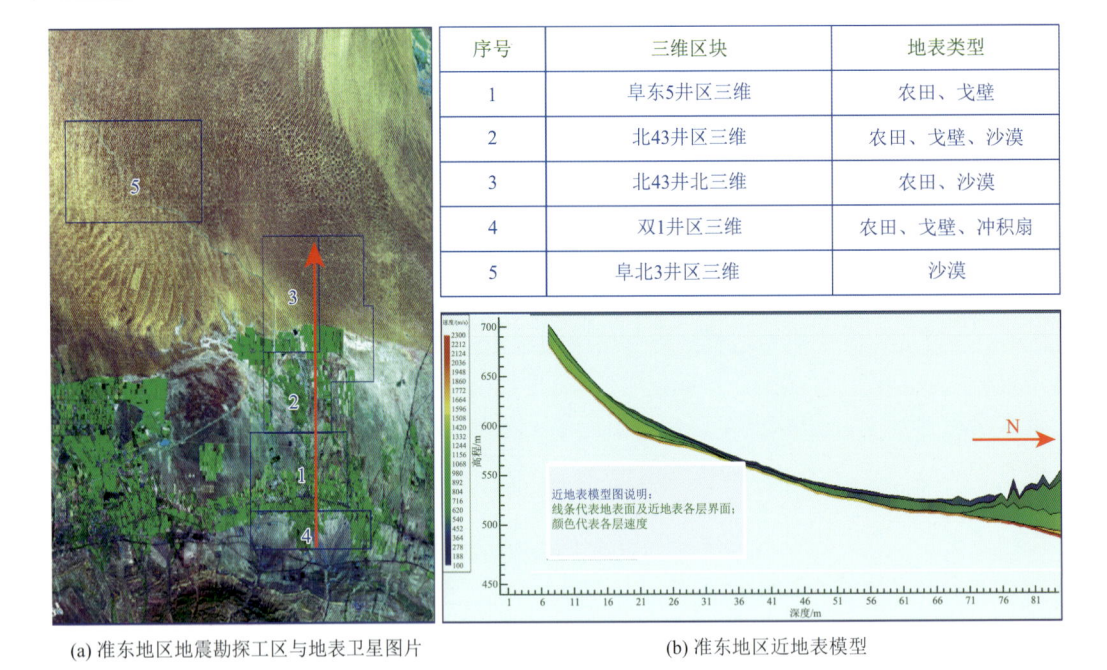

(b) 准东地区近地表模型

图 5.2-2　阜康凹陷东环带地震勘探工区地表条件举例

综上所述，阜康凹陷地震部署整体满足"两宽一高"技术要求，针对沙漠和戈壁等复杂地表条件及深层的地下目标，采用了较为强化的观测系统、激发和接收参数。从图 5.2-3 可以看到，采用低频可控震源激发技术，实现最低激发频率 1.5Hz 起震，资料倍频程从 3 个提高到 6 个，为提高分辨率和保真度创造了有利条件。

(a) 常规可控震源激发

(b) 1.5Hz可控震源激发

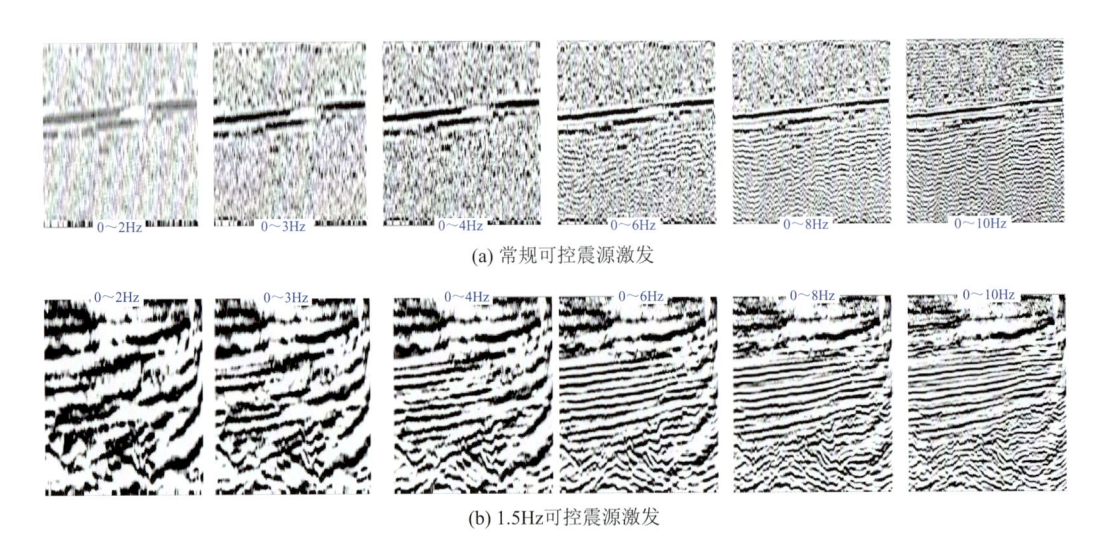

图 5.2-3　阜康凹陷某工区不同频率可控震源激发资料品质对比图

在高质量的地震采集资料基础上，通过后期针对性的处理手段，提供给解释使用的地震资料品质有了很大提高，可以满足相关地质目标的需求。图 5.2-4 展示了该地区侏罗系河道砂体目标新老地震资料的对比。从图中可以看到，相对于以前采集的老资料，2018年实施的高精度"两宽一高"地震勘探，通过采集、处理、解释的一体化研究，在资料分辨率、地质目标的达成度以及勘探效果上都取得了前所未有的成效。

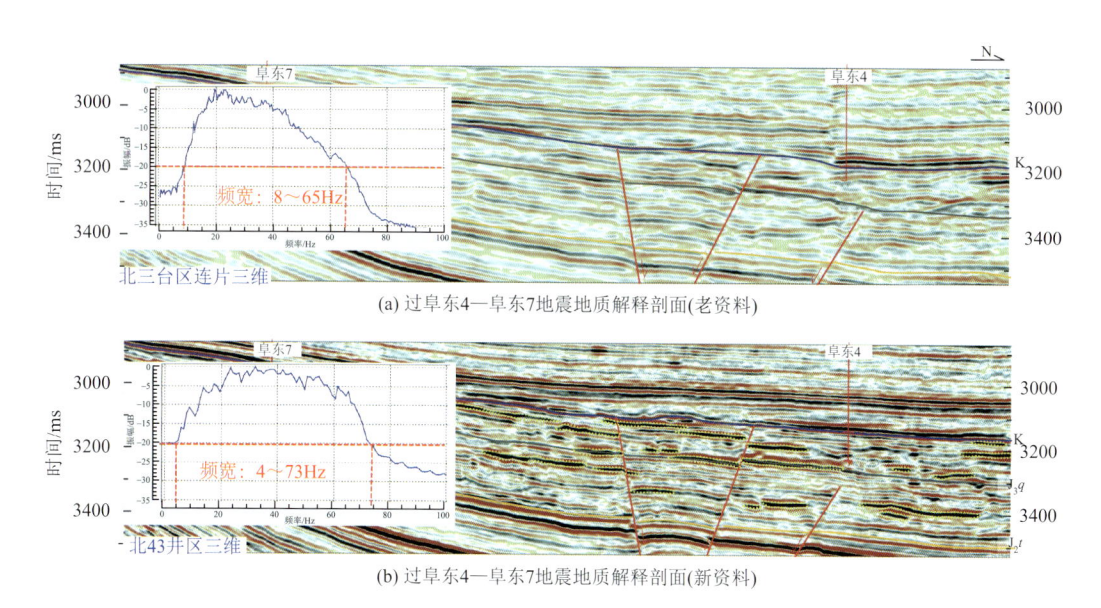

(a) 过阜东4—阜东7地震地质解释剖面(老资料)

(b) 过阜东4—阜东7地震地质解释剖面(新资料)

图 5.2-4　阜康凹陷某地新老地震资料分辨率及解释结果对比图

5.2.2　采集处理关键技术应用评价

1. 采集关键技术

综上所述，在全面实施"两宽一高"地震采集技术的基础上，在地震资料采集的实际工作中，针对各勘探区的地表及地下地震地质条件，在观测系统、激发和接收参数方面都进行了优化。这种优化包括满足地质需求的"强化"参数，也包括考虑技术经济一体化下的"降本"优化，如采用可控震源"航迹自动规划""动态滑动扫描"等采集技术，大大提高了采集效率，近三年来做到了采集成本随覆盖密度的增加基本保持不变。

近年来，在阜康凹陷主要采用了以下六项关键技术，大大提高了地震资料采集质量，可作为今后类似地区地震采集工作的重要参考。

(1) 1.5Hz 低频可控震源激发技术，拓展低频以提高分辨率和保真度。
(2) 无人机测量等炮点预设计技术，优选激发点位，提高激发效果。
(3) 自动规划航迹，提高采集效率。
(4) 动态滑动扫描技术，进一步提高采集效率。
(5) 电火花微测井技术，取代雷管激发，实现绿色勘探。
(6) 浅层反射静校正，取代初至拾取，提高静校正精度和效率。

图 5.2-5 展示了一个采用动态滑动扫描技术提高采集效率的例子。从图中可以看到，动态滑动扫描技术克服了常规滑动扫描滑动时间固定不变的缺陷，在 T-D 曲线的控制下，

根据震源组距动态调整滑动时间，使得采集效率进一步提高并使得高效采集可能带来的噪声影响最小化；实践表明三维地震采集日效平均提高10%～15%，提升效果明显。

(a) 动态滑动扫描T-D曲线

(b) 试验区三维地震采集日效

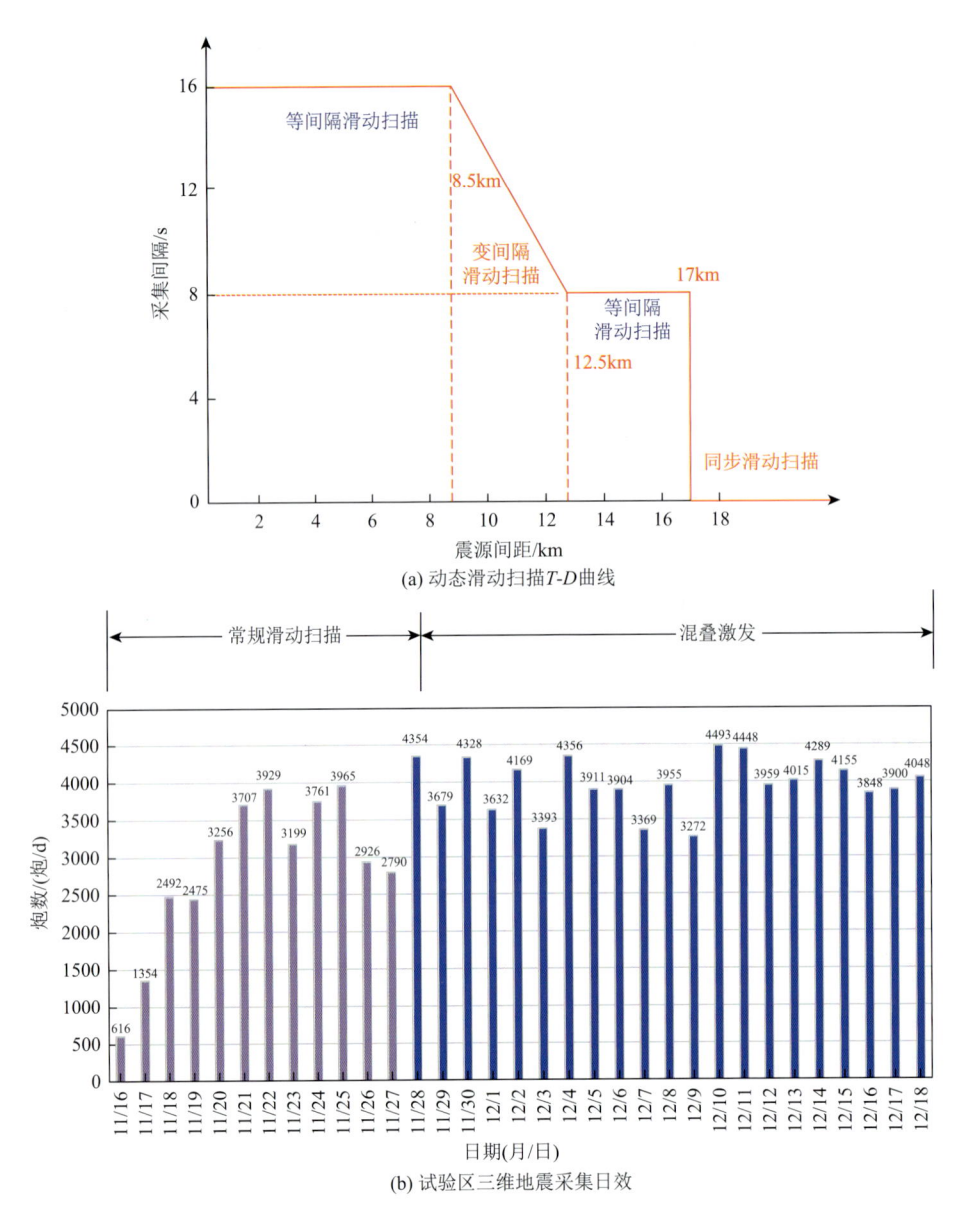

图 5.2-5 常规扫描与滑动扫描日效变化对比图

1) 宽频带采集参数评价

阜康凹陷勘探主要目的层为石炭系、二叠系、三叠系、侏罗系石树沟群。其中，侏罗系目标要求分辨 5m 以上的薄储层和 5m 以上断距的小断层，精细刻画石炭系顶界构造形态及内幕断裂展布特征，识别一定厚度、不同期次的火山岩体，分辨 20～30m 断距的断层。地震资料需要满足提高中浅层资料分辨率和深层火成岩成像效果。

2011～2013 年，阜康凹陷可控震源激发低频端最低为 3Hz，倍频程为 3～5 个，扫描频率难以满足要求。2015 年起，低频端拓展到 1.5Hz，高频端保持为 96Hz，实现扫描频率 1.5～96Hz 稳定生产，实现了 6 个倍频程激发，从串接收(2 串、1 串)为主到单只宽频检波器接收为主(2019 年起均采用单只)，进一步满足了频带要求。相关采集参数信息见表 5.2-4。

表 5.2-4 阜康凹陷可控震源扫描频率及接收方式统计表

施工年度	区块名称	激发方式	扫描频率	接收方式
2011	西泉 1 井区(B)	震源	6～108Hz	2 串 24 个
2013	西地 2 井区	震源交替	3～84Hz	1 串 10 个
2013	北 211 井区	震源滑动	3～100Hz	1 串 12 个
2015	阜东 5 井区	震源滑动	1.5～96Hz	1 串 10 个
2015	沙 109 井区	震源滑动	1.5～96Hz	1 串 10 个
2016	北 43 井区	震源滑动	1.5～96Hz	单只
2017	双 1 井区	动态滑动扫描	1.5～96Hz	1 串 10 个
2018	北 43 井北	动态滑动扫描	1.5～96Hz	1 串 10 个
2019	阜北 3 井区	动态滑动扫描	1.5～96Hz	单只
2019	北 601 井区	动态滑动扫描	1.5～96Hz	单只
2021	康探 1 井北	动态滑动扫描	1.5～96Hz	单只

全频带保幅处理之后，新获取的"两宽一高"地震资料频带较以往拓宽 4～8Hz，主频提高 5Hz，分辨率大幅度提高，改善了地震资料分辨能力，断裂特征刻画更加清晰，侏罗系河道砂体边界尖灭特征更加清楚(图 5.2-6)。

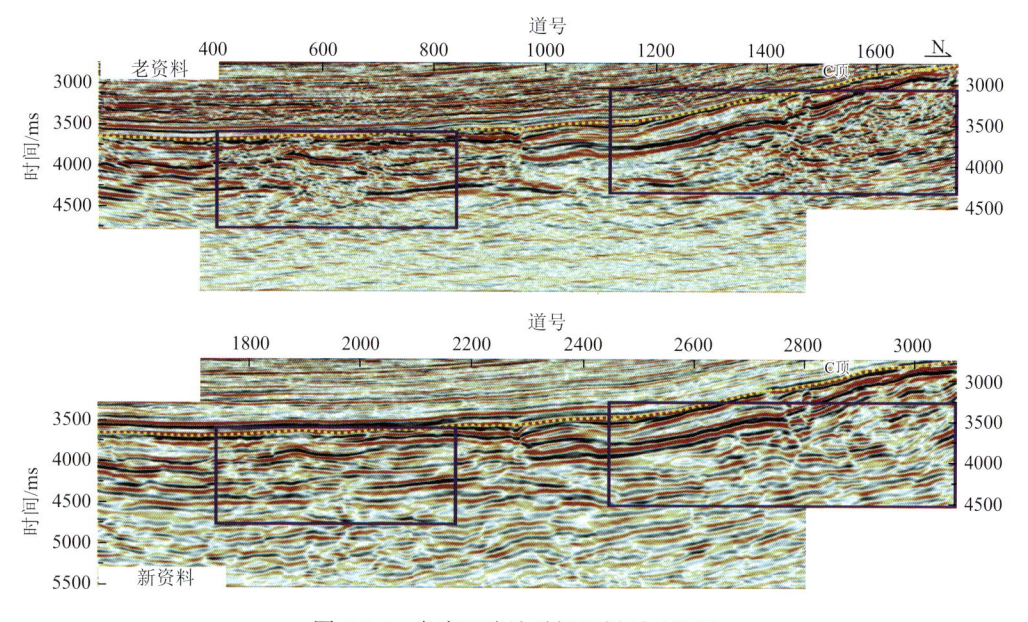

图 5.2-6 阜康凹陷地震解释剖面对比图

2) 宽方位观测参数评价

阜康凹陷以往常规三维地震观测系统横纵比基本上在 0.4 以下。2011 年开始实施"两宽一高"地震采集技术。2016 年以前，以浅层勘探为主，主要目的层为二叠系、三叠系以及侏罗系头屯河组底界，目的层深度为 1500～4000m。该阶段宽方位观测主要特征是以大线距增加观测宽度，接收线距以 150～250m 为主，接收线数以 14～18 条为主（图 5.2-7、图 5.2-8）；三维地震观测系统的横纵比提升到 0.5 左右，浅层目的层横纵比达到 0.8（图 5.2-9）。最大接收偏移距基本上在 3000～6000m，部分浅层目标实现了全方位勘探。

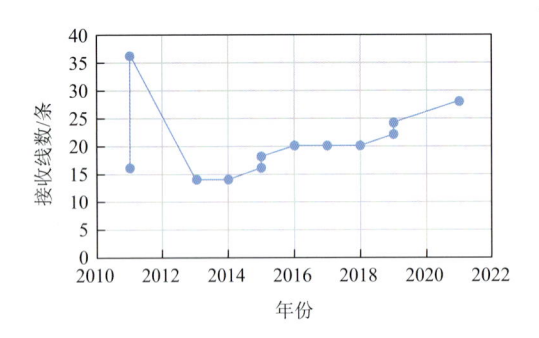

图 5.2-7 阜康凹陷主要三维地震勘探工区接收线数统计图

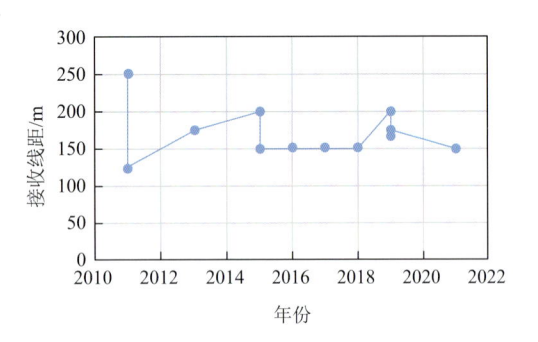

图 5.2-8 阜康凹陷主要三维地震勘探工区接收线距统计图

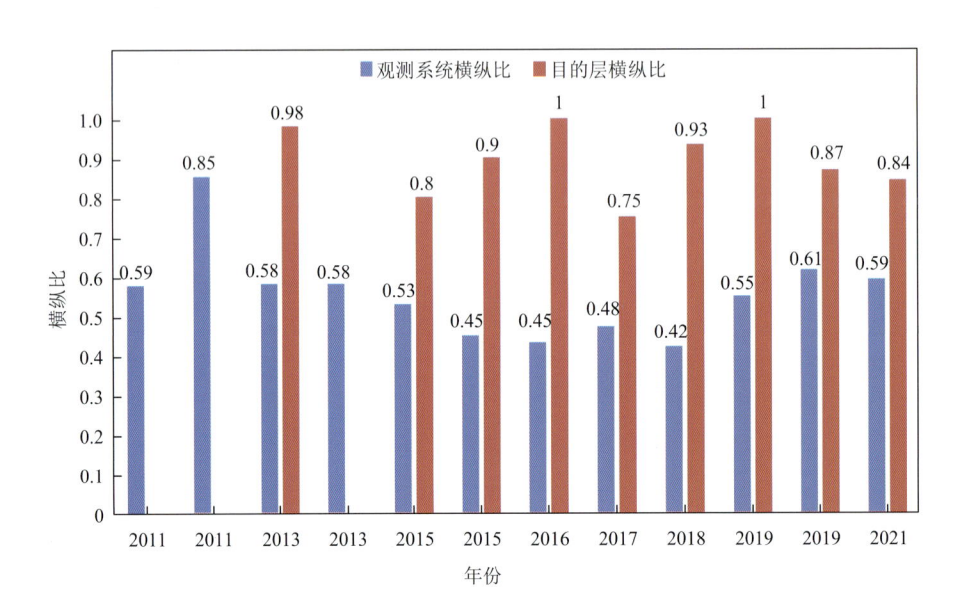

图 5.2-9 阜康凹陷不同年度主要三维地震勘探工区横纵比统计图

2016 年之后，阜康凹陷勘探目标以深层石炭系为主，兼顾浅层白垩系、侏罗系、二叠系、三叠系。白垩系底 1500～2590m，侏罗系头屯河组底埋深 2150～3500m，二叠系梧桐沟组 1566～4247m，石炭系顶埋深在 3700～6400m。这一阶段宽方位观测主要特征是接收线距稳定在 150~200m，通过增加接收线数来增加观测方位宽度，接收线数增加到 20~28 条(图 5.2-7、图 5.2-8)，三维地震观测系统的横纵比稳定在 0.5~0.6，埋藏深度相对浅的目的层如侏罗系、白垩系底横纵比达到 0.8 以上(图 5.2-9)。

阜康凹陷宽方位观测丰富了各个方位的数据，各向异性校正后的道集反射同相轴一致性更好(图 5.2-10)，提高了不同角度地质体的刻画能力。宽方位数据体充分发挥不同方位角信息的特点，提高了地质体分辨能力，相干属性平面图对地震体刻画效果改善明显(图 5.2-11)。

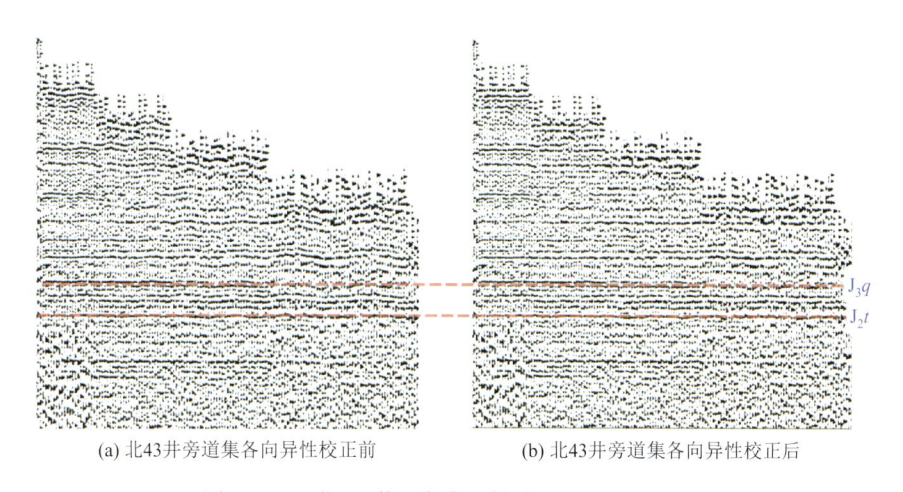

(a) 北43井旁道集各向异性校正前　　　　　(b) 北43井旁道集各向异性校正后

图 5.2-10　北 43 井区各向异性校正后的道集对比

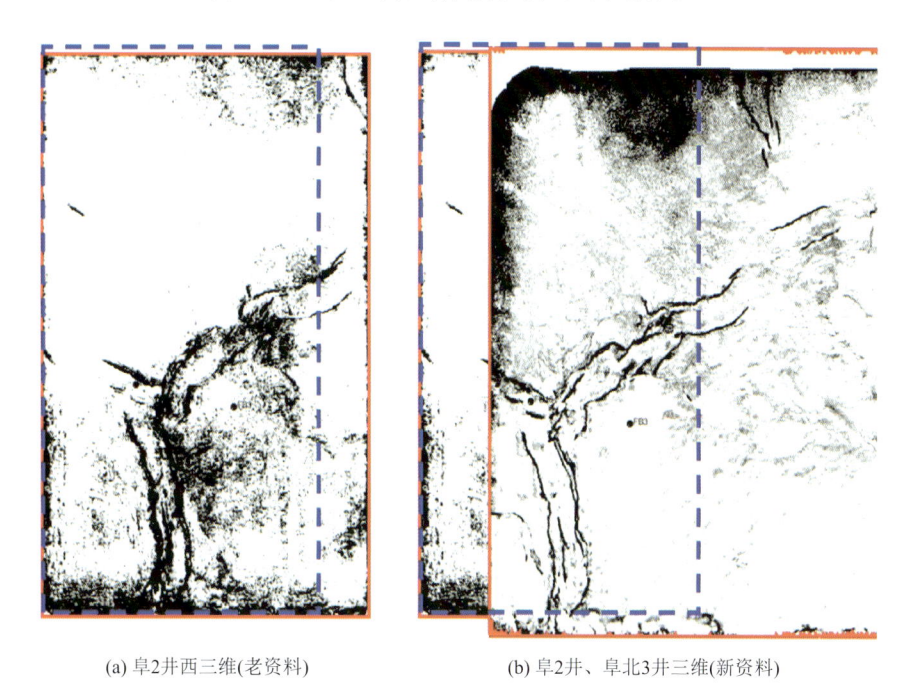

(a) 阜2井西三维(老资料)　　　　　(b) 阜2井、阜北3井三维(新资料)

图 5.2-11　阜康凹陷新老地震资料相干属性平面对比图

3)高密度参数评价

阜康凹陷 2011 年以前采用大面元观测系统,从 2011 年开始三维地震观测系统的面元均采用 12.5m×12.5m 的小面元,取得了较好的效果(图 5.2-12)。2021 年在康探 1 井北三维地震勘探实施中,针对深层复杂地质目标,大幅增加覆盖密度,面元尺寸有所增加,首次采用 12.5m×25m 的面元尺寸。

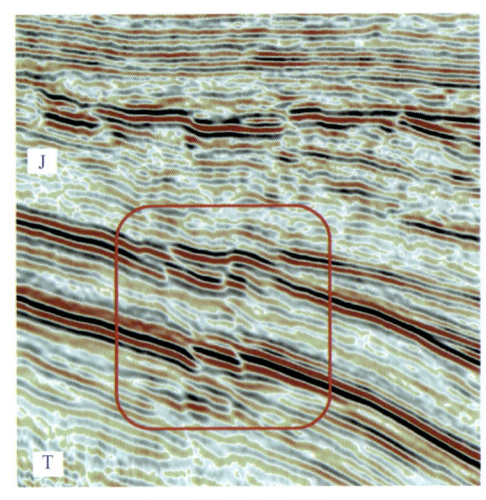

(a) 1998年阜8井区三维:面元50m×100m,覆盖次数60次

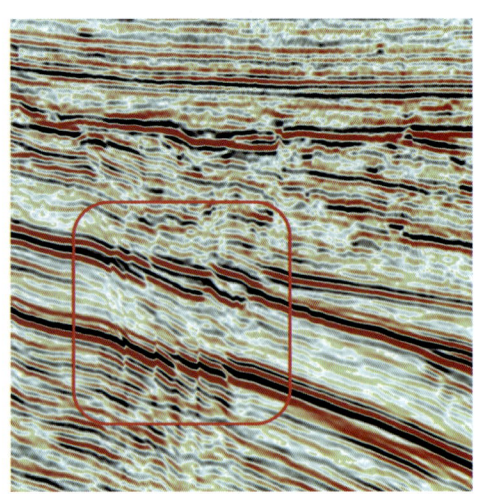

(b) 2016年北43井区三维:面元12.5m×12.5m,覆盖次数880次

图 5.2-12 阜康凹陷某地不同采集参数下的地震剖面图

2015 年开始实施高精度"两宽一高"三维地震勘探,针对石炭系顶、三叠系韭菜园子组底、侏罗系头屯河组底等复杂岩性目标,覆盖密度由 200 万道/km² 左右提升到 614 万道/km² 左右;2019 年之后,随着地质目标的变化及技术经济一体化的逐步深入应用,采集参数进一步优化,覆盖密度有所降低,稳定在 420 万道/km² 左右(图 5.2-13);从 2015 年开始,覆盖次数为 480~1316 次,而 2019~2021 年,覆盖次数平均值为 945 次(图 5.2-14)。

图 5.2-13 阜康凹陷主要三维地震勘探工区覆盖密度统计图

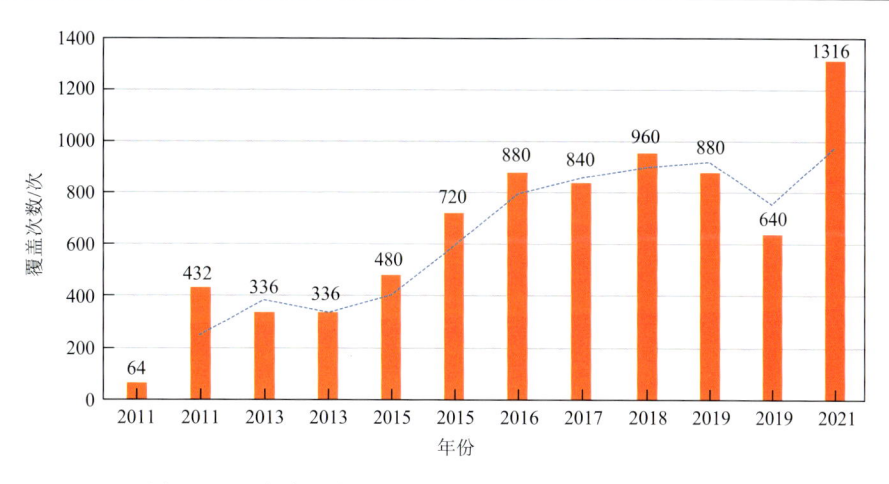

图 5.2-14　阜康凹陷主要三维地震勘探工区覆盖次数统计图

2. 处理关键技术

按照采集、处理一体化的研究思路及管理体系要求，从地质目标出发，提出地震资料处理后应达到的地震频宽指标，并用这一指标约束地震采集参数的设计。在资料处理阶段采用的关键技术主要是叠前全频带提高分辨率技术，如图 5.2-15 所示，其中红色框代表了针对该地区研发和采用的一些关键技术。围绕多层系地质目标，以叠前全频带保真处理为核心思路充分利用研究区内井资料进行处理质量质控与评价，确保叠前偏移成像精度，落实侏罗系砂体边界及含油气性、落实石炭系构造特征，取得了较好效果。

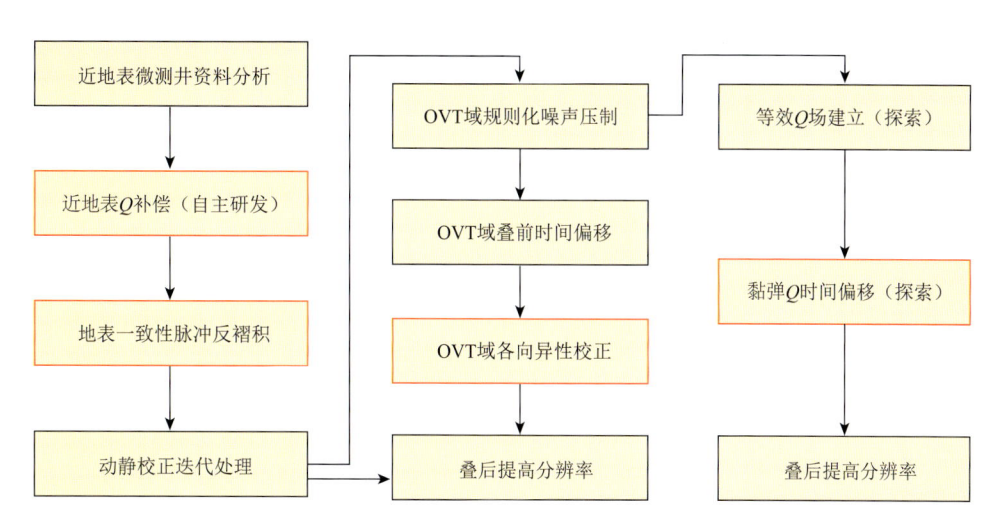

图 5.2-15　阜康凹陷全层系勘探提高分辨率的处理流程图

图 5.2-16 和图 5.2-17 为采用相关技术的处理效果对比举例。从图中可以看到，应用近地表 Q 补偿技术，进行振幅、频率和相位补偿，有效地提高了地震资料分辨能力。

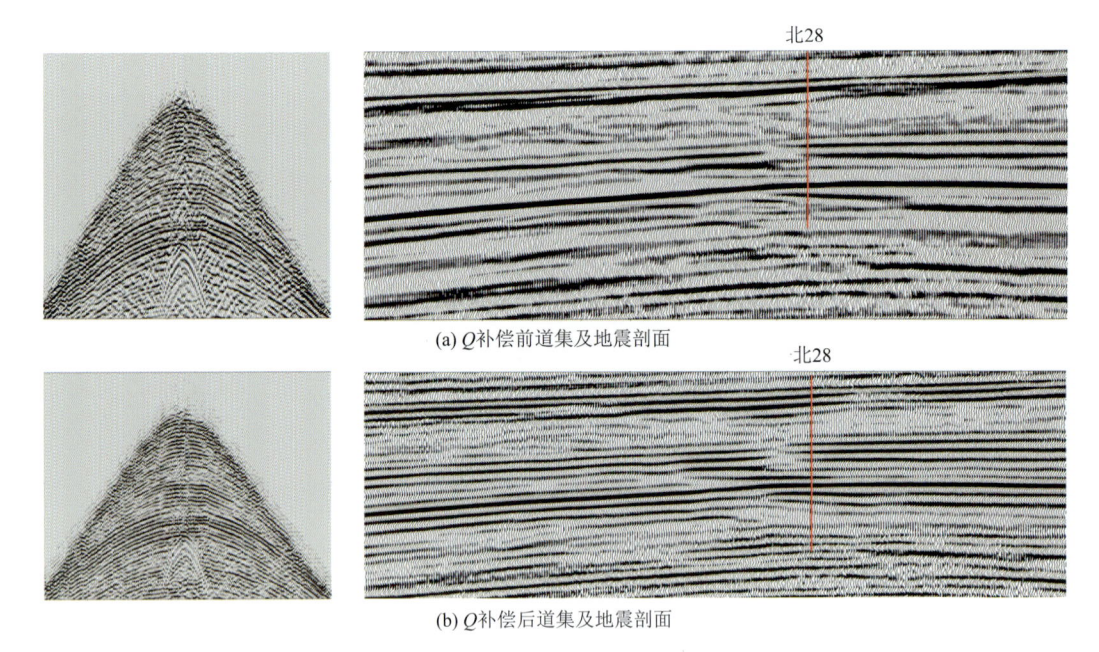

(a) Q 补偿前道集及地震剖面

(b) Q 补偿后道集及地震剖面

图 5.2-16　近地表 Q 补偿技术提高资料分辨率的处理效果

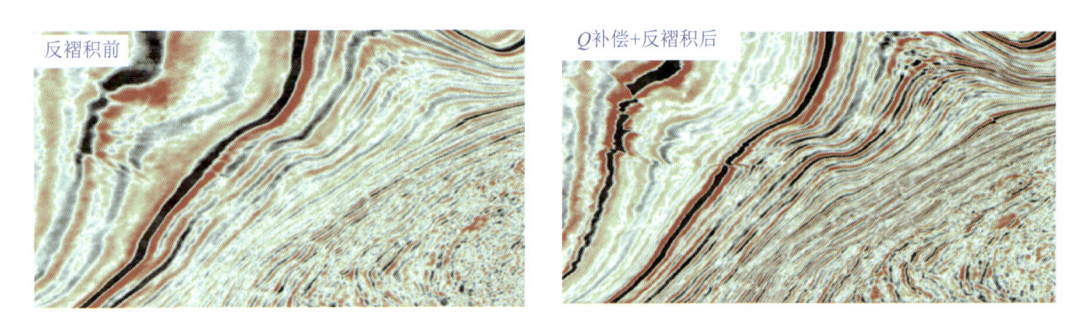

图 5.2-17　Q 补偿+反褶积技术提高资料分辨率的处理效果

3. 评价优化认识

综上所述，通过梳理阜康凹陷多年来勘探目标需求以及地震勘探技术应用状况，特别是结合近年来"两宽一高"地震勘探技术的发展以及"提质增效"的目标要求，在对该地区已实施的地震勘探工作的评价基础上，取得以下几点认识，并可作为今后进一步优化的方向。

(1) 满足阜康凹陷岩性勘探，三维覆盖密度需要达到 400 万道/km² 左右；面元尺寸 12.5m×12.5m，线距 150m 基本满足要求；应当进一步提高覆盖次数；如果有采集成本制约，可以在保证适当覆盖次数的基础上，适当增加面元尺寸(如采用 12.5m×25m)，以达到降本增效的目的。

(2) 目前采用可控震源扫描频率为 1.5～96Hz，基本能够满足岩性目标高分辨率、高保真成像的需求；今后应进一步优化高效采集技术，提高日效，这样可以在保持采集成本基本不变的基础上,进一步提高覆盖次数,有利于后期处理技术应用,以及地震资料品质的整体改善。

(3)建议三维观测系统横纵比为 0.5~0.6,主要目的层横纵比达到 0.8 以上,有利于后期开展储层各向异性和裂缝预测研究,可以整体提升勘探目标刻画能力。

(4)目前采用的高分辨率处理流程基本适合阜康凹陷全层系立体勘探对不同目标层提高分辨率的要求,可以在提高低频保护和低频补偿等方面,进一步采用新方法和新技术提高深层分辨率。

5.2.3 勘探成效分析

近年来,在全面实施高精度"两宽一高"地震勘探工作中,始终坚持地震采集、处理、解释的一体化研究和评价优化。围绕"地震资料品质上台阶"目的,开展地震采集参数的优化设计以及与地震采集资料相适应的地震资料处理新方法、新技术的应用,逐步建立起了地震采集、处理、解释一体化研究和评价优化的工作方法和管理体系,有力推动了勘探目标的发现和突破。

下面首先就一些采集处理的关键技术所带来的成效进行举例说明,然后用所取得的油气勘探发现来说明地震勘探技术进步所带来的勘探成效。

1. "两宽一高"地震采集和处理技术较好地满足了地质任务的需求

(1)三维地震资料深层信噪比明显提高,内幕成像清楚。三维地震资料随着低频信息的加强,石炭系资料成像效果改善巨大(图 5.2-18)。

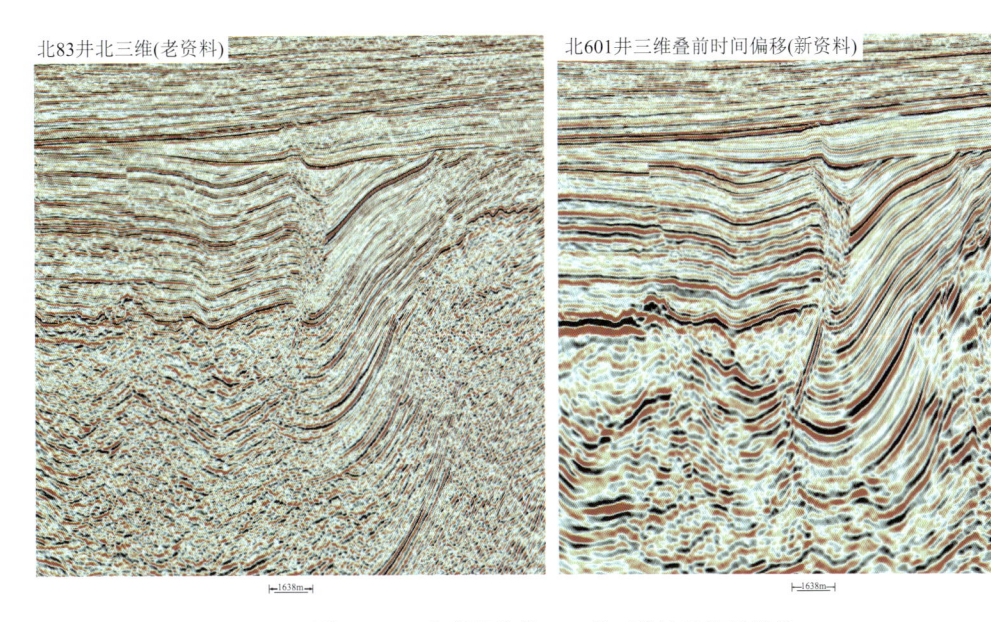

图 5.2-18　阜康凹陷北 601 井三维地震资料效果

(2) 有效去除多次波，二叠系上乌尔禾组砂体叠置特征较清楚，扇体特征清楚（图 5.2-19）。

(3) 石炭系顶界及内幕成像改善明显，可以满足火山机构识别、模式喷发构建、内幕层序划分以及有利相带识别（图 5.2-20）。

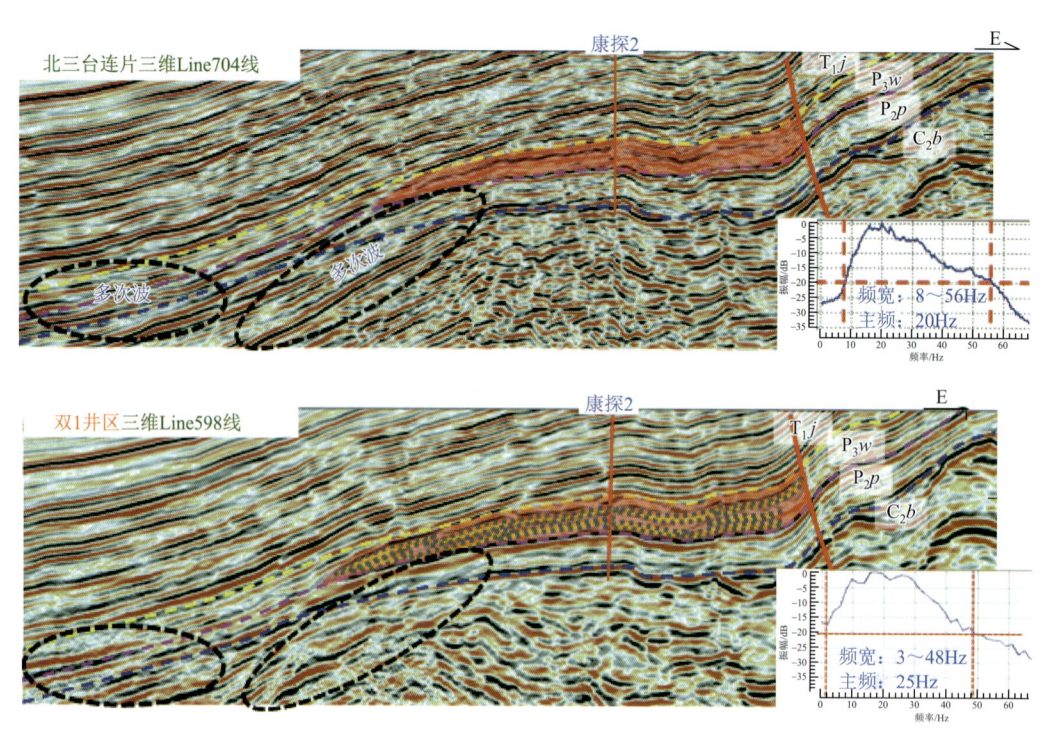

图 5.2-19　阜康凹陷双 1 井区三维地震资料效果

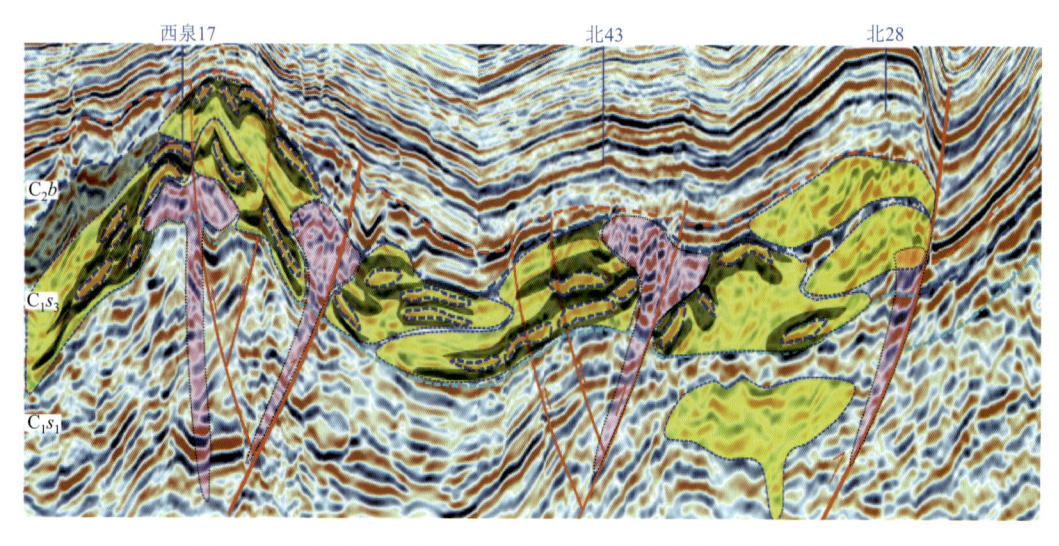

图 5.2-20　过西泉 17 井—北 43 井—北 28 井鼻凸地震地质解释剖面

2. 所取得的主要勘探成效

三维地震勘探的连片实施提升了地质综合研究整体水平，二叠系各组区域构造特征、地层展布特征和微古地貌的精细落实为油气勘探指明了方向，快速推进了阜康凹陷的油气勘探发现。

（1）超前谋划，从 2015 年起，部署高密度三维地震勘探工区 6 块，为下凹勘探奠定了资料基础。

（2）油气勘探快速推进落实一批勘探目标、部署一批预探井位，围绕阜中、阜南、阜北三个凹槽两种目标类型展开风险部署，部署风险探井 5 口，实施 4 口，均见良好油气显示，试油 3 口均获油流，2 口获高产；围绕阜中凹槽快速展开集中勘探，部署探井 4 口，均钻遇厚油层，3 口新获工业油流，落实储量 1.39×10^8 t，有望形成 10 亿吨级新场面（图 5.2-21）。

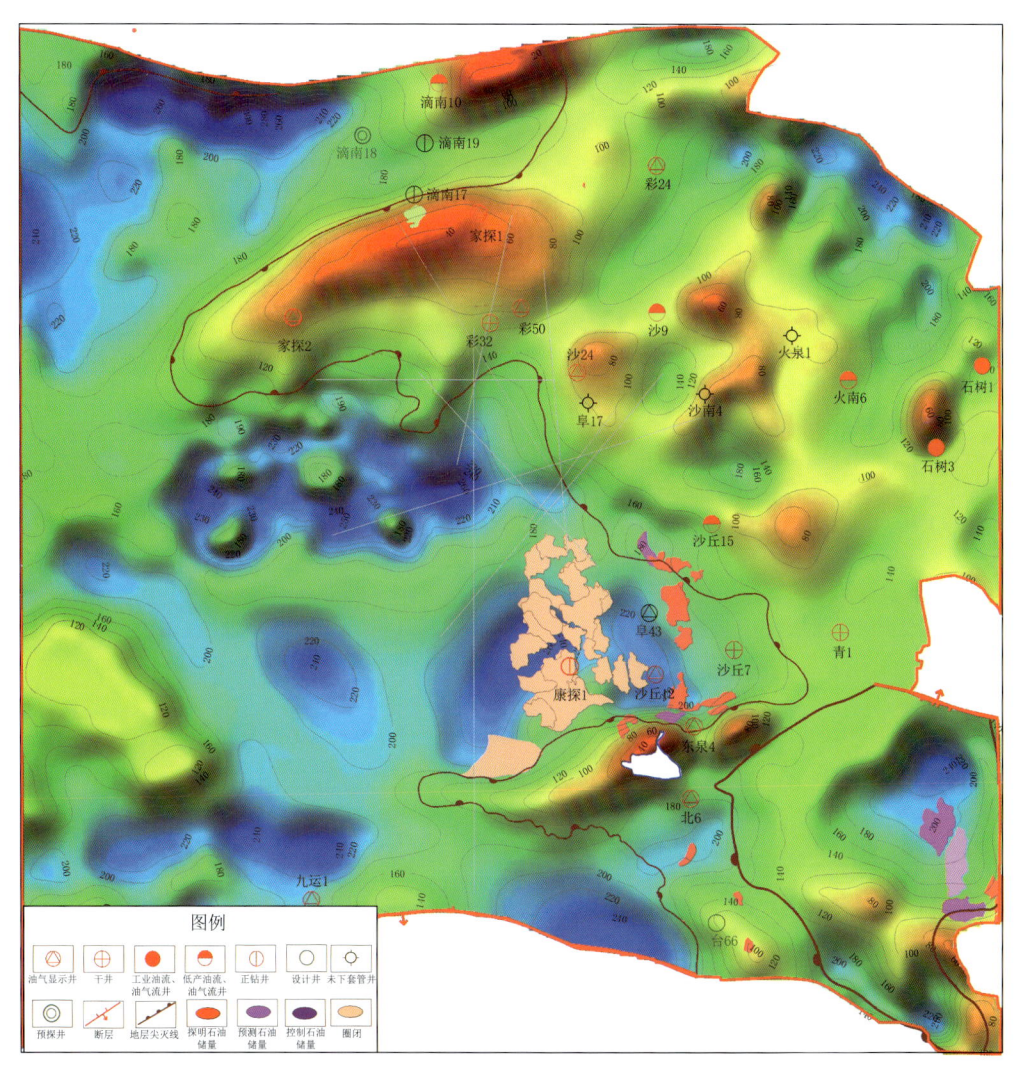

图 5.2-21　准东地区二叠系上乌尔禾组厚度图

基于新采集高精度三维地震资料，优选出上乌尔禾组砂体 55 个/1051.1km², 芦草沟组有利目标 27 个/583.8km², 以康探 1 井、康探 2 井的突破为标志的二叠系砂砾岩目标的勘探发现，不仅证实了凹槽区大面积成藏模式，也进一步展现了阜康凹陷巨大的勘探潜力，开创了准噶尔盆地东西并进的新局面。

(3)侏罗系河道砂体勘探再获重要进展，高效规模储量区初步落实(图 5.2-22)。立足高密度三维开展物探攻关，综合优选有利砂体目标 208 个，总面积 809km²，整体推动井位部署 8 口，5 口获突破，预测资源量近 2×10^8t，勘探潜力大。

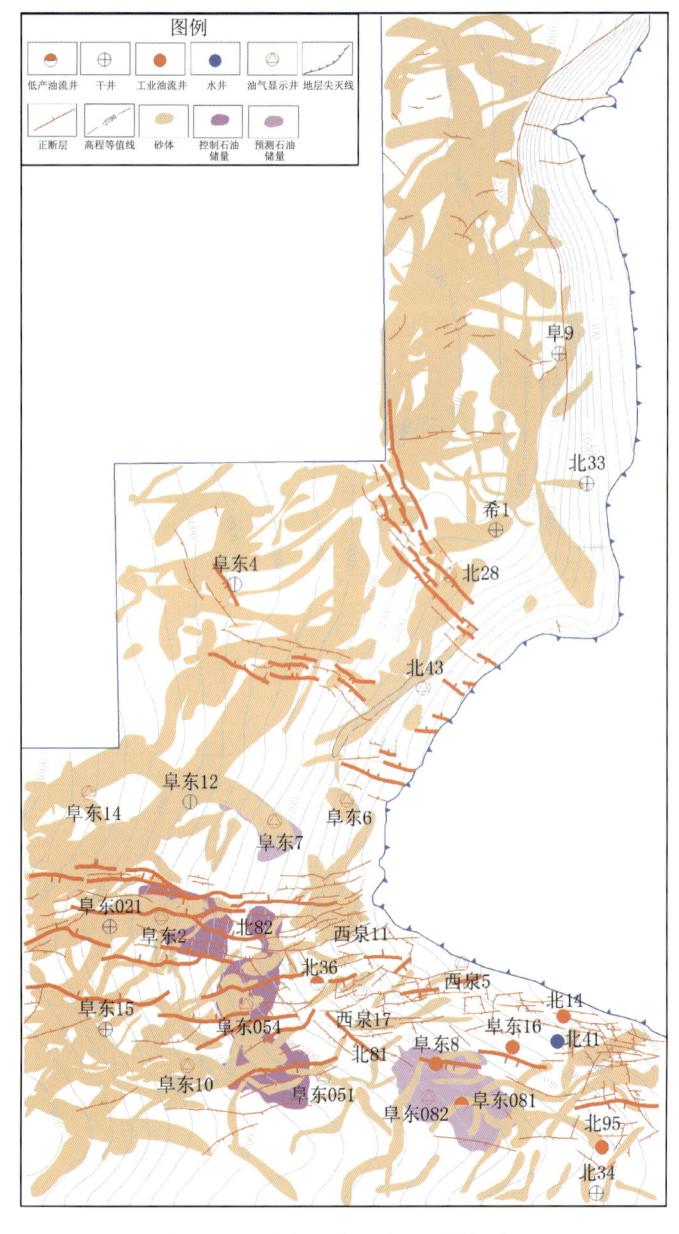

图 5.2-22　阜东 5 井区侏罗系勘探成果

(4)石炭系天然气勘探获突破，阜东天然气勘探区初步展现(图 5.2-23)。基于新采集处理的高密度三维地震资料，识别火山岩目标 21 个/232km²，围绕生烃凹陷、鼻凸带积极探索，整体推动部署 1 口风险井、8 口预探井。

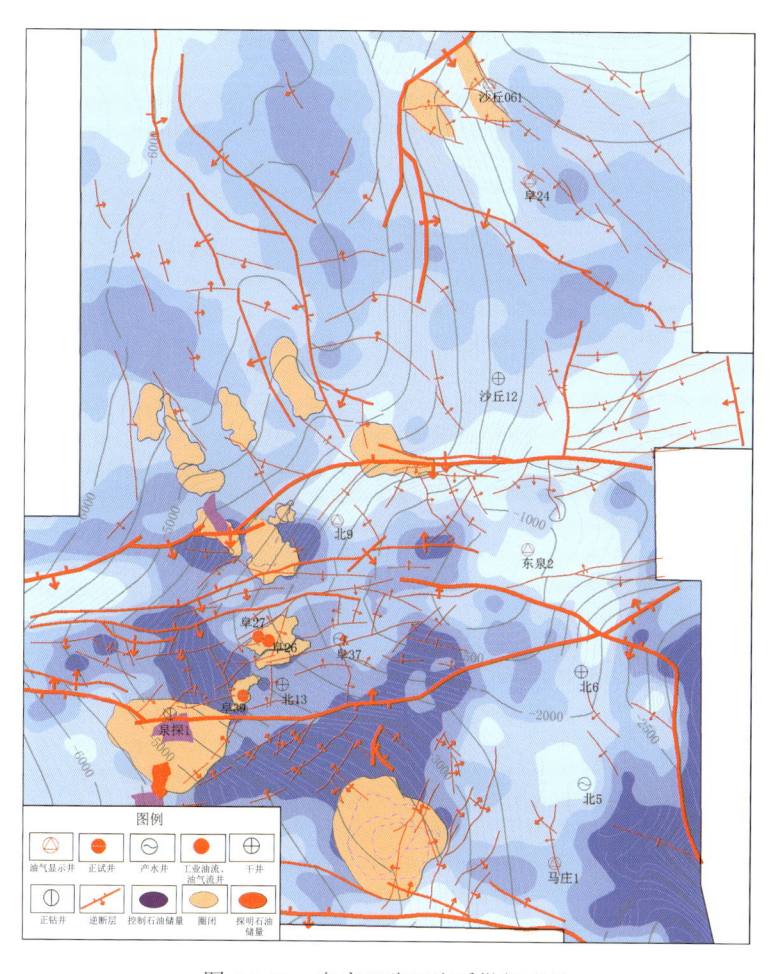

图 5.2-23 阜康凹陷石炭系勘探成果

从上述勘探实例分析中可以看到，这些勘探成效都是在全面实施"两宽一高"地震勘探技术，针对实际勘探区的地震地质条件不断进行评价优化，坚持地震采集、处理、解释的一体化研究和质量管理等一系列新理念、新工作模式下取得的。因此在今后的工作中，应进一步强化这一工作理念和模式，继续加大评价优化的力度，向"提质增效，高效勘探"的目标更进一步。

但也应该看到，目前地震资料仍然存在一些不能满足地质需求的问题，如图 5.2-24 中部署井康探 4 井附近上乌尔禾组砂层侧向叠置关系不够清晰，主要原因在于：一是浅层侏罗系发育多套煤层，且平面上广泛发育、部分煤层横向变化快(图 5.2-25、图 5.2-26)，对下伏地层造成煤层屏蔽效应，能量衰减严重，同时造成二叠系多次波发育，影响波组接触关系；建议进一步针对侏罗系煤源多次波压制进行二次攻关。二是地表位于沙漠区，地形起伏变化剧烈(落差达 70m 以上)、地表沙漠低速层厚度大(45～200m)、横向变化较大(图 5.2-27)，吸收衰减严重，不同地表之间能量有一定差异；建议加强近地表调查、微测井控制力度，做好表层 Q 补偿、叠前保幅去噪、振幅补偿等。

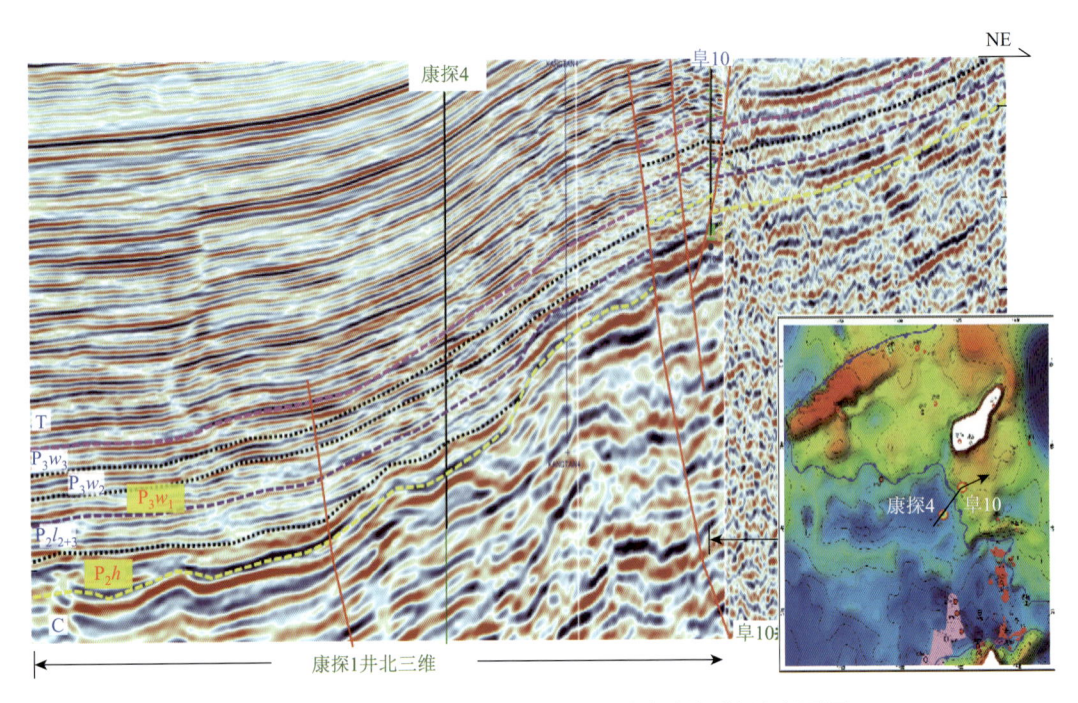

图 5.2-24 过康探 4 井—阜 10 井二叠系地震地质解释剖面图

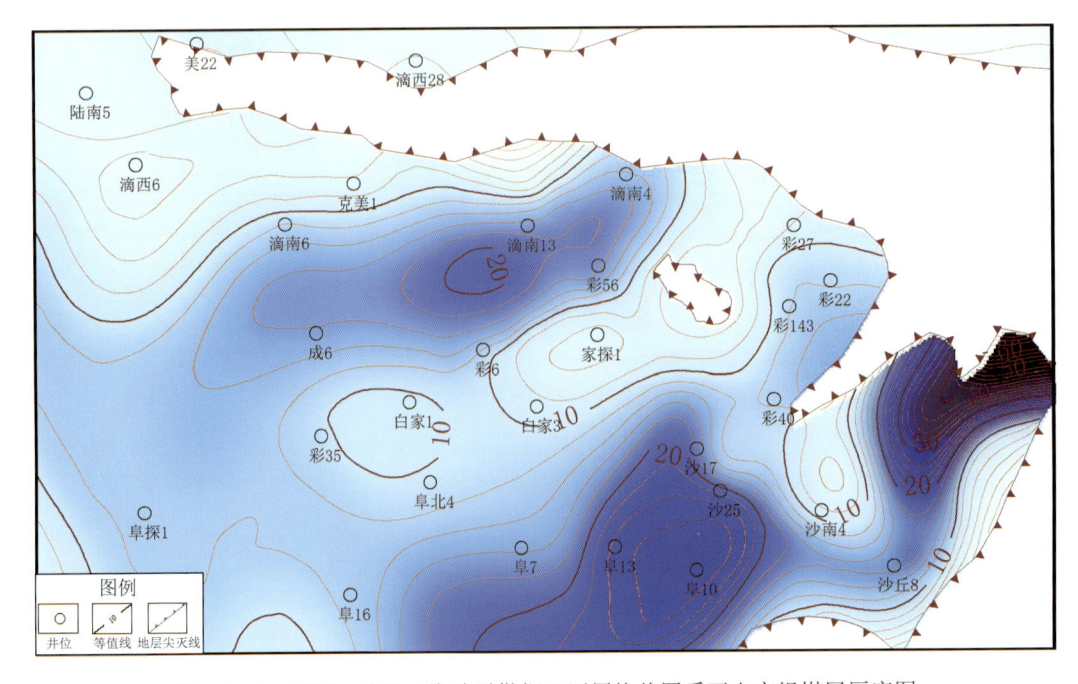

图 5.2-25 康探 1 井北三维地震勘探工区周缘侏罗系西山窑组煤层厚度图

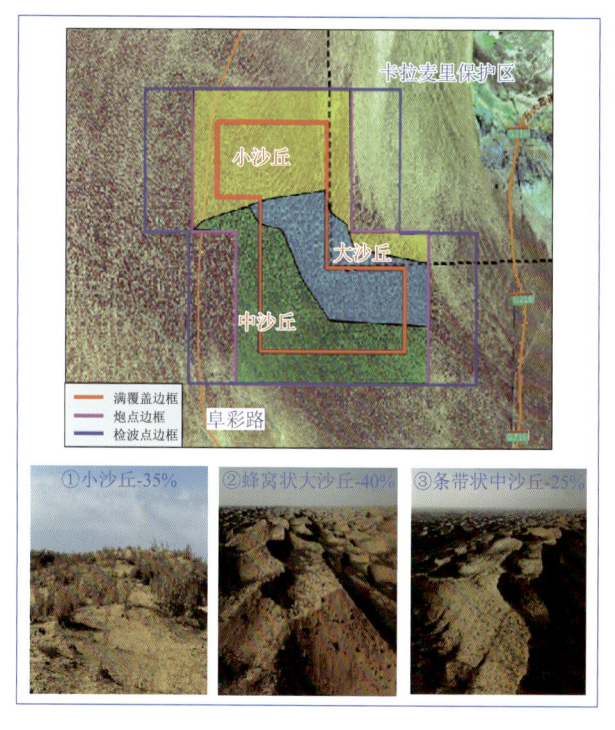

图 5.2-26　康探 1 井北三维地震勘探工区地表地形地貌综合图

因此笔者认为，阜康凹陷今后的地震勘探应进一步围绕沙漠戈壁这一特殊的地表条件，在地震采集方面还应进一步通过试验，采用更高密度、更宽扫描频带范围、以混采为主的高效采集及配套技术；在地震处理方面还应进一步研制和应用与地震采集相适应，满足地震解释需求的针对性处理新方法和新技术。

5.3　地震勘探优化方向

通过对准噶尔盆地玛湖和阜康两大富烃凹陷的岩性勘探实例分析，可以发现在全面实施"两宽一高"地震勘探工作中，地震资料品质有了质的飞跃，结合物探技术攻关，形成适用于沙漠戈壁区的地震采集、处理、解释一体化关键技术，有力支撑了准噶尔盆地的油气勘探，带来了巨大的经济社会效益。按照地震勘探工作评价优化方法及流程，可以得到以下基本认识，为今后地震勘探的进一步优化提供重要参考。

(1) 目前实施的"两宽一高"地震资料采集工作，采取了有针对性的采集参数，包括观测系统优化设计、宽频震源及高覆盖密度的强化激发和接收参数，使得地震采集的资料品质有了明显提高。实例证明，目前采用的采集参数是适当和有效的。据不完全统计，按地质目标达成度来统计，80%以上的采集方案是合适的。

(2) 在普遍采用低频可控震源、单点接收等条件下，采用滑动扫描等先进的激发和接收及相应的配套技术，可以在保持采集成本基本不变的情况下，实现"两宽一高"的高效采集。并且在这一技术的持续发展和支撑下，在针对深层目标的勘探需求上，覆盖密度还可以进一步提高，如突破 1000 万道/km^2。

(3) 采用地震采集、处理、解释一体化研究方法和工作模式，建立全过程的评价优化体系是保证地震勘探成效的基本方法，要不断细化相关流程，始终坚持。

(4) 在地震采集方面，要进一步优化针对不同目标的覆盖密度定量设计方法；进一步探索单点采集与组合采集的适用条件及针对不同地震地质条件的对比分析，做到定量化的优化设计。

(5) 在地震处理方面，要进一步探索与"两宽一高"地震采集相配套的海量数据的高效、高保真处理技术，进一步满足地质需求和勘探效益需求。

下面以玛湖凹陷和阜康凹陷为例，简要总结当前地震资料仍不能满足生产需求的问题及原因，并指出地震采集、处理、解释各环节应该进一步优化的方向。

1. 环玛湖凹陷地震勘探进一步优化方向

(1) 地震采集方面。目的层埋深 4500~5000m，埋深大；当前资料覆盖次数平均 800 次，覆盖次数不够高；接收线距大多数在 300m 左右，激发线距大多为 300m/150m，炮检线距较大。以上采集参数上的不足常常造成对深层反射能量、照明度、空间分辨率的制约，因此今后应在达到地质目标的前提下，进一步优化采集参数，主要是提高覆盖密度，包括覆盖次数和宽方位。

(2) 地震处理方面。OVT 域处理（去噪、规则化、叠前偏移）和基于近地表 Q 补偿的高分辨率处理配套技术提高了深层（三叠系、二叠系、石炭系）成像品质，但受资料信噪比和采集因素制约，处理后的资料仍然存在断点不够干脆、断裂多解性较大的问题。另外，二叠系、三叠系发育较强层间多次波，多次波与目的层没有明显倾角差，识别与压制层间多次波难度大。目前资料处理中，虽然进行各种方法的多次波压制，但百口泉组、乌尔禾组井震标定表明，依然存在明显的多次波。因此，进一步开展多次波压制方法的研究与应用应是今后提高该地区地震资料处理质量的一项重点任务。

(3) 地震解释方面。二叠系乌尔禾组、夏子街组地层垂向变化小，导致物性及波阻抗差异小，易受干扰，各地层保真成像的可靠性相对较差，从而带来解释的多解性，限制了解释技术的充分应用。因此，今后应在进一步提高保真成像可靠性基础上，根据更多的钻井及已知信息，建立各地层的地震响应特征模式及敏感地震响应参数，研发和采用一些可实现智能识别的新一代地震解释技术，进行地震资料的解释。

2. 阜康凹陷地震勘探进一步优化方向

(1) 地震采集方面。从现有获得的地震采集资料上发现，该地区的地表沙漠面积占比较大，目标埋藏深，使用可控震源激发的面波散射范围大、能量强，造成深层信噪比低，从而造成深层地质目标勘探的地震资料品质常常满足不了生产需求。因此，应进一步优化地震采集参数和采集方式，提高深层目标的地震资料品质，如进一步保证低频能量的下传等。

(2) 地震处理方面。该地区侏罗系多套煤层发育且厚度大，遮挡能量下传，煤层之间产生的层间多次波能量远远强于一次波能量，导致深层准确成像难。由于多次波与一次波速度差异小,造成资料处理时多次波叠前难以去除;多次波与目的层的成像倾角接近,造成资料处理时叠后也难以压制,从而限制了偏移效果和提频方法的使用。因此,应进一步研发和应用强反射界面下有效信号提取及复杂条件下多次波去除的新方法,从而提高地震资料的处理效果。

(3)地震解释方面。由于地质目标"深",横向变化快,地层与断裂成像品质受到制约,从而限制了解释技术的充分应用及解释成果的可靠性。因此,今后应在提高地震资料品质的基础上,采用新方法和新技术进一步提高解释成果的精度和可靠性,如采用智能断层解释及反演方法等。

第 6 章　地震勘探新技术及应用前景展望

通过"十二五"以来十余年的持续攻关和不断实践，准噶尔盆地的地震勘探工作走过了不平凡的发展历程。以玛湖 10 亿吨级砾岩油气藏的发现到新近（截至 2021 年）南缘深层天然气良好勘探前景的展现，均说明了地震勘探技术的进步和发展所带来的巨大地质成果和社会经济效益。

本书前面各章节主要总结了"十三五"准噶尔盆地地震勘探工作，特别是地震采集和处理方面一些关键技术的应用和评价，通过剖析地质效果及面临的问题，提出了进一步优化的方向和方法。

本章将结合准噶尔盆地"十四五"油气勘探的总体部署，主要对下一步油气勘探向"提质增效，高效勘探"总体目标迈进过程中的一些地震勘探新技术，包括应采取的一些先进的管理方法等内容进行归纳与展望。

6.1　勘探前景展望

按照中石油及中石油新疆油田分公司"十四五"油气勘探的整体规划，结合前期的勘探发现，提出了围绕"三油四气"七大勘探接替领域，实施"南缘双复杂区圈闭精细描述、非常规甜点预测"两大工程的油气勘探工作基本思路。希望通过持续开展瓶颈技术攻关，特别是地震勘探技术的攻关克难，在南缘双复杂地区的百万建产目标领域（领域①）、二叠系上乌尔禾组首个全盆地级勘探层系领域（领域②）、西部拗陷二叠系风城组成为重要接续层系领域（领域③）等方面实现勘探突破。图 6.1-1 展示了准噶尔盆地"三油四气"勘探领域的基本情况。

在多年的持续勘探中，上述三大具体勘探领域有些已经取得了重要成果，因此"十四五"的勘探前景是明确的，有望获得重大突破。如针对上述领域①，"十四五"期间围绕四大背斜计划部署探井 25 口，部署高密度三维地震勘探工区 7 块，约 2200km^2，实现百万建产目标；针对领域②，目前全盆地形成了五大油藏群，落实了石油三级储量 11.3×10^8t，天然气 550×10^8m^3，"十四五"期间勘探成果有望进一步扩大；针对上述领域③，在玛湖、沙湾、盆 1 井西凹陷已探明发育常规地层型＋非常规油气两类目标，三大凹陷相继突破，"十四五"期间将成为油气增储上产的主要领域。

但是，应清楚地看到，要实现这些勘探突破，作为油气勘探的先行兵，地震勘探将面临许多新的挑战。地震勘探要做到先行突破，一方面需要通过研发和采用新技术、新方法，实现瓶颈技术的突破；另一方面需要评价和优化现有方法技术及创新生产管理模式，采取各种措施，达到提质增效。相关研究（曲寿利，2019；杨金华等，2019；赵邦六等，

2021a，2021b，2021c；王华忠和盛燊，2021；Yu and Ma，2021，肖立志，2022)已经指出，物探新技术及评价优化是降低油气勘探开发成本的重要利器。

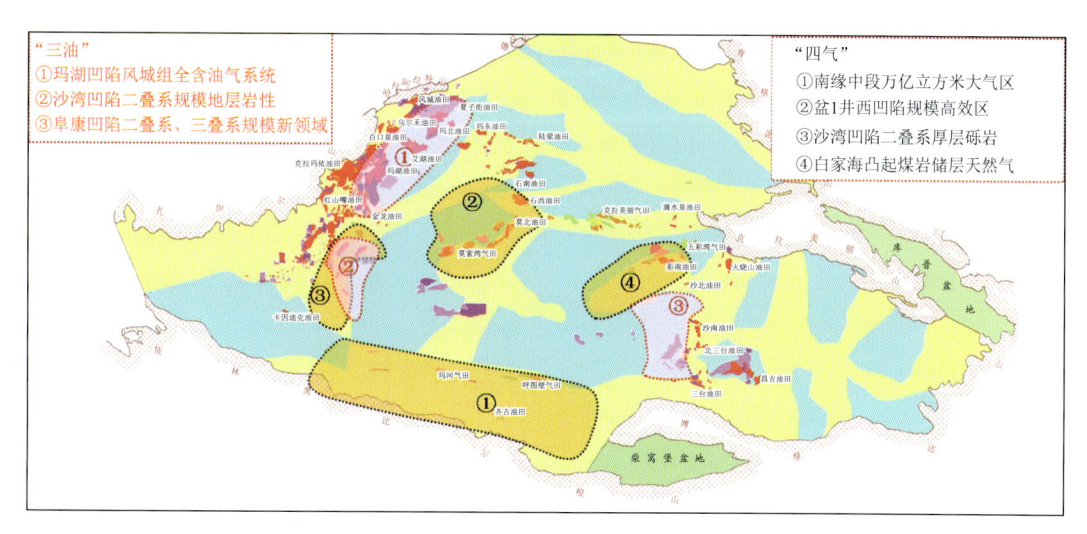

图 6.1-1　准噶尔盆地"三油四气"勘探领域示意图

下面举例说明针对上述三大具体勘探领域，地震勘探工作面临的难题和主要对策，从而阐明今后油气勘探对地震勘探新技术的需求及对新技术应用前景的展望。

表 6.1-1 列出了相关勘探领域所面临的挑战及一些对策思考，从中可以进一步归纳出以下内容。

表 6.1-1　勘探难题及主要对策一览表

勘探领域	面临的主要难题	主要对策
南缘双复杂地区勘探领域	①圈闭落实及精细刻画	高精度近地表调查及相适应的地震采集方法，采集、处理、解释一体化的高密度三维地震勘探技术，速度建模及叠前深度偏移处理技术，精细构造解释与圈闭描述技术等
二叠系乌尔禾组全盆地级勘探目标领域	②深层砂砾岩储层高产区预测	"两宽一高"三维地震采集技术，高分辨率地震资料处理技术，岩石物理分析与正演模拟技术，叠前叠后反演技术，方位裂缝检测技术，含油气性检测及多属性融合技术等
二叠系风城组重要接续勘探领域	③致密及非常规储层的甜点预测	"两宽一高"三维地震采集技术，道集优化处理技术，基于岩石物理分析的弹性参数反演技术，方位各向异性裂缝检测技术，地质导向的水平井设计及微地震检测技术等

(1)针对表 6.1-1 中难题①，应发展应用山前带地震勘探新技术(雷德文等，2012)，主要包括：

①基于波动方程正演的复杂构造地震波场照明分析，选择最佳采集参数，优化观测系统，提高构造复杂区覆盖密度。图 6.1-2 给出了一个进行照明研究从而优化采集参数的示例。根据照明分析结果，需要在背斜两翼进行炮点加密，从而得到复杂构造区反射资料，有利于偏移成像。

②激发接收点优选及混采技术：依托照明分析与航拍数据，指导山体区炮检点布设，

优化采集设计，提升两翼高陡地层成像质量。

③基于浅表层调查、井控及构造模式分析的多信息约束的浅、中、深全深度整体速度建模方法和流程，得到精细准确的速度模型。

④基于起伏地表的叠前深度偏移，提高偏移成像质量。

⑤Q偏移技术：在提高成像精度的基础上，提高深层构造小断裂识别能力。

⑥综合各种信息和手段的全层系构造精细解释和圈闭描述。图 6.1-3 展示了一个南缘复杂构造带上全层系构造精细刻画例子。结合该地区的构造物理模拟结果，通过重建构造演化特征，完成了精确的构造模型，从而完成对该地区复杂构造的刻画。

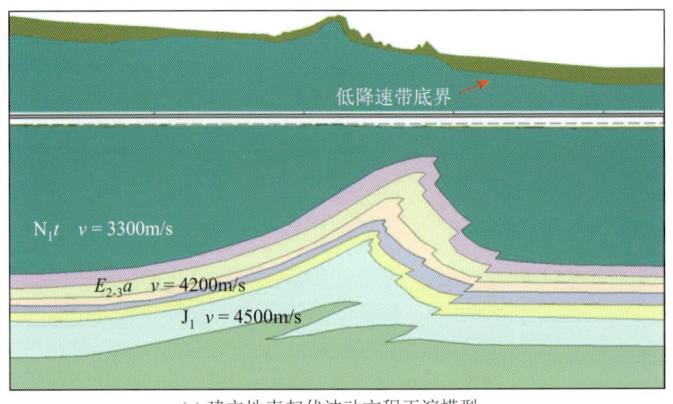

(a) 建立地表起伏波动方程正演模型

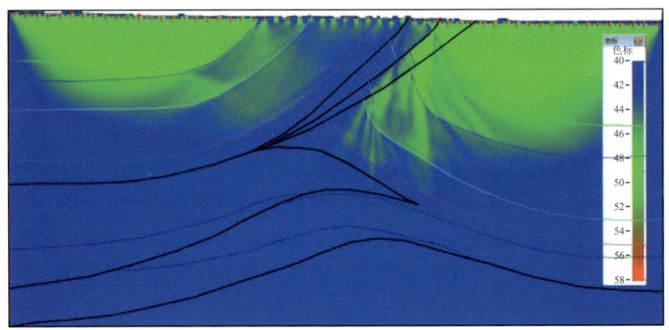

(b) 350m炮点距剖面照明

图 6.1-2 波动方程照明分析示意图

(2) 针对表 6.1-1 中难题②，应围绕"砂中寻优"的优质储层预测目标，发展应用地震勘探新技术，主要包括：

①沙漠戈壁低信噪比地区的"全频带"高分辨率采集方法及技术，优化激发和接收参数。

②基于低频保护和补偿的高分辨率处理和偏移成像，包括 Q 补偿和 Q 偏移技术。

③基于单点采集资料的室内提高信噪比及分辨率处理技术。

④基于各向异性波动理论的 OVT 域处理和偏移成像方法。

⑤优质储层及含油气性预测方法和技术。

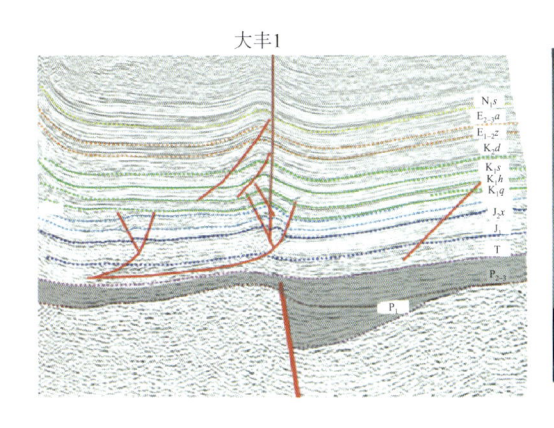

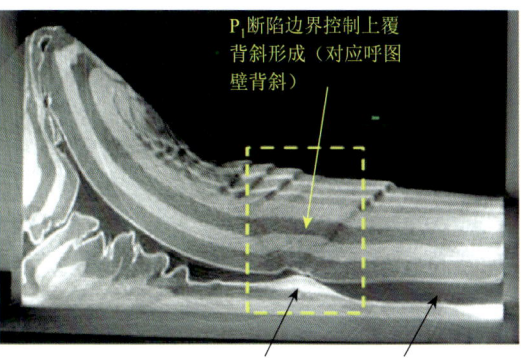

第 6 章 地震勘探新技术及应用前景展望

图 6.1-3 多信息约束下的全层系构造精细解释示例

图 6.1-4 展示了优质储层分类预测处理和解释一体化流程图。

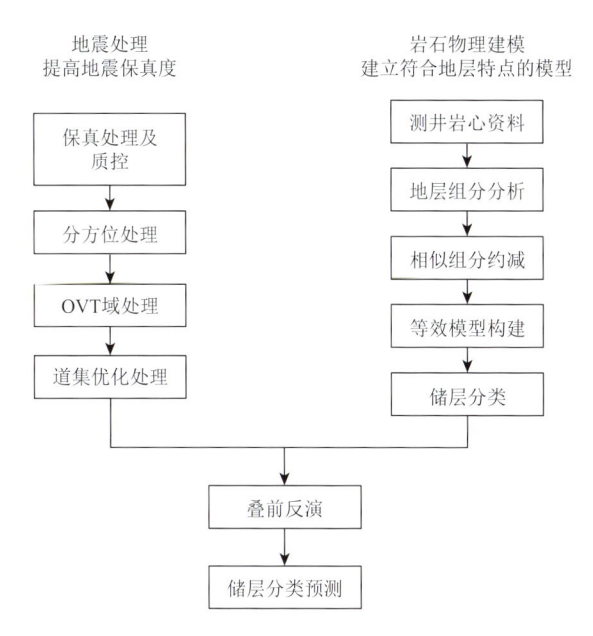

图 6.1-4 优质储层分类预测处理和解释一体化流程图

(3) 针对表 6.1-1 中难题③, 应发展和应用能够实现"甜点"有效预测的物探技术, 主要包括：

①保幅保真与 OVT 域处理, 为甜点预测提供可靠的基础资料(印兴耀等, 2018)。

②岩石物理分析指导下的弹性参数反演技术(Chapman, 2009; 印兴耀等, 2015, 2022)。

③基于多种手段的有效裂缝预测技术。图 6.1-5 展示了多尺度有效裂缝系统预测流程图。

④形成以游离油预测为核心的甜点分类预测技术。

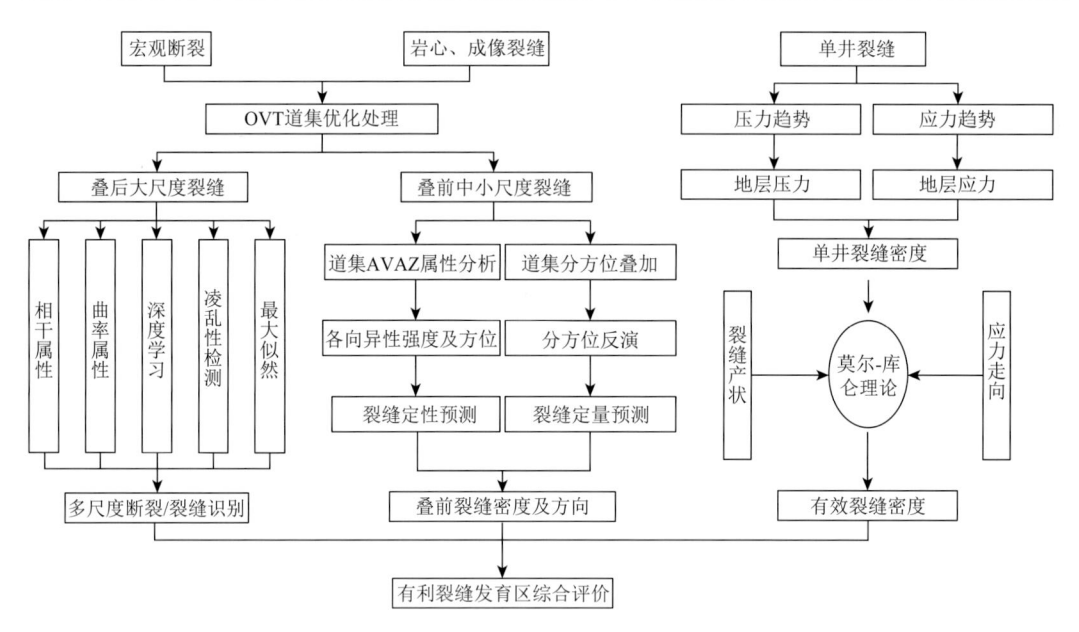

图 6.1-5　多尺度有效裂缝系统预测流程图

6.2　地震勘探新技术及应用展望

目前，油气地震勘探面对的地表及地下介质情况越来越复杂，这就要求地震采集、处理及解释技术不断进步。从相关理论研究和生产实践中可以看到，当前的"两宽一高"地震勘探技术是针对上述需求所发展起来的一种有效的技术体系，而且在未来 10 年或更长时间内，还将随着需求的增长，不断发展(赵邦六等，2021a，2021b，2021c；王华忠和盛燊，2021)。与此同时，也应该看到"两宽一高"地震勘探技术的发展，必然会带来对技术经济适用性评价优化的需求，从而使今后的地震勘探工作向着"提质增效，高效勘探"的目标迈进。

结合准噶尔盆地"十四五"及后期油气勘探需求，可以预期今后准噶尔盆地的油气勘探将进入一个新的勘探阶段，其基本标志可归纳为：全盆地领域级的研究方式，工区普遍上万平方米，需要高效获取和挖掘"两宽一高"海量数据及有用信息。以此为基本出发点，考虑应采用的地震勘探新技术，创新物探生产管理模式，才能真正实现具有准噶尔盆地特色的沙漠戈壁区地震勘探技术的创新，达到提质增效的目标。

归纳起来，有以下几方面的展望。

1. 地震采集技术方面

(1)着眼于基于随机采样理论的一些高效海量数据的获取，从而带动地震数据采集自动化、智能化和高效化的工业实现。其技术内涵主要包括高效混采技术、压缩感知等机器学习算法在地震采集方面的应用，单点采集技术的进一步优化和工业化应用等(李成博和张宇，2018；张慕刚等，2021)。

(2)着眼于全频带数据采集的高保真采集技术的应用。其技术内涵主要包括高精度低频与宽频可控震源采集、井震联采、浅表层精细调查技术的工业化应用以及横波勘探先导试验等。

比如，从前期的横波勘探先导试验结果中，可以看到试验区横波成像效果较好，表现在浅层小断裂、地层尖灭点较之纵波更清晰(图 6.2-1)。虽然目前的先导试验结果还未达到提高分辨率和解决岩性勘探目标的一些主要挑战的理想效果，但作为岩性勘探的一项主要新技术，应该继续加强试验研究，为下一步的技术应用奠定基础。

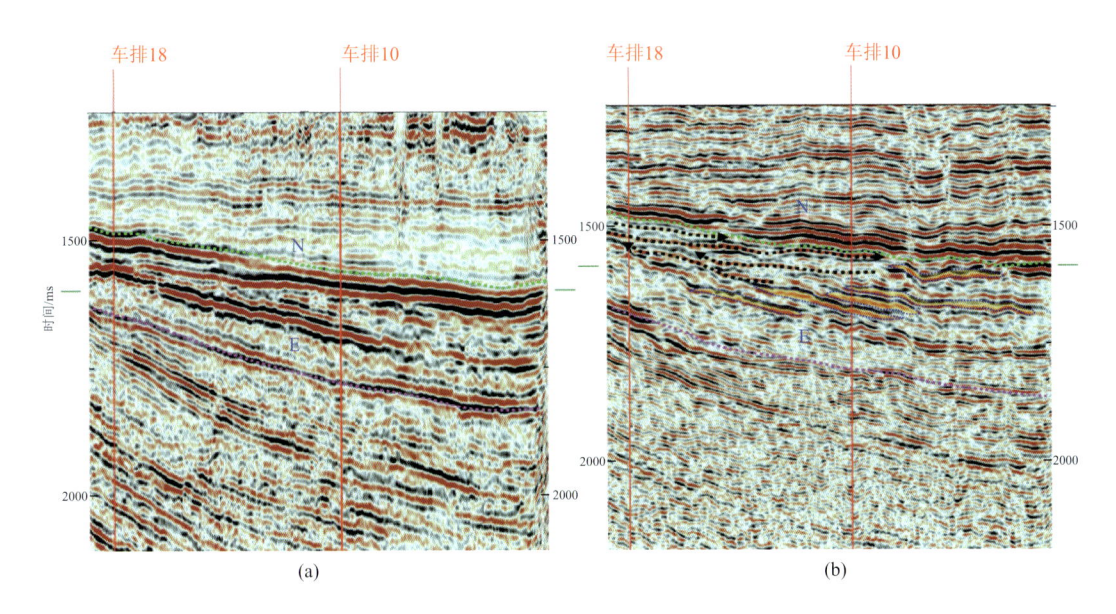

图 6.2-1　纵波(a)与横波(b)叠前时间偏移解释成果对比

2. 地震处理技术方面

(1)适应于"两宽一高"采集数据的针对性处理技术的应用。其主要技术内涵包括地震基于高精度 Q 值补偿的反射能量补偿技术及偏移成像技术，全频带拓频的提高分辨率处理技术，考虑浅表层和中深层各向异性的速度建模和成像技术等(吴成梁等，2019；Alkhimenkov et al.，2020)。

比如，对于浅表层速度结构调查，应注意到速度各向异性问题，引入浅表层速度各向异性调查及校正方法，从而提高成像精度和可靠性。图 6.2-2 给出了一个准噶尔盆地南缘采用各向异性速度建模的例子。如图中所示，由于准噶尔盆地南缘近地表厚砾石层的速度存在方位各向异性，因此，要想得到更好的成像效果，应考虑砾石层各向异性速度建模，以改善全层系的成像效果。

(2)适应于"两宽一高"海量采集数据的高效率、智能化处理技术的应用。其主要技术内涵包括海量数据的高效保真处理技术，基于云计算、大数据的高效处理技术等(宋林伟等，2020)。

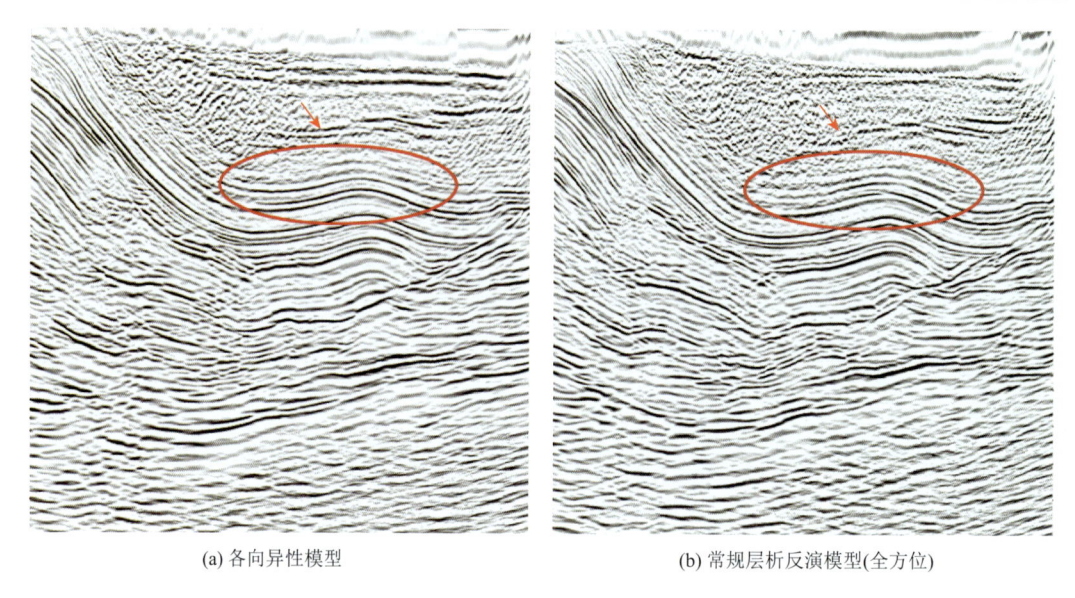

(a) 各向异性模型　　　　　　　　　(b) 常规层析反演模型(全方位)

图 6.2-2　各向异性速度建模和常规速度建模下的叠前深度偏移结果对比图

3. 地震解释及油藏描述技术方面

(1)基于"两宽一高"地震资料的配套解释技术，其主要技术内涵包括宽带地震数据的波阻抗反演技术、宽方位叠前解释技术等(Zhang et al.，2019)。

(2)适应于"两宽一高"海量数据的自动化、智能化解释技术应用，其主要技术内涵包括基于机器学习的层位及断层自动解释技术、数据驱动和模型驱动相结合的储层预测技术等(Chopra and Marfurt，2019；杨平等，2020；Wang et al.，2020)。

4. 创新生产管理模式及提质增效措施方面

(1)基于采集、处理、解释一体化管理及生产模式的建立和应用，其内涵主要包括实施和应用"三单一策 2.0"、贯彻技术经济一体化理念的采集设计，从源头实现提质增效；坚持老资料重复处理挖潜，依托新的处理技术和质控理念提升资料品质等。

(2)基于"两大平台"建设，保障物探项目高时效、高质量运行，其内涵主要包括集成技术数据库并依托云计算的物探工程平台建设，统一系统、统一方案、统一质控的协同工作平台建设等。图 6.2-3 展示了准噶尔盆地正在大力推进的物探工作"全预算一本账"管理新模式示意图；图 6.2-4 展示了物探工程平台基本框架图。

在本书的最后，笔者用图 6.2-5 概括新疆油田物探技术近 40 年来的发展历程，说明物探技术的每一次进步必然带来地质认识的飞跃。

笔者相信，随着以上所述的各项新技术及管理新模式的应用和实施，必将推动准噶尔盆地地震勘探工作再上新台阶，并为该地区乃至全国油气勘探生产带来新的大发现和高产量，为新疆及我国社会经济发展做出应有的贡献(杨午阳等，2019；赵邦六等，2021a，2021b，2021c)。

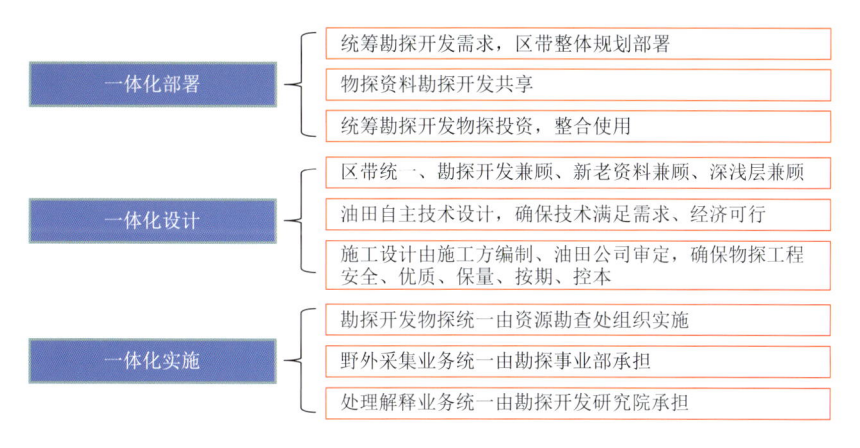

第6章 地震勘探新技术及应用前景展望

一体化部署
- 统筹勘探开发需求，区带整体规划部署
- 物探资料勘探开发共享
- 统筹勘探开发物探投资，整合使用

一体化设计
- 区带统一、勘探开发兼顾、新老资料兼顾、深浅层兼顾
- 油田自主技术设计，确保技术满足需求、经济可行
- 施工设计由施工方编制、油田公司审定，确保物探工程安全、优质、保量、按期、控本

一体化实施
- 勘探开发物探统一由资源勘查处组织实施
- 野外采集业务统一由勘探事业部承担
- 处理解释业务统一由勘探开发研究院承担

图 6.2-3 物探工作"全预算一本账"管理新模式示意图

图 6.2-4 新疆油田物探工程平台基本框架图

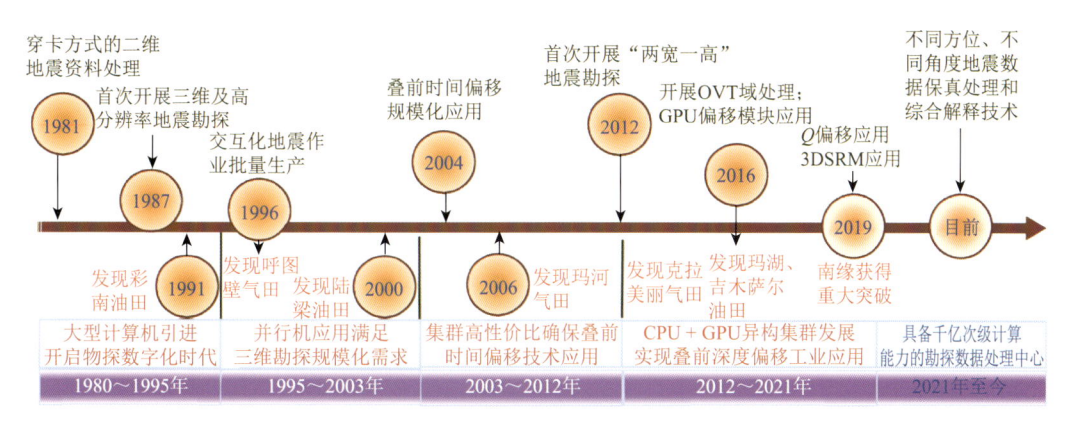

图 6.2-5 新疆油田物探技术发展历程示意图

参 考 文 献

常锁亮，王启旺，2011. 煤田三维地震采集处理解释一体化技术的应用研究[J]. 中国煤炭地质，23（10）：56-61，79.

常紫娟，魏伟，符力耘，等，2020."宽频带、宽方位和高密度"陆上三维地震观测系统聚焦分辨率分析[J]. 地球物理学报，63（10）：3868-3885.

陈娟，赵玉华，许磊明，2015. 黄土塬宽方位地震资料OVT处理技术及效果[C]//中国石油学会石油物探专业委员会. 中国石油学会2015年物探技术研讨会论文集. 宜昌：《石油地球物理勘探》编辑部.

陈胜，2017. OVT域地震数据叠前同时反演应用研究[D]. 成都：成都理工大学.

陈兴盛，胡建平，苟第章，等，2005. 处理解释一体化实际应用方法探讨[J]. 吐哈油气，10（3）：263-265.

陈轩，杨振峰，王振奇，等，2016. 大型斜坡区冲积-河流体系沉积特征与岩性油气藏形成条件：以准噶尔盆地春光区块沙湾组为例[J]. 石油学报，37（9）：1090-1101.

陈玉达，林君，邢雪峰，2020. 可控震源技术发展与应用[J]. 石油物探，59（5）：666-682.

崔月，2018. 塔里木盆地大沙漠区噪音压制技术研究：以G-M地区灯四段储层为例[D]. 北京：中国石油大学.

戴晓峰，徐右平，甘利灯，等，2019. 川中深层—超深层多次波识别和压制技术：以高石梯—磨溪连片三维区为例[J]. 石油地球物理勘探，54（1）：7，54-64.

邓儒炳，阎建国，张雪纯，等，2021. 玛湖凹陷风二段页岩油藏甜点地震响应特征不确定性分析[J]. 石油物探，60（4）：611-620，685.

邓志文，2006. 复杂山地地震勘探[M]. 北京：石油工业出版社.

董世泰，张研，2019. 成熟探区物探技术发展方向：以中石油成熟探区为例[J]. 石油物探，58（2）：155-161，186.

董水利，2020. 频谱替换无拉伸动校正及其应用[J]. 工程地球物理学报，17（1）：75-81.

段文胜，张智，李飞，2016. 宽方位地震资料OVT处理技术[M]. 北京：东方出版社.

段希文，张国芳，唐琳琳，2013. 基于照明分析的观测系统优化设计方法[J]. 江汉石油科技，23（4）：26-29.

房欣欣，2018. F-X域去噪方法研究[D]. 西安：长安大学.

公亭，王兆磊，顾小弟，等，2016. 宽频地震资料处理配套技术[J]. 石油地球物理勘探，51（3）：414，457-466.

何海清，李建忠，2014. 中国石油"十一五"以来油气勘探成果、地质新认识与技术进展[J]. 中国石油勘探，19（6）：1-13.

何俊强，2017. 黄土塬地震资料处理关键技术研究[D]. 北京：中国地质大学.

黄永平，刘飞，闫杰，等，2013. 准噶尔盆地腹部沙漠区可控震源高密度采集试验[J]. 新疆石油地质，34（1）：91-94.

孔德政，于敏杰，刘新文，等，2016. 两宽一高地震采集技术在复杂山前带的应用及效果分析[J]. 新疆石油天然气，12（1）：2-3，33-38.

雷德文，张健，陈能贵，等，2012. 准噶尔盆地南缘下组合成藏条件与大油气田勘探前景[J]. 天然气工业，32（2）：16-22，112.

雷德文，瞿建华，安志渊，等，2015. 玛湖凹陷百口泉组低渗砂砾岩油气藏成藏条件及富集规律[J]. 新疆石油地质，36（6）：642-647.

参考文献

雷德文，陈刚强，刘海磊，等，2017. 准噶尔盆地玛湖凹陷大油（气）区形成条件与勘探方向研究[J]. 地质学报，91（7）：1604-1619.

雷德文，李献民，杨万祥，等，2021. 准噶尔盆地地震勘探评价优化体系的建立和应用[J]. 新疆石油地质，42（6）：720-725.

李博，刘志成，李小爱，等，2019. 基于复数域波场分解的保幅逆时偏移成像方法[J]. 石油物探，58（2）：237-244.

李成博，张宇，2018. CSI：基于压缩感知的高精度高效率地震资料采集技术[J]. 石油物探，57（4）：537-542.

李桂元，1994. f-k 域滤波假频的消除方法[J]. 石油地球物理勘探，29（S1）：86-92，173.

李培明，康南昌，邹雪峰，等，2013. "两宽一高"高精度地震勘探关键技术[C]//中国地球物理学会. 中国地球物理2013：第十九专题论文集. 昆明：中国地球物理学会.

李伟波，李培明，睢永平，2016. 地震资料空间分辨率计算及理论分析[J]. 石油物探，55（2）：173-177，260.

李远钦，1994. 一种非线性 Radon 变换及非零偏移距 VSP 波场分离[J]. 石油物探，33（3）：33-39.

李远钦，刘雯林，1997. n 维广义 Radon 变换[J]. 地球物理学进展，（4）：59-66.

李振春，张军华，2004. 地震数据处理方法[M]. 东营：中国石油大学出版社.

李正文，贺振华，2003. 勘查技术工程学[M]. 北京：地质出版社.

李子，安勇，王棵佳，等，2016. 广角反射大偏移距地震数据动校正拉伸处理[C]//中国地球物理学会. 2016中国地球科学联合学术年会论文集（二十六）——专题50：油藏地球物理. 北京：中国和平音像电子出版社.

梁卫，宋强功，汪瑞良，等，2015. 构造＋岩性油气藏地震处理、解释一体化实例研究[J]. 石油地球物理勘探，50（2）：5-6，327-340.

林伯香，孙晶梅，徐颖，等，2006. 几种常用静校正方法的讨论[J]. 石油物探，45（4）：5-6，367-372.

凌越，王小卫，李斐，等，2016. OVT 处理技术在中国西部地区的应用[C]//中国石油学会石油物探专业委员会. SPG/SEG 北京2016国际地球物理会议电子文集. 北京：《中国学术期刊（光盘版）》电子杂志社.

凌云，高军，孙德胜，等，2015a. 宽/窄方位角勘探实例分析与评价（一）[J]. 石油地球物理勘探，40（3）：305-308，317.

凌云，吴琳，陈波，等，2015b. 宽/窄方位角勘探实例分析与评价（二）[J]. 石油地球物理勘探，40（4）：423-427.

刘殿秘，黄棱，王德安，等，2018. 伊通盆地莫里青断陷宽方位三维地震资料处理[J]. 石油地球物理勘探，53（S2）：8，28-32.

陆基孟，1993. 地震勘探原理[M]. 东营：石油大学出版社.

马俊彦，张龙，罗昭洋，等，2018. 黏滞介质 Q 偏移技术在准噶尔盆地南缘低信噪比地区的应用[J]. 石油地球物理勘探，53（S1）：10-11，94-99.

马永生，张建宁，赵培荣，等，2016. 物探技术需求分析及攻关方向思考：以中国石化油气勘探为例[J]. 石油物探，55（1）：1-9.

倪宇东，2012. 可控震源地震勘探新方法研究与应用[D]. 武汉：中国地质大学.

倪宇东，王井富，马涛，等，2011. 可控震源地震采集技术的进展[J]. 石油地球物理勘探，46（3）：323-324，349-356，500.

倪宇东，李扬胜，吕哲健，等，2018. 三维地震观测系统关键采集参数的选择[C]//中国石油学会物探专业委员会. CPS/SEG 北京2018国际地球物理会议暨展览电子论文集. 北京：《中国学术期刊（光盘版）》电子杂志社.

欧守波，2017. 基于OVT域数据的裂缝预测：以四川盆地G-M地区灯影组储层为例[D]. 成都：成都理工大学.

彭维文，2019. 基于OVT域数据的煤层裂缝发育区预测[D]. 太原：太原理工大学.

彭晓，佟志伟，杨万祥，等，2020. 准噶尔盆地大沙漠区地震采集技术及效果[C]//中国石油学会石油物探专业委员会. SPG/SEG 南京 2020 年国际地球物理会议电子论文集. 北京：《中国学术期刊（光盘版）》电子杂志社.

乔宝平，曹成寅，潘自强，等，2016. 多次覆盖技术在砂岩型铀矿地震勘探弱信号提取中的应用研究[J]. 铀矿地质，32(3)：165-169.

邱庆良，曹乃文，白烨，2021. 可控震源激发参数优选及应用效果[J]. 物探与化探，45(3)：686-691.

曲寿利，2019. 物探新技术是降低油气勘探开发成本的重要利器[J]. 石油物探，58(6)：783-790.

曲寿利，2021. 面向深层复杂地质体油气勘探的地震一体化技术[J]. 石油物探，60(6)：879-892.

冉建斌，黄永平，唐东磊，等，2017. 复杂地质条件地震勘探技术与实践：以准噶尔盆地和吐哈盆地为例[M]. 北京：石油工业出版社.

史燕红，2020. 井控反褶积处理方法的研究与应用[J]. 石化技术，27(1)：48, 52.

宋桂桥，2019. 准噶尔盆地巨厚沙漠区地震勘探关键技术及其应用效果[J]. 石油物探，58(4)：600-612.

宋林伟，王小善，许海涛，等，2020. 梦想云推动地震资料处理解释一体化应用[J]. 中国石油勘探，25(5)：43-49.

孙成禹，谢俊法，闫月锋，等，2016. 一种无拉伸畸变的动校正方法[J]. 石油物探，55(5)：664-673, 702.

孙苗苗，李振春，曲英铭，等，2019. 基于曲波域稀疏约束的OVT域地震数据去噪方法研究[J]. 石油物探，58(2)：208-218.

孙小东，王伟奇，任丽娟，等，2020. 地震数据智能去噪与传统去噪方法的对比及展望[J]. 地球物理学进展，35(6)：2211-2219.

孙哲，王梅生，王秋成，等，2015. 地震数据高效采集实时质控技术[C]//中国石油学会石油物探专业委员会. 中国石油学会 2015 年物探技术研讨会论文集. 宜昌：《石油地球物理勘探》编辑部.

唐勇，郭文建，王霞田，等，2019. 玛湖凹陷砾岩大油区勘探新突破及启示[J]. 新疆石油地质，40(2)：127-137.

唐勇，曹剑，何文军，等，2021. 从玛湖大油区发现看全油气系统地质理论发展趋势[J]. 新疆石油地质，42(1)：1-9.

汪恩华，赵邦六，王喜双，等，2013. 中国石油可控震源高效地震采集技术应用与展望[J]. 中国石油勘探，18(5)：24-34.

王海波，2019. 辽河坳陷复杂区地震采集技术研究[D]. 北京：中国地质大学.

王海波，刘炎坤，邹启伟，等，2016. 辽河坳陷雷家致密油区单点高密度三维地震采集技术研究[J]. 地球物理学进展，31(2)：782-787.

王海波，张伟，张宏，等，2019. 高精度可控震源在深反射地震采集中的应用[J]. 地球物理学进展，34(5)：1910-1916.

王华忠，2019. "两宽一高"油气地震勘探中的关键问题分析[J]. 石油物探，58(3)：313-324.

王华忠，盛燊，2021. 走向精确地震勘探的道路[J]. 石油物探，60(5)：693-708, 720.

王伟，2019. 长偏移距地震资料无拉伸畸变动校方法研究[D]. 北京：中国石油大学.

王小军，王婷婷，曹剑，2018. 玛湖凹陷风城组碱湖烃源岩基本特征及其高效生烃[J]. 新疆石油地质，39(1)：9-15.

王学军，于宝利，赵小辉，等，2015. 油气勘探中"两宽一高"技术问题的探讨与应用[J]. 中国石油勘探，20(5)：41-53.

王昀，王福宝，岳承琪，等，2013. 低信噪比地区地震采集激发技术探讨[J]. 石油物探，52(3)：259-264.
王泽华，朱筱敏，孙中春，等，2015. 测井资料用于盆地中火成岩岩性识别及岩相划分：以准噶尔盆地为例[J]. 地学前缘，22(3)：254-268.
魏福吉，2012. 复杂近地表物探采集新技术与应用[M]. 东营：中国石油大学出版社.
吴成梁，王华忠，胡江涛，等，2019. 基于数据自适应加权的叠前深度偏移成像方法[J]. 石油物探，58(3)：381-390.
吴娟，2016. 基于衰减补偿的高斯束偏移方法研究[D]. 北京：中国石油大学.
吴招才，刘天佑，2008. 地震数据去噪中的小波方法[J]. 地球物理学进展，23(2)：493-499.
夏洪瑞，朱勇，周开明，1994. 小波变换及其在去噪中的应用[J]. 石油地球物理勘探，29(3)：274-285，398.
肖立志，2022. 机器学习数据驱动与机理模型融合及可解释性问题[J]. 石油物探，61(2)：205-212.
熊翥，2000. 中国西部地区物探工作的思考[J]. 石油地球物理勘探，35(2)：257-270，272.
熊翥，2009. 高精度三维地震（Ⅰ）：数据采集[J]. 勘探地球物理进展，32(1)：1-11.
徐春梅，张玥，梁硕博，2019. 井控地震资料处理技术探讨[J]. 科学技术与工程，19(33)：76-85.
徐文瑞，2017. 准噶尔盆地MH地区地震采集观测系统研究[D]. 青岛：中国石油大学（华东）.
徐颖，2014. 塔河油田高精度三维地震采集参数优化研究[J]. 石油物探，53(1)：68-76.
薛晓玉，2017. 情字井地区高密度三维地震采集技术研究[D]. 大庆：东北石油大学.
鄢华玉，2019. 地震勘探采集技术在石油勘探中的应用研究[J]. 石化技术，26(11)：131，176.
杨金华，李晓光，孙乃达，等，2019. 未来10年极具发展潜力的20项油气勘探开发新技术[J]. 石油科技论坛，38(1)：38-48.
杨平，詹仕凡，李明，等，2020. 基于梦想云的人工智能地震解释模式研究与实践[J]. 中国石油勘探，25(5)：89-96.
杨午阳，魏新建，何欣，2019. 应用地球物理+AI的智能化物探技术发展策略[J]. 石油科技论坛，38(5)：40-47.
姚江，2014. 基于属性评价分析的三维观测系统优化设计与应用效果[J]. 石油物探，53(4)：384-390.
姚茂敏，2016. 玛西1井区三维高密度宽方位地震资料处理关键技术研究[D]. 成都：西南石油大学.
易维启，董世泰，曾忠，等，2013. 地震勘探技术性与经济性策略考量[J]. 中国石油勘探，18(4)：19-25.
易维启，董世泰，曾忠，等，2016. 中国石油"十二五"物探技术研发应用进展及启示[J]. 石油科技论坛，35(5)：33-44，56.
殷厚成，彭代平，郑军，2020. 地震信噪比照明分析研究及应用[J]. 石油物探，59(6)：844-850，926.
印兴耀，宗兆云，吴国忱，2015. 岩石物理驱动下地震流体识别研究[J]. 中国科学：地球科学，45(1)：8-21.
印兴耀，张洪学，宗兆云，2018. OVT数据域五维地震资料解释技术研究现状与进展[J]. 石油物探，57(2)：155-178.
印兴耀，马正乾，向伟，等，2022. 地震岩石物理驱动的裂缝预测技术研究现状与进展（Ⅰ）：裂缝储层岩石物理理论[J]. 石油物探，61(2)：183-204.
袁刚，王西文，雍运动，等，2016. 宽方位数据的炮检距向量片域处理及偏移道集校平方法[J]. 石油物探，55(1)：84-90.
曾勇坚，2016. 页岩油气储层叠前地震反演方法研究[D]. 青岛：中国石油大学（华东）.
詹仕凡，陈茂山，李磊，等，2015. OVT域宽方位叠前地震属性分析方法[J]. 石油地球物理勘探，50(5)：806，956-966.
张保庆，金树堂，曾天玖，等，2015. 两宽一高地震勘探技术在滨里海盆地东缘的应用[C]//中国石油学会石油物探专业委员会. 中国石油学会2015年物探技术研讨会论文集. 宜昌：《石油地球物理勘探》编辑部.

张怀，2014. 可控震源高效采集技术研究[D]. 成都：西南石油大学.
张怀榜，2020. 复杂地表区高精度地震特殊采集方法研究及应用[D]. 成都：成都理工大学.
张环环，2016. 地震属性分析技术在裂缝预测中的新进展[J]. 内蒙古煤炭经济，（17）：159-160.
张军华，吕宁，雷凌，等，2004. 抛物线拉冬变换消除多次波的应用要素分析[J]. 石油地球物理勘探，39(4)：398-405.
张军华，吕宁，田连玉，等，2006. 地震资料去噪方法技术综合评述[J]. 地球物理学进展，21(2)：546-553.
张慕刚，祝杨，董烈乾，等，2021. 可控震源超高效混叠采集技术及应用[J]. 地球物理学进展，36(3)：1176-1186.
张伟，2006. 三维地震观测系统优化设计的方法研究[D]. 成都：西南石油大学.
张伟，尹成，田继东，等，2007. 三维观测系统参数的退化性处理试验[J]. 石油物探，46(1)：69-73.
张文璨，2017. 三维地震观测系统的优化设计方法研究：以 D 盆地实际资料为例[D]. 成都：成都理工大学.
张晓江，2007. 宽、窄方位角三维地震勘探采集方法研究与应用[D]. 青岛：中国石油大学(华东).
赵邦六，董世泰，曾忠，等，2021a. 中国石油"十三五"物探技术进展及"十四五"发展方向思考[J]. 中国石油勘探，26(1)：108-120.
赵邦六，董世泰，曾忠，等，2021b. 单点地震采集优势与应用[J]. 中国石油勘探，26(2)：55-68.
赵邦六，董世泰，易维启，等，2021c. 中国石油物探技术管理体系创新与实践[J]. 石油科技论坛，40(1)：70-82.
赵殿栋，2015. 塔里木盆地大沙漠区地震采集技术的发展及展望：可控震源地震采集技术在 MGT 地区的试验及应用[J]. 石油物探，54(4)：367-375.
赵皓琪，李国发，2019. 基于动态时间规整算法(DTW)的动校正拉伸消除[C]//中国地球物理学会油气地球物理专业委员会. 2019 年油气地球物理学术年会论文集. 南京：中国地球物理学会油气地球物理专业委员会，中国石化物探技术研究院，江苏省地球物理学会.
赵杰，时维成，靳恒杰，等，2017. 中东盐沼复杂地表高效采集关键技术及效果[C]//中国石油学会石油物探专业委员会. 中国石油学会 2017 年物探技术研讨会论文集. 天津：《石油地球物理勘探》编辑部.
赵贤正，张以明，唐传章，等，2008. 高精度三维地震采集处理解释一体化勘探技术与管理[J]. 中国石油勘探，13(2)：10，74-82.
赵玉华，黄研，刘小亮，等，2018. 鄂尔多斯盆地地震数据处理技术应用实例[J]. 石油地球物理勘探，53(S1)：8，29-35.
支东明，2016. 玛湖凹陷百口泉组准连续型高效油藏的发现与成藏机制[J]. 新疆石油地质，37(4)：373-382.
周百花，2019. 地震资料处理中提高信噪比的处理技术[J]. 中国石油和化工标准与质量，39(24)：247-248.
朱运红，陈学强，王乃建，等，2015. 塔中油田高精度三维地震采集观测系统优化研究[C]//中国石油学会石油物探专业委员会. 中国石油学会 2015 年物探技术研讨会论文集. 宜昌：《石油地球物理勘探》编辑部.
Alkhimenkov Y, Caspari E, Lissa S, et al., 2020. Azimuth-, angle- and frequency-dependent seismic velocities of cracked rocks due to squirt flow[J]. Solid Earth, 11(3)：855-871.
Bergen K J, Johnson P A, de Hoop M V, et al., 2019. Machine learning for data-driven discovery in solid earth geoscience[J]. Science, 363(6433)：eaau0323.
Black J L, Schleicher K L, Zhang L, 1993. True-amplitude imaging and dip moveout[J]. Geophysics, 58(1)：47-66.
Chapman M, 2009. Modeling the effect of multiple sets of mesoscale fractures in porous rock on frequency-

dependent anisotropy[J]. Geophysics, 74(6): D97-D103.

Chopra S, Marfurt K J, 2019. Unsupervised machine learning applications for seismic facies classification[C]. SPE/AAPG/SEG Unconventional Resources Technology Conference, Denver, Colorado, USA.

Feng X K, Zhang J D, Wang P, et al., 2004. Integrated seismic data processing and interpretation scheme: A case study on buried hill in Lunnan[J/OL]. SEG Technical Program Expanded Abstracts. https://doi.org/10.1190/1.1839706.

Gao D L, 2008. Application of seismic texture model regression to seismic facies characterization and interpretation[J]. The Leading Edge, 27(3): 394-397.

Goloshubin G, Van Schuyver C, Korneev V, et al., 2006. Reservoir imaging using low frequencies of seismic reflections[J]. The Leading Edge, 25(5): 527-531.

Goodfellow I, Pouget-Abadie J, Mirza M, et al., 2014. Generative adversarial networks[J]. Communications of the ACM, 63(11): 139-144.

Gulrajani I, Ahmed F, Arjovsky M, et al., 2017. Improved training of Wasserstein GANs[J/OL]. arXiv. https://doi.org/10.48550/arXiv.1704.00028.

Hampson D, Todorov T, Russell B, 2001. Using multi-attribute transforms to predict log properties from seismic data[J]. Exploration Geophysics, 31(3): 481-487.

He K M, Zhang X Y, Ren S Q, et al., 2016. Deep Residual Learning for Image Recognition[C]. 2016 IEEE Conference on Computer Vision and Pattern Recognition, Las Vegas, Nevada, USA.

Hill N R, 1990. Gaussian beam migration[J]. Geophysics, 55(11): 1416-1428.

Hill N R, 2001. Prestack Gaussian-beam depth migration[J]. Geophysics, 66(4): 1240-1250.

Hou C F, E D L, Wang C H, et al., 2014. The implementation and application of high-production vibroseis acquisition technique: A case study[J/OL]. SEG Technical Program Expanded Abstracts. https://doi.org/10.1190/segam2014-0424.1.

Howe D, Foster M, Allen T, et al., 2008. Independent simultaneous sweeping—A method to increase the productivity of land seismic crews[J/OL]. SEG Technical Program Expanded Abstracts. https://doi.org/10.1190/1.3063932.

Korneev V, Goloshubin G M, Daley T M, et al., 2004. Seismic low-frequency effects in monitoring fluid-saturated reservoirs[J]. Geophysics, 69(2): 522-532.

Li K H, Liu Z N, She B, et al., 2021. Prestack seismic facies analysis via waveform sparse representations[J]. Geophysics, 86(1): IM35-IM50.

Liner C L, Underwood W D, 1999. 3-D seismic survey design for linear $v(z)$ media[J]. Geophysics, 64(2): 486-493.

Liner C L, Underwood W D, Gobeli R, 1999. 3D seismic survey design as an optimization problem[J]. The Leading Edge, 18(9): 1054-1060.

Liu J L, Dai X F, Gan L D, et al., 2018. Supervised seismic facies analysis based on image segmentation[J]. Geophysics, 83(2): O25-O30.

Mateeva A, Kiyashchenko D, Duan Y T, et al., 2020. Considerations in planning, acquisition, processing and interpretation of 4D DAS VSP [J/OL]. SEG Technical Program Expanded Abstracts. https://doi.org/10.1190/segam2020-3428312.1.

Morrice D J, Kenyon A S, Beckett C J, 2001. Optimizing operations in 3-D land seismic surveys[J]. Geophysics, 66(6): 1818-1826.

Munoz P, Ortigosa F, Uribe J, et al., 2008. Seismic survey design, data acquisition and processing of complex andean structures[J/OL]. SEG Technical Program Expanded Abstracts. https://doi.org/10.1190/1.3054860.

Pecholcs P I，Zhang Y，Lafon S K，2010. Distance separated custom slip-sweep—A new high-productivity method[C]. EAGE Workshop on Developments in Land Seismic Acqusition for Exploration，Cairo，Egypt.

Popov M M，Semtchenok N M，Popov P M，et al.，2010. Depth migration by the Gaussian beam summation method[J]. Geophysics，75(2)：S81-S93.

Roende H，Andersen J，Calvert D，et al. 2013. Designing，acquiring and processing a 1800km^2 Arctic 3D seismic survey，Baffin Bay，Greenland[J/OL]. SEG Technical Program Expanded Abstracts. https://doi.org/10.1190/segam2013-0804.1.

Rozemon H J，1996. Slip-sweep acquisition[J/OL]. SEG Technical Program Expanded Abstracts. https://doi.org/10.1190/1.1826730.

Saggaf M M，Toksöz M N，Marhoon M I，2003. Seismic facies classification and identification by competitive neural networks[J]. Geophysics，68(6)：1984-1999.

Silin D，Korneev V，Goloshubin G，et al.，2003. Pressure diffusion waves in porous media[J/OL]. SEG Technical Program Expanded Abstracts. https://doi.org/10.1190/1.1817821.

Taner M T，Walls J D，Smith M，et al.，2001. Reservoir characterization by calibration of self-organized map clusters[J/OL]. SEG Technical Program Expanded Abstracts. https://doi.org/10.1190/1.1816406.

Tolstaya E，Egorov A，2022. Deep learning for automated seismic facies classification[J]. Interpretation，10(2)：SC31-SC40.

Tsingas C，Almubarak M S，Jeong W，et al.，2020. 3D distributed and dispersed source array acquisition and data processing[J]. The Leading Edge，39(6)：392-400.

Waldeland A U，Jensen A C，Gelius L J，et al.，2018. Convolutional neural networks for automated seismic interpretation[J]. The Leading Edge，37(7)：529-537.

Wang Y J，Wang L J，Li K H，et al.，2020. Unsupervised seismic facies analysis using sparse representation spectral clustering[J]. Applied Geophysics，17(4)：533-543.

Wloszczowski D，Gou Y，Faraj A，et al.，1998. 3D acquisition parameters：A cost-saving study[J/OL]. SEG Technical Program Expanded Abstracts. https://doi.org/10.1190/1.1820561.

Wrona T，Pan I，Gawthorpe R L，et al.，2018. Seismic facies analysis using machine learning[J]. Geophysics，83(5)：O83-O95.

Yu S W，Ma J W，2021. Deep learning for geophysics：Current and future trends[J/OL]. Reviews of Geophysics，59(3). http://doi.org/10.1029/2021RG000742.

Zeng H L，2004. Seismic geomorphology-based facies classification[J]. The Leading Edge，23(7)：644-688.

Zhang H，Goodfellow I，Metaxas D，et al.，2019. Self-attention generative adversarial networks[J/OL]. arXiv. https://doi.org/10.48550/arXiv.1805.08318.